HRDK 한국산업인력공단 Human Resources Development Service of Korea 새 출제기준 반영

ALL PASS

타워크레인 운전기능사 필기시험문제

대한민국 국가대표 브랜드 국가자격 시험문제 전문출판 에듀크라운 국가자격시험문제 전문출판

CROWN Publishing.co 최고의 적중률!! 최고의 합격률!! 크라운출판사 국가자격시험문제 전문출판 http://www.crownbook.co.kr

이 책을 펴내면서…

최근 건설 및 토목 등의 분야에서 각종 건설기계가 다양하게 사용되고 있으며, 건설기계의 구조 및 성능도 날로 발전하고 있습니다. 건설 산업현장에서 건설기계는 그 효율성이 매우 높기 때문에 국가산업 발전은 물론, 각종 해외 공사에서까지 막대한 역할을 수행하고 있습니다.

타워크레인의 경우 자격 취득 후 건설현장이나 조선소에 취업할 수 있지만, 국내 사용 대수가 한정되어 있어서 당장의 일자리 창출은 그리 크지 않을 전망입니다. 그러나 산업재해와 안전에 대한 경각심이 높아지고 있으며, 타워크레인은 안전과 관련성이 높은 자격이기 때문에 향후 자격을 취득해야만 타워크레인 운전을 할 수 있도록 관련법이 개정될 것으로 예상됩니다.

이 책은 타워크레인 운전기능사 필기시험을 준비하는 수험생들이 문제 중심으로 짧은 시간 내에 실력을 완성할 수 있도록 하는 데 중점을 두었으며, 다음과 같은 특징으로 구성했습니다.

- **한국산업인력공단 출제기준에 따라 핵심이론만 요약했습니다.**
- **실제 출제 경향을 반영한 <u>출제예상문제 15회분</u>으로 단기간에 실력을 쌓을 수 있도록 구성했습니다.**
- **2007년~2016년 <u>기출문제 14회분</u>으로 실전 감각을 높일 수 있도록 하였습니다.**
- **CBT 시험 출제경향을 파악하여, <u>CBT 대비문제 5회분</u>과 해설을 수록하였습니다.**

타워크레인 운전기능사를 꿈꾸는 수험생 여러분께 이 책이 길잡이가 되길 바라며, 모든 분들에게 합격의 영광과 발전이 있기를 기원합니다. 또한 이 책이 세상에 나오기까지 함께 애써주신 크라운 출판사 임직원 여러분께 깊은 감사의 말씀을 전합니다.

타워크레인운전기능사 자격시험 안내

개요

건설현장 등의 산업안전 목적을 수행하기 위하여 양중 작업 계획에 따라 타워크레인을 운전하여 건설현장, 조선소 등에서 줄걸이 작업자 및 신호자와 함께 중량물을 안전하게 일정한 장소로 운반하고, 설치 · 해체 작업 중 운전 등의 직무를 안전하게 수행하도록 하기 위해 자격을 제정하였다.

수행직무

타워크레인을 운전하여 건설현장, 조선소 등에서 줄걸이 작업자 및 신호자와 함께 중량물을 안전하게 일정한 장소로 운반하고 설치 · 해체 작업 중 운전 등의 직무를 수행한다.

진로 및 전망

건설현장의 타워크레인 운전원으로 취업할 수 있으나, 타워크레인의 국내 사용 대수가 한정되어 있기 때문에 당장의 일자리 창출은 그리 크지 않을 전망이다. 그러나 안전과 관련성이 높은 자격이기 때문에 향후 자격을 취득해야만 타워크레인 운전을 할 수 있도록 관련법이 개정될 것으로 예상된다.

자격시험 안내

ㅇ 시행처 : 한국산업인력공단

ㅇ 시험과목

- 필기 : 타워크레인 구조 및 기능 일반, 양중 작업 일반, 타워크레인 설치 · 해체 일반
- 실기 : 타워크레인 운전 실무

ㅇ 검정방법

- 필기 : 전 과목 혼합, 객관식 60문항(60분)
- 실기 : 작업형(15~30분 정도)
- 합격기준 : 필기 · 실기 100점을 만점으로 하여 60점 이상

※ 2016년도부터 CBT로 진행되고 있습니다.(관련 홈페이지 – www.ncs.go.kr)

MEMO

타워크레인운전기능사 출제기준(필기)

직무분야	건설	**중직무 분야**	건설기계운전	**자격 종목**	타워크레인운전기능사	**적용기간**	2023.1.1 ~ 2024.12.31
직무내용	타워크레인 운전은 타워크레인이 설치된 건설현장, 조선소 등에서 목적물 운반을 위해 작업지시 확인, 작업 전 안전교육, 작업 전 장비 점검, 신호체계 확인, 목적물 설치 운전, 목적물 해체 운전, 화물운반 전후, 장비 점검, 안전조치, 작업일보 작성 등 타워크레인 운전에 필요한 전 과정을 수행하는 직무						
필기검정방법	객관식		**문제수**	60문제		**시험시간**	1시간

필기과목명	문제수	주요항목	세부항목	세세항목
타워크레인 구조 및 기능 일반, 양중 작업 일반, 타워크레인 설치 · 해체 일반	60	1. 구조	1. 타워크레인의 구조	1. 타워크레인의 주요 구조부 2. 기초 앵커 설치에 관한 사항
		2. 기능 일반	1. 타워크레인의 기본원리	1. 기계 일반, 기초이론에 관한 사항 2. 타워크레인 운전에 필요한 역학
			2. 타워크레인의 주요 기능	1. 권상 · 권하 2. 횡행 3. 선회 4. 기복 5. 주행
		3. 전기 일반	1. 전기이론과 용어	1. 전기일반 2. 전기기계 기구의 외함 구조 3. 접지
		4. 방호장치	1. 타워크레인의 방호장치	1. 타워크레인의 방호장치 종류 2. 타워크레인의 방호장치 원리 3. 타워크레인의 방호장치 점검사항
		5. 유압이론	1. 타워크레인의 유압장치	1. 유압의 기초 2. 유압구성장치 3. 텔레스코핑 유압장치
		6. 양중 작업	1. 타워크레인의 양중 작업	1. 타워크레인의 양중 작업 종류 2. 타워크레인의 양중 작업 보조용구
			2. 줄걸이 작업	1. 타워크레인에 사용하는 줄걸이 용구의 안전율 2. 줄걸이 작업요령
		7. 타워크레인 운전	1. 타워크레인의 운전 개요	1. 타워크레인의 운전자격 2. 타워크레인의 운전자 의무
			2. 타워크레인의 운전 요령	1. 권상 · 권하 작업 2. 횡행작업 3. 선회 작업 4. 기복 작업 5. 주행 작업
		8. 신호	1. 신호방법	1. 음성신호 2. 무선신호 3. 수신호 4. 호각신호 5. 깃발신호 6. 기타신호
		9. 설치 · 해체 작업 시 운전	1. 설치 작업	1. 설치 작업 시 운전방법 2. 설치 작업 시 운전 준수사항
			2. 해체 작업	1. 해체 작업 시 운전방법 2. 해체 작업 시 운전 준수사항
		10. 안전관리 및 관련법규	1. 안전관리	1. 산업안전 일반 2. 작업상의 안전 3. 기계 · 기기 및 공구에 관한 안전 4. 전기 작업에 관한 안전 5. 기타 작업에 관한 안전
			2. 관련법규	1. 산업안전보건법령 2. 건설기계관리법령

타워크레인운전기능사 출제기준(실기)

직무분야	건설	**중직무 분야**	건설기계운전 · 정비	**자격 종목**	타워크레인운전기능사	**적용기간**	2023.1.1 ~ 2024.12.31
직무내용	타워크레인 운전은 타워크레인이 설치된 건설현장, 조선소 등에서 목적물 운반을 위해 작업지시 확인, 작업 전 안전교육, 작업 전 장비 점검, 신호체계 확인, 목적물 설치 운전, 목적물 해체 운전, 화물운반 전후, 장비 점검, 안전조치, 작업일보 작성 등 타워크레인 운전에 필요한 전 과정을 수행하는 직무						
수행준거	1. 타워크레인을 운전하여 중량물을 권상 · 권하 및 착지 작업을 할 수 있다. 2. 타워크레인을 운전하여 중량물을 요동 없이 선회 · 횡행 · 기복 · 정지 작업을 할 수 있다. 3. 타워크레인의 안전한 작업을 위하여 운전 전후 점검을 할 수 있다. 4. 타워크레인의 신호법에 의해 신호를 주고받아 작업할 수 있다.						
실기검정방법	작업형					**시험시간**	15 ~ 30분 정도

필기과목명	주요항목	세부항목	세세항목
타워크레인 운전 실무	1. 작업지시 확인	1. 작업조건 확인하기	1. 작업계획서의 목적물 형태와 무게에 따른 인양방법과 달기 기구를 확인할 수 있다.
	2. 작업 전 안전	1. 개인 안전장구 착용하기	1. 작업 안전수칙에 따라 개인 안전장구를 착용할 수 있다.
	3. 작업 전 장비 점검	1. 장비 작동상태 확인하기	1. 전기 일반 2. 전기기계 기구의 외함 구조 3. 접지
		2. 줄걸이 용구 확인하기	1. 육안검사를 통해 줄걸이 와이어로프 상태를 확인할 수 있다. 2. 육안검사를 통해 줄걸이 벨트 상태를 확인할 수 있다. 3. 육안검사를 통해 달기 기구 상태를 확인할 수 있다. 4. 육안검사를 통해 스프레드 빔 · 균형 빔 상태를 확인할 수 있다. 5. 작업 용도에 적당한 태그 라인을 선택할 수 있다.
		3. 작업관련장치 확인하기	1. 각종 브레이크의 작동상태를 확인할 수 있다.
	4.신호체계 확인	1. 수신호 확인하기	1. 크레인 작업 표준신호지침에 따라 크레인 작업 시 사용하는 수신호를 확인할 수 있다. 2. 크레인 작업 표준신호지침에 따라 크레인 작업 시 적용하는 호각신호를 확인할 수 있다. 3. 크레인 작업 표준신호지침에 따라 크레인 작업 시 적용하는 깃발신호를 확인할 수 있다. 4. 크레인 작업 표준신호지침에 따라 표준신호표식을 작업장과 운전석 옆에 게시, 비치하였는지 확인할 수 있다.
		2. 무선통신 확인하기	1. 크레인 작업 표준신호지침에 따라 신호수의 무선 음성신호를 상호 확인할 수 있다.
		3. 신호수 안전 확인하기	1. 작업안전수칙에 따라 지정 신호수의 위치를 확인할 수 있다. 2. 작업안전수칙에 따라 육안으로 신호수의 안전상태를 확인할 수 있다.

필기과목명	주요항목	세부항목	세세항목
타워크레인 운전 실무	5. 목적물 설치 운전	1. 화물 확인하기	1. 작업계획서에 따라 화물의 무게, 부피를 확인할 수 있다. 2. 화물의 조건에 따라 달기 기구의 조건을 확인할 수 있다.
		2. 설치 위치 확인하기	1. 작업계획서에 의해 설치할 위치를 확인할 수 있다. 2. 육안으로 화물 이동 경로상에 장애물 여부를 확인할 수 있다.
		3. 신호수 · 작업자 확인하기	1. 육안으로 줄걸이 작업자가 안전 지역에 있는지를 확인할 수 있다. 2. 육안으로 비관련자들이 안전지역에 있는지를 확인할 수 있다.
		4. 화물 설치하기	1. 육안으로 화물의 달기 기구 결속상태를 확인할 수 있다. 2. 클라이밍(텔레스코핑) 작업계획서에 따라 타워크레인의 수평 유지상태를 확인할 수 있다.
	6. 목적물 해체 운전	1. 화물 확인하기	1. 작업계획서에 있는 화물의 무게와 부피를 확인할 수 있다. 2. 화물의 조건에 의해 달기 기구 조건을 확인할 수 있다.
		2. 해체 하역 위치 확인하기	1. 육안으로 이동 경로상에 장애물 여부를 확인할 수 있다.
		3. 신호에 따른 화물 해체하기	1. 육안으로 목적물의 형태 및 결속상태를 확인할 수 있다. 2. 작업지침서에 따라 화물의 중량을 확인하여 작업속도를 결정할 수 있다. 3. 클라이밍(텔레스코핑) 작업계획서에 따라 타워크레인의 수평 유지상태를 확인할 수 있다.
		4. 화물 하역하기	1. 작업계획서에 따라 화물의 하역장소를 확인할 수 있다. 2. 정해진 신호에 따라 화물을 안전하게 안착할 수 있다. 3. 작업지침서에 따라 화물의 달기 기구를 해체할 수 있다. 4. 작업지침서에 따라 후크를 안전 위치로 올릴 수 있다.
	7. 화물 운반	1. 작업장 주변 안전 확보하기	1. 육안검사를 통해 주변 장애물과의 여유거리를 확인할 수 있다.
		2. 화물 확인하기	1. 육안검사를 통해 화물의 형태 및 결속상태를 확인할 수 있다. 2. 육안검사를 통해 화물의 고정, 지면과 동결 여부를 확인할 수 있다.
		3. 권상 작업하기	1. 작업안전수칙에 따라 주변 장애물과의 안전거리를 확보할 수 있다.
		4. 화물 줄걸이 상태 확인하기	1. 작업지침서에 따라 줄걸이 방법의 안전성 여부를 확인할 수 있다. 2. 작업지침서에 따라 무게중심 위치에 따른 적절한 줄걸이 여부를 확인할 수 있다. 3. 작업지침서에 따라 측면하중, 충격하중으로부터 안전한 줄걸이 여부를 확인할 수 있다. 4. 작업계획서에 따라 태그라인 사용상태를 확인할 수 있다.
		5. 화물 인양상태 확인하기	1. 육안으로 화물이 안전하게 줄걸이 되었는지 확인할 수 있다.
		6. 화물 위치 이동하기	1. 작업안전수칙에 따라 화물의 이동 위치까지의 안전을 확인할 수 있다. 2. 육안으로 화물의 이동경로상의 장애물 여부를 확인할 수 있다.
		7. 권하 작업하기	1. 작업지침서에 따라 규정 속도로 주행하여 충격하중, 측면하중 최소화 여부를 확인할 수 있다. 2. 작업지침서에 따라 안전하게 화물을 내려놓을 수 있다.

타워크레인운전기능사 실기시험 안내

자격종목	타워크레인운전기능사	과제명	크레인 운전 및 작업

※ 시험시간 : 표준시간 : 15~30분(크레인 높이나 지브 길이에 따라 시간 적용)

1. 요구사항

① 작업 내용

신호수의 신호에 따라 도면 A 지점의 중량물을 권상하여, B 장애물의 깃발 사이를 통과한 후, C 지점의 원 안에 권하하여 중량물을 내려놓고, 다시 권상하여 B 장애물의 깃발 사이를 통과하여 A 지점의 원 안에 내려놓으시오.

- **권상** : 지면에서 약 30cm를 권상하여 일단 정지하고 이상 유무를 확인한 후 계속 작업한다.
- **권하** : 줄걸이 로프가 장력을 유지한 상태에서 원 안에 내려놓는다.

② 작업 조건

도면의 B(장애물)는 항상 타워 마스트 중심부의 길이 방향(X + 6~8m)과 좌 30°, 우 30° 범위 내에서 수시로 이동시켜 반복 작업이 이루어지지 않도록 한다(1부, 4부 등 수험자 교체 시는 B(장애물)를 반드시 이동하여 설치한다).

③ 작업시간 환산

- 탑승(올라가는 시간): ㅇ분(시간 적용)
- 운전석에서(운전 전) 준비시간: 3분
- 작업시간: 6분 + α
- 하강(내려가는 시간): ㅇ분(시간 적용)

시간 적용방법

① **탑승 및 하강시간** : m당 12초를 가산 적용

② **작업시간** : 지브 길이 40m를 기준으로 6분이며, 추가 2m당 10초를 가산 적용

- 탑승 및 하강시간 산출방법

  예 양정이 30m일 경우 : 30m × 12초 = 360초 = 6분

- 작업시간(6분 + a) 산출방법

  예 지브 길이가 50m일 경우 : 50m − 40m = 10m

  10/2m × 10초 = 50초를 추가 적용

  기본시간(40m) 6분 + 50초(a 시간) = 작업시간은 6분 50초

※ 상세 도면은 큐넷 홈페이지(http://www.q-net.or.kr)에서 확인 가능합니다.

2. 수험자 유의사항

※ 다음 유의사항을 고려하여 요구사항을 수행하시오.

※ 항목별 배점은 '탑승 및 정방향작업 50점, 하강 및 역방향작업 50점'입니다.

① 휴대폰 및 시계류(손목시계, 스톱워치 등)는 시험시작 전 시험감독위원에게 제출합니다.

② 시험시간 측정은 수험자가 준비된 상태에서 시험감독위원의 호각신호에 의해 시작하고, 모든 작업 수행 후 중량물(운반물)을 지면에 완전히 내려놓았을 때 종료합니다.

③ 시험위원의 지시에 따라 시험 장소에 출입 및 장비운전을 하여야 합니다.

④ 음주상태 측정은 시험 시작 전에 실시하며, 음주상태이거나 음주 측정을 거부하는 경우 실기시험에 응시할 수 없습니다.(음주상태: 혈중 알코올 농도 0.03% 이상 적용)

⑤ 장비조작 및 운전 중 이상 소음이 발생되거나 위험사항이 발생되면 즉시 운전을 중지하고, 시험위원에게 알려야 합니다.

⑥ 장비조작 및 운전 중 안전수칙을 준수하여 안전사고가 발생되지 않도록 유의합니다.

⑦ 타워크레인 운전반경 내에는 일체 접근해서는 안됩니다.

⑧ 다음 사항은 실격에 해당하여 채점 대상에서 제외됩니다.

가) 기권

- 수험자 본인이 수험 도중 기권 의사를 표시하는 경우

나) 실격

- 시험 전 과정을 응시하지 않은 경우
- 운전조작이 극히 미숙하여 안전사고 발생 및 장비손상이 우려되는 경우
- 시험시간을 초과하는 경우
  - **탑승** : 출발신호(사다리 앞에서 탑승 준비된 상태) 시점부터 사다리 상단 답단에 두발을 올려놓을 때까지
  - **하강** : 출발신호(상단 답단에서 하강 준비된 상태) 시점부터 지상에 두발을 내려놓을 때까지
  - **작업** : 시험감독위원의 호각신호부터 작업과정을 수행하고 A지점 지면에 운반물이 닿는 시점까지
- 출발신호로부터 탑승, 작업, 하강을 3분 이내에 출발하지 못한 경우

  ※ **운전석에서(운전 전) 준비시간 초과 적용방법**

  예 주의 환경을 위한 3분을 초과한 경우, 연이어 작업 시작시간으로 적용
  (단, 출발신호로부터 3분 이내에 출발하지 못한 경우를 적용)
- 하강 시 점프하여 지상으로 뛰어내리는 경우
- 요구사항 및 도면대로 운전하지 않은 경우

- 중량물, 훅, 로프가 폴(pole), 오버스윙제한선 등 장애물을 건드리는 경우 (단, 폴(pole)과 오버스윙제한선은 연장선이 있는 것으로 간주하고, 깃발은 건드려도 무방함)
- 중량물이 장애물 폴의 상단 및 밖을 통과하는 경우
- 적하장소 A, C의 내측(도면 ⓓ) 라인을 완전히 벗어난 경우
- 중량물이 작업 중 지면에 닿는 경우(단, 적하장소 A와 C에서는 제외)
- 안전장구(안전대, 안전블록 등) 착용지시를 불복하는 경우

3. 타워크레인의 높이에 따른 원의 직경

양정(m)	양정(㎜)	원의 직경[도면ⓓ] (㎜)
20	20,000	1,680
21	21,000	1,764
22	22,000	1,848
23	23,000	1,932
24	24,000	2,016
25	25,000	2,100
26	26,000	2,184
27	27,000	2,268
28	28,000	2,352
29	29,000	2,436
30	30,000	2,520
31	31,000	2,604
32	32,000	2,688
33	33,000	2,772
34	34,000	2,856
35	35,000	2,940
36	36,000	3,024
37	37,000	3,108
38	38,000	3,192
39	39,000	3,276
40	40,000	3,360

타워크레인운전기능사 차례

제1편

타워크레인운전기능사

핵심이론

제2편

타워크레인운전기능사

출제예상문제

타워크레인운전기능사 차례

제3편

타워크레인운전기능사
기출문제

제4편

타워크레인운전기능사

제1편

타워크레인운전기능사 핵심이론

제1장 타워크레인의 구조

1 타워크레인의 구조

1) 타워크레인의 구조부

① **크레인** : 물건을 이동하고자 하는 방향에 따라서 X축, Y축, Z축 방향으로 이동시키는 양중기계이다.

② **타워크레인** : 지브 붙이 크레인의 한 종류로, 한국산업규격(KS B 0127)의 용어 정의에 따르는 클라이밍 크레인을 말한다.

㉠ 일반적으로는 수직 타워 상부에 위치해 지브를 선회시키는 크레인으로, 건축물 또는 구조물 부근에 설치되어 권상, 선회 및 횡행, 기복, 주행 동작을 한다.

㉡ 구조 규격 및 성능에 관한 기준은 타워크레인의 안정성을 확보하는 데 그 목적이 있다.

㉢ 타워크레인 구조부의 구성

- 지브 및 타워 등의 구조 부분
- 원동기
- 브레이크
- 와이어로프
- 주요 방호장치
- 후크 블록 등의 달기 기구
- 윈치 · 균형추
- 기초 설치
- 제어반

2) 기초 앵커 설치

① **설치 위치의 도면 검토** : 레이아웃 도면을 검토한 후 위치를 선정한다.

② **타워크레인 기종 선정** : 지브의 길이, 마스트의 높이, 최대 중량을 고려한다.

③ **설치할 기초의 위치 선정** : 작업 반경, 인양 능력, 해체 시 지브의 방향, 유압 크레인의 위치를 선정한다.

④ **인입 전원** : 단독 전원을 설치하고 전압 강화로 인한 장비 손상을 막기 위하여 콘덴서를 설치한다.

⑤ **기초 앵커 및 콘크리트 블록 제작**

㉠ 앵커 도면과 설치 타워크레인의 도면이 일치하는지 확인한다.

㉡ 기초 앵커 조립 후 레벨을 확인한다.

㉢ 철근 배근 방법 및 철근 규격 등을 확인한다.

㉣ 기초 앵커 조립 시 3곳의 접지를 설치하고, 접지저항은 10Ω 이하로 한다.

2 타워크레인의 기능 일반

1) 타워크레인의 기본 원리

① 고정식(Stationary) : 일정 지반 위에 터파기를 해서 타설한 콘크리트에 기초 앵커를 매설하는 형식(지내력 및 콘크리트 사이즈 고려)

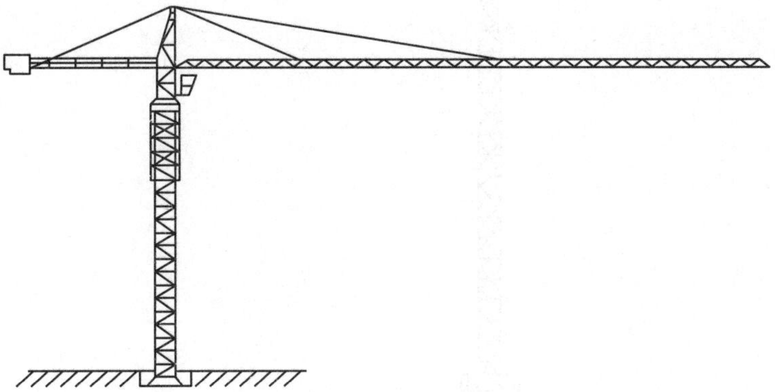

② 상승식(Internal Climbing)

㉠ 건축 중인 건물의 높이가 높아질수록 타워크레인을 상승시키며 작업할 수 있는 형식

㉡ 고층화가 진행됨에 따라 건물 높이 이상의 타워크레인 마스트가 소요되는 건물 구조물 위에 설치함으로써 마스트의 필요량을 절감시킬 수 있다.

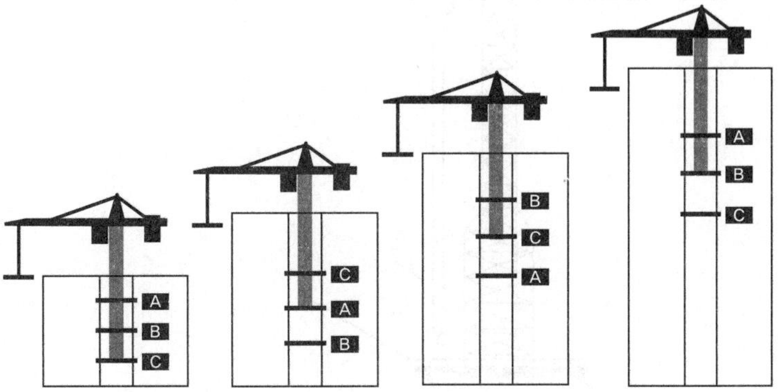

③ **정치식(Partal Base)** : 지반 위나 구조물 위에 설치하지만 터파기가 필요 없고 크레인 전체 상승은 이루어지지 않으며, 자유롭게 타워크레인 위치를 옮길 수 있는 형식

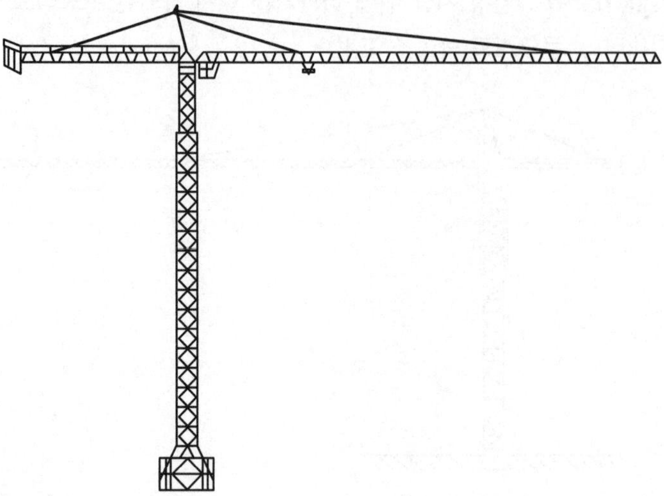

④ **주행식(Travelling-rail Going)** : 일정 궤도를 따라 이동함으로써 타워크레인의 작업 범위를 넓힐 수 있는 형식(자력으로 크레인 이동 가능)

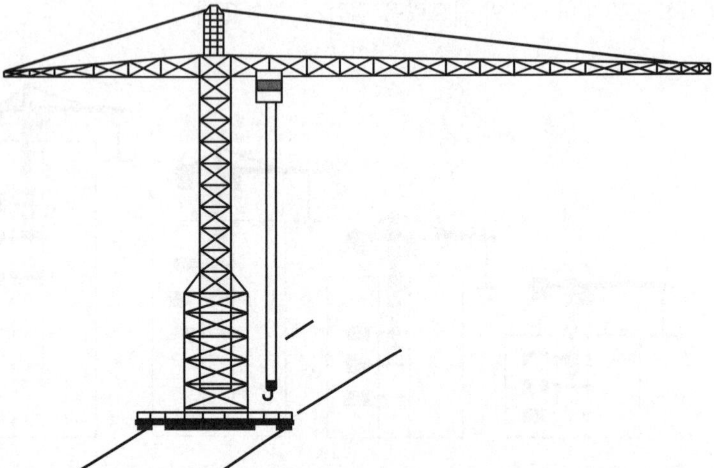

2) 타워크레인 운전에 필요한 역학

① **하중**

타워크레인에 가해지는 외력을 하중이라고 한다. W(Weight) 또는 F(Force)로 표시하며, 단위는 kgf.N(Newton)을 사용한다. 하중은 하중의 성질, 동작상태, 분포형태에 따라 분류한다.

㉠ 하중의 성질
- 수직하중 : 단면적에 수직하게 작용하는 하중(압축하중, 인장하중)
- 전단하중 : 단면적에 평행하게 작용하는 하중
  – 정의 전단하중 : 하중이 시계 방향으로 작용
  – 부의 전단하중 : 하중이 반시계 방향으로 작용
- 비틀림하중 : 축(Shaft)을 비틀리게 하는 하중
- 굽힘하중 : 보(Beam)를 굽히게 하는 하중
- 좌굴하중 : 기둥(Coulumn)을 휘어지게 하는 하중

㉡ 하중의 동작상태
- 정하중 : 정적으로 작용하는 하중
- 동하중 : 동적으로 작용하는 하중
  – 반복하중 : 반복적으로 작용하는 하중
  – 교번하중 : 교번적으로 작용하는 하중
  – 충격하중 : 충격적으로 작용하는 하중

㉢ 하중의 분포형태
- 집중하중 : 집중적으로 한 점에 작용하는 하중
- 분포하중 : 분포적으로 작용하는 하중(균일 반포하중, 비균일 반포하중)

② **응력(Bending Stress)**

타워크레인 하중이 가해졌을 때, 부재 내부에서 위력에 대응하도록 발생한 내력을 말한다.

$$응력(kgf/cm^2) = \frac{하중}{단면적}$$

㉠ 수직응력 : 타워크레인이 단면에 직각으로 발생시키는 응력을 말하며, 인장응력과 압축응력이 있다.

㉡ 전단응력 : 단면적에 평행하게 작용하는 하중에 대응하는 평행단면도에 대한 전단하중의 비로 나타낸다.

③ **변형률**

㉠ 타워크레인에 하중을 가하면 재료에 응력이 발생하고 변형을 일으키는데, 원래 길이에 대한 변형량의 비를 변형률이라 한다.

㉡ 변형률은 무차원 양이므로 단위가 없다.

㉢ 하중의 종류에 따라 종변형률, 횡변형률, 최적변형률, 전단변형률 등이 있다.

④ **힘의 3요소** : 힘의 크기, 힘의 작용점, 힘의 작용 방향

⑤ **힘의 모멘트** : 물리적으로 물체가 움직이는 힘이 나타내는 효과 또는 물체를 움직이게 하는 힘의 양을 의미한다.

3) 타워크레인의 종류

최근 건설현장에서 가장 많이 사용되는 타워크레인은 3톤 이상과 3톤 미만으로 구분되며, 건축에서 사용되는 타워크레인은 60톤까지 보급되어 있다. 통상 타워크레인 정격하중 8톤급의 경우 50~60m 높이가 주종을 이루고, 12~14톤은 60~75m가 대부분이다. 최근에는 FLAT-TOP(T/HEADCRANE-TOPLESS)이 도입되고 있다.

① T형 타워크레인

㉠ 가장 많이 설치되는 크레인으로, 아파트 현장이나 주위 간섭물이 없는 공사에서 그 기능과 성능을 최대한 발휘할 수 있다.

㉡ 대형 철 구조물 현장 혹은 도심 빌딩 밀집지역에서는 많은 제약을 받으며, 운전이 불가능한 지역도 있다.

② L형 타워크레인

㉠ 최근 건설현장의 공종 추세에 발맞춰 수요가 늘어나고 있는 기종이다.

㉡ 고공권이 침해되거나 다른 건축물의 간섭을 받는 경우 선택하며, 지브를 상하로 기복시켜 인양할 수 있는 형식이다.

㉢ 현재 건설현장에서는 대부분 12~40톤급을 사용하며, 60~130톤급의 대형은 조선소, 항만, 제철소 등의 제한적인 장소에서 사용하기 위해 주문 · 생산되고 있다.

㉣ L형은 T형의 단점을 보완해 붐의 기복이 가능한 장비로, 최근에 자주 발생하는 크레인 운전 반경 내에서의 민원까지 해결할 수 있다.

㉤ 근접거리에 2대 이상의 크레인이 설치되어도 상호 간섭을 일으키지 않고 독자적인 작업을 수행할 수 있는 큰 장점을 가지고 있다.

4) 타워크레인의 주요 구조부

① T형 타워크레인

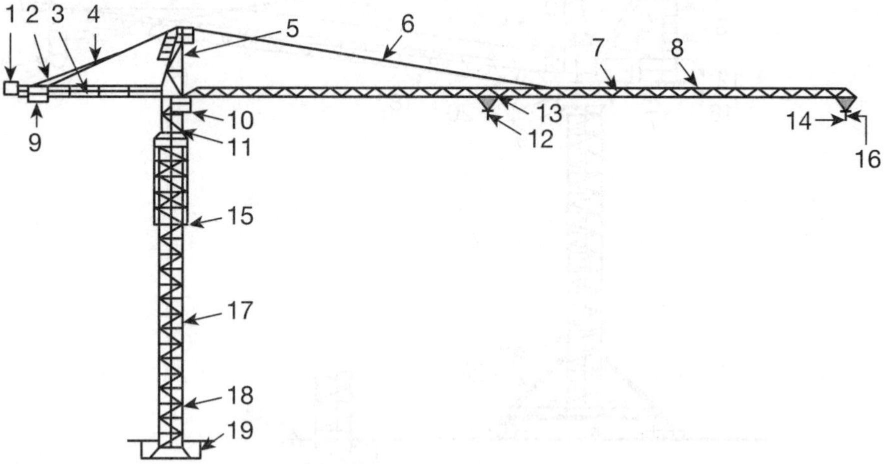

번호	명칭	번호	명칭
1	권상장치	11	선회장치
2	권상 로프	12	후크 블록
3	카운터 지브	13	트롤리
4	카운터 지브 타이 바	14	지브 길이
5	캣트(타워) 헤드	15	텔레스코핑 케이지 / 유압상승장치
6	메인 지브 타이 바	16	자립고
7	트롤리 로프	17	타워 마스트
8	메인 지브	18	베이직 타워 마스트
9	카운터 웨이트	19	기초
10	운전실		

② L형 타워크레인

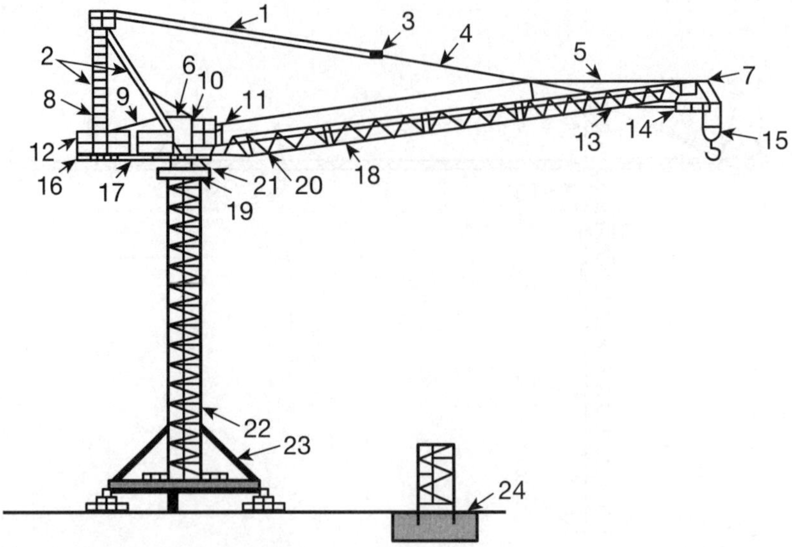

번호	명칭	번호	명칭
1	러핑 로프	13	지브 헤드 섹션
2	지브 리테이닝 프레임과 지지봉	14	로프 꼬임 방지장치
3	도르래 블록	15	후크 블록
4	지브 가이 로프	16	기계 플랫폼
5	호이스팅 로프	17	호이스팅 기어
6	과기복 방지장치	18	중간 지브 섹션
7	과부하 방지 측정 축	19	조립 슬립 링과 슬루잉 링 서포트
8	러핑 기어	20	지브 피벗 섹션
9	압력봉(지지봉)	21	볼 슬루잉 링
10	슬루잉 기어	22	타워 섹션
11	운전실	23	언더캐리지
12	카운터 밸러스트	24	기초 앵커

③ 주요 구조부의 기능

㉠ 타워 마스트(Tower Mast)

- 타워크레인을 지지하는 기둥(몸체) 역할을 하는 구조물로서, 한 부재의 단위 길이가 약 3~5m인 타워를 핀 또는 볼트로 연결시켜 나가면서 설치 높이를 조정할 수 있다.
- 타워는 대부분 고장력강의 재질을 사용한 앵글 또는 박스(파이프) 타입의 용접 구조이거나 개방형 앵글, H-beam을 사용하는 경우도 있다.

㉡ 메인 지브(Main Jib)

- 카운터 지브 반대편에 설치되어 있으며 턴 테이블을 중심으로 한 외팔보 형태의 구조물이다.
- 지브의 길이(선회 반경)에 따라 권상하중이 결정되며, 풍하중 및 중량을 감소시키기 위해 삼각 트러스 구조로 되어 있다.
- 트러스 내부에 트롤리 로프 설치를 위한 보조 풀리와 트롤리 윈치, 감속기, 드럼, 리미트 스위치 등이 설치되어 있으며, 이를 점검하기 위한 통로인 보도가 설치되어 있다.

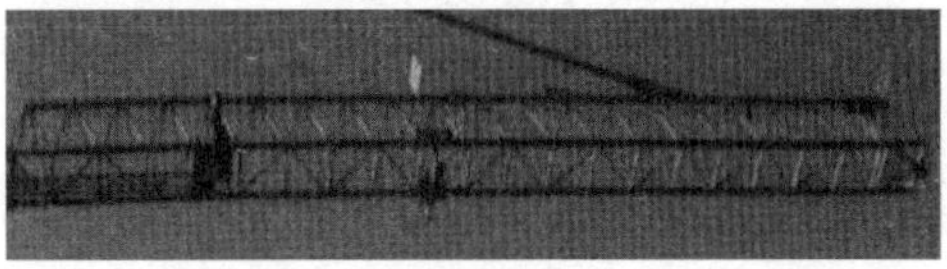

㉢ 카운터 지브(Counter Jib)

메인 지브의 반대편에 설치되는 지브로서 크레인 전 · 후방의 균형 유지를 위하여 카운터 웨이트와 권상용 윈치, 감속기, 드럼, 권과방지장치, 배전 판넬이 설치되어 있다.

㉣ 카운터 웨이트(Counter Weight)

- 메인 지브 무게와 카운트 지브 무게의 상호 균형을 유지하기 위하여 여러 개의 철근 콘크리트로 만들어진 블록이다.
- 필요에 따라 다른 타입으로 만들며 카운터 지브 끝 쪽에 설치한다.
- 설치할 때는 이탈되거나 흔들리지 않도록 수직으로 삽입한 후 상부에 각각의 블록을 견고히 고정한다.

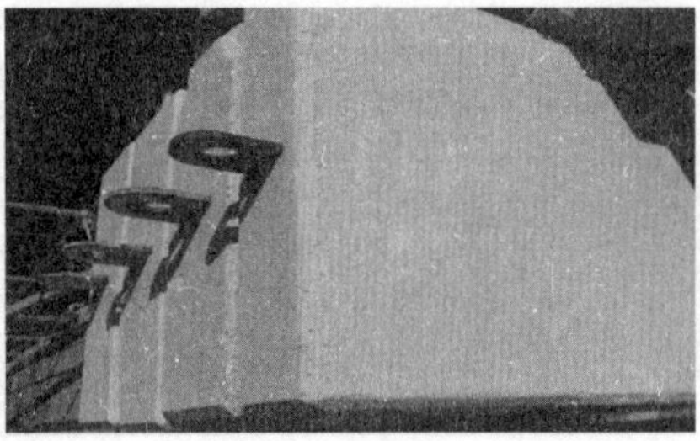

㉤ 타이 바(Tie Bar)

메인 지브와 카운터 지브를 지지하면서 각각을 타워 헤드 상부에 연결하는 바로서, 매우 중요한 역할을 하므로 인장력이 큰 부재로 만들어 사용한다.

㉥ 타워 헤드(Tower Head)

- 메인 지브와 카운터 지브의 타이 바를 상호 지탱하기 위한 목적으로 턴 테이블 및 운전실 상부에 설치한다.
- 트러스 또는 A-프레임 구조로 되어 있으며, 캣트 헤드(Cat Head) 또는 톱(Top)이라고도 한다.

㉦ 선회장치(Slewing Mechanism)

- 타워크레인 마스트의 상부에 위치하며, 메인 지브와 카운터 지브가 이 장치 위에 부착된다.
- 선회장치 상부에 타워 헤드가 고정된다.
- 상 · 하 두 부분으로 구성되어 있으며 그 사이에 회전 테이블이 있다.
- 선회장치와 지브의 연결 지점을 점검하는 난간대가 설치되어 있다.

㉧ 트롤리(Trolley)

메인 지브를 따라 안쪽 또는 바깥쪽으로 이동하며, 권상 작업을 위해 선회 반경을 결정하는 횡행장치로 메인 지브 상부의 레일을 따라 이동한다.

㉨ 후크 블록(Hook Block)

시브와 후크로 구성된 장치로, 트롤리에서 하물을 권상용 와이어로프에 매달아 상하로 이동시키는 데 필요한 일반적인 달기 기구이다.

㉧ 텔레스코핑 케이지(Telescoping Cage)

- 베이직 마스트 및 마스트 3~4개를 감싸고 있는 구조로, 텔레스코핑 작업을 위한 작업공간을 제공한다.
- 유압 실린더, 유압 모터, 플랫폼 및 가이드 레일 등이 포함되어 있다.

㉨ 유압상승장치(Hydraulic Telescoping Assembly)

- 유압 실린더와 유압 모터를 이용한 유압구동 상승장치로, 타워의 높이를 상승 또는 하강시킬 때 이용한다.
- 유압 실린더를 몇 차례 작동하여 실린더 스트로크(Stroke)에 의해 확보된 공간에 새로운 타워를 끼워 넣어 높일 수 있다.
- 유압 실린더는 제조사에 따라 1개 또는 2개가 설치되며, 설치 위치에 따라 마스트의 조립과 해체방법이 다르다.

㉩ 운전실(Cabin)

- 턴 테이블 우측이나 선회장치 위쪽 또는 메인 지브 아래쪽에 설치한다.
- 작업 상황, 거리, 중량, 표시판을 식별할 수 있는 위치에 설치하며, 운전실 및 출입문은 견고한 구조로 되어 있다.
- 최근에는 실내에 운전에 필요한 각종 장치 및 냉난방 시설이 구비되어 있다.

• 운전실 내부에는 의자, 조종 레버 및 안전장치가 설치되어 있으며 권상 · 권하, 횡행, 선회, 기복, 주행 작업 등을 수행할 수 있는 구조로 되어 있다.

5) 타워크레인 안전장치

① 타워크레인은 높은 곳에서 작업하는 장비로 건설자재 등을 매달아 일정 장소로 운반하는 기계이므로 구조 설계 및 안전성 확보가 매우 중요하다.

② 운전자의 실수 등 위험 상황 발생 시 권상 · 하물을 멈추게 하여 사고를 미연에 방지하는 과부하 방지장치를 비롯해, 운전 범위를 제한하거나 안전 속도를 유지하게 하는 등 타워크레인의 운전 전반에 안전성을 확보하기 위한 장치들을 갖추고 있다.

제2장 전기 일반

1 전기 일반

1) 도체(양도체)

전기를 잘 통과시키는 물체를 말하며 동, 은, 염수, 산, 알칼리, 탄소 등이 있다.

2) 부도체(절연체)

전기를 잘 통과시키지 못하는 물체를 말하며 공기, 유리, 비닐, 종이, 운모, 직물 등이 있다.

3) 정격전류

제조업체에서 만든 기계, 기기, 기구 등의 명판에 부착된 사용 한도를 말한다.

4) 전류(A ; Ampre)

① 전위차가 있는 두 점 간에 도체를 연결하면 전기가 흐르는데, 이를 전류라 한다.

② 전류의 세기는 단위시간에 이동하는 전기량으로 표시된다.

5) 전압(V ; Voltage)

① 두 점 간의 전위차를 전압이라 한다.

② 지구 표면을 0 전위로 하고, 그것과 다른 점과의 전위차를 그 점의 전압이라 한다.

6) 대지전압(Voltage to Ground)

접지식 전류에서는 전선과 대지 사이의 전압을 말하며, 비접지식 전류에서는 양 전선 간의 전압을 말한다.

7) 전압의 종류

① 저압 : 직류 750V 이하, 교류 600V 이하인 전압

② 고압 : 직류 750V, 교류 600V 이상이거나 직류 또는 교류가 7,000V 이하인 전압

③ 특별고압 : 7,000V 이상의 전압
④ 초고압 : 200,000V 이상의 전압

8) 절연저항(MΩ)

① 절연물의 절연도를 저항값으로 나타낸 것으로, 절연물의 두 점 간에 전압을 가했을 때 그 표면 및 내부에 누설 전류가 흐르는데 그 전압과 전류의 비를 절연저항이라 한다.
② 배선의 절연저항값
㉠ 대지전압이 150V 이하인 경우 : 0.1MΩ 이상일 것
㉡ 대지전압이 150V 이상, 300V 이하인 경우 : 0.2MΩ 이상일 것
㉢ 사용전압이 300V 이상, 400V 미만인 경우 : 0.3MΩ 이상일 것
㉣ 사용전압이 400V 이상인 경우 : 0.4MΩ 이상일 것

9) 와전류

철심이 자계 중에서 회전하면 자속을 끊어서 전압을 유기하며, 철심 자신이 전기의 양도체이므로 철심 내에 교류의 단락전류가 흐르는데, 이를 와전류라 한다.

10) 차단기

전력 개폐장치의 일종으로 전력의 송·수전, 절체 및 차단 등을 계획적으로 수행하고, 고장이 발생했을 때는 신속히 차단하는 보호장치이다.

11) 저항기

① 타워크레인은 2차 회로에 저항기를 장입하여 권선형 유도전동기의 시동 및 속도를 제어한다.
② 나선형 저항기를 고정시키는 나사 연결부가 느슨하면 부속들이 불타 모터가 위험해진다. 그러므로 타버린 나사나 와셔, 스프링을 사용해서는 안 되며 크로뮴이나 카드뮴으로 도금된 재질의 판을 사용한다.

2 전기 · 기계기구의 외함 구조

1) 회전 링 서포트 안에 터미널 박스가 있는 슬립 링(Slip Ring) 조립품

① 메인 전원은 회전 링 서포트 안에 있는 터미널 박스에 연결되어 있다.
② 배전반 S1에서 전기가 공급되는 전기장치들은 스트립 터미널을 가진 터미널 박스에 연결되며, 슬립 링 조립품(주행 기어, 클라이밍 유압장치) 밑에 있다.
③ 슬립 링 조립품은 자유로운 지브(Jib) 회전을 위해서 4개의 제어 슬립 링을 포함하고 있다.
④ 자유로운 지브 회전이 필요 없는 경우 슬립 링은 다른 목적으로도 사용될 수 있다.

2) 배전반

① 메인 스위치와 메인 콘택터(크레인 전원 스위치)
② 회로를 제어하기 위한 제어 변압기
③ 슬루잉 기어와 트롤리 주행용 제어 시스템
④ 클라이밍(Climbing) 유압장치와 주행 기어 모터에 전원 공급
⑤ 열과 빛의 전원 공급
⑥ 카운터 지브 기어 프레임에서의 배전반 : 권상 기어용 제어 시스템
⑦ 언더캐리지 안의 배전반 : 주행 기어 모터용 제어 시스템

3) 제어장치

① 운전자의 자리나 컨트롤 스탠드는 운전실에 있으며, 플러그 연결부가 있는 컨트롤 라인을 통해 배전반과 연결되어 있다.
② 운전자의 자리나 컨트롤 스탠드는 별도 사양에 따라 원격 조정 데스크나 무선 조정에 연결할 수 있다.

4) 리미트 스위치

① 크레인을 이동시키거나 부하하는 모든 리미트 스위치는 전기장치의 중요한 부분이다.
② 리미트 스위치가 크레인의 안전 작동을 좌우하기 때문에 적절하게 조정하도록 주의한다.

3 접지

접지저항은 접지선의 저항, 접지극의 저항, 접지극 표면과 그것에 접하는 토양 사이의 접지저항, 접지극 주위 토양의 저항 등으로 구성되어 있다. 접지공사란 전기기기, 전기 · 기계기구 금속재 외함을 접지저항치 이하로 만드는 것을 말한다.

1) 접지공사의 종류

① 제1종 접지, 제2종 접지, 제3종 접지공사가 있다.

② 감전 · 누전 사고 방지, 대지전압 저하, 이상전압 억제, 보호계 전기류의 확실한 동작을 보호하기 위하여 설치하는 공사이다.

㉠ 보호계 전기류 : 전기회로에 단락이나 맴돌이 전류 등의 이상이 생겼을 때, 그 부분을 회로에서 절단시키는 명령 기능을 갖춘 장치이다.

㉡ 보호계의 종류 : 과전압 계전기, 부족 전압 계전기, 모터 보호 계전기, 지락 계전기 등

2) 접지의 종류와 구성요소

① **접지의 종류** : 개통 접지, 외함 접지, 낙뢰 방지용 접지, 정전기 방지용 접지, 잡음 방지용 접지 등

② **접지의 3대 구성요소** : 피접지체, 접지선, 접지극

3) 타워크레인의 접지

① 타워크레인에는 일반접지 한 곳, 낙뢰 방지용 두 곳을 설치함을 원칙으로 한다.

② 접지저항값은 10Ω 이하여야 한다.

제3장 방호장치

1 타워크레인 방호장치의 종류

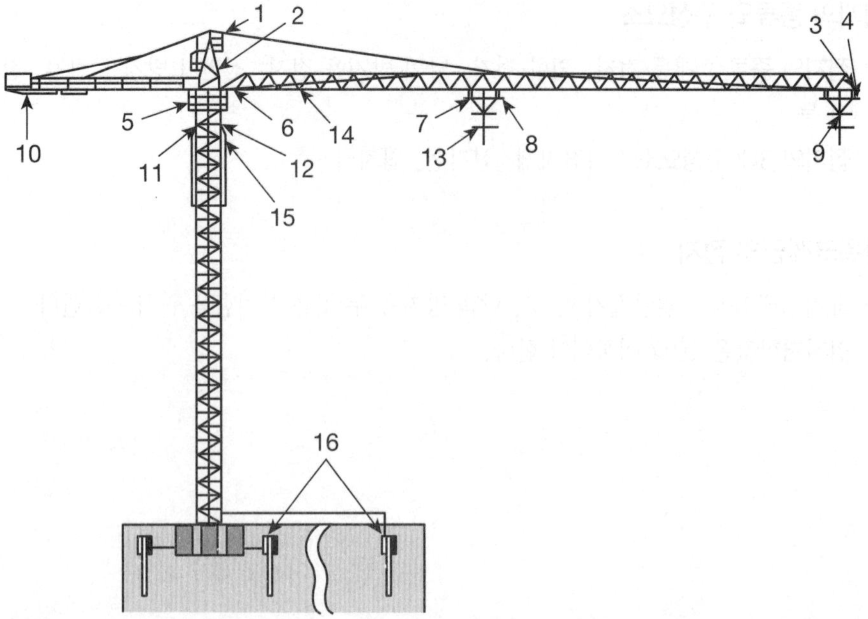

번호	명칭	번호	명칭
1	속도제한장치	9	외측 트롤리 정지장치
2	과부하 방지장치	10	권상 및 권하 방지장치
3	충돌방지장치	11	선회 브레이크 풀림장치
4	와이어로프 꼬임 방지장치	12	바람에 대한 안전장치
5	비상정지장치	13	후크해지장치
6	내측 트롤리 정지장치	14	트롤리 내 · 외측 제어장치
7	트롤리 로프 파손 안전장치	15	선회 제한 리미트 스위치
8	트롤리 로프 긴장장치	16	접지

1) 권상 및 권하 방지장치

① 전원회로 제어를 통하여 타워크레인이 화물을 운반하는 도중 후크가 지면에 닿거나, 권상 작업 시 트롤리 및 지브와의 충돌을 방지하는 장치이다.

② 일반적으로는 권상 드럼 축에 리미트 스위치를 연결하여 과권상 및 과권하 시 자동으로 동력을 차단하는 구조이다.

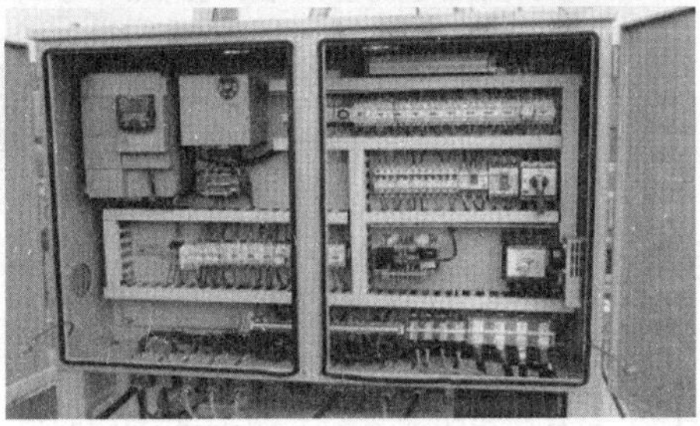

2) 과부하 방지장치

① 각 지브 길이에 따라 정격하중의 1.05배 이상 권상 시 과부하를 방지하기 위해 모멘트 리미터 장치가 작동하여 권상 동작을 정지시키는 장치이다.

② 작동 시 운전자 및 인근 작업자에게 경보가 울리며, 임의로 조정할 수 없도록 봉인하여야 실효를 거둘 수 있다.

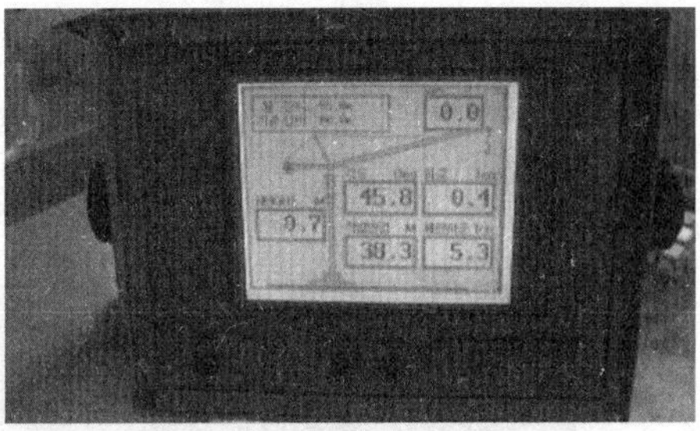

3) 바람에 대한 안전장치

① 회전 모터가 작동할 때와 모터에 회전력이 생길 때까지는 약간의 시간이 필요하므로, 바람이 불 때 역방향으로 작동되는 것을 방지하는 장치이다.

② 회전 기어 브레이크 주변에 부착된 리미트 스위치로 전원회로를 제어한다.

4) 비상정지장치

① 예기치 못한 상황이 발생하거나 동작을 멈추어야 할 때 정지시키는 장치로, 모든 제어회로를 차단하는 구조이다.

② 비상정지용 버튼은 적색에 머리 부분이 돌출되고 수동 복귀되는 형식을 사용해야 한다.

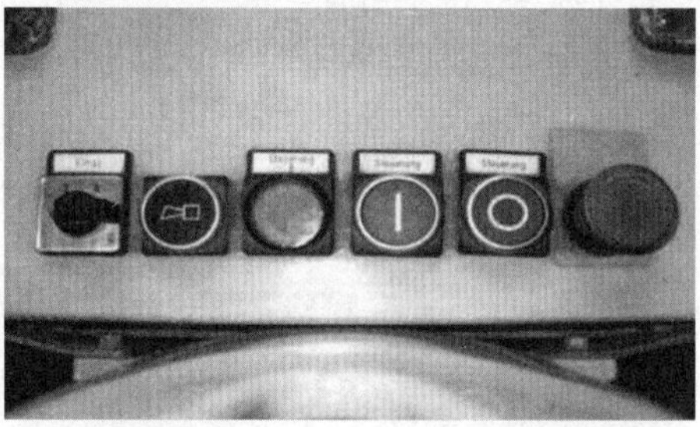

5) 트롤리 내 · 외측 제어장치

메인 지브에 설치된 트롤리가 지브 내측의 운전실과 충돌하거나 지브 외측 끝에서 벗어나는 것을 방지하기 위해 내 · 외측의 시작(끝) 지점에서 전원회로를 제어한다.

6) 트롤리 로프 파손 안전장치

① 트롤리 주행에 사용되는 와이어로프 파손 시 트롤리를 멈추게 하는 장치이다.
② 반동 베어링(Reaction Bearing)이 아래로 처지면서 안전 레버(Safety Lever)가 90° 선회하여 지브 하단부 구조물에 걸리게 한다.

7) 트롤리 정지장치

트롤리 최소 반경 또는 최대 반경으로 동작할 때 트롤리의 충격을 흡수하는 고무 완충재로서 정지장치 역할을 한다.

8) 트롤리 로프 긴장장치

트롤리 로프 사용 시 로프가 크게 처지면 트롤리 위치가 정확하게 제어되지 못하므로 트롤리 로프의 한쪽 끝을 드럼에 감아서 장력을 주는 장치이다.

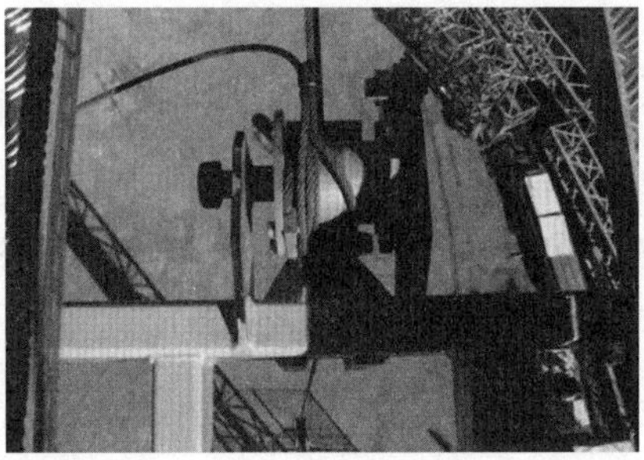

9) 와이어로프 꼬임 방지장치

① 권상 또는 권하 시 권상 로프(Hoist Rope)에 하중이 걸릴 때, 호이스트 와이어로프 꼬임에 의한 로프 변형과 후크 블록 회전을 방지하는 장치이다.

② 내부에 트러스트 베어링이 들어 있는 축 방향 회전장치이다.

10) 후크해지장치

와이어로프가 후크에서 이탈되는 것을 방지하는 장치이다.

11) 선회 제한 리미트 스위치

선회장치 내에 부착하며 회전 수를 검출하여 주어진 범위 내에서만 선회 동작이 가능하도록 하는 장치이다.

12) 충돌방지장치

① 작업 반경이 다른 크레인과 겹치는 구역 안에서 작업할 때, 자동으로 크레인 간의 충돌을 방지하도록 하는 안전장치이다.

② 특히 동일 궤도상을 주행하는 타워크레인이 2대 이상 설치되어 있을 때 크레인 상호 간 근접으로 인한 충돌을 방지한다.

13) 선회 브레이크 풀림장치

① 타워크레인을 가동하지 않을 때 선회 기어 브레이크 풀림장치를 작동시켜 지브가 바람에 따라 자유롭게 움직이게 한다.

② 바람의 영향을 받는 면적을 최소화하여 타워크레인 본체를 보호하고자 설치된 장치이다.

2 타워크레인 방호장치 점검사항

① 과부하 방지장치

㉠ 타워크레인의 권상하중이 정격하중에 근접할수록 명확하고 계속적이며 시청각적인 1차 경고를 운전자에게 제공해야 하며, 정격하중의 90~95%에서 경고음이 울리기 시작해야 한다.

㉡ 과부하 방지장치가 작동하는 동안 경고 신호를 정지시키는 스위치를 사용할 수 있지만, 이 스위치는 권상하중이 정격하중에 다시 접근하면 재작동하도록 자동으로 초기화되어야 한다.

㉢ 정격하중을 초과하였을 때 명확하고 계속적이며 시청각적인 2차 경고를 크레인 운전자 및 크레인 주위의 사람들에게 제공해야 한다.

㉣ 권과를 방지하기 위해 자동적으로 전동기용 동력을 차단하고, 작동을 제동하는 기능이 있어야 한다.

㉤ 후크 등 달기 기구의 상부와 드럼, 시브, 트롤리 프레임, 기타 접촉할 우려가 있는 것과 하부와의 간격이 0.25m 이상에서 작동하고, 직동식 권과방지장치는 0.05m 이상에서 작동해야 한다.

② **하강제한장치** : 드럼에 규정된 최소한의 수만큼 로프가 감겨 있어야 한다.

③ **선회제한장치** : 크레인 상부 구조물이 설계 제한치 이상으로 선회하는 것을 방지한다.

④ **주행제한장치** : 트랙 끝에 접근하거나, 고정되어 있거나, 움직이는 장애물에 접촉하는 것을 방지한다.

⑤ **기복제한장치** : 지브가 설계 제한치 이상으로 바깥쪽 혹은 안쪽으로 기복되지 않도록 한다.

⑥ **로프 이완 방지장치** : 운전 중 로프가 느슨해졌을 때 작동을 정지한다.

⑦ **지브 텔레스코핑 제한장치** : 지브가 설계 제한치 이상으로 텔레스코핑하는 것을 방지한다.

⑧ 타워크레인에는 반드시 상승 속도 제한장치, 하강 속도 제한장치, 기복 속도 제한장치 등을 부착해야 한다.

제4장 유압이론

1 유압의 기초

유압유를 사용하여 힘과 동력을 전달하는 것을 유압이라 하며, 유압의 기본적인 성질은 압축성, 정지 액체의 2가지 특성, 흐름에 대한 2가지 특성 등이 있다.

1) 압축성

유체에 가해진 압력의 증가분에 대한 체적의 감소분을 압축률이라 하며, 그 압축률을 수량적으로 나타내면 다음과 같다.

$$K(\text{체적탄성계수}) = \frac{1}{ß}(kg/cm^2),\ ß = \text{압축률}$$

2) 정지 액체의 2가지 특성

① 파스칼의 원리

㉠ 밀폐된 용기 속에 있는 액체의 일부에 압력을 가하면 동일한 세기로 액체의 모든 부분에 전달된다는 원칙을 파스칼의 원리라 한다.

$$P(\text{압력}) = \frac{F(\text{힘})}{A(\text{면적})}(kg/cm^2)$$

㉡ 유압은 용기 면에 직각으로 작용하고 모든 방향으로 일정하게 동일한 세기로 전달된다.

② 유압 지렛대의 성질

㉠ 피스톤에 작용하는 힘은 각각의 피스톤 면적에 비례하고 이동거리는 그 면적에 반비례한다.

㉡ 피스톤에 작용하는 힘의 크기는 압력 × 면적으로 계산한다.

3) 흐름에 대한 2가지 특성

흐름에 대한 2가지 특성에는 연속식과 베르누이의 정리가 있다.

① **연속식** : 질량 불변의 법칙을 작동유의 흐름에 적용할 경우 유량 Q는 $A_1V_1 = A_2V_2$가 성립되는데, 이를 연속식이라 한다.(단, 유선관로의 면적 : A_1, A_2, 정상 흐름의 평균유속 : V_1, V_2)

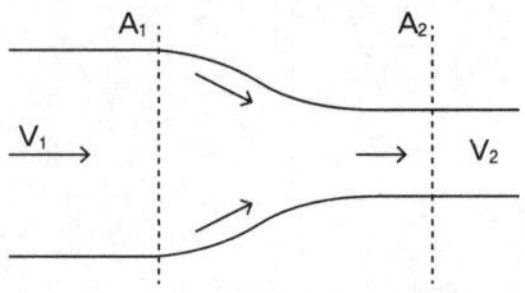

② **베르누이의 정리** : 유압의 면적은 압력과 비례하고 속력과 반비례한다. 베르누이의 정리는 유체가 같은 높이로 흐를 때 속력과 압력은 반비례한다는 법칙이다.

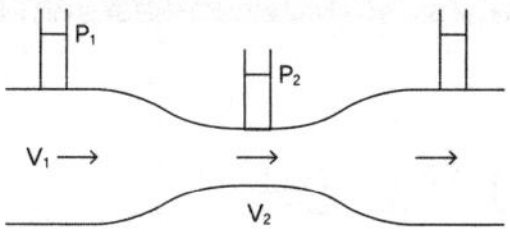

2 유압의 특징

액체는 압축할 수 없지만 힘과 운동을 전달할 수 있으며, 작용력을 증대시키거나 감소시킬 수 있다.

1) 유압의 장점

① 원격 조작이 용이하다.
② 무단 변속이 간단하고 작동이 원활하다.
③ 소형이며 성능이 우수하다.
④ 과부하 방지가 간단하고 정확하다.
⑤ 힘 조정이 용이하고 정확하다.
⑥ 반응 속도가 빠르며 진동이 적다.

2) 유압의 단점

① 오일 자체가 오염되기 쉽다.
② 오일 온도에 의해 기계의 작동 속도가 변한다.
③ 화재 위험성이 크다.
④ 배관 및 접속부에서 누유의 염려가 있다.
⑤ 비교적 지저분하다.
⑥ 부품 값이 비싸다.
⑦ 열화현상으로 주기적 교환이 필요하다.
⑧ 공동현상 발생 우려가 있다.

3 유압장치의 구성

유압장치는 유압발생장치, 유압제어장치, 유압구동장치 등으로 구분할 수 있다. 유압발생장치는 유압 펌프, 전동기, 오일 탱크로 구성되어 있으며, 유압제어장치가 각기 용도에 따라 유압을 제어한다. 유압구동장치는 유압 모터나 유압 실린더에 유압을 흘려보내 지시대로 기계적인 동작을 한다.

1) 유압 펌프

원동기의 기계적 에너지를 압력 및 속도 에너지로 바꾸며, 오일 탱크에서 오일을 흡입 · 가압하여 액추에이터로 내보낸다.

2) 유압 탱크

작동유를 저장하는 탱크로서 오일에서 발생하는 열을 냉각하고 유압회로에 필요한 오일을 저장하며, 오일 속에 함유된 금속 분말을 제거한다.

3) 제어 밸브

작동유의 압력, 유량 및 흐름의 방향을 조정하는 것으로 유압 펌프 가까이에 설치한다.

① **압력 제어 밸브** : 과부하를 방지하고 유압기기를 보호하기 위하여 최고 출력을 규제하며 유압 회로 내의 필요 압력을 유지한다.

② **유량 제어 밸브** : 유로의 단면적을 변경해 유량을 제어하여 액추에이터의 속도와 회전 수를 변경시킨다.

③ **방향 제어 밸브** : 작동유의 흐름 방향을 제어한다.

4) 제어 밸브의 3요소

① **압력 제어 밸브** : 일의 크기

② **유량 제어 밸브** : 일의 속도

③ **방향 제어 밸브** : 일의 방향

5) 액추에이터

① 유압 펌프로 변환시킨 오일의 에너지를 다시 기계적 에너지로 바꾸는 일을 한다.

② 직선 왕복운동을 하는 것과 회전운동을 하는 것이 있다.

4 텔레스코핑 유압장치

1) 유압식 클라이밍 장치 작동법

① 크레인을 정확하게 세운다.

② 오일 레벨을 점검한다.

㉠ 기존 유압장치 : 오일 레벨이 사이트 글래스(Sight Glass)의 중간점까지 채워져야 한다.

㉡ 새로운 유압장치 : 오일을 계량봉으로 점검해야 한다.

㉢ 만일 유압장치를 얼마동안(예 6개월) 사용하지 않고 내버려 두었다면, 작동하기 전에 육안으로 점검한다. 오일 색깔이 밝고 선명하다면 그대로 써도 되지만, 색깔이 우윳빛이고 털이 일어난 듯하며 탁하다면 바꾸어야 한다.

㉣ 오일 탱크 바닥을 점검해 오일 찌꺼기가 있다면 깨끗이 청소해야 한다. 유압장치가 정확하게 작동하려면 무엇보다 깨끗한 오일이 중요하다.

③ 모터의 회전 방향을 점검한다.

모터를 잠시 작동시키며 통풍기 날에 표시된 화살표 방향으로 회전하고 있는지 확인한다.

④ 클라이밍 압력을 점검한다.

㉠ 유압 조립품은 모두 표준형이지만 크레인 모델은 제각기 무게가 다르기 때문에 크레인마다 클라이밍 압력을 점검해야 한다.

㉡ 클라이밍 압력은 공장에서 맞춘다.

예 290HC 크레인의 경우 클라이밍을 하는 데 280BAR의 압력이 필요하다.

⑤ 크레인이 설치되는 동안 통풍 밸브는 열려 있어야 한다.

⑥ 크레인의 유압부품을 분해하여 수송하는 동안 배기 밸브는 닫혀 있어야 한다.

2) 유압식 클라이밍 장치의 작동과 유지

유압장치는 공장에서 완제품으로 공급되며, 작동시키기 전에 사이트 글래스를 통해 오일 수준을 점검해야 한다.

① 작동원리

㉠ 전기 모터가 작동되면서 유연성 있는 커플링으로 펌프를 작동시킨다.

㉡ 펌프는 탱크에서부터 여과기를 통해 Servo Slider Valve(4/3 Way Valve)를 거쳐 램 실린더까지 오일을 운반한다.

㉢ Servo Slider Valve가 오일 순환의 시작 지점에서 과도한 오일 압력을 제한하므로, 펌프와 밸브 사이에 들어가는 압력 제한 밸브의 세팅 포인트는 변경하면 안 된다.

② 유지

㉠ 유압장치를 분해할 때는 모든 오일장치에 먼지가 들어가지 못하도록 마개로 봉해야 한다.

㉡ 스크레이퍼 링을 보호하기 위해 피스톤 로드를 깨끗하게 닦아야 한다.

③ 오일 교환

㉠ 오래된 기름을 배출하고 탱크와 여과기를 깨끗이 닦은 후에 윤활도표에 설명된 유압유체를 채운다.

㉡ 피스톤 로드를 여러 번 확장 · 수축시킨 다음, 사이트 글래스나 계량봉으로 오일 수준을 점검한다.

㉢ 자동으로 공기가 배출되므로 장치를 열어서는 안 된다.

3) 크레인이 클라이밍되지 않는 경우

① 불충분한 압력

㉠ 표시 : 압력계에 저압으로 기록된다.

㉡ 보수방법

- 육각 소켓 렌치로 조정 나사에서 꼬임 방지장치를 연다.
- 압력계로 압력을 조정하는데, 오른쪽으로 돌리면 압력이 올라가고 왼쪽으로 돌리면 압력이 내려간다.
- 각 조립품에는 R3/8 압력계 연결부가 있으며, 폭발 위험이 있기 때문에 결코 지정된 최대 압력을 초과해서는 안 된다.

② 펌프의 결함

㉠ 표시 : 시끄러운 소리가 나면서 압력계에 저압으로 기록된다.

㉡ 보수방법

- 조립품 덮개를 열고 M 8×35 조임 나사 4개를 풀고 펌프를 교체한다.
- 펌프 샤프트의 커플링 반쪽은 샤프트 끝과 같아야 한다.
- 교체 후에 조립품 덮개를 열고 오일을 가득 채운다.
- 잠시 모터를 가동시키면서 새는 곳이나 연결부, 압력을 조정하고 점검한다.
- 만일 전기 모터도 교체해야 한다면 다음과 같이 한다.
  - HA 635/1402 조립품 : 커플링 반쪽은 모터 샤프트의 끝과 같아야 한다.
  - HA 635/1590 조립품 : 커플링 반쪽이 모터 샤프트 끝에서 4mm 뒤로 물러나야 한다.

㉢ 주의사항

- 만일 오일을 피스톤에서 탱크로 들어가도록 펴 올릴 수 없다면 오일을 담을 수 있는 임시 용기가 있어야 한다.
- 처음 위치로 세트 스크루(Set Screw)를 돌려 자동안전장치를 복구하고, 캡 너트와 함께 구리기 밀링을 나사로 고착시킨다.

4) 윤활유 선택 지침

① 고품질 윤활유는 최적의 성능을 발휘하고 고장이 없어야 한다.

② 윤활유 도표에 기술된 바에 따라 품질이 좋은 윤활유를 사용하는 것이 좋다.

5) 비마찰 베어링

① 적당하게 윤활하고 1년에 1번은 청소한다.

② 등급이 정확한 새로운 오일로 안쪽 구멍의 1/3 정도까지 채운다.

6) 기어박스 오일 공급

① 첫 번째 오일 교환은 100시간 작동 후, 두 번째 오일 교환은 약 500시간 작동 후에 한다.
② 가능하면 크레인 작동을 끝내고 난 직후 따뜻할 동안 오일을 배출시켜야 한다.
③ 이후의 오일 교환은 1,000시간 운행한 후나 1년에 1번 정도로 한다.
④ 기어박스에 오일 필터가 있다면 14일마다 필터를 세척해야 한다.
⑤ 기어박스(슬루잉 기어)에 오일을 공급할 때 유의사항
  ㉠ 먼저 기어박스 측면에 브리더 밸브를 가지고 있는 필러 플러그를 제거한다.
  ㉡ 공기가 위로 올라가고 오일이 기어의 최상 단계까지 올라갈 수 있도록 브리드 스크루 또한 제거한다.
  ㉢ 기어박스에 오일을 채운 후에 양 나사를 다시 조립한다.

7) 세척

① 오래된 오일은 배출하고 전동장치에 다시 채우기 전에 세척을 하는 것이 좋다.
② 새로운 오일이 희석되는 것을 방지하기 위해서 사용될 오일과 같은 등급의 오일로 세척한다.
③ 석유나 파라핀으로 세척하면 안 된다.

8) 노출된 기어의 톱니

① 윤활유를 사용할 때는 윤활유 제조업자나 공급자가 발행한 사용 설명서에 맞게 사용한다.
② 윤활유는 오일과 구리스를 사용하지 않는 금속 접촉부에만 사용한다. 이를 어기면 윤활성, 부식 방지, 소음 흡수성에 역효과가 나타난다.

9) 볼 슬루잉 링

볼, 볼 트랙, 톱과 치차 사이의 마찰력 감소, 베어링의 활동 부분이 부식되는 것을 방지하기 위해 윤활이 필요하다.

10) 시동

① 크레인을 처음 작동시키기 전에는 볼 트랙과 치차를 재윤활하는 것이 필수적이다.
② 수송, 중간 저장, 설치하는 동안 모아진 이물질들을 제거하기 위해 실시한다.

제5장 양중 작업

1 타워크레인 양중 작업의 종류

타워크레인 양중 작업은 설치 및 해체 시 양중 작업, 텔레스코핑 작업 시 양중 작업, 기타 인양 작업 시 양중 작업으로 구분된다.

1) 타워크레인 설치 및 해체 시 양중 작업

① 작업 지휘자의 지휘 계통을 명확히 하고 추락 재해와 낙뢰 · 비래를 방지한다.

② 설치 및 해체 시에는 풍속 10m/s 이내에서 작업한다.

③ 긴 부재 권상 시에는 안전 로프를 설치 · 사용해야 하며, 부재중량에 적합한 줄걸이 용구를 사용해야 한다.

2 양중 작업의 보조용구

와이어로프, 체인 및 체인 블록, 벨트 슬링 등이 있다.

1) 와이어로프

① **와이어로프의 구성** : 심(Core), 가닥(Strand), 소선(Wire)

② **소선의 재료** : 탄소(C : 0.50~0.85 섬유상 조직)

③ **심의 재료** : 섬유(Fiber), 와이어 스트랜드 코어(WSC ; Wire Strand Core), 인디펜던트 와이어로프 코어(IWRC ; Independent Wire Rope Core)

④ **와이어로프의 표기**

⑤ 와이어로프의 꼬임

㉠ 랭꼬임 : 마찰과 굴곡 피로가 강하고 드럼에서 형태 파괴가 심하다.

㉡ 보통꼬임 : 킹크가 생기기 힘들고 형태가 쉽게 파괴되지 않는다.

- Right-hand-lay Z lay OZ연
- Left-hand lay S lay OS연
- Right-hand- lay Z lay LZ연
- Left-hand lay S lay LS연

⑥ 와이어로프의 안전율

㉠ 권상용 와이어로프 : 5.0 이상(지브 기복용)

㉡ 지지용 와이어로프 : 4.0 이상(고정용)

$$\text{안전율} = \frac{\text{로프의 절단하중} \times \text{로프 줄수}}{\text{정격하중(사용)} + \text{후크의 자중}}$$

⑦ 와이어로프 폐기기준

㉠ 한 스트랜드에서 소선의 수가 10% 이상 끊어진 것

㉡ 7% 이상 지름이 감소한 것

㉢ 꼬인 것

㉣ 심하게 변형 또는 부식된 것

㉤ 이음매가 있는 것

㉥ 단말 고정이 손상 · 풀림 · 탈락된 것

⑧ 줄걸이 작업(줄걸이 작업 시 안전 포인트)

㉠ 화물의 중량에 따라 슬링의 직경 선정

㉡ 안전율을 고려한 슬링의 줄 수 선정

⑨ 슬링 로프의 안전하중

㉠ 비도금종 : D^2 / 20 ÷ 안전율

㉡ 도금종 : 3 × $(D / 8)^2$ ÷ 안전율

⑩ 줄걸이 작업용 볼트와 바의 직경 : 와이어로프 직경의 6배 이상

⑪ 샤클의 폐기기준

㉠ 열 영향을 받은 것

㉡ 변형된 것(변형율 8% 이상)

㉢ 수정한 것

㉣ 흠이나 상처가 난 것(5% 이상 작아진 것)

㉤ 10% 이상 마모된 것

㉥ 나사산이 마모된 것

㉦ 안전하중 표기가 없는 것

⑫ 샤클 사용상 주의점

㉠ 사용하중과 매달린 화물의 형태 및 사용방법 등에 적합한 샤클을 사용한다.

㉡ 샤클 본체에 구부리는 힘이 작용하지 않도록 한다.

㉢ 과열 · 충격 · 변형 · 수정한 것은 사용하지 않는다.

2) 체인(Chain) 및 체인 블록

① 체인의 종류

㉠ 재질 : 탄소강, 특수 합금강

㉡ 분류 : 인장강도에 따라 M급, S급, T급으로 분류

㉢ 형태 : 쇼트 링크 체인(Short Link Chain), 스터드 링크 체인(Stud Link Chain)

② 체인의 폐기기준

㉠ 늘어난 길이가 원래 길이(임의의 5개 링 길이 기준)의 5%를 초과한 때

㉡ 단면 지름의 감소가 원래 지름의 10%를 초과한 때

㉢ 심한 부식 · 균열 · 변형 및 깨지거나 모양에 결함이 있을 때

3) 섬유 로프(Firber Rope)

① 섬유 로프

㉠ 천연섬유 : 마 로프, 면 로프

㉡ 합성섬유 : 나일론, 폴리에틸렌, 비닐론

② 벨트 슬링

㉠ 종류 : 폴리아미드, 폴리프로필렌, 합성섬유

㉡ 표기 : 기본 사용하중, 폭, 길이

③ 벨트 슬링의 폐기기준

㉠ 고리

- 결을 알아볼 수 없을 정도로 보풀이 일고 경사 손상이 인지되는 것
- 두드러진 잘린 흠, 긁힌 흠, 스친 흠 등이 인지되는 것
- 봉제실이 절단되어 고리의 모양이 유지되지 않는 것

㉡ 봉제부

- 두드러진 잘린 흠, 스친 흠, 긁힌 흠 등이 인지되는 것
- 봉제실이 절단되어 벨트의 박리가 조금이라도 인지되는 것

㉢ 몸체

- 벨트의 전체 나비에 걸쳐서 보풀이 일고 경사 손상이 인지되는 것
- 나비의 1/10 또는 두께의 1/5에 상당하는 잘린 흠, 긁힌 흠 등이 인지되는 것
- 봉제실이 벨트의 나비 이상 절단된 것, 심하게 손상 또는 부식된 것

④ 슬링 벨트의 폐기기준

㉠ 봉제선의 풀어진 길이가 벨트의 폭보다 클 때

㉡ 봉제선의 풀어진 길이가 봉제부 길이의 20%를 넘을 때

㉢ 심한 손상이 있을 때

㉣ 사용한계 표시 부분의 노출 또는 손실이 있는 것(사용한계 표식으로 다른 색의 실을 넣어서 짠 벨트인 경우)

⑤ 라운드 슬링의 폐기기준

㉠ 아이부, 본체 부분의 표피가 파손되어 심선이 노출된 경우

㉡ 벨트의 접합부 또는 연결부 실밥이 풀려서 심선이 노출된 경우

㉢ 열이나 약품 등에 의하여 심한 변색 · 용융 · 용해 등이 확인된 경우

㉣ 심부가 부분적으로 뭉쳐서 두께의 불균일이 감지될 경우

⑥ 클램프(Clamp)의 폐기기준

㉠ 클램프 Cam의 마모 기준

규 격 (TON)	마모 폭(m/m)	Cam
0.5	0.5	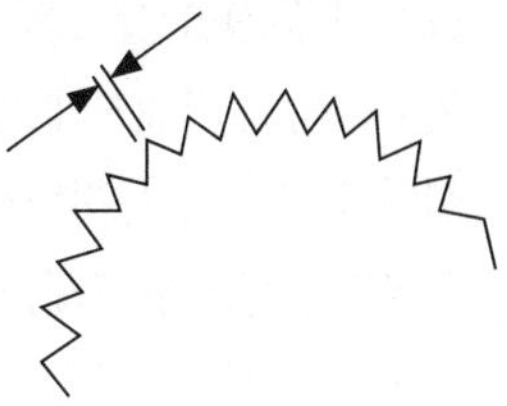
1	0.8	
2	0.8	
3	1.0	
5	1.2	

㉡ 클램프 Jaw의 마모 기준

규 격 (TON)	마모 폭(m/m)	Jaw
0.5	0.5	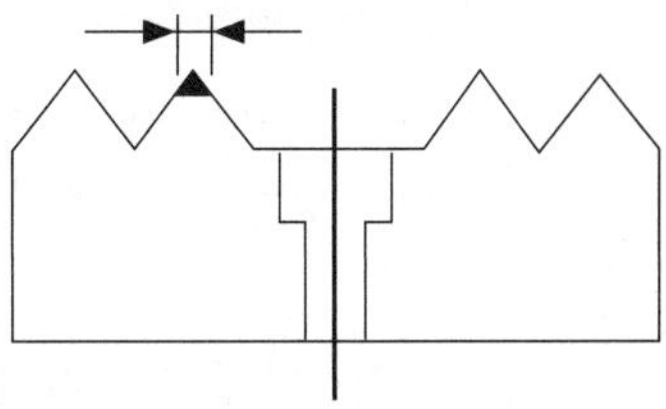
1	0.8	
2	0.8	
3	1.0	
5	1.2	

※ 핀 또는 핀 구멍 마모량 : 5% 이내, 개구부 변형량 : 5% 이내

제6장 타워크레인 운전

1 타워크레인 운전의 개요

1) 크레인 운전 자격

① 제1종 보통운전면허증 이상을 소지한 자(만 18세 이상)
② 정신적 · 신체적으로 정상인 자
③ 크레인 운전을 합리적으로 성실히 수행할 수 있는 자
④ **3톤 이상의 타워크레인 운전** : 국가자격기술법에 의한 타워크레인 운전기능사 자격 취득 후 건설기계 조종사 운전면허증을 소지한 자
⑤ **3톤 미만의 타워크레인 운전** : 국토교통부에서 실시하는 20시간의 교육을 이수한 후 건설기계 조종사 운전면허증을 소지한 자

2) 크레인 운전자의 의무

① 작업을 시작할 때 브레이크와 비상 리미트 스위치의 작동상태를 점검하고 재해 방지를 위해 크레인을 검사해야 한다.
② 안전 운전에 영향을 주는 어떠한 결함들이 발견되면 즉시 작업을 중지해야 한다.
③ 담당 감독관이나 관리자에게 크레인의 결함을 보고하고 교대자에게 인계할 때 상황을 설명해야 한다. 작업장에서 조립과 분해가 된 크레인은 운전자가 크레인 기록부에 결함을 기록해야 한다.
④ 제어는 일정한 곳에 설치된 제어실에서만 행해야 한다.
⑤ **크레인 운전자가 시행해야 할 사항**
㉠ 구동 기어에 전원을 넣기 전에 모든 제어장치는 0이나 중립 위치에 있어야 한다.
㉡ 운전을 끝마쳤을 때 모든 제어장치는 0이나 중립에 위치시키며, 동력 공급 스위치를 끄고 잠근다.
⑥ **크레인 운전자가 지켜야 할 사항**
㉠ 바람에 노출된 크레인은 폭풍우 또는 작업이 끝나는 시점에서 준비된 안전장치로 보호한다. 바람으로 지브가 흔들리거나 건물 또는 발판에 부딪힐 위험에 있다면 크레인 소유자나 운영회사가 지시한 예방조치를 수행해야 한다.

㉡ 제어실을 떠날 때 유의사항

- 타워 회전 크레인 : 부하 후크를 올리고 슬루잉 기어 브레이크를 풀어놓는다.
- 트롤리 지브 크레인 : 트롤리를 안전 위치에 옮겨 놓는다.
- 플라이 지브 크레인 : 지브를 수평 위치에 옮겨 놓는다.

⑦ 무부하로 움직일 때 크레인 운전자가 물건을 볼 수 없거나 물건을 들어 올리는 장비를 볼 수 없다면, 신호를 보내는 사람이 지시하는 대로 운전해야 한다(프로그램 제어 크레인은 예외).

⑧ 크레인 운전자는 필요할 때 경고 신호를 보내야 한다.

⑨ 안전장치 없이 자석 · 흡입 · 마찰력에 의해 하물을 들어 올리는 장비를 사용할 때와 자동 기중기나 지브 러핑 기어 브레이크가 없는 크레인을 사용할 때는 하물이 사람의 머리 위를 지나가지 않도록 해야 한다.

⑩ 하물 안전에 대한 책임자, 운영 또는 소유 회사가 인정한 신호자의 신호 없이는 하물을 운반해서는 안 된다. 만일 신호가 필요하다면 운전자와 책임자는 작업을 수행하기 전에 신호에 대한 규약을 협의해야 한다.

⑪ 하물을 후크에 매달 때마다 크레인 운전자는 제어가 용이한 곳으로 이동시켜야 한다.

⑫ 하중이 걸린 상태에서는 중립 위치를 이용하는 권상 기어나 지브 러핑 기어의 이동 운동은 중단해야 한다.

⑬ 비상 리미트 스위치는 정상적인 크레인 작동 중에 고의적으로 작동해서는 안 된다.

⑭ 부하 토크 제한장치가 작동된 후에는 지브를 바람이 부는 쪽으로 돌려 초과 부하를 올려서는 안 된다.

⑮ 건축 자재 취급 장비는 주행이 시작되기 전에 권상 기어와 트롤리가 움직이지 않아야 한다.

2 타워크레인 작업의 종류

1) 권상 및 권하 작업

권상 작업은 지면에서 물건을 올리는 작업을 말하며, 권하 작업은 상부에 있는 물건을 아래로 내리는 작업을 말한다.

2) 트롤리 이동 작업(횡행)

메인 지브를 따라 트롤리가 앞쪽 또는 뒤쪽으로 이동하는 작업을 말한다.

3) 선회 작업

턴 테이블이 수평으로(좌우로) 선회하는 작업을 말한다.

4) 기복 작업

붐의 각도 약 15°에서 87° 범위에서 수평으로 아래 또는 위로 올리고 내리는 작업을 말한다.

5) 주행 작업

주행용 타워크레인에서 본체가 레일 위에 설치되어 이동하는 작업을 말한다.

3 타워크레인 운전 시동법

① 윤활
  ㉠ 슬루잉 기어, 주행 기어, 권상 기어, 트롤리 주행 기어에 있는 모든 윤활 지점에 윤활을 한다.
  ㉡ 주 1회 윤활 : 모든 윤활 지점에 주 1회 주유하고 기어박스 오일 수준을 점검한다. 모든 로프와 기어는 항상 잘 윤활되어야 한다.

② 전동기계와 슬립 링 조립품 위의 탄소 브러시가 정확히 설치되었는지 점검한다. 탄소 브러시가 다 마모되면 새것으로 교체하고 카본 가루를 제거한다.

③ 크레인이 작동하는 동안 스위치 기어 캐비닛의 표준전압에 유의한다. VDE 표준 규격에 따르면 전압이 ±5%가 초과되지 않도록 해야 한다.

④ 브레이크와 브레이크 제동장치 솔레노이드가 정확히 작동하는지(특히 권상 기어 부분) 점검하고 조정한다. 가동 전에 최소 5번 정도 테스트한다.

⑤ 크레인을 설치한 후에 플러그 대신 브리드 밸브가 슬루잉 전동 기어 장치에 설치되었는지 점검한다.

⑥ 기계적으로 기어박스 위에 있는 권상 기어 이동용 이동 피니언은 완전히 맞물려야 한다.

⑦ 유압 펌프 조립품 위에 있는 브리드 밸브를 연다(클라이밍 장치가 있는 크레인의 경우).

⑧ 도르래가 정확한 곳에 있는지, 모든 와이어로프의 상태가 좋은지 점검한다. 또한 도르래 로프 홈에 굳은 기름을 사용하면 로프가 도르래에서 올라가 보호 테에 부딪히게 되므로 주의한다.

⑨ 모든 나사와 볼트가 꽉 조여졌는지 점검한다. 특히 볼 슬루잉 링과 타워 연결부의 나사와 볼트를 점검해야 한다.

⑩ 크레인을 세우고 시동을 걸기 전에 레일 트랙에 오물이나 다른 장애물이 없는지, 레일 트랙이 정확하게 놓였는지, 기초의 간격이 적절한지 확인한다.

⑪ 밸러스트가 안전하고 완전하게 설치되었는지 점검한다.

⑫ 크레인이 모든 장애물로부터 자유롭게 전 작업 높이로 구동할 수 있는지, 전 트랙 길이를 따라 전원 케이블이 자유롭게 풀릴 수 있는지 점검한다.

⑬ 레일 클램프를 제거하고 주행 제한 스위치와 트랙 끝 안전장치가 기울어지게 접한 곳이 트랙 끝에 정확하게 고정되어 있는지 확인한다.
⑭ 트랙이 피뢰를 위해 정확히 접지되었는지 확인한다.
⑮ 조정 배전판 위의 모든 주 스위치를 0으로 맞춰 놓는다.
⑯ 전원 연결부를 결속하여 전원을 공급한다.
⑰ 기어는 부하된 상태에서 이동할 수 있지만, 권상 기어는 정지상태에 있어야 한다.

제7장 신호방법

1 음성신호

① 통신 및 육성 메시지는 간결 · 단순 · 명확해야 하며, 신호를 접수한 운전자와 통신한 사람은 서로 완전하게 이해하였는지 상호 확인해야 한다.
② 작업 지역이 시끄럽다면 육성보다는 무선통신을 권장하며, 무선통신 사용이 만족스럽지 않다면 수신호로 하여야 한다.

2 무선신호(무전기 사용)

① 무전기 혼선을 막기 위하여 타워 주파수는 타워 신호 외에는 사용을 금한다.
② 작업반 통화 및 개인 통화는 금한다. 타워 신호 중간에 끼어들면 같은 주파수대에 있는 무전기는 전부 먹통이 된다. 이는 사고와 연결되며, 타워크레인 사고는 대형이기 때문에 무전기를 사용하는 모든 사람들이 주의해야 한다.
③ 무전기 키를 긴 시간 잡고 있는 경우 위험 예지신호를 할 수 없다.

3 수신호

운전자가 신호수의 육성 경고를 정확히 들을 수 없을 때는 반드시 수신호를 사용하여야 한다.
① 신호를 주는 사람은 신호수라 하며, 크레인 운전자에게 수신호로 동작을 지시한다.
② 신호수는 위험에 노출되지 않고 크레인의 동작을 항시 주목할 수 있어야 한다.
③ 신호수는 전적으로 크레인 동작에 필요한 신호에만 전념하고, 인접한 지역의 작업자들 안전에 최대한 신경 써야 한다.

4 호각신호

① **안전신호** : 오른손을 머리 위로 든 상태에서 앞뒤로 흔들며 호루라기를 짧게 다섯 번 분다.
② **멈춤신호** : 오른손을 주먹 쥐고 머리 위로 든 상태에서 호루라기를 아주 길게 한 번 분다.
③ **긴급정지신호** : 손을 펴고 양팔을 머리 위로 올려서 아래위로 흔들며 호루라기를 짧게 다섯 번 분다.

④ **전진신호** : 양손을 편 상태에서 위에서 아래로 내리며 호루라기를 짧게, 길게, 짧게, 길게, 두 번 분다.
⑤ **후진신호** : 양손을 편 상태에서 아래에서 위로 올리며 호루라기를 짧게, 길게, 짧게, 길게, 두 번 분다.
⑥ **우측신호** : 오른손을 편 상태에서 머리 위로 올려 아래위로 흔들며 호루라기를 아주 길게 한 번 분다.
⑦ **좌측신호** : 왼손을 편 상태에서 머리 위로 올려 아래위로 흔들며 호루라기를 아주 길게 한 번 분다.

5 깃발신호

① **안전신호** : 깃발을 들고 머리 위로 든 상태에서 앞뒤로 흔든다.
② **멈춤신호** : 깃발을 머리 위로 든다.
③ **긴급정지신호** : 양손에 깃발을 들고 머리 위로 올려서 아래위로 흔든다.
④ **전진신호** : 양손에 깃발을 들고 위에서 아래로 내린다.
⑤ **후진신호** : 양손에 깃발을 들고 아래에서 위로 올린다.
⑥ **우측신호** : 오른손에 깃발을 들고 머리 위로 올려 아래위로 흔든다.
⑦ **좌측신호** : 왼손에 깃발을 들고 머리 위로 올려 아래위로 흔든다.

6 기타신호

① 무선신호나 수신호를 할 때 기착 지점을 먼저 표시해주면 안전하게 이동시킬 수 있다.
② 스윙 시에는 간섭되는 타워가 많아 신호수가 인접 작업 타워를 확인해야 한다(사고와 연결되므로 철저한 사전 확인 필요).
③ 상승 또는 하강 시에 고속으로 가동되므로 사전(기착점)에서 일차적으로 정지시키고, 다시 천천히 신호를 하여 작업한다.
④ 타워는 풍속에 약하므로 상하 작업 장소에서 안전을 기한다.
⑤ 안전상의 문제점은 수시로 의논한다(사전에 작업 계획 협의).
⑥ 신호수는 작업 중에 일어날 수 있는 위험에 대비하여 피할 수 있는 곳을 정해둔다. 또한 위험한 작업은 타워 반장이나 안전직원의 지시를 받는다.
⑦ 운전자가 보이지 않은 곳에서는 신호수 신호가 중요하므로, 신호수는 운전자의 눈이 되어 안전에 만전을 기하여야 한다.
⑧ 신호수는 호각을 소지하여 비상시 호각을 길게 분다.
⑨ 신호수는 정기교육에 참석하여 현장 여건을 파악하고 작업 상황을 협의한다.
⑩ 기타 변경 사항은 수시로 협의한다.

제8장 타워크레인 설치 및 해체 작업

1 타워크레인 설치 순서

파운데이션(Foundation) 설치

⇩

베이스 타워 섹션(Base Tower Section) 조립 및 설치

⇩

타워 섹션(Tower Section) 조립

⇩

텔레스코핑 게이지 조립 및 설치

⇩

슬루잉 플랫폼(Slewing Platform) 조립

⇩

타워 헤드(Tower Head) 조립 및 설치

⇩

카운터 지브(Counter Jib) 조립 및 설치

⇩

메인 지브(Main Jib) 조립 및 설치

⇩

Fixed Guying을 가진 지브 설치

⇩

지브 길이에 따른 카운터 밸러스트(Counter Ballast) 설치

⇩

호이스팅(Hoisting), 트롤리 로프(Trolley Rope), 후크 설치

⇩

텔레스코핑 작업

⇩

타워크레인 자립고 높이 설치 완료

2 타워크레인 설치 작업

1) 설치 작업 전 준비사항

① 설치계획서를 작성하여 현장에 제출한다.
② 작업 일정, 작업 순서, 안전조치 등을 확인한다.
③ 줄걸이 용구와 안전보호구 등을 점검한다.
④ 추락 방지 및 비래 · 낙하 방지조치를 확인한다.
⑤ 설치 현장의 출입통제 조치를 확인한다.
⑥ 신호수를 정하고 작업자 안전교육을 실시한다.
⑦ 풍속은 10m/s 이하여야 한다.

2) 설치 작업 시 준비사항

① 타워크레인 반입방법을 확인한다.
② 유압 크레인을 선정한다.
③ 설치에 적합한 공구를 선정하여 준비한다.
④ 설치 작업 순서를 정한다.
⑤ 설치 작업자가 참여하는 사전회의를 실시한다.
⑥ 타워크레인 설치계획서를 작성한다.

3 타워크레인 해체 순서

마스트(Mast) 하강 작업 및 월 브레이싱(Wall Bracing) 해체
⇩
호이스트(Hoist), 트롤리 로프(Trolley Rope) 해체
⇩
카운터 웨이트(Counter Weight) 해체
⇩
카운터 지브(Counter Jib) 해체
⇩
메인 지브(Main Jib) 해체
⇩
타워 헤드(Tower Head) 해체
⇩

슬루잉 플랫폼(Slewing Platform) 해체

⇩

가이드 섹션(Guide Section) 해체

⇩

타워 섹션(Tower Section) 및 베이스 타워 섹션(Base Tower Section) 해체

⇩

해체 작업 완료

4 타워크레인 해체 작업

1) 해체 작업 전 준비사항

① 해체계획서를 작성하여 현장에 제출한다.
② 작업 순서에 따라 작업을 분담한다.
③ 줄걸이 용구와 안전보호구 등을 점검한다.
④ 출입통제 조치, 추락 방지 및 비래 · 낙하 방지조치를 확인한다.
⑤ 신호수를 정하고 작업자 안전교육을 실시한다.
⑥ 풍속은 10m/s 이하여야 한다.

2) 해체 작업 시 준비사항

① 타워크레인 반출방법을 확인한다.
② 유압 크레인을 선정한다.
③ 해체에 적합한 공구를 선정하여 준비한다.
④ 해체 작업 순서를 정한다.
⑤ 해체 작업자가 참여하는 사전회의를 실시한다.
⑥ 타워크레인 해체계획서를 작성한다.

5 타워크레인 설치 · 해체 작업 시 안전관리

① 지휘 계통을 명확히 한다.
② 추락 재해 및 비래 · 낙하를 방지한다.
③ 적절한 슬링 용구를 선정한다.
④ 보조 로프를 사용한다.
⑤ 각 부재에 중량 및 중심을 명시한다.

제9장 안전관리 및 관련법규

1 산업안전보건의 목적

산업안전보건에 관한 기준을 확립하고 그 책임 소재를 명확하게 하여 산업재해를 예방하고 쾌적한 작업 환경을 조성함으로써 근로자의 안전과 보건을 유지 · 증진함을 목적으로 한다.

2 산업안전보건법의 변천

1) 근로기준법 제정

① 1953년 5월 10일 제정, 법률 제288호

② **근로기준법 제6장 76조** : 근로자의 안전과 보건에 관해서는 「산업안전보건법」에서 정하는 바에 따른다.

③ **목적** : 헌법에 따라 근로조건의 기준을 정함으로써 근로자의 기본적 생활을 보장 · 향상시키며 균형 있는 국민경제의 발전을 꾀하는 것을 목적으로 한다.

2) 산업안전보건법 제정

① 1981년 12월 31일 제정, 법률 제3532조

② **제정 이유**

㉠ 산업의 고도화, 건설공사 대형화, 신종 화학물질 사용 : 산업재해와 직업병 발생

㉡ 산업재해로 인한 인명 · 경제적 손실

3 산업안전보건법의 특성

① **복잡다양성**

㉠ 기계 · 설비의 다양성

㉡ 유해물질 사용량 급증

㉢ 작업 공정 및 기계장치의 복잡성

㉣ 유해 · 위험 요소의 복잡 · 다양 · 대형화

② **기술성** : 각종 기계 · 기구 설비 및 유해물질 등에 의한 유해 · 위험 요소를 제거하기 위해 전문성이 필요하다.

③ **강행성** : 예방을 위한 임의규정은 실효성 담보가 어렵기 때문에 당사자의 의사와는 상관없이 적용된다.
④ **규제성** : 사업주에게는 산업재해의 총체적 책임과 안전 · 보건 확보 의무를 부과해야 한다.

4 산업재해

① 노동 과정에서 업무상 일어나는 사고 또는 직업병으로 말미암아 근로자가 받는 신체적 · 정신적 장애를 말한다.
② 산업재해에 대한 보상 및 배상을 받기 위해서는 우선 업무상 재해로 인정받아야 한다.

5 산업재해 발생 시 형법과의 관계

1) 업무상 과실치사상죄

① 사람이 업무 수행과 관련하여 부주의 · 태만 등 과실로 인하여 다른 사람을 다치게 하거나 부상 또는 사망에 이르게 한 경우 업무상 과실치사상죄에 해당할 수 있다.
② 개별 사건에 나타나는 업무의 내용이 광범위하고 다양하다.

2) 산업안전보건법 위반과의 관계

① 산업안전보건업무를 행해야 하는 자가 그 업무를 정확하게 수행하지 않은 것으로, 형법상 과실치사상죄에 해당한다.
② 산업안전보건조치 소홀로 산업재해가 발생한 경우 산업안전보건법과 형법의 동시 위반이 성립될 수 있다.

6 근로자와 사업주

1) 근로자

직업의 종류를 불문하고 임금, 급료, 기타 이에 준하는 수입에 의하여 생활하는 자를 말하며, 노동법상 종속 노동관계에 있는 자로 한다.

① 전속성의 유무
② 도구와 생산수단의 소유관계
③ 작업 장소, 시간 및 방법 등에 감독을 받는지 여부
④ 근로를 대체할 수 있는지 여부
⑤ 근로자와 임금의 상관관계가 있는지 여부 등

2) 사업주

근로자를 사용하여 사업을 행하는 자를 말한다.

7 근로자 대표

① 노동조합이 조직되어 있는 경우 : 노동조합
② 노동조합이 조직되어 있지 아니한 경우 : 근로자의 과반수를 대표하는 자

8 중대재해

산업재해 중 사망 등 재해의 정도가 심한 것으로 다음에 해당되는 재해를 말한다.
① 사망자가 1명 이상 발생한 재해
② 3개월 이상의 요양을 요하는 부상자가 2인 이상 발생한 재해
③ 부상자 또는 직업성 질병자가 동시에 10인 이상 발생한 재해

9 산업안전보건법의 주요내용

1) 목적

① 산업안전보건기준 확립, 책임 소재 명확
② 산업재해 예방, 쾌적한 작업환경 조성
③ 근로자의 안전과 보건을 유지 · 증진

2) 적용 범위

① 모든 사업 또는 사업장에 적용
② 국가, 지방자치단체, 공기업
③ 대통령이 정하는 사업장
④ 법의 일부 적용 사업장

10 정부의 책무

정부는 근로자의 안전과 보건을 유지 · 증진하기 위해 다음의 사항을 성실히 이행할 책무를 진다.
① 산업안전보건정책의 수립 · 집행 · 조정 및 통제
② 재해 다발 사업장에 대한 재해 예방 지원 및 지도
③ 유해 또는 위험한 기계 · 기구 설비 및 방호장치, 보호구 등의 안전성 평가 및 개선

④ 유해 또는 위험한 기계 · 기구 설비 및 물질 등에 대한 안전보건상의 조치기준 작성 및 지도 · 감독
⑤ 사업의 자율적인 안전보건 경영체제 확립을 위한 지원
⑥ 안전보건의식을 고취하기 위한 홍보 · 교육 및 무재해 운동 추진
⑦ 안전보건을 위한 기술의 연구 개발 및 시설의 설치 · 운영
⑧ 산업재해조사 및 통계의 유지 · 관리
⑨ 안전 · 보건 관련 단체 등에 대한 지원 및 지도 · 감독
⑩ 기타 근로자의 안전 및 건강의 보호 · 증진

11 사업주의 의무

1) 사업주의 일반적 의무사항

① 사업주는 근로자의 안전과 건강을 유지 · 증진하는 한편, 국가의 산업재해 예방시책을 따라야 한다.
㉠ 산업재해 예방을 위한 기준 준수
㉡ 안전보건에 대한 정보 제공
㉢ 근로 조건 개선을 통해 적절한 작업환경 조성
㉣ 근로자의 생명 보존과 안전보건을 유지 · 증진
㉤ 국가에서 시행하는 산업재해 예방시책에 응함
② 설계 · 제조 · 수입 · 건설하는 자 또한 산업안전보건법에 따른 명령을 정해 기준을 지키고, 이로 인해 발생하는 산업재해를 방지하기 위한 조치를 해야 한다.
㉠ 기계 · 기구와 그 밖의 설비를 설계 · 제조 · 수입하는 자
㉡ 원재료를 제조 · 수입하는 자
㉢ 건설물을 설계 · 건설하는 자
③ 사업주는 다음의 위험을 예방하기 위하여 필요한 조치를 해야 한다.
㉠ 기계 · 기구 · 기타 설비에 의한 위험
㉡ 폭발성, 발화성, 인화성물질에 의한 위험
㉢ 전기, 열, 기타 에너지에 의한 위험
㉣ 건설작업 등에 의한 위험
㉤ 중량물 취급 및 하역 작업 시의 위험

12 근로자의 의무

산업재해 예방을 위해 필요한 사항(법 기준 등)을 준수하고, 사업주나 그 밖의 단체가 실시하는 재

해 방지조치에 따라야 할 의무가 있다. 또한 위험 방지를 위한 방호조치에 대하여 다음 사항을 준수해야 한다.

① **방호조치를 해체하려는 경우** : 사업주의 허가를 받아 해체할 것
② **방호조치를 해체한 후 그 사유가 소멸된 경우** : 지체 없이 원상회복할 것
③ **방호조치의 기능이 상실된 것을 발견한 경우** : 지체 없이 사업주에게 신고할 것
④ 사업주는 근로자의 신고가 있으면 즉시 수리 · 보수 및 작업 중지 등 적절한 조치를 취해야 한다.

13 안전보건관리 책임자의 의무

상시 근로자 100인 이상의 사업장과 상시 근로자 50인 이상, 100인 미만의 위험 업종, 총 공사 금액 20억 원 이상인 건설공사 등의 현장들은 안전보건관리 책임자를 선임 · 배치하여야 한다. 안전보건관리 책임자의 직무는 다음과 같다.

① 산업재해 예방계획 수립에 관한 사항
② 안전보건 관리규정 작성 및 그 변경에 관한 사항
③ 근로자의 안전보건교육에 관한 사항
④ 작업환경 측정 및 점검, 개선에 관한 사항
⑤ 근로자의 건강진단 등 건강관리에 관한 사항
⑥ 산업재해 원인 조사 및 재발 방지 대책의 수립에 관한 사항
⑦ 산업재해 통계의 기록 · 유지에 관한 사항
⑧ 안전장치 및 보호구 구입 시 적격품 여부 확인
⑨ 기타 고용노동부령이 정하는 사항(위험 또는 건강 장해 방지)

14 관리감독자의 의무

관리감독자란 경영 조직에서 생산과 관련되는 당해 업무와 소속 직원을 직접 지휘 · 감독하는 부서의 장이나 그 직위를 담당하는 자를 말한다(예 부장, 과장, 대리, 직장, 반장, 조장 등).

① 기계 · 기구 · 설비의 안전보건 점검 및 이상 유무를 확인하고 근로자의 작업복, 보호구, 방호장치의 점검과 착용 지도 · 교육을 실시한다.
② 산업재해 보고 및 응급조치를 실시하고 작업장의 정리 · 정돈 및 통로 확보, 감독과 사업장 안전보건 관계자의 지도 · 조언에 협조한다.
③ 사업주는 관리감독자에게 직무와 관련된 안전보건상의 업무 수행을 지시한다.

15 작업 중지 의무

① 급박한 위험이나 중대 재해가 발생했을 때는 작업을 중지하고 근로자를 대피시킨 다음, 안전 및 보건 상의 조치를 취하고 작업을 재개한다.

② 작업을 중지하거나 대피할 때는 먼저 상급자에게 보고하고, 보고를 받은 상급자는 적절한 조치를 취해야 한다.

③ 사업주는 산재 사고로 이어질 급박한 위험이 발생했을 때 작업을 중지해야 하며, 대피한 근로자를 해고하거나 불리한 처우를 해서는 안 된다.

④ 고용노동부장관은 중대 재해가 발생하면 원인을 규명하고 예방대책을 수립해야 한다. 또한 근로 감독관과 전문가로 하여금 안전보건 진단 및 그 밖의 조치를 취하도록 할 수 있다.

⑤ 누구든 중대 재해 발생 현장을 훼손하여 원인 조사를 방해해서는 안 된다.

16 사업 내 안전보건교육

1) 정기교육

① 생산직 종사 근로자 : 매분기 6시간 이상

② 사무직 종사 근로자 : 매분기 3시간 이상

③ 관리감독자의 지위에 있는 자 : 1년에 16시간

2) 채용 시 교육

① 일용근로자 : 1시간 이상

② 일용근로자를 제외한 근로자 : 8시간 이상

3) 작업 내용 변경 시 교육

① 일용근로자 : 1시간 이상

② 일용근로자를 제외한 근로자 : 2시간 이상

4) 특별교육

① 일용근로자 : 2시간 이상

② 일용근로자를 제외한 근로자 : 16시간 이상

㉠ 최초 작업에 종사하기 전 4시간 이상 실시하고, 12시간은 3개월 이내에 분할하여 실시 가능

㉡ 단기간 작업 또는 간헐적 작업일 때는 2시간 이상

5) 건설업 기초 안전보건교육

① 건설 일용근로자 : 4시간

6) 안전보건 관리 책임자 등에 관한 교육

교육 대상	교육 시간	
	신규 교육	보수 교육
① 안전보건관리 책임자	6시간 이상	6시간 이상
② 안전관리자, 안전관리 전문기관의 종사자	34시간 이상	24시간 이상
③ 보건관리자, 보건관리 전문기관의 종사자	34시간 이상	24시간 이상
④ 재해 예방 전문지도기관의 종사자	34시간 이상	24시간 이상
⑤ 석면조사기관의 종사자	34시간 이상	24시간 이상
⑥ 안전보건관리 담당자	–	8시간 이상

7) 검사원 양성교육

교육과정	교육 대상	교육시간
양성교육	–	28시간 이상

17 특별 안전보건교육 대상 작업별 교육 내용

작업명	교육 내용
1톤 이상의 크레인을 사용하는 작업 또는 1톤 이하의 크레인 또는 호이스트를 5대 이상 보유한 사업장에서의 해당 기계에 의한 작업	1. 방호장치의 종류, 기능 및 취급에 관한 사항 2. 걸고리 및 와이어로프, 비상정지장치 등의 기계, 기구 점검에 관한 사항 3. 화물의 취급 및 작업방법에 관한 사항 4. 신호방법 및 공동 작업에 관한 사항 5. 기타 안전보건관리에 필요한 사항
건설용 리프트 · 곤돌라를 이용한 작업	1. 방호장치의 기능 및 사용에 관한 사항 2. 기계, 기구, 달기 체인 및 와이어 등의 점검에 관한 사항 3. 화물의 권상 · 권하 작업방법 및 안전 작업 지도에 관한 사항 4. 기계 · 기구의 특성 및 동작원리에 관한 사항 5. 신호방법 및 공동 작업에 관한 사항 6. 그 밖에 안전보건관리에 필요한 사항
타워크레인을 설치(상승 작업을 포함) · 해체하는 작업	1. 붕괴 · 추락 및 재해 방지에 관한 사항 2. 설치 · 해체 순서 및 안전 작업방법에 관한 사항 3. 부재의 구조, 재질 및 특성에 관한 사항 4. 신호방법 및 요령에 관한 사항 5. 이상 발생 시 응급조치에 관한 사항 6. 그 밖에 안전보건관리에 필요한 사항

18 안전인증(KCs)

동력으로 구동되는 정격하중 0.5톤 이상 크레인(호이스트 포함)을 제조, 설치, 이전하거나 주요 구조부분을 병경하려는 자는, 법 제34조에 따른 안전인증을 받아야 하고, 사용하는 자는, 법 제34조의2에 따라 안전인증을 받은 제품을 사용해야 함.(다만,「건설기계관리법」의 적용을 받는 기중기는 비대상임.)

〈산업안전보건법 제83조(안전인증기준)〉

> ① 고용노동부장관은 유해하거나 위험한 기계 · 기구 · 설비 및 방호장치 · 보호구(이하 "유해 · 위험기계등"이라 한다)의 안전성을 평가하기 위하여 그 안전에 관한 성능과 제조자의 기술 능력 및 생산 체계 등에 관한 기준(이하 "안전인증기준"이라 한다)을 정하여 고시하여야 한다.
> ② 안전인증기준은 유해 · 위험기계등의 종류별, 규격 및 형식별로 정할 수 있다.

19 안전검사

- 동력으로 구동되는 정격하중 2톤 이상 크레인(호이스트 포함)을 사용하는 사업주는, 법 제36조에 따른 안전검사를 받아야 함.
- 안전검사 주기는 크레인 설치가 끝난 날부터 3년이내 최초 안전검사 실시, 이후 매2년마다 정기적으로 실시(건설현장에 사용되는 것은 최초 설치한 날부터 6개월 마다)

〈산업안전보건법 제93조(안전검사)〉

> 제93조(안전검사) ① 유해하거나 위험한 기계 · 기구 · 설비로서 대통령령으로 정하는 것(이하 "안전검사대상기계등"이라 한다)을 사용하는 사업주(근로자를 사용하지 아니하고 사업을 하는 자를 포함한다. 이하 이 조, 제94조, 제95조 및 제98조에서 같다)는 안전검사대상기계등의 안전에 관한 성능이 고용노동부장관이 정하여 고시하는 검사기준에 맞는지에 대하여 고용노동부장관이 실시하는 검사(이하 "안전검사"라 한다)를 받아야 한다. 이 경우 안전검사대상기계등을 사용하는 사업주와 소유자가 다른 경우에는 안전검사대상기계등의 소유자가 안전검사를 받아야 한다.

20 와이어로프 또는 체인 상태

- 이음매가 있는 와이어로프, 지름의 감소가 공칭지름의 7퍼센트를 초과하는 와이어로프 등은 사용해서는 아니 됨
- 제조된 때의 길이의 5퍼센트를 초과하는 체인은 사용해서는 아니 됨

〈안전보건규칙 제166조, 167조〉

제166조(이음매가 있는 와이어로프 등의 사용 금지) 와이어로프의 사용에 관하여는 제63조제1항제1호를 준용한다.
이 경우 "달비계"는 "양중기"로 본다.
제167조(늘어난 달기체인 등의 사용 금지) 달기 체인 사용에 관하여는 제63조제2호를 준용한다. 이 경우 "달비계"는 "양중기"로 본다.
제63조(달비계의 구조) 사업주는 곤돌라형 달비계를 설치하는 경우에 다음 각 호의 사항을 준수하여야 한다.
1. 다음 각 목의 어느 하나에 해당하는 와이어로프를 달비계에 사용해서는 아니 된다.
   가. 이음매가 있는 것
   나. 와이어로프의 한 꼬임[스트랜드(strand)를 말한다. 이하 같다]에서 끊어진 소선[필러(pillar)선은 제외한다]의 수가 10퍼센트 이상(비자전로프의 경우에는 끊어진 소선의 수가 와이어로프 호칭지름의 6배 길이 이내에서 4개 이상이거나 호칭지름 30배 길이 이내에서 8개 이상)인 것
   다. 지름의 감소가 공칭지름의 7퍼센트를 초과하는 것
   라. 꼬인 것
   마. 심하게 변형되거나 부식된 것
   바. 열과 전기충격에 의해 손상된 것
2. 다음 각 목의 어느 하나에 해당하는 달기 체인을 달비계에 사용해서는 안된다.
   가. 달기 체인의 길이가 달기 체인이 제조된 때의 길이의 5퍼센트를 초과한 것
   나. 링의 단면지름이 달기 체인이 제조된 때의 해당 링의 지름의 10퍼센트를 초과하여 감소된 것
   다. 균열이 있거나 심하게 변형된 것

21 줄걸이 용구

- 훅 · 샤클 · 클램프 및 링 등의 철구로서 변형되어 있는 것 또는 균열이 있는 것을 사용해서는 아니 됨
- 꼬임이 끊어진 것, 심하게 손상되거나 부식된 섬유로프 또는 섬유벨트를 사용해서는 아니 됨

〈안전보건규칙 제168조, 169조〉

제168조(변형되어 있는 훅 · 샤클 등의 사용금지 등) ① 사업주는 훅 · 샤클 · 클램프 및 링 등의 철구로서 변형되어 있는 것 또는 균열이 있는 것을 크레인 또는 이동식 크레인의 고리걸이용구로 사용해서는 아니 된다.
② 사업주는 중량물을 운반하기 위해 제작하는 지그, 훅의 구조를 운반 중 주변 구조물과의 충돌로 슬링이 이탈되지 않도록 하여야 한다.
③ 사업주는 안전성 시험을 안전율이 3 이상 확보된 중량물 취급용구를 구매하여 사용하거나 자체 제작한 중량물 취급용구에 대하여 비파괴시험을 하여야 한다.
제169조(꼬임이 끊어진 섬유로프 등의 사용금지)섬유로프 사용에 관하여는 제63조제3호를 준용한다. 이 경우 "달비계"는 "양중기"로 본다.

22 훅 해지 장치

- 훅 걸이용 와이어로프 등이 훅으로부터 벗겨지는 것을 방지하기 위한 해지장치를 구비한 크레인을 사용하여야 함.

〈안전보건규칙 제137조〉

제137조(해지장치의 사용)사업주는 훅걸이용 와이어로프 등이 훅으로부터 벗겨지는 것을 방지하기 위한 장치(이하"해지장치"라 한다)를 구비한 크레인을 사용하여야 하며, 그 크레인을 사용하여 짐을 운반하는 경우에는 해지장치를 사용하여야 한다.

23 방호장치 부착 및 정상작동

- 과부하방지장치, 권과방지장치[0.25미터 이상(직동식은 0.05미터이상)], 비정상정지장치 및 제동장치가 정상적으로 작동될 수 있도록 미리 조정해 두어야 함.

〈안전보건규칙 제134조〉

제134조(방호장치의 조정) ①사업주는 다음 각 호의 양중기에 과부하방지장치, 권과방지장치(捲過防止裝置), 비상정지장치 및 제동장치, 그 밖의 방호장치[(승강기의 파이널 리미트 스위치(final limit switch), 속도조절기, 출입문 인터 록(inter lock)등을 말한다.]가 정상적으로 작동될 수 있도록 미리 조정해두어야 한다. 〈개정 2017. 3. 3., 2019. 4. 19.〉

24 지지방법 검토내용 및 적용여부 확인

자립고 이상에서 벽체 지지방법 준수 여부

- 서면심사(형식승인)서류 또는 제조사의 설치작업 설명서 등에 따라 설치
- 서면심사(형식승인)서류 등이 없거나 명확하지 않은 경우 건축구조, 건설기계기술사 등의 확인을 받아 설치하거나 기종별, 모델별 공인된 표준방법에 따라 설치
- 콘크리트 구조물 고정시 매립, 관통 등 방법으로 충분히 지지
- 건축물인 시설물에 지지하는 경우 시설물의 구조적 안정성에 영향이 없도록 할 것

〈안전보건규칙 제142조〉

제142조(타워크레인의지지) ① 사업주는 타워크레인을 자립고(自立高) 이상의 높이로 설치하는 경우 건출물 등의 벽체에 지지하도록 하여야 한다. 다만, 지지할 벽체가 없는 등 부득이한 경우에는 와이어로프에 의하여 지지할 수 있다. 〈개정2013.3.21.〉 ② 사업주는 타워크레인을 벽체에 지지하는 경우 다음 각 호의 사항을 준수하여야 한다.

1. 「산업안전보건법 시행규칙」 제110조제1항제2호에 따른 서면심사에 관한 서류(「건설기계관리법」제18조에 따른 형식승인서류를 포함한다) 또는 제조사의 설치작업설명서 등에 따라 설치할 것
2. 제1호의 서면심사 서류 등이 없거나 명확하지 아니한 경우에는「국가기술자격법」에 따른 건축구조 · 건설기계 · 기계안전 · 건설안전기술사 또는 건설안전분야 산업안전지도사의 확인을 받아 설치하거나 기종별 · 모델별 공인된 표준방법으로 설치할 것
3. 콘크리트구조물에 고정시키는 경우에는 매립이나 관통 또는 이와 동등 이상의 방법으로 충분히 지지되도록 할 것.
4. 건축 중인 시설물에 지지하는 경우에는 그 시설물의 구조적 안정성에 영향이 없도록 할 것

25 관리감독자 업무

- 작업방법, 근로자 배치결정, 작업지휘, 재료의 결함유무, 기구 · 공구의 기능 점검
- 작업계획서 작성 유무 확인, 작업지휘자 지정 및 신호 등 준수여부

〈산업안전보건법 제16조, 안번보건규칙 제 35조, 38조〉

제16조(관리감독자) ① 사업주는 사업장의 생산과 관련되는 업무와 그 소속 직원을 직접 지휘 · 감독하는 직위에 있는 사람(이하 "관리감독자"라 한다)에게 산업 안전 및 보건에 관한 업무로서 대통령령으로 정하는 업무를 수행하도록 하여야 한다.

② 관리감독자가 있는 경우에는 「건설기술 진흥법」 제64조제1항제2호에 따른 안전관리책임자 및 같은 항 제3호에 따른 안전관리담당자를 각각 둔 것으로 본다.

26 취업제한에 관한 규칙

- 타워크레인 조종사의 타워크레인 운전기능사 자격증 취득
  - 크레인 조종작업(조종석이 설치되어 있는 것에 한정)시 필요 자격등
  - 타워크레인운전기능사(조종석이 설치되지 않은 정격하중 5톤이상 무인타워크레인 포함)등
- 타워크레인 설치(상승), 해체작업자의 자격
  - 제관 기능사 또는 비계기능사 자격
  - 해당 교육기관에서 교육을 이수하고 수료시험에 합격한 사람

〈산업안전보건법 제140조, 유해위험작업취업에 관한규칙 제3조, 안전보건규칙 제141조〉

제140조(자격 등에 의한 취업 제한 등) ① 사업주는 유해하거나 위험한 작업으로서 상당한 지식이나 숙련도가 요구되는 고용노동부령으로 정하는 작업의 경우 그 작업에 필요한 자격 · 면허 · 경험 또는 기능을 가진 근로자가 아닌 사람에게 그 작업을 하게 해서는 아니 된다.
② 고용노동부장관은 제1항에 따른 자격 · 면허의 취득 또는 근로자의 기능 습득을 위하여 교육기관을 지정할 수 있다.
③ 제1항에 따른 자격 · 면허 · 경험 · 기능, 제2항에 따른 교육기관의 지정 요건 및 지정 절차, 그 밖에 필요한 사항은 고용노동부령으로 정한다.
④ 제2항에 따른 교육기관에 관하여는 제21조제4항 및 제5항을 준용한다. 이 경우 "안전관리전문기관 또는 보건관리전문기관"은 "제2항에 따른 교육기관"으로 본다.
[전문개정 2009.2.6.]
제3조(자격 · 면허 등이 필요한 작업의 범위 등) ① 법 제140조제1항에 따른 작업과 그 작업에 필요한 자격 · 면허 · 경험 또는 기능은 별표 1과 같다.
② 법 140조제1항에 따른 작업에 대한 취업 제한은 별표 1에 규정된 해당 법령에서 정하는 경우를 제외하고는 해당작업을 직접 하는 사람에게만 적용하며, 해당 작업의 보조자에게는 적용하지 아니한다. 〈개정 2019. 12. 26.〉 [전문개정 2011.3.16.]
제141조(조립 등의 작업 시 조치사항) 사업주는 크레인의 설치 · 조립 · 수리 · 점검 또는 해체 작업을 하는 경우 다음 각 호의 조치를 하여야 한다.
1. 작업순서를 정하고 그 순서에 따라 작업을 할 것
2. 작업을 할 구역에 관계 근로자가 아닌 사람의 출입을 금지하고 그 취지를 보기 쉬운 곳에 표시할 것
3. 비, 눈, 그 밖에 기상상태의 불안정으로 날씨가 몹시 나쁜 경우에는 그 작업을 중지 시킬 것
4. 작업장소는 안전한 작업이 이루어질 수 있도록 충분한 공간ㅇ을 확보하고 장애물이 없도록 할 것
5. 들어올리거나 내리는 기자재는 균형을 유지하면서 작업을 하도록 할 것
6. 크레인의 성능, 사용조건 등에 따라 충분한 응력(應力)을 갖는 구조로 기초를 설피하고 침하 등이 일어나지 않도록 할 것
7. 규격품인 조립용 볼트를 사용하고 대칭되는 곳을 차례로 결합하고 분해 할 것

27 추락 등의 방지 시설

- 수리 · 설치 · 해체 작업 시 추락방지조치 여부
  - 추락에 의하여 근로자에게 위험을 미칠 우려가 있는 장소에는 안전난간, 울 또는 덮개를 설치하거나 안전대를 착용하게 하는 등 추락위험 방지
- 보호구 지급
  - 물체가 떨어지거나 날아올 위험 또는 근로자가 추락할 위험이 있는 작업 : 안전모
  - 높이 또는 깊이 2미터 이상의 추락할 위험이 있는 장소에서 하는 작업 : 안전대
  - 물체의 낙하 · 충격, 물체에의 끼임 : 안전화

〈안전보건규칙 제32조, 42조〉

제32조(보호구의 지급 등) ① 사업주는 다음 각 호의 어느 하나에 해당하는 작업을 하는 근로자에 대해서는 다음 각 호의 구분에 따라 그 작업조건에 맞는 보호구를 작업하는 근로자 수 이상으로 지급하고 착용하도록 하여야 한다. 〈개정2017.3.3.〉
1. 물체가 떨어지거나 날아올 위험 또는 근로자가 추락할 위험이 있는 작업 : 안전모
2. 높이 또는 깊이 2미터 이상의 추락할 위험이 있는 장소에서 하는 작업 : 안전대
3. 물체의 낙하 · 충격, 물체의 끼임, 감전 또는 정전기의 대전(帶電)에 의한 위험이 있는 작업 : 안전화
4. 물체가 흩날릴 위험이 있는 작업 : 보안경
5. 용접시 불꽃이나 물체가 흩날릴 위험이 있는 작업 : 보안면
6. 감전의 위험이 있는 작업 : 절연용 보호구
7. 고열에 의한 화상 등의 위험이 있는 작업 : 방열복
8. 선창 등에서 분진(粉塵)이 심하게 발생하는 하역작업 : 방진마스크
9. 섭씨 영하 18도 이하인 급냉동어창에서 하는 하역작업 : 방한모 · 방한복 · 방한화 · 방한장갑
10. 물건을 운반하거나 수거 · 배달하기 위하여 「자동차관리법」제3조1항제5호에 따른 이륜자동차(이하 "이륜자동차"라 한다)를 운행하는 작업 : 「도로교통법 시행규칙」제32조제1항 각 호의 기준에 적합한 승차용 안전모

② 사업주로부터 제1항에 따른 보호구를 받거나 착용지시를 받은 근로자는 그 보호구를 착용하여야 한다.

제42조(추락의 방지) ① 사업주는 근로자가 추락하거나 넘어질 위험이 있는 장소[작업발판의 끝 · 개구부(開口部) 등을 제외한다]또는 기계 · 설비 · 선박블록 등에서 작업을 할 때에 근로자가 위험해질 우려가 있는 경우 비계(飛階)를 조립하는 등의 방법으로 작업발판을 설치하여야 한다.

② 사업주는 제1항에 따른 작업발판을 설치하기 곤란한 경우 다음 각 호의 기준에 맞는 추락방호망을 설치하여야 한다. 다만, 추락방호망을 설치하기 곤란한 경우에는 근로자에게 안전대를 착용하도록 하는 등 추락위험을 방지하기 위하여 필요한 조치를 하여야 한다.
1. 추락방호망의 설치위치는 가능하면 작업면으로부터 가까운 지점에 설치하여야 하며, 작업면으로부터 망의 설치지점까지의 수직거리는 10미터를 초과하지 아니할 것
2. 추락방호망은 수평으로 설치하고, 망의 처짐은 짧은 변 길이의 12퍼센트 이상이 되도록 할 것
3. 건축물 등의 바깥쪽으로 설치하는 경우 추락방호망의 내민 길이는 벽면으로부터 3미터 이상 되도록 할 것. 다만, 그물코가 20밀리미터 이하인 망을 사용한 경우에는 제14조제3항에 따른 낙하물방지망을 설치한 것으로 본다.

28 정격하중 및 신호 방법

- 정격하중 등의 표시 유무
  - 운전자 또는 작업자가 보기 쉬운 곳에 정격하중, 경고 표시 부착 여부 확인
- 신호방법 선정 및 주지
  - 신호방법을 정하고 작업종사 근로자에게 신호를 준수토록 주지

〈안전보건규칙 제40조, 133조〉

제40조(신호) ① 사업주는 다음 각 호의 작업을 하는 경우 일정한 신호방법을 정하여 신호하도록 하여야 하며, 운전자는 그 신호에 따라야 한다.
1. 양중기를 사용하는 작업
2. 제171조 및 제172조제1항 단서에 따라 유도자를 배치하는 작업
3. 제200조제1항 단서에 따라 유도자를 배치하는 작업
4. 항타기 또는 항발기의 운전작업
5. 중량물을 2명 이상의 근로자가 취급하거나 운반하는 작업
6. 양화장치를 사용하는 작업
7. 제412조에 따라 유도자를 배치하는 작업
8. 입환작업(入換作業)
② 운전자나 근로자는 제1항에 따른 신호방법이 정해진 경우 이를 준수하여야 한다.
제133조(정격하중 등의 표시) 사업주는 양중기(승강기는 제외한다) 및 달기구를 사용하여 작업하는 운전자 또는 작업자가 보기 쉬운 곳에 해당 기계의 정격하중, 운전속도, 경고표시 등을 부착하여야 한다. 다만, 달기구는 정격하중만 표시한다.

29 설치 · 조립 · 해체 작업시 조치사항

• 타워크레인 조립 등의 작업시 조치사항 준수 여부
- 작업순서를 적하고 순서에 따라 실시
- 작업구역내 관계근로자외 출입금지 및 그 취지를 보기 쉬운 곳에 표시
- 비, 눈 등 기상상태 불안정시 작업중지
- 충분한 공간확보, 장애물이 없도록 조치
- 들어올리거나 내리는 기자재 균형 유지
- 충분한 응력을 갖는 구조로 기초설치 및 침하장지조치
- 규격품 볼트사용, 대칭되는 것을 순차적으로 조립 · 해제

〈안전보건규칙 제141조〉

• 설치 · 조립 · 해체 작업시 조치사항
- 자재 입고시 이상여부 확인
  · 자재(마스트, 핀 등)의 균열 등의 결함 유무 확인
  · 설계도서 및 임대업체로부터 제공받은 매뉴얼과 일치 여부 확인
- 선회링 부분의 볼트 제결불량 및 누락 확인
  · 작업 전 구조부의 볼트 체결상태 및 기계작동 등의 이상 유무 확인
  ※ 볼트 및 너트가 이완되지 않는 풀림 방지시스템 적용
  (최초 볼트 조임후 3주 경과후 재 조임 실시)

- 상승 작업 중 지브 불균형 확인
  - 타워크레인 상승작업 시 반드시 양쪽 지브 균형유지
  - 상승작업 중 권상, 횡행 및 선회작업 등 일체의 작동 금지
  - 풍속 10m/s이내에서만 작업 실시
- 텔레스코픽 슈 설치 불량 확인
  - 작업 전 유압장치의 이상유무 확인
  - 실린더 작동전 지브의 균형 상태 확인
  - 텔레스코픽 슈 장착상태 확인
  - 제작사의 작업절차서 준수
- 텔레스코픽 케이지 핀 체결 불량 및 누락 확인
  - 핀이나 볼트 체결상태 재확인
  - 제작사의 작업절차서 및 작업순서 준수
  - 텔레스코 작업 중에는 권상, 횡행 및 선회동작 등 금지
- 대차레일 위 마스트의 불안전한 상차 및 고정용 안전핀 테결 누락 확인
  - 마스트 상차 전 대차레일의 변형, 기능 이상 유무 확인
  - 마스트를 밀어 넣을 수 있는 충분한 공간 확보

    ※ 추가 상승작업 전 기설치된 마스트와 추가된 마스트 연결볼트 체결상태를 확인 후 진행
  - 대차와 마스트 고정용 핀 체결 확인
- 텔레스코핑 작업 중 크레인 작동 확인
  - 텔레스코픽 케이지 안내롤러의 간격이 모두 일정하게 될 때까지 지브각도를 조정, 균형상태 유지
  - 마스트 추가 후 핀 또는 연결볼트가 완전하게 체결되기 전 운전금지
  - 보호구 착용 철저
- 지브해체 작업중 지브인양 위치 미준수 확인
  - 해체작업 시 제조회가 제공 표준인양위치 준수하여 메인지브의 인양위치 설정
  - 관리감독자는 안전작업 방법 및 근로자 배치 등에 관한사항을 미리 결정하고 작업을 지휘
- 받침목 강도부족 확인
  - 받침목이 마스트 등 중량물에 충분한 강도 보유 여부 및 사전 확인
  - 마스트와 같이 길이가 긴 중량물을 수직으로 세워서 작업할 경우 전도예방 등의 위험방지 조치

제141조(조립 등의 작업 시 조치사항) 사업주는 크레인의 설치.조립.수리.점검 또는 해체 작업을 하는 경우 다음 각 호의 조치를 하여야 한다.
1. 작업순서를 정하고 그 순서에 따라 작업을 할 것
2. 작업을 할 구역에 관계 근로자가 아닌 사람의 출입을 금지하고 그 취지를 보기 쉬운 곳에 표시할 것
3. 비, 눈, 그 밖의 기상상태의 불안정으로 날씨가 몹시 나쁜 경우에는 그 작업을 중지시킬 것
4. 작업장소는 안전한 작업이 이루어질 수 있도록 충분한 공간을 확보하고 장애물이 없도록 할 것
5. 들어올리거나 내리는 기자재는 균형을 유지하면서 작업을 하도록 할 것
6. 크레인의 성능, 사용조건 등에 따라 충분한 응력(應力)을 갖는 구조로 기초를 설치하고 침하 등이 일어나지 않도록 할 것
7. 규격품인 조립용 볼트를 사용하고 대칭되는 곳을 차례로 결합하고 분해할 것

30 작업계획서 작성 등

- 타워크레인 설치.조립.해체작업 시 작업계획서에 포함된 내용 확인 및 준수 여부
  - 타워크레인의 종류 및 형식, 계획
  - 설치.조립 및 해체순서
  - 작업도구 · 장비 · 가설설비 및 방호설비
  - 작업인원의 구성 및 작업근로자의 역할 범위
  - 지지방법
- 작업계획서 내용에 대한 근로자 교육 여부

〈안전보건규칙 제38조〉

- 작업계획서에 따른 작업지휘자 지정 여부
  - 중량물 취급 작업계획서를 작성한 경우 작업지휘자 지정 및 지휘

〈안전보건규칙 제39조〉

제38조(사전조사 및 작업계획서의 작성 등) ① 사업주는 다음 각 호의 작업을 하는 경우 근로자의 위험을 방지하기 위하여 별표4에 따라 해당 작업, 작업장의 지형.지반 및 지층 상태 등에 대한 사전조사를 하고 그 결과를 기록 · 보존하여야 하며, 조사결과를 고려하여 별표4의 구분에 따른 사항을 포함한 작업계획서를 작성하고 그 계획에 따라 작업을 하도록 하여야 한다.
1. 타워크레인을 설치 · 조립 · 해체하는 작업 등
② 사업주는 제1항에 따라 작성한 작업계획서의 내용을 해당 근호자에게 알려야 한다.
③ 사업주는 항타기나 항발기를 조립 · 해체 · 변경 또는 이동하는 작업을 하는 경우 그 작업방법과 절차를 정하여 근로자에게 주지시켜야 한다.
제39조(작업지위자의 지정) ① 사업주는 제38조제1항제2호 · 제6호 · 제8호 및 제11호의 작업계획서를 작성한 경우 작업지휘자를 지정하여 작업계획에 따라 작업을 지휘하도록 하여야 한다. 다만, 제38조제1항제2호의 작업에 대하여 작업장소가 다른 근로자가 접근할 수 없거나 한 대의 차량에 하역운반기계등을 운전하는 작업으로서 주위에 근로자가 없어 충돌 위험이 없는 경우에는 작업지위자를 지정하지 아니할 수 있다.
② 사업주는 항타기나 항발기를 조립 · 해체 · 변경 또는 이동하여 작업을 하는 경우 작업지휘자를 지정하여 지휘 · 감독하도록 하여야 한다

31 강풍 시 작업중지

악천후 시 작업절차 확인
- 순간풍속 10m/s 초과 시 설치. 수리. 점검. 해체작업 중지
- 순간풍속 15m/s 초과 시 운전작업 중지

〈안전보건규칙 제37조〉

제37조(악천후 및 강풍 시 작업 중지) ① 사업주는 비 · 눈 · 바람 또는 그 밖의 기상상태의 불안정으로 인하여 근로자가 위험해질 우려가 있는 경우 작업을 중지하여야 한다. 다만, 태풍 등으로 위험이 예상되거나 발생되어 긴급 복구 작업을 필요로 하는 경우에는 그러하지 아니하다.
② 사업주는 순간풍속이 초당 10미터를 초과하는 경우 타워크레인의 설치 · 수리 · 점검 또는 해체 작업을 중지하여야 하며, 순간풍속이 초당 15미터를 초과하는 경우에는 타워크레인의 운전 작업을 중지하여야 한다. 〈개정 2017.3.3.〉

32 크레인 작업기준 준수

• 크레인 작업 시의 조치 준수 여부 및 근로자의 교육 실시 여부 확인
  - 인양물을 바닥에서 끌거나 미는 작업금지
  - 유류드럼 또는 가스통 등 폭발, 누출 위험이 있는 위험물용기는 보관함에 담아 안전하게 운반 한다.

- 고정된 물체를 직접 분리. 제거 작업금지
- 인양중인 하물의 작업자 머리 위 통과금지
- 인양할 하물이 보이지 않는 경우 작업금지(신호수 배치하여 작업하는 경우 제외)
- 규격품 볼트사용, 대칭되는 것을 순차적으로 조립. 해체 하여야 한다.

〈안전보건규칙 제146조〉

제146조(크레인 작업 시의 조치) ① 사업주는 크레인을 사용하여 작업을 하는 경우 다음 각 호의 조치를 준수하고, 그 작업에 종사하는 관계근로자가 그 조치를 준수하도록 아여야 한다. 1. 인양할 하물(何物)을 바닥에서 끌어당기거나 밀어내는 작업을 하지 아니할 것 2. 유류드럼이나 가스통 등 운반 도중에 떨어져 폭발하거나 누출될 가능성이 있는 위험물 용기는 보관함(또는 보관고)에 담아 안전하게 매달아 운반할 것 3. 고정된 물체를 직접 분리 · 제거하는 작업을 하지 아니할 것 4. 미리 근로자의 출입을 통제하여 인양 중인 하물이 작업자의 머리 위호 통과하지 않도록 할 것 5. 인양할 하물이 보이지 아니하는 경우에는 어떠한 동작도 하지 아니할 것 (신호하는 사람에 의하여 작업을 하는 경우는 제외한다) ② 사업주는 조종석이 설치되지 아니한 크레인에 대하여 다음 각 호의 조치를 하여야 한다 1. 고용노동부장관이 고시하는 크레인의 제작기준과 안전기준에 맞는 무선원격제어기 또는 펜던트 스위치를 설치 · 사용할 것 2. 무선원격제어기 또는 펜던트 스위치를 취급하는 근로자에게는 작동요령 등 안전조작에 관한 사항을 충분이 주지시킬 것

33 특별안전보건교육 등

- 크레인 작업 특별안전보건교육 실시
  - 1톤 이상의 크레인을 사용하는 작업 또는 1톤 미만의 크레인 또는 호이스트를 5대 이상 보유한 사업장
    - · 방호장치의 종류, 기능 및 취급에 관한 사항
    - · 걸고리 와이어로프 및 비상정지장치 등의 기례기구 점검에 관한 사항
    - · 화물의 취급 및 작업방법에 관한 사항
    - · 신호방법 및 공동작업에 관한 사항 등

〈산업안전보건법 제29조〉

> 제29조(근로자에 대한 안전보건교육) ① 사업주는 소속 근로자에게 고용노동부령으로 정하는 바에 따라 정기적으로 안전보건교육을 하여야 한다.
> ② 사업주는 근로자를 채용할 때와 작업내용을 변경할 때에는 그 근로자에게 고용노동부령으로 정하는 바에 따라 해당 작업에 필요한 안전보건교육을 하여야 한다. 다만, 제31조제1항에 따른 안전보건교육을 이수한 건설 일용근로자를 채용하는 경우에는 그러하지 아니하다. 〈개정 2020. 6. 9.〉
> ③ 사업주는 근로자를 유해하거나 위험한 작업에 채용하거나 그 작업으로 작업내용을 변경할 때에는 제2항에 따른 안전보건교육 외에 고용노동부령으로 정하는 바에 따라 유해하거나 위험한 작업에 필요한 안전보건교육을 추가로 하여야 한다.
> ④ 사업주는 제1항부터 제3항까지의 규정에 따른 안전보건교육을 제33조에 따라 고용노동부장관에게 등록한 안전보건교육기관에 위탁할 수 있다.

34 대여자의 의무

- 법 제33조제3항과 영 제27조제2항에 따라 위험기계 · 기구 및 설비를 타인에게 대여하는 자는 다음과 같은 유해 · 위험 방지조치를 실시하여야 함
  - · 해당 기계 등을 미리 점검하고 이상을 발견한 때에는 즉시 보수하거나 그 밖에 필요한 정비를 할 것
  - · 해당 기계 등을 대여 받은 자에게 다음 각 목의 사항을 적은 서면을 발급할 것

> 해당 기계 등의 능력 및 방호조치의 내용, 해당 기계 등의 특성 및 사용 시의 주의사항, 해당 기계 등의 수리 · 보수 및 점검내역과 주요 부품의 제조일

〈산업안전 보건법 제81조 및 시행규칙 제100조〉

제81조(기계 · 기구 등의 대여자 등의 조치) 대통령령으로 정하는 기계 · 기구 · 설비 또는 건축물 등을 타인에게 대여하거나 대여받는 자는 필요한 안전조치 및 보건조치를 하여야 한다.

제100조(기계등 대여자의 조치) 법 제81조에 따라 영 제71조 및 영 별표 21의 기계 · 기구 · 설비 및 건축물 등(이하 "기계등"이라 한다)을 타인에게 대여하는 자가 해야 할 유해 · 위험 방지조치는 다음 각 호와 같다.
1. 해당 기계등을 미리 점검하고 이상을 발견한 경우에는 즉시 보수하거나 그 밖에 필요한 정비를 할 것
2. 해당 기계등을 대여받은 자에게 다음 각 목의 사항을 적은 서면을 발급할 것
   가. 해당 기계등의 성능 및 방호조치의 내용
   나. 해당 기계등의 특성 및 사용 시의 주의사항
   다. 해당 기계등의 수리 · 보수 및 점검 내역과 주요 부품의 제조일
   라. 해당 기계등의 정밀진단 및 수리 후 안전점검 내역, 주요 안전부품의 교환이력 및 제조일
3. 사용을 위하여 설치 · 해체 작업(기계등을 높이는 작업을 포함한다. 이하 같다)이 필요한 기계등을 대여하는 경우로서 해당 기계등의 설치 · 해체 작업을 다른 설치 · 해체업자에게 위탁하는 경우에는 다음 각 목의 사항을 준수할 것
   가. 설치 · 해체업자가 기계등의 설치 · 해체에 필요한 법령상 자격을 갖추고 있는지와 설치 · 해체에 필요한 장비를 갖추고 있는지를 확인할 것
   나. 설치 · 해체업자에게 제2호 각 목의 사항을 적은 서면을 발급하고, 해당 내용을 주지시킬 것
   다. 설치 · 해체업자가 설치 · 해체 작업 시 안전보건규칙에 따른 산업안전보건기준을 준수하고 있는지를 확인할 것
4. 해당 기계등을 대여받은 자에게 제3호가목 및 다목에 따른 확인 결과를 알릴 것

35 대여 받는 자의 의무

- 기계 등을 대여 받는 자는 그가 사용하는 근로자가 아닌 사람에게 해당 기계 등을 조작하도록 하는 경우에는 다음 각 호의 조치를 하여야 함
  · 해당 기계 등을 조작하는 사람이 관계 법령에서 정하는 자격이나 기능을 가진 사람인지 확인할 것
  · 해당 기계 등을 조작하는 사람에게 다음 각 목의 사항을 주지시킬 것

작업의 내용, 지휘계통, 연락 · 신호 등의 방법, 운행경로, 제한속도, 그 밖에 해당 기계 등의 운행에 관한 사항.
그 밖에 해당 기계 등의 조작에 따른 산업재해를 방지하기 위하여 필요한 사항
· 해당 기계 등을 조작하는 사람에게 다음 각 목의 사항을 주지시킬 것

- 제1항에 따른 기계 등을 대여 받은 자가 기계 등을 대여한 자에게 반환하는 경우에는 해당 기계 등의 수리 · 보수 및 점검내역과 부품교체 사항 등을 적은 서면을 발급하여야 한다.

〈산업안전 보건법 제81조 및 시행규칙 제101조〉

제81조(기계 · 기구 등의 대여자 등의 조치) 대통령령으로 정하는 기계 · 기구 · 설비 또는 건축물 등을 타인에게 대여하거나 대여받는 자는 필요한 안전조치 및 보건조치를 하여야 한다.

제101조(기계등을 대여받는 자의 조치) ① 법 제81조에 따라 기계등을 대여받는 자는 그가 사용하는 근로자가 아닌 사람에게 해당 기계등을 조작하도록 하는 경우에는 다음 각 호의 조치를 해야 한다. 다만, 해당 기계등을 구입할 목적으로 기종(機種)의 선정 등을 위하여 일시적으로 대여받는 경우에는 그렇지 않다.

1. 해당 기계등을 조작하는 사람이 관계 법령에서 정하는 자격이나 기능을 가진 사람인지 확인할 것
2. 해당 기계등을 조작하는 사람에게 다음 각 목의 사항을 주지시킬 것
   가. 작업의 내용
   나. 지휘계통
   다. 연락 · 신호 등의 방법
   라. 운행경로, 제한속도, 그 밖에 해당 기계등의 운행에 관한 사항
   마. 그 밖에 해당 기계등의 조작에 따른 산업재해를 방지하기 위하여 필요한 사항

② 타워크레인을 대여받은 자는 다음 각 호의 조치를 해야 한다.

1. 타워크레인을 사용하는 작업 중에 타워크레인 장비 간 또는 타워크레인과 인접 구조물 간 충돌위험이 있으면 충돌방지장치를 설치하는 등 충돌방지를 위하여 필요한 조치를 할 것
2. 타워크레인 설치 · 해체 작업이 이루어지는 동안 작업과정 전반(全般)을 영상으로 기록하여 대여기간 동안 보관할 것

③ 해당 기계등을 대여하는 자가 제100조제2호 각 목의 사항을 적은 서면을 발급하지 않는 경우 해당 기계등을 대여받은 자는 해당 사항에 대한 정보 제공을 요구할 수 있다.

④ 기계등을 대여받은 자가 기계등을 대여한 자에게 해당 기계등을 반환하는 경우에는 해당 기계등의 수리 · 보수 및 점검 내역과 부품교체 사항 등이 있는 경우 해당 사항에 대한 정보를 제공해야 한다

36 타워크레인 관련 법령

- 기계 등을 대여 받는 자는 그가 사용하는 근로자가 아닌 사람에게 해당 기계 등을 조작하도록 하는 경우에는 다음 각 호의 조치를 하여야 함

구분		산업안전보건법(고용노동부)	건설기계관리법(국토교통부)
제조 · 수입 · 설치 단계	대상	• 0.5톤 이상 타워크레인 ※ 건기법 적용 대상은 제외	• 타워크레인 ※ `16.7.19부터 3톤미만 크레인 포함
	제도	• 안전인증(`09.10.1 이후 제품) – 서면심사 : 설계시 – 개별제품심사 : 설치시 ※ 주요구조부 변경 포함	• 형식신고 : 설계단계 • 확인검사 : 제조시 • 신규등록검사 : 등록시 • 정기검사 : 설치시
	적용 기준	• 위험. 기계기구 안전인증 고시 (고용노동부 고시) 별표2 ※ 권상장치등의 브레이크, 와이어로프의 안전율, 과부하 방지장치	• 건설기계 안전기준에 관한 규칙 (국토교통부령) • 타워크레인의 구조 · 규격 및 성능에 관한 기준(국토교통부 고시)
사 용 단 계	대상	• 2톤 이상(정격하중) 타워크레인 ※ 2016.12월 건기법 개정(검사 주기 6개월로 단축)전 설치된 타워크레인(건설기계) 및 제조업 타워크레인 해당	• 타워크레인
	제도	• 안전검사	• 정기검사 : 설치시, 주기마다 • 구조변경검사 : 주요구조변경시 • 수시검사 : 불량 또는 신청인 요청시
	검사 주기	• 2년 마다	• 설치 이후 6개월마다 • `16.12 : 산업법 검사주기와 일치
	검사 기관	• 한국산업안전보건공단 • (사)대한산업안전협회 • 한국승강기안전공단 • (사)한국안전기술협회	• (사)대한산업안전협회 • 한국승강기안전공단 • (사)한국안전기술협회 • 대한건설기계안전관리원 • (주)한국산업안전
	적용 기준	• 안전검사 고시(고용노동부고시) ※ 검사항목(브레이크, 전동기, 마스트 및 지브, 안전장치 등)	• 건기법 시행규칙 별표8 ※ 검사항목(드럼 등의 직경, 와이어로프의 안전율 등)
	1.2	• 타워크레인 운전기능사(취업규칙) ※ 조종석이 설치되지 않은 5톤 이상 무인 타워크레인 포함 • 5톤 미만 무인타워크레인(안전규칙 제146조제2항) ※ 무선원격제어기(펜던트스위치)를 취급하는 근로자에게 작동 요령 등 안전 조작에 관한 사항을 충분히 주지 해야 한다.	• 3톤 이상 타워크레인 – 타워크레인 운전기능사 • 3톤 미만 타워크레인(무인) – 소형건설기계조종교육(20시간) 이수 후 타워크레인 조종면허증으로 발급 하여야 한다.

제2편

타워크레인운전기능사
출제예상문제

1 용어 해설

1) 크레인의 정의

① 일반적인 정의 : 인력을 절감하기 위해 동력을 이용하여 화물을 달아 올려 전후좌우로 물체를 이동해 원하는 장소로 옮기는 장치이다.

② 건설기계관리법상의 정의 : 무한궤도 또는 타이어식으로 강재의 자주 및 선회장치를 가진 것으로서 궤도(레일)식인 것은 제외한다.

③ 산업안전기준에 관한 규칙에 따른 정의 : 크레인이란 동력을 사용하여 중량을 매달아 상하 및 좌우, 수평 또는 선회로 운반하는 것을 목적으로 하는 기계장치이다.

④ 한국산업규격분류상의 정의 : 크레인이란 화물을 동력 또는 인력에 의하여 달아 올리고 상하 전후 및 좌우로 운반하는 기계이다.

2) 크레인의 운동

크레인은 화물을 들어 올려 수평으로 운반하는 장치로서, 화물을 들어 올리고 내리는 권상 및 권하운동, 화물을 수평으로 이동하기 위한 주행 · 횡행 · 선회 · 기복 및 인입운동 등을 말한다.

3) 크레인의 분류

크레인은 구조, 달기 기구, 운동형태, 구동방식, 선회능력, 설치방식 등에 따라 분류하며, KS B 0127에서는 무려 58종으로 분류하고 있을 만큼 그 사용 목적과 용도 등에 따라 세분된다.

① 구조에 의한 분류 : 천장크레인, 케이블 크레인, 지브(타워) 크레인, 겐트리 크레인

② 달기 기구에 의한 분류 : 후크 크레인, 그래브버킷 크레인, 마그넷 크레인, 장입 크레인, 전극 취급용 크레인, 천장형 스태커 크레인, 단조형 크레인

③ 운동형태에 의한 분류 : 기초정식 크레인, 클라이밍 타입 크레인, 기초이동식(주행형) 크레인, 반경형 크레인

④ 구동방식에 의한 분류 : 수동(인력)식 크레인, 전동식 크레인, 유압식 크레인

⑤ 선회방식에 의한 분류 : 선회 크레인, 제한 선회 크레인, 풀서클 선회 크레인, 비선회 크레인

⑥ 윈치방식에 의한 분류 : 지지식 크레인, 현수식 크레인

4) 천장크레인의 종류

① 일반 천장크레인 : 그레브식 천장크레인, 호이스트식 천장크레인 등

② 특수 천장크레인 : 원료 크레인, 장입 크레인, 단조 크레인, 레이들 크레인, 담금질 크레인, 스테커식 천장크레인, 강괴 크레인 등

5) 타워크레인의 종류

① T형 타워크레인, 러핑형 타워크레인
② 고정형, 주행형, 상승형

6) 주요 용어

① **호이스트** : 화물을 권상(감아올리기)하는 동작
② **지브 길이** : 후드 핀 지점에서 붐 헤드 섹션의 포인트 핀 중심까지의 거리
③ **권상하중** : 구조 및 재료에 견딜 수 있는 최대의 하중
④ **정격하중** : 크레인의 구조 및 재료에 대해 경사각과 지브 길이에 작용하여 견디는 힘
⑤ **양정** : 지브 길이에서 축, 그래브, 버킷 등 달기 기구를 유효하게 올리고 내리는 작업(주로 상한과 하한의 수직거리)
⑥ **스팬** : 주행하는 크레인과 레일 중심 간의 수평거리
⑦ **횡행** : 크레인 거더의 레일을 따라 트롤리가 이동하는 것
⑧ **작업 반경** : 크레인의 선회 중심에서 포인트 핀 중심 수직선까지의 범위
⑨ **선회** : 수직축 중심으로 지브 등이 회전하는 운동
⑩ **기복** : 크레인 지브가 그 지브를 중심으로 하여 상하로 운동하는 것
⑪ **인입** : 지브의 기둥 쪽으로 끌어당기거나 밀어내는 운동
⑫ **캣트 헤드** : 메인 지브 및 카운터 지브의 연결 바를 지탱하는 장치
⑬ **전동기** : 전기적 에너지를 기계적 에너지로 변환하는 장치
⑭ **카운터 웨이트** : 균형 유지를 위해 콘크리트 블록으로 카운터 지브 끝에 설치
⑮ **타이 바** : 메인 지브와 카운터 지브를 타워 헤드에 연결하는 바이며 인장력이 크게 작용
⑯ **트롤리** : 메인 지브를 따라 수평으로 이동하며 이적, 조립, 권상, 권하 및 선회 반경을 결정
⑰ **후크 블록** : 와이어로프에 부착되어 상하운동을 하며 권상 작업을 하는 달기 기구
⑱ **텔레스코핑 케이지** : 텔레스코핑 작업을 위한 공간을 제공하며 유압전동기, 플랫폼 및 레일이 있음
⑲ **권상 · 권하 방지장치** : 권상 작업 시 트롤리와 지브 간의 충돌을 방지하는 장치
⑳ **과부하 방지장치** : 정격하중 1.05배 이상 권상 시 권상 작동을 정지하는 장치
㉑ **속도제한장치** : 정격 속도 초과 운전 시 보호하기 위한 장치
㉒ **트롤리 로프 안전장치** : 와이어로프 파손 시 트롤리 작동을 정지하는 장치
㉓ **선회 제한 리미트 스위치** : 주어진 범위 내에서 선회 작동이 가능하고 양방향 1.5바퀴 이상의 지브 회전을 제한
㉔ **트롤리 정지장치** : 충격을 흡수하는 고무 완충제이자 스토퍼 역할
㉕ **트롤리 로프 긴장장치** : 로프 처짐을 방지하며 드럼에 감을 장력을 주는 장치
㉖ **클립 고정 시 개수** : 16mm 이하 4개, 16~28mm 이하 5개, 28mm 이상 6개

9) 각종 교환기준

① 와이어로프 : 소선 수의 10% 이상이 절단되었을 때, 공칭 지름의 7% 이상이 감소했을 때
② 후크 : 마모가 본래 치수의 20% 이상 되었을 때
③ 브레이크 라이닝 : 라이닝 총 두께의 50% 이상 마모되었을 때

10) 유압장치

① 캐비테이션 현상(공동현상) : 유압장치 내부에 국부적으로 높은 압력이 발생하여 진동과 소음이 생기는 현상
② 유압작동유에 공기 침입 시 색깔 변화 : 백색으로 변화
③ 유압장치 실린더 구성요소 : 실린더 튜브, 피스톤, 피스톤 로드
④ 유압호스 중 가장 큰 압력에 견디는 것 : 내선 와이어 호스

11) 안전 및 방호장치

① 권상 및 권하 방지장치(Hoist Up-Down Device)
  ㉠ 타워크레인으로 화물을 운반하는 도중 후크가 지면에 닿거나 권상 작업 시 트롤리 및 지브와의 충돌을 방지하는 장치이다.
  ㉡ 전원 회로를 제어하며, 권상 드럼의 축에 리미트 스위치를 연결하여 과권상 및 과권하 시 자동으로 동력을 차단하는 구조이다.
② 과부하 방지장치(Over Load Device)
  ㉠ 타워크레인의 각 지브의 길이에 따라 정격하중이 1.05배 이상일 때 과부하 방지 및 모멘트 리미트 장치가 작동하여 권상 동작을 정지시키는 장치이다.
  ㉡ 전원회로를 제어하여 작동 시 경보가 울리며, 임의로 조정할 수 없도록 봉인되어 있다.
  ㉢ 성능검사 합격품을 구입하여 설치해야 한다.
③ 속도제한장치(Speed Control Device)
  권상 속도 단계별로 정해진 정격하중을 초과하여 운전할 때 안전사고 방지 및 호이스트 시스템을 보호하는 장치로, 전원회로를 제어한다.
④ 바람에 대한 안전장치(Wind Load Safety Device)
  ㉠ 회전 모터가 작동할 때와 모터에 회전력이 생길 때까지는 약간의 시간이 걸리는데, 이때 바람이 불 경우 역방향으로 작동하는 것을 방지하는 장치이다.
  ㉡ 회전 기어 브레이크 주변에 부착된 리미트 스위치로 전원회로를 제어한다.
⑤ 비상정지장치(Emergence Stop Device)

㉠ 예기치 못한 상황이나 동작을 멈추어야 할 상황이 발생했을 때 정지시키는 장치로서, 모든 제어회로를 차단하는 구조로 되어 있다.

㉡ 비상정지용 누름 버튼은 적색으로 머리 부분이 돌출되어 있고 수동 복귀되는 형식을 사용해야 한다.

⑥ **트롤리 내 · 외측 제어장치(Trolley Left Right Control Device)**

각 섹션의 시작 또는 끝 지점에서 전원회로를 제어하여 트롤리 동작 시 후크가 지브 피보팅 섹션이나 지브 섹션과 충돌하는 것을 방지하는 장치이다.

⑦ **트롤리 로프 안전장치(Trolley Rope Brake Safty Device)**

트롤리 주행에 사용되는 스틸 와이어로프 파손 시 트롤리를 멈추게 하는 장치이다.

⑧ **트롤리 정지장치(Trolley Stopper Device)**

트롤리 최소 반경 또는 최대 반경으로 동작 시 트롤리의 충격을 흡수하는 고무 완충제로서 스토퍼 역할을 한다.

⑨ **트롤리 로프 긴장장치(Trolley Rope Tensioning Device)**

트롤리 로프를 사용할 때 로프의 처짐이 크게 되면 트롤리 위치를 정확히 제어하지 못하므로 트롤리 로프 한쪽 끝을 드럼에 감아서 장력을 주는 장치이다.

⑩ **와이어로프 꼬임 방지장치(Hoist Swivel of Wire Rope)**

내부에 스러스트 베어링이 들어있는 축 방향 회전 장치로서, 권상 또는 권하 시 호이스트 와이어로프에 하중이 걸릴 때 호이스트 와이어로프의 꼬임에 의한 로프의 변형과 후크 블록의 회전을 방지하는 장치이다.

⑪ **후크해지장치(Safety Latch of Hook)**

와이어로프가 후크로부터 이탈되는 것을 방지하는 장치이다.

⑫ **선회 제한 리미트 스위치(Slewing Limit Switch)**

㉠ 선회장치 내에 부착되어 회전수를 검출한다.

㉡ 주어진 범위 내에서만 선회 동작이 가능하며 회전판에 의해 작동된다.

㉢ 선회 제한 리미트 스위치가 연결되어 있는 한 개의 피니언으로 이루어져 있다.

㉣ 주요 전기 공급 케이블 등이 크레인 마스트를 따라 올라갈 때 과도하게 비틀리는 것을 방지하기 위해 선회 양방향으로 각각 1.5바퀴까지 지브의 회전을 제한한다.

타워크레인운전기능사 출제예상문제 ❶

				수험번호	성명
자격종목 타워크레인운전기능사	종목코드	시험시간 1시간	형별		

1 러핑 지브형 타워크레인의 특징으로 맞지 않는 것은?

① 다른 건물의 간섭을 피할 수 있다.
② 지브가 상하로 움직일 수 있다.
③ 지브가 고정되어 있다.
④ 고공권 침해의 영향을 덜 받는다.

해설
지브가 고정되어 있는 것은 T형의 특징에 해당한다.

2 메인 지브 반대편에 설치하는 지브로 균형추와 권상장치가 설치된 구성품은 무엇인가?

① 연결 바 ② 마스트
③ 카운터 지브 ④ 캣트(타워) 헤드

해설
- 캣트(타워) 헤드 : 메인 지브 및 카운터 지브의 연결 바를 지탱
- 마스트 : 타워크레인의 기둥

3 기초 앵커 설치에 관한 내용으로 옳지 않는 것은?

① 고정 앵커용 콘크리트 블록의 강도는 1,200kg/cm² 이상이다.
② 콘크리트 양생은 최소 10일 이상이며 완전히 양생된 후 작업한다.
③ 기초 앵커 전용의 템플리트를 사용하여 위치를 잡는다.
④ 레벨 게이지로 수평을 본 후 앵커 주위에 보조재를 놓고 다짐 작업을 한다.

해설
콘크리트 블록의 강도는 255kg/cm² 이상이다.

4 고정식 타워크레인의 설명과 거리가 먼 것은?

① 건물 외곽에 설치할 장소가 없는 경우에 사용한다.
② 자립고 이상 설치 시에는 월 타이로 지지한다.
③ 설치가 용이하고 비용이 저렴하다.
④ 앵커를 콘크리트로 타설하여 고정시킨다.

해설
건물 외곽에 설치하기 어렵거나 공사장이 넓어 1대 이상의 크레인으로 작업할 경우에는 상승식이 효과적이다.

5 주행 차륜 좌우 외측 중심 간의 수평거리에 해당하는 것은?

① 트롤리 스팬(Trolley Span)
② 양정(Lift)
③ 차륜하중(Wheel Load)
④ 휠 베이스(Wheel Base)

해설
휠 베이스란 주행 차륜의 중심 간 수평거리 또는 앞 차축과 뒤 차축 중심 간의 거리를 말한다.

6 전달할 수 있는 토크의 크기가 큰 것부터 순서대로 나열된 것은?

① 스플라인 – 성크키 – 평키 – 새들키
② 새들키 – 성크키 – 스플라인 – 평키
③ 평키 – 새들키 – 성크키 – 스플라인
④ 성크키 – 스플라인 – 새들키 – 평키

정답 1 ③ 2 ③ 3 ① 4 ① 5 ④ 6 ①

해설

축과 보스 부분에 홈이 파진 형태대로 나열하면 스플라인 → 성크키 → 평키 → 새들키 순이다.

7 **양축의 중심선에 3~5° 편차가 있으며, 고속회전과 충격 등이 있는 곳에 가장 적당한 커플링(축 이음)은?**

① 기어 커플링(Gear Coupling)
② 머프 커플링(Muff Coupling)
③ 플랜지 커플링(Flange Coupling)
④ 플렉시블 커플링(Flexible Coupling)

해설

플랜지 커플링, 기어 커플링, 머프 커플링은 축과 축 사이에 편차가 없으며, 3~5°의 편차는 플렉시블 커플링(축 이음)에서 나타난다.

8 **기어 모양이 나선형이고 물량이 원활하여 큰 하중과 고속 전동에 주로 쓰이는 것은?**

① 웜 기어 ② 내접 기어
③ 헬리컬 기어 ④ 스퍼 기어

해설

- 스퍼 기어와 내접 기어로는 평기어를 많이 사용한다.
- 웜 기어는 볼트 나사 모양이며, 나선형 기어에는 헬리컬 기어가 있다.

9 **타워크레인 주행 레일을 설치하려고 한다. 레일 연결부의 간격으로 가장 적합한 것은?**

① 2mm 이내 ② 3mm 이내
③ 4mm 이내 ④ 5mm 이내

해설

주행 레일 이음부의 간격은 5mm 이내가 허용 한도이다.

10 **베어링을 강제로 끼워 맞추기 위해 베어링을 가열하려고 한다. 가장 적절한 방법은?**

① 화기(불꽃)에 직접 가까이 대서 돌려가며 가열한다.
② 끓는 물에 담갔다 꺼냈다를 반복하며 가열한다.
③ 적당량의 알코올에 담가서 가열한다.
④ 적당량의 오일 속에 담가서 가열한다.

해설

베어링을 오일 속에 담가서 가열한 후 냉각되기 전에 끼운다.

11 **무거운 기계와 전동기 등을 들어 올릴 때 로프, 체인 또는 후크 등을 거는 데 사용하는 것은?**

① 충격 볼트 ② 리머 볼트
③ 아이 볼트 ④ 스테이 볼트

해설

로프, 체인 또는 후크 등을 걸어서 들어 올리는 데 사용하는 것은 아이 볼트이다.

12 **F 10 등급 조립용 고장력 너트의 최소 경도(HB)는 얼마인가?**

① 75 ② 85
③ 95 ④ 120

해설

타워크레인 검사 기술 지침 설명에 따르면 F 10 등급 고장력 너트의 최소 경도는 95, 최대 경도는 120이다.

13 **다음 중 권상장치의 제동용으로 적합하지 않은 브레이크는?**

① 직류전자 브레이크
② 교류전자 브레이크
③ 메카니컬 브레이크
④ 압상기 브레이크

정답 7 ④ 8 ③ 9 ④ 10 ④ 11 ③ 12 ③ 13 ④

해설

압상기란 전동유입 축압기의 약칭으로 스러스트 브레이크를 말하며, 횡행 및 주행 브레이크로 많이 활용한다.

14 브레이크 라이닝 중 리벳팅 라이닝의 마모 한도는 얼마인가?

① 원래 치수의 10%
② 원래 치수의 25%
③ 원래 치수의 50%
④ 원래 치수의 70%

해설

브레이크 휠 림의 두께 마모 한도는 40%까지이며, 라이닝의 마모 한도는 50%까지이다.

15 타워크레인의 운동 중 기복에 대한 설명으로 올바른 것은?

① 크레인의 지브가 지브를 중심으로 상하운동하는 것이다.
② 달아 올린 화물을 지브의 기둥 쪽으로 당기거나 밀어내는 것이다.
③ 수직축을 중심으로 회전운동을 하는 것이다.
④ 거더의 레일을 따라 트롤리가 이동하는 것이다.

해설

②는 인입, ③은 선회, ④는 횡행에 대한 설명이다.

16 퓨즈가 끊어져 다시 끼웠는데도 끊어졌다면 어떻게 해야 하는가?

① 좀 더 용량이 큰 퓨즈로 끼운다.
② 합선 및 이상 여부를 점검한다.
③ 좀 더 굵은 선으로 끼운다.
④ 다시 한 번 끼워 본다.

해설

퓨즈를 다시 끼웠을 때도 끊어진다면 단락, 누전, 합선 등이 원인일 수 있다.

17 3상 유도전동기에서 전압이 440V, 60Hz일 때 회전체인 전동기의 극수는 4극이다. 이때의 동기속도(rpm)은 얼마인가?

① 880rpm ② 1,800rpm
③ 6,600rpm ④ 13,200rpm

해설

(120×60) / 4극 = 1,800rpm

18 전동기가 기동을 하지 않는 원인에 해당하지 않는 것은?

① 커넥션의 접촉 불량
② 후크의 마모
③ 터미널의 이완
④ 단선

해설

후크는 현수 기구이므로 전동기와 관련이 없다.

19 권선형 유도전동기의 2차 저항 제어방식의 특징 중 거리가 먼 것은?

① 부하 변동에 의한 속도 변화가 적고, 제어방식 중 효율이 가장 우수하다.
② 어떤 용량의 전동기도 제어가 가능하다.
③ 기동 시 쿠션 스타트로서도 사용 가능하다.
④ 2차 저항치의 가변에 의해 속도가 제어된다.

해설

2차 저항 제어방식은 전동기의 부하가 가벼울 때는 저항이 증가해도 저속이 잘 안 되며 속도 변화도 크다.

20 배전반 내에 설치된 직접적인 안전장치가 아닌 것은?

① 누름단추
② 단락보호장치
③ 제어 회로용 나이프 스위치 및 퓨즈
④ 과전류 계전기 및 퓨즈

정답 14 ③ 15 ① 16 ② 17 ② 18 ② 19 ① 20 ①

해설

누름단추는 계기판 위에 설치되어 있다.

21 **주행식 크레인의 레일 접지방법에 대한 설명 중 옳지 않는 것은?**

① 접지극 동봉 직경을 8mm, 길이는 0.9m 이상으로 한다.
② 레일 고정 볼트와 접지극 사이는 섬유로프로 연결한다.
③ 레일 길이가 20m 이상인 경우는 20m마다 접지한다.
④ 레일 양 끝단을 접지한다.

해설

레일 고정 볼트와 접지극 사이는 코퍼 와이어로 연결한다.

22 **타워크레인의 주행, 횡행, 권상 등에서 과행을 방지하고 연동장치 및 안전장치로 사용하는 것은?**

① 리미트 스위치 ② 브레이크
③ 타임 릴레이 ④ 컨트롤러

해설

리미트 스위치는 과행을 방지하고 기타 구조물에 충돌하는 것을 방지하는 제한 개폐기이다.

23 **타워크레인의 방호장치에 대한 설명으로 옳지 않는 것은?**

① 운전 전반에 대한 안정성을 확보하기 위한 장치이다.
② 타워크레인 제작상의 불량을 방지하는 장치이다.
③ 위험 상황 발생 시 중량을 멈추게 한다.
④ 일정하게 운전 범위를 제한한다.

해설

각종 방호장치(안전장치)는 운전자의 실수 등 위험 발생 시 사고를 미연에 방지하기 위해 운전 범위를 제한하는 장치이다.

24 **권상 · 권하 시 와이어로프의 변형과 후크 블록의 회전을 방지하는 장치는?**

① 트롤리 로프 긴장장치
② 와이어로프 꼬임 방지장치
③ 후크 해지장치
④ 선회 제한 리미트 스위치

해설

와이어로프의 변형과 블록의 회전을 방지하는 것은 와이어로프 꼬임 방지장치이다.

25 **유압장치의 특징으로 거리가 먼 것은?**

① 에너지 저장이 가능하다.
② 구조가 간단하고 안전하지만 비경제적이다.
③ 힘의 증폭이 용이하다.
④ 제어가 매우 쉽고 정확하다.

해설

유압장치는 구조가 복잡하지만 안전하고 경제적이다.

26 **유압장치 내부에 국부적으로 높은 압력이 발생하여 소음과 진동 등이 생기는 현상을 무엇이라 하는가?**

① 채터링 ② 제로랩
③ 오버랩 ④ 캐비테이션

해설

캐비테이션(공동현상)이란 유압장치 내부에서 국부적으로 높은 압력이 발생하는 현상을 말한다. 필터의 여과 입도가 너무 높을 때나 공기가 침입해 압력의 불평형을 초래할 때 생기며, 압력을 일정하게 해야 없어진다.

27 **베인 펌프의 특징 중 거리가 먼 것은?**

① 간단하고 성능이 좋다.
② 수명이 짧다.
③ 맥동과 소음이 적다.
④ 소형이고 가볍다.

정답 21 ② 22 ① 23 ② 24 ② 25 ② 26 ④ 27 ①

해설
베인식 펌프의 단점은 구조가 약간 복잡하고 고압이 안 된다는 것이다.

28 **타워크레인을 이용한 운반 작업에서 고려해야 할 사항으로 거리가 먼 것은?**

① 될 수 있는 한 전용 줄걸이 용구를 사용한다.
② 위험 범위를 명확히 한다.
③ 한 번에 많은 하물을 운반하여 운반 횟수를 줄인다.
④ 이동거리를 짧게 한다.

해설
한 번에 많은 화물을 운반하면 타워크레인 각 부분과 와이어로프의 수명이 단축된다.

29 **타워크레인의 사업주는 순간풍속이 초당 몇 미터를 초과하는 경우에 설치 · 해체 · 수리 · 점검 등을 중지시켜야 하는가?**

① 10m/s ② 20m/s
③ 30m/s ④ 40m/s

해설
순간풍속이 초당 10m를 초과하면 타워크레인의 설치 · 해체 · 수리 · 점검을 중지하여야 한다.

30 **타워크레인 운전자의 의무사항으로 볼 수 없는 것은?**

① 결함사항의 보고 및 교대자에게 설명
② 모든 윤활점의 주유와 기어박스 오일 수준 점검
③ 안전운전에 영향을 미치는 결함 발견 시 작업 중지
④ 재해 방지를 위한 타워크레인 점검 및 검사

해설
윤활유의 주유와 기어박스 오일은 운전자가 작업 전에 점검해야 할 사항이지만 의무사항은 아니다.

31 **타워크레인 운전 시 주의사항이 아닌 것은?**

① 정격하중의 1.5배까지는 초과해서 작업할 수 있다.
② 작업 개시 전 이상 유무를 점검한 후 작업에 임해야 한다.
③ 하중을 경사지게 당겨서는 안 된다.
④ 안전장치를 벗기고 작업해서는 안 된다.

해설
권상 작업에서는 정격하중 이상 초과할 수 없으며, 1.5배를 초과하는 경우는 제동력을 시험한다.

32 **로프에 짐을 매달아 운반할 때 고려해야 할 사항으로 틀린 것은?**

① 만약 짐이 떨어졌을 경우 사람이 부상을 입을 만한 위험한 일은 없는지 확인
② 경로 부근에서 작업 중인 사람과 통행인은 없는지 확인
③ 매단 짐의 높이가 지상에서 4m 이상인지 확인
④ 매단 높이에서 충돌할 장애물은 없는지 확인

해설
로프에 매단 짐의 높이는 지상에서 2m를 넘지 않아야 한다.

33 **하역 작업을 시작하기 전에 점검해야 할 사항과 거리가 먼 것은?**

① 볼트, 너트 및 엔드 플레이트의 이완 여부
② 차륜의 마모 및 진동, 소음상태
③ 주행 노상 및 크레인 주위의 장애물 유무
④ 급유상태

해설
진동이나 소음상태는 작업 중에 점검한다.

정답 28 ③ 29 ① 30 ② 31 ① 32 ③ 33 ②

34 **주먹을 머리에 대고 떼었다 붙였다 하는 수신호의 의미는?**

① 주권 사용
② 크레인 이상 발생
③ 천천히 조금씩 위로 올리기
④ 운전자 호출

해설
주먹을 머리에 대고 떼었다 붙였다 하는 것은 주권 사용 신호이다.

35 **타워크레인으로 중량물을 인양하기 위해 줄걸이 작업을 할 때의 주의사항으로 거리가 먼 것은?**

① 날카로운 모서리가 있는 중량물은 보호대를 사용한다.
② 줄걸이 와이어로프가 미끄러지지 않도록 한다.
③ 줄걸이 각도를 최대한 크게 한다.
④ 중량물의 중심 위치를 고려한다.

해설
줄걸이 각도가 커질수록 한 줄에 걸리는 장력이 커진다.

36 **타워크레인용 와이어로프에 대한 설명으로 옳지 않는 것은?**

① 랭꼬임이 보통꼬임보다 손상률이 적으며 장시간 사용해도 잘 견딘다.
② 소선의 꼬임과 스트랜드의 꼬임 방향이 반대인 것은 랭꼬임이다.
③ 고열 작업용으로 스트랜드 한 줄을 심으로 하여 만든 로프도 있다.
④ 와이어로프의 재질은 탄소강이며 소선의 강도는 135~180kg/mm^{2}이다.

해설
소선의 꼬임과 스트랜드의 꼬임 방향이 반대인 것이 보통꼬임이다.

37 **다음 중 타워크레인용 와이어로프로 사용 가능한 것은 무엇인가?**

① 지름의 감소가 공칭 지름의 5% 이하인 것
② 심하게 변형 또는 부식된 것
③ 이음매가 있는 것
④ 와이어로프 한 가닥에서 소선 수가 10% 이상 절단된 것

해설
와이어로프가 공칭 지름의 7% 이상 감소하면 교환해야 한다.

38 **와이어로프의 굵기를 나타내는 것은?**

① 내접원의 직경 ② 스트랜드의 직경
③ 원 둘레 ④ 외접원의 직경

해설
와이어로프의 굵기는 외접원의 최외측을 버니어 캘리퍼스로 측정한다.

39 **다음 중 와이어로프의 보관방법으로 거리가 먼 것은?**

① 직사광선이나 열기 등에 의해 그리스가 변질되지 않도록 보관해야 한다.
② 로프가 직접 지면에 닿도록 보관해야 한다.
③ 한 번 사용한 로프를 보관할 때는 오물 등을 제거한 다음, 그리스를 바르고 잘 감싸서 보관해야 한다.
④ 건조하고 지붕이 있는 곳에 보관해야 한다.

해설
와이어로프는 건조하고 그늘진 곳에서 지면에 닿지 않도록 보관한다.

정답 34 ① 35 ③ 36 ② 37 ① 38 ④ 39 ②

40 와이어로프의 클립고정법에서 클립 간격은 로프 직경의 약 몇 배 이상으로 장착해야 하는가?

① 3배 ② 4배
③ 5배 ④ 6배

해설
와이어로프 클립고정법에서 클립 간격은 로프 직경의 6배 이상으로 한다.

41 드럼 직경(D)과 로프의 직경(d)의 비(D/d)는 몇 배 이상인가?

① 5배 이상 ② 10배 이상
③ 15배 이상 ④ 20배 이상

해설
드럼 직경(D)과 로프의 직경(d)의 비(D/d)는 20배 이상이다.

42 후크에 대한 설명으로 맞지 않는 것은?

① 홈 자국 깊이가 2mm가 되면 평활하게 다듬어야 한다.
② 균열된 후크는 용접해서 사용할 수 없다.
③ 목 부분이 30% 이내로 벌어진 것까지만 사용한다.
④ 균열검사는 적어도 연 1회 실시한다.

해설
후크의 목 부분이 20% 이상 벌어지면 폐기한다.

43 매다는 체인에 균열이 생겨 용접하여 사용하려 할 때 맞는 설명은?

① 체인의 여유가 없어 불가피한 경우 1회에 한하여 용접하여 사용할 수도 있다.
② 일반적으로 미세한 균열일 경우 용접해서 사용이 가능하다.
③ 어떤 경우든 용접해서 사용할 수 있다.
④ 어떤 경우든 용접해서 사용해서는 안 되고 교환해야 한다.

해설
매다는 체인은 용접하여 재사용할 수 없으며, 균열이 있으면 교환해야 한다.

44 슬링 와이어로프를 매달 때 가장 이상적인 각도는?

① 30° ② 60°
③ 90° ④ 120°

해설
와이어로프를 매다는 각이 커지면 와이어로프가 당기는 힘과 짐에 작용하는 압축력이 커진다. 또한 조각도가 60°를 기준으로 하는 것은 60° 이내가 안전각도라는 뜻이지, 이상적인 각도를 의미하는 것은 아니다.

45 다음 중 임시수리에 해당하지 않는 것은?

① 정기검사까지 남은 기간이 길 때 사용 정도에 따라 중간에 국부적으로 검사·수리하는 사항
② 고장이 생기지는 않았으나 운전자가 고장 가능성이 있다고 판단하고 수리하는 사항
③ 순회검사에서 발견되어 수리를 필요로 하는 사항
④ 돌발적으로 생긴 고장에 대하여 바로 수리를 행하는 사항

해설
고장의 가능성이 있다고 판단하여 수리하는 것은 예방정비이다.

46 동력전달장치의 부품 세척유로 가장 알맞은 것은?

① 솔벤트, 석유, 경유
② 기어오일, 그리스, 소다
③ 브레이크오일, 기관오일, 경유
④ 비누, 기관오일, 가솔린

정답 40 ④ 41 ④ 42 ③ 43 ④ 44 ① 45 ② 46 ①

해설

부품 세척유로는 솔벤트가 가장 좋으며 석유, 경유도 활용된다.

47 **타워크레인의 급유방법 중 거리가 먼 것은?**

① 와이어로프에는 와이어로프 전용의 그리스를 도포한다.
② 차륜 답면 및 레인 상면에는 마찰을 줄이기 위하여 그리스를 도포한다.
③ 각 급유 부분의 유종, 급유 시기, 급유량을 정확히 조정하고 실시한다.
④ 개방된 기어에는 그리스나 기어오일을 도포한다.

해설

차륜 답면과 레일 상면에 주유하면 미끄럼이 발생하므로 주유하지 않는다.

48 **고정식 타워크레인 설치 시 갖추어야 할 조건으로 잘못된 것은?**

① 보강재의 배근 도면에 따른 기초 작업
② 기초 응력(지내력) 분석
③ 설치될 지면의 견고성과 하중 지지력
④ 지내력은 5kg/cm² 이상 유지

해설

보통 지내력은 2kg/cm² 이상 유지하면 된다.

49 **캣트(타워) 헤드 설치에 관한 설명으로 옳지 않는 것은?**

① 과부하 방지용 리미트 스위치의 자유로운 움직임 점검
② 운전실 밑 부분에 핀(Pin)으로 조립
③ 헤드 부분의 카운터 지브 쪽에 카운터 가이로드 설치
④ 헤드 부분의 지브 쪽에 연결 바의 연결판 설치

해설

캣트(타워) 헤드는 운전실 프레임 상부에 핀으로 연결한다.

50 **권상 와이어로프의 설치 순서에서 이렉션 로프(Erection Rope)를 감은 후에 해야 할 일로 옳지 않는 것은?**

① 권상 로프를 드럼 위에 3~4회 감는다.
② 과부하 차단 시브 앞에 견제용 클립을 권상 로프에 부착한다.
③ 권상 드럼에서 이렉션 로프를 풀어 카운터 지브 위에 놓는다.
④ 이렉션 로프를 권상 드럼에서 풀어낸 후 권상 로프를 클립으로 권상 드럼에 부착시킨다.

해설

권상 드럼에서 권상 로프를 풀어 카운터 지브 위에 놓는다.

51 **클라이밍(Climbing) 작업 시 현장에서 철골조의 주요 준비사항이 아닌 것은?**

① 도장상태 확인
② 볼팅상태 확인
③ 레벨상태 확인
④ 용접상태 확인

해설

도장상태는 철골조 및 각종 부재 제작 시 완성되어 공급된다.

52 **텔레스코핑 작업 시 올바른 작업방법이 아닌 것은?**

① 추가할 마스트를 가이드 레일에 올려 놓는다.
② 후크를 이용하여 추가할 마스트를 들어 올린다.

정답 47 ② 48 ④ 49 ② 50 ③ 51 ① 52 ③

③ 철근 다발을 후크에 매달아 트롤리를 이동시켜 전후 평형상태의 균형을 맞춘다.
④ 유압 실린더를 상승 작동시켜 크로스 멤버와 서포트 슈가 2개의 텔레스코핑 웨브에 안착되도록 하여 마스트 설치공간을 확보한다.

해설
밸런스 웨이트(Balance Weight)를 후크에 매달아 타워 구조물에 대한 수평 균형을 유지하여야 하며, 특히 철근 등 비규격품은 사용을 금지해야 한다.

53 **타워크레인 작업 종료 후 안전을 위해 점검해야 할 사항과 거리가 먼 것은?**
① 각 베어링부 기어 등을 점검하여 필요 부위에 급유한다.
② 각 브레이크의 제동상태를 확인한다.
③ 정지를 위해 역상 제동한다.
④ 각 스위치를 정지 위치에 두고 배전반의 스위치를 차단한다.

해설
역상 제동을 하는 것은 작업 종료 후 점검사항이 아니다.

54 **안전운행에 관한 설명 중 맞지 않는 것은?**
① 마그넷 기중기 운전 시 정전이 되면 운반물을 3분 이내에 안전한 장소에 권하하고 각 컨트롤러를 중립 위치로 한 다음 주전원을 차단한다.
② 신호수의 신호에 의하여 운전해야 한다(비상시, 급정지 시는 제외).
③ 위험물을 운반할 때는 사이렌을 연속적으로 울려야 한다.
④ 운전자는 운행 준비가 갖추어지면 운전표시등을 녹색으로 점등한다.

해설
운전자는 운행 준비가 갖추어지면 적색등을 점등한다.

55 **추락 위험이 있는 장소에서 작업할 때의 방법으로 적절한 것은?**
① 스스로 주의해야 한다.
② 이동식 및 고정식 사다리를 사용한다.
③ 안전띠 또는 로프를 사용한다.
④ 일반 공구를 사용한다.

해설
추락 위험이 있는 장소에서는 안전띠와 로프를 사용하여 예기치 못한 안전사고를 방지해야 한다.

56 **운반기계에 대한 안전수칙 중 맞지 않는 것은?**
① 물건을 운반할 경우에는 운전 반경을 확인한다.
② 흔들리는 화물은 사람이 승차하여 붙잡도록 한다.
③ 크레인은 규정 용량을 초과하지 않는다.
④ 무거운 물건을 상승시킨 채 오랫동안 방치하지 않는다.

해설
어떤 경우라도 화물 위에 사람이 승차해서는 안 된다.

57 **안전교육의 목적으로 적합하지 않는 것은?**
① 소비 절약 및 안전보호구의 설계 능력을 배양한다.
② 위험에 대처하는 능력을 기른다.
③ 작업에 대한 주의심을 파악한다.
④ 능률적인 표준 작업을 숙달한다.

해설
안전교육이 소비 절약에는 약간의 도움을 줄 수 있으나 안전보호구의 설계 능력을 배양하지는 않는다.

정답 53 ③ 54 ④ 55 ③ 56 ② 57 ①

58 **복스 렌치 사용에 대한 설명으로 맞지 않는 것은?**

① 사용 중에 잘 미끄러지지 않는다.
② 오픈 렌치와 규격이 동일하다.
③ 여러 방향에서 사용이 가능하다.
④ 소켓 렌치보다 더 큰 힘으로 조일 때 사용한다.

59 **가연성 가스 저장실에서 지켜야 할 안전사항으로 가장 알맞은 것은?**

① 휴대용 전등을 사용한다.
② 조명은 형광등이나 백열등으로 한다.
③ 기름걸레를 통과 통 사이에 끼워 충격을 적게 한다.
④ 담뱃불을 가지고 출입해도 괜찮다.

해설
가연성 가스 저장실에 담뱃불이나 백열등은 화재의 원인이 될 수 있다.

60 **다음 중 안전표지와 거리가 먼 것은?**

① 경고표지 ② 지시표지
③ 금지표지 ④ 허가표지

해설
안전표지에는 금지 · 경고 · 지시 · 안내표지가 있다.

정답 58 ④ 59 ① 60 ④

타워크레인운전기능사 출제예상문제 ②

				수험번호	성명
자격종목 타워크레인운전기능사	종목코드	시험시간 1시간	형별		

1 다음 중 타워크레인의 부품과 다른 하나는?

① 후크 블록 ② 메인 지브
③ 트롤리 ④ 거더

해설
거더는 천장크레인의 구성품이다.

2 작업 발판의 구조로 틀린 것은?

① 안전난간을 설치하기 곤란할 때는 작업자의 안전대를 사용한다.
② 추락 위험 장소에는 안전난간을 설치한다.
③ 폭은 40cm 이상, 발판 틈은 1.5cm 이하로 한다.
④ 발판 재료는 하중에 견딜 수 있어야 한다.

해설
작업 발판의 폭은 40cm 이상, 발판 틈은 3cm 이하로 해야 한다.

3 다음 중 모래 섞인 점토층의 허용 지지력(kg/cm^2)은 얼마인가?

① 1.5 ② 2.5
③ 3.5 ④ 4.5

해설
모래 섞인 점토층의 허용 지지력은 $3.5kg/cm^2$ 이상이며, 고결된 모래 자갈층은 $6.0kg/cm^2$ 이상이다.

4 일반적인 지브 경사 각도는?

① 10~20° ② 30~40°
③ 50~90 ④ 30~80°

해설
지브의 경사각은 30~80° 이내여야 안전 범위에 든다.

5 비중은 같은 체적에서 물체의 중량과 무엇의 비를 말하는가?

① 0℃의 순수한 물의 중량
② 10~15℃의 순수한 물의 중량
③ 상온의 바닷물의 중량
④ 4℃의 순수한 물의 중량

해설
비중은 4℃의 순수한 물의 중량과 비교한 것으로, 물 1ℓ의 무게를 1kg으로 정한다.

6 키에 대한 설명 중 옳지 않은 것은?

① 스플라인 홈의 수는 4~20개 정도이다.
② 보스와 축 모두에 홈을 파는 키를 새들키라고 한다.
③ 평행키의 호칭치수는 폭×높이로 표시한다.
④ 키의 재료는 축보다 약간 단단한 강철재를 사용한다.

해설
- 성크키 : 축과 보스의 홈을 가공
- 반달키 : 보스 쪽 홈은 4각이고 축의 홈은 반달형
- 안장키 : 축에는 홈이 없고 보스에만 홈을 가공
- 접선키 : 서로 반대로 경사진 키를 2개 설치

7 커플링 중 권상 모터축에 가장 많이 쓰이는 것은?

정답 1 ④ 2 ③ 3 ③ 4 ④ 5 ④ 6 ② 7 ④

① 유니버설 커플링 ② 플랜지 커플링
③ 머프 커플링 ④ 플렉시블 커플링

해설
권상 모터축에는 플렉시블 커플링이 사용되며, 횡행 모터축의 커플링으로는 기어 또는 체인식을 사용한다.

8 **기어의 잇면(치면)을 손상시키는 것과 거리가 먼 것은?**

① 케이싱 ② 스크래칭
③ 어브레이션 ④ 피칭

해설
기어 잇면은 피칭, 어브레이션, 스크래칭, 스플링, 고링 등에 의해 손상된다.

9 **메탈 베어링의 재질로 사용하기 어려운 것은?**

① 켈멧 ② 침탄강
③ 화이트 메탈 ④ 청동

해설
메탈 베어링의 재질은 화이트 메탈, 켈멧, 청동, 트리 메탈 등이 있으며, 침탄강은 사용하지 않는다.

10 **구름 베어링의 단점을 설명한 것은?**

① 소음 및 진동이 생기기 쉽다.
② 길이가 짧아도 무방해 기계의 소형화가 가능하다.
③ 마멸이 적으므로 빗나감도 적다.
④ 과열 위험이 적다.

해설
구름 베어링은 미끄럼 베어링에 비해 공간이 많아서 소음 및 진동이 생기기 쉽고 충격에 약하다.

11 **강의 표면경화법으로 화학적 방법과 거리가 먼 것은?**

① 질화처리법 ② 화염경화법
③ 고체침탄법 ④ 가스침탄법

해설
강의 표면경화법
- 화학적 방법 : 고체 · 액체침탄법, 가스침탄법, 질화처리법, 침탄질화법
- 물리적 방법 : 금속용사법, 전해경화법, 화염경화법, 고주파경화법

※ 화학적 방법은 '침탄법, 질화처리', 물리적 방법은 '경화법, 용사법'으로 외우면 좋다.

12 **브레이크 블록의 구비조건으로 맞지 않는 것은?**

① 제동효과가 양호할 것
② 내열성이 클 것
③ 내마멸성이 클 것
④ 마찰계수가 작을 것

해설
브레이크 블록의 마찰계수는 커야 한다.

13 **마스터 실린더 조립 시 마지막 세척은 무엇으로 하는 것이 좋은가?**

① 경유 ② 휘발유
③ 석유 ④ 알코올

해설
유압제동장치의 각종 실린더 분해 조립 시 세척은 알코올이나 브레이크 오일로 한다.

14 **크레인에서 디스크 브레이크의 공기 빼기 작업방법 중 틀린 것은?**

① 일반적으로 마스터 실린더에서 제일 먼 곳의 휠 실린더에서 한다.
② 브레이크 파이프를 빼면서 한다.
③ 마스터 실린더에서 브레이크 오일을 보급하면서 한다.
④ 브레이크의 모든 유압계통을 확인한다.

해설
공기 빼기용 스크루를 빼면서 한다.

정답 8 ① 9 ② 10 ① 11 ② 12 ④ 13 ④ 14 ②

15 타워크레인에서 가장 많이 사용하는 전압은 몇 V인가?

① 110V ② 120V
③ 380V ④ 600V

해설
타워크레인에 사용되는 전압은 AC 220V, 380V, 440V 등이 있지만, 380V와 440V가 대부분이다.

16 440V용 전동기의 절연저항은 몇 Ω 이상이어야 하는가?

① 0.04MΩ ② 0.4MΩ
③ 4MΩ ④ 40MΩ

해설
220V는 약 0.2MΩ 이상, 440V는 약 0.4MΩ 이상, 3,300V는 3MΩ 이상이여야 한다.

17 전동기 회전수가 1,152rpm, 전감속비가 1/18, 차륜의 지름이 40cm일 때 이 타워크레인의 주행 속도는?

① 25.4m/min
② 60m/min
③ 80m/min
④ 200m/min

해설

$$\frac{3.14 \times 400\text{mm} \times 1{,}152\text{m/min}}{18(\text{감속비}) \times 1{,}000\text{mm}} = 80.38\text{m/min}$$

(단, 직경은 원둘레, 1m = 1,000mm, rpm = m/min)

18 다음 중 가장 높은 온도 상승에 견딜 수 있는 절연 종류는?

① A종 ② B종
③ E종 ④ F종

해설
A종 60℃, B종 80℃, E종 75℃, F종 100℃

19 타워크레인 모터용 부품에서 반드시 예비품으로 준비해둬야 하는 것은?

① 고정자 ② 브러시
③ 회전자 ④ 팁

해설
모터의 브러시는 고속 회전 부분에 접촉되므로 손상이 잘 된다.

20 비교적 대용량의 크레인에 사용하는 트롤리선은 무엇인가?

① 황경동 트롤리선 ② 레일 트롤리선
③ 앵글 트롤리선 ④ 경동 트롤리선

해설
- 경동 트롤리선 : 비교적 중 · 소용량 크레인
- 앵글 트롤리선 : 경제성이 유리해 언로더 등에 사용
- 레일 트롤리선 : 대용량 크레인

21 전자접촉기에서 큰 잡음이 나는 원인으로 적당한 것은?

① 주파수가 맞지 않을 경우
② 전자접촉기의 부착이 반듯하지 못할 경우
③ 접점에 녹이 슬었을 경우
④ 코일에 이상이 있을 경우

해설
전자접촉기 접점에 녹이 슬거나 코일의 이상, 주파수가 맞지 않는 경우 작동이 안 될 수 있으며, 접촉이 불안정하면 잡음이 날 수 있다.

22 중추식 리미트 스위치의 역할을 가장 잘 표현한 것은?

① 권상 시 비상용 과권 방지
② 주행 또는 횡행 작동 시 양정을 넓히는 작업 방지
③ 권상 시 상용 과권 방지
④ 권하 시 상용 과권 방지

정답 15 ③ 16 ② 17 ③ 18 ④ 19 ② 20 ② 21 ② 22 ①

해설

리미트 스위치는 상용과 비상용으로 구분되며, 중추식은 비상용 리미트 스위치로 권상 시 비상용 과권 방지를 위해 쓰인다.

23 화물 운반 도중 후크가 지면에 닿거나 권상 작업 시 트롤리 및 지브와의 충돌을 방지하기 위한 장치는 무엇인가?

① 비상정지장치
② 권상 및 권하 방지장치
③ 과부하 방지장치
④ 속도제한장치

해설

후크가 지면에 닿거나 권상 시 충돌을 방지하는 것은 권상 및 권하 방지장치이다.

24 타워크레인의 선회 제한 리미트 스위치를 설명한 것으로 거리가 먼 것은?

① 세팅은 선회 양방향으로 각각 1.5바퀴까지로 한다.
② 전기 공급 케이블 등이 과도하게 비틀리는 것을 방지한다.
③ 선회장치 내부에서 회전 수를 검출하여 주어진 범위 내에서 작동한다.
④ 트롤리 위치 제어를 위해 로프 끝을 감아 장력을 준다.

해설

와이어로프 끝을 감아 장력을 주는 것은 트롤리 로프 긴장장치이다.

25 다음 중 압력의 단위와 다른 것은?

① N · m　　② kPa
③ psi　　④ kg/cm^2

해설

- 압력 : 단위면적당 가해진 중량을 말하며 단위는 kg/cm^2이다.
- Pa(파스칼) : 압력의 단위로 1㎡당 1뉴턴의 크기를 뜻한다. 1kPa는 1,000Pa이다.
- psi : 압력의 단위로 $1inch^2$당 면적이 받는 무게를 말한다.
- 1N · m : 1J(줄)로서 일을 의미하며, 1J은 1N의 힘으로 1m 이동했을 때 일의 양을 말한다.

26 다음 그림을 보고 압력에 대해 바르게 표현한 것은?

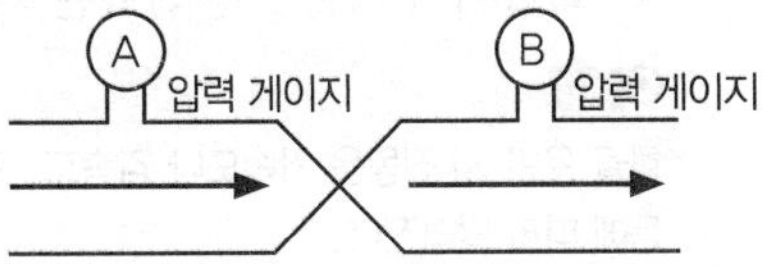

① A = B
② A 〉 B
③ A 〈 B
④ A, B는 서로 무관

해설

유체는 좁은 통로를 흐를 때 속력이 증가하고, 넓은 통로를 흐를 때 속력이 감소한다. 유체의 속력이 증가하면 압력이 낮아지고, 속력이 감소하면 압력이 높아지는데, 이것을 베르누이의 정리라고 한다. 베르누이의 정리에 따르면 A쪽의 유속이 느려지고 있으므로 A실의 압력이 B실의 압력보다 높다.

27 두 개 이상의 분기회로에서 실린더나 모터의 작동 순서를 결정하는 것은?

① 시퀀스 밸브
② 파일럿 체크 밸브
③ 리듀싱 밸브
④ 릴리프 밸브

해설

시퀀스 밸브는 두 개 이상의 분기회로에서 실린더나 모터의 작동 순서를 결정한다.

정답　23 ②　24 ④　25 ①　26 ②　27 ①

28 **크레인 운전 작업 시 화물의 진동에 대한 설명으로 옳지 않은 것은?**

① 권상 로프가 길수록 진동주기는 길어진다.
② 권상 로프가 길수록 진폭은 커진다.
③ 가속도, 감속도가 클수록 진동은 커진다.
④ 화물이 무거울수록 진폭은 커진다.

해설
화물 운반 시 진동은 가속도나 감속도, 로프의 길이 등에 따라 달라진다.

29 **다음 설명 중 잘못된 것은?**

① 운전 중 이상음이 발생하면 운전을 중지하고 점검해야 한다.
② 권상, 주행, 횡행 모두 제동 브레이크의 작동 상태를 필히 점검해야 한다.
③ 기중기 운전 중에 점검을 할 때, 점검자는 필히 운전자에게 연락을 취해야 한다.
④ 권상장치 점검 시 권상 · 권하를 최고 · 최저 위치까지 감아올리거나 내릴 필요가 없다.

해설
권상장치를 점검하려면 최고 · 최저 위치까지 감아 올리거나 내려야 한다.

30 **타워크레인의 운전 전 점검사항으로 잘못된 것은?**

① 권상용 감속기의 오일량
② 컨트롤러 접촉자의 접촉상태를 눈으로 직접 확인
③ 리미트 스위치의 작동 여부
④ 브레이크 라이닝 마모 정도

해설
브레이크 라이닝의 마모량을 측정하거나 교환하는 작업은 월간 정비로 하며, 컨트롤러(제어기)의 접촉자는 눈으로 확인되지 않는다.

31 **원활한 운전 작업을 하기 위한 방법으로 옳지 않은 것은?**

① 운전자는 물건을 들고 지나온 경로를 되돌아보며 운전을 올바로 했는지 항상 반성하며 운전해야 한다.
② 작업 종료 후에는 꼭 소정의 위치에 정지시킨 후 전원을 끈다.
③ 운전 중 운전자는 항상 기계 각부의 이상 음향, 이상 진동에 주의한다.
④ 정지상태에서 출발할 때 갑자기 전속력을 내서는 안 된다.

해설
물건을 들고 이동하면서 지나온 경로를 되돌아볼 필요는 없다.

32 **타워크레인의 권상 · 권하 시 주의사항으로 틀린 것은?**

① 와이어로프를 감을 때는 항상 최고 속도로 감을 것
② 와이어로프가 홈에서 벗어나지 않도록 운전할 것
③ 와이어로프 규정 하중을 지킬 것
④ 와이어로프를 풀 때 필요 이상 풀지 말 것

해설
와이어로프를 감을 때는 로프가 홈에서 벗어나지 않도록 서서히 감아야 한다.

33 **기중기 권상 작업 시 신호수와 운전자의 작업 방법에 대한 설명으로 잘못된 것은?**

정답 28 ④ 29 ④ 30 ② 31 ① 32 ① 33 ②

① 운전수는 신호수의 신호가 불분명할 때 운전을 하지 말아야 한다.
② 신호수는 흔들림을 방지하기 위해 후크 바로 위의 와이어로프를 잡고 신호하는 것이 좋다.
③ 신호수는 운전수가 잘 보이는 곳에서 신호하는 것이 좋다.
④ 신호수는 안전거리를 확보한 상태에서 가능한 한 하중 가까이서 신호하는 것이 좋다.

해설
후크 바로 위의 와이어로프를 잡고 신호를 하면 매우 위험하다.

34 다음 그림처럼 한쪽 팔꿈치에 다른 손의 손바닥을 떼었다 붙였다 하는 신호는 무엇인가?

① 위로 올리기 ② 보권 사용
③ 마그넷 붙이기 ④ 아래로 내리기

해설
한쪽 팔꿈치에 다른 손의 손바닥을 떼었다 붙였다 하는 것은 보권 사용 신호이다.

35 다음 중 안전계수를 구하는 공식은?

① $\frac{시험하중}{안전하중}$ ② $\frac{절단하중}{안전하중}$
③ $\frac{안전하중}{절단하중}$ ④ $\frac{시험하중}{절단하중}$

해설
안전계수 = 절단하중 / 안전하중

36 타워크레인용 와이어로프에 대한 설명으로 잘못된 것은?

① 와이어로프의 심강으로 철심을 사용할 수 있다.
② 와이어로프의 심강으로 섬유심이 가장 많이 쓰인다.
③ 와이어로프 클립 고정 시 로프의 직경이 30mm일 때 클립 수는 최소 4개 이상이어야 한다.
④ 와이어로프의 구조는 스트랜드와 심강으로 구분한다.

해설
와이어로프의 지름이 22~26mm까지는 클립 수가 4개이며, 30mm이면 6개로 해야 한다.

37 와이어로프의 주된 손상 원인은 무엇인가?

① 로프 보관 장소의 통풍
② 로프 표면에 부착된 수분을 제거하기 위한 마른걸레질
③ 마모, 부식
④ 표면의 도유

해설
와이어로프의 주된 손상 원인은 마모, 늘어남, 부식 등에 의한 끊어짐이다.

38 와이어로프의 사용 한도는 소선 수 (   )% 이상이 절단된 경우와 직경이 원래 치수의 (   )% 이상 감소한 경우이다. 괄호 안에 들어갈 숫자가 바르게 나열된 것은?

① 7, 10 ② 10, 7
③ 10, 15 ④ 15, 10

해설
와이어로프는 소선 수가 10% 이상 절단되었을 때, 직경이 원래 치수의 7% 이상 감소했을 때 교환한다.

정답 34 ② 35 ② 36 ③ 37 ③ 38 ②

39 킹크된 상태로 그냥 둔 부분의 절단하중은 몇 % 저하되는가?

① 완전한 와이어로프의 30%
② 완전한 와이어로프의 45%
③ 완전한 와이어로프의 60%
④ 완전한 와이어로프의 70%

해설
(−) 킹크이면 완전한 와이어로프의 60%까지, (+) 킹크이면 40%까지 저하된다.

40 와이어로프의 보통꼬임에 대한 설명 중 잘못된 것은?

① 킹크가 적게 생긴다.
② 취급이 용이하다.
③ 스트랜드의 꼬임 방향과 로프의 꼬임 방향이 반대이다.
④ 소선의 외부 접촉 길이가 짧아서 랭꼬임보다 마모가 적다.

해설
보통꼬임은 랭꼬임에 비하여 소선 꼬임 경사가 심하고 스트랜드 바깥쪽 부분이 세게 문질러져 마모가 크다.

41 크레인에서 와이어로프가 드럼에 감길 때 플리트 각도는?

① 2° 이내 ② 4° 이내
③ 6° 이내 ④ 10° 이내

해설
드럼 홈과 와이어로프의 각은 4°이며 플리트 각은 2° 이내이다.

42 크레인용 후크 입구의 거리가 200mm이다. 후크 입구가 최소 몇 mm 이상 벌어졌을 때 사용이 불가능해지는가?

① 210mm ② 220mm
③ 230mm ④ 240mm

해설
후크 입구가 원래 치수보다 20% 이상 벌어졌을 때 사용이 불가능해지므로, 정답은 240mm이다.

43 줄걸이 용구가 아닌 것은?

① 체인 ② 와이어로프
③ 샤클(Shackle) ④ 핀

해설
핀은 보조용구로서 와이어로프의 고리와 고리를 고정하는 데 사용한다.

44 다음 그림과 같이 1,500kgf의 짐을 90°로 걸어 올렸을 때, 한 줄에 걸리는 무게는 약 몇 kgf인가?

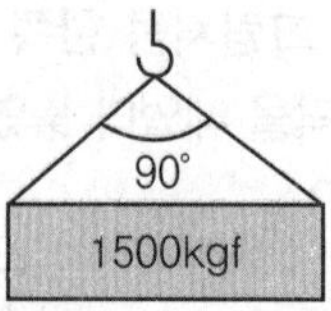

① 750kgf ② 1,061kgf
③ 1,350kgf ④ 1,500kgf

해설
조각도 90°에서 한 줄에 걸리는 무게는 1.414배이므로 1,500kgf / 2줄 = 750kgf이다. 따라서 한 줄에 걸리는 무게는 750 × 1.414 = 약 1,061kgf이다.

45 타워크레인 운전 전 점검사항으로 맞지 않는 것은?

① 브레이크의 기능
② 컨트롤러 접촉자의 접속상태
③ 리미트 스위치의 기능
④ 시브(활차)의 마모상태

해설
시브(활차)의 마모상태는 주간 정비에 해당한다.

정답 39 ③ 40 ④ 41 ① 42 ④ 43 ④ 44 ② 45 ④

46 **계절이 겨울로 바뀔 때 옥외용 크레인의 감속 기어 오일로 적합한 것은?**

① 점도가 높은 것
② 점도가 낮은 것
③ 점도가 같은 것
④ 아무 것이나 좋다.

해설
윤활유는 여름철에는 점도가 높은 것을 사용하고 겨울철에는 점도가 낮은 것을 사용한다.

47 **타워크레인의 설치 · 해체 시 공동안전대책에 적합하지 않은 것은?**

① 설치 · 해체계획서의 작성
② 중량 및 중심의 명시 등
③ 권상용 후크 걸이의 부착
④ 보조 로프의 사용 여부 결정

해설
설치 · 해체계획서 작성은 공동안전대책이 아니고 사전 준비사항이다.

48 **타워크레인의 설치 계획 시 반드시 검토 및 확인해야 할 사항이 아닌 것은?**

① 이동식 크레인 선택과 구조물 상부에 크레인 설치 시 구조물의 지지력 검토서
② 설치 작업 팀원에 대한 신상명세서
③ 보험관계서류 및 설치 작업계획서
④ 크레인 기종 및 설치 위치

해설
타워크레인 설치 계획 시 설치 작업 팀원에 대한 신상명세서는 확인할 필요가 없다.

49 **메인 지브의 설치방법으로 잘못된 것은?**

① 트롤리 와이어로프는 지브의 최종 작업 순서에 따라 설치한다.
② 지브 타이 바를 연결하고 지브 연결 부위에 핀으로 고정한다.
③ 지브 길이에 맞춰 구성 요소들을 핀으로 연결한다.
④ 첫 번째 지브 부분에 트롤리를 끼워 넣는다.

해설
트롤리 와이어로프는 첫 번째 지브 부분에 트롤리를 끼워 넣은 다음 설치한다.

50 **타워크레인 작업 시 감전을 방지하기 위한 유의사항으로 잘못된 것은?**

① 방호구나 방책만 설치하면 관계없다.
② 위험한 곳에 설치된 크레인에는 감시인을 배치한다.
③ 일정 각도 이상 선회 시 비상정지가 되도록 한다.
④ 선회 제한 스위치 등을 설치한다.

해설
방호구나 방책이 있어도 전류가 통할 수 있는 재질이면 누전이 될 수 있어 감전의 위험이 있다.

51 **타워크레인에 월 브레이싱 고정방법으로 시공하고자 할 때 검토해야 할 주요 내용과 거리가 먼 것은?**

① 구조 기술사에 의한 전문가 검토
② 크레인에 대응하는 안전하중 확보
③ 볼트 및 너트의 구조 검토
④ 제작사 매뉴얼에 의한 사양 준수

해설
월 브레이싱 고정에 사용되는 볼트 및 너트는 구조와 재질을 검증해 구입해야 하지만 우선 검토사항은 아니다.

52 **이동식 크레인으로 러핑 타워크레인 조립을 위한 지브의 인양 각도는?**

① 5~15° ② 25~35°
③ 45~55° ④ 65~75°

정답 46 ② 47 ① 48 ② 49 ① 50 ① 51 ③ 52 ②

해설

이동식 크레인으로 지브를 인양하는 적절한 각도는 25~35°이다.

53 크레인의 안전한 운전방법으로 잘못된 것은?

① 리미트 스위치가 있으면 리미트 스위치에 의존해서 운전한다.
② 작업자와 운전자가 연락하지 않으면 사고가 발생할 우려가 있으므로 긴밀히 연락한다.
③ 항상 짐의 중량, 크기를 염두에 두고 장애물 대처 방안을 세우며, 충분한 여유를 가지고 운전한다.
④ 안전커버를 벗긴 채로 운전해서는 안 된다.

해설

리미트 스위치가 있다고 해서 그에 의존하는 운전을 해서는 안 되며, 철저하게 점검 · 정비하고 안전운전을 하도록 한다.

54 소화 작업에 대한 설명으로 잘못된 것은?

① 점화원을 발화점 이하의 온도로 낮춘다.
② 가연물질의 공급을 차단한다.
③ 유류 화재 시 표면에 물을 붓는다.
④ 산소 공급을 차단한다.

해설

유류 화재 시 물을 사용하면 더 위험하다.

55 감전되거나 전기화상을 입을 위험이 있는 작업을 할 때 꼭 착용해야 할 안전용품은?

① 구명조끼 ② 비상벨
③ 구명구 ④ 보호구

해설

감전이나 전기화상을 피할 수 있는 보호구가 있어야 하며, 구명구나 구명조끼는 깊은 강물이나 바다 등에서 필요한 안전용품이다.

56 장비의 폐기물 처리에 대한 설명 중 잘못된 것은?

① 장비에서 오일을 빼낼 때에는 오일 용기에 받는다.
② 하수도, 하천 등에 폐유를 버리지 않는다.
③ 폐유는 지면에 직접 배유하며 흙으로 덮어야 한다.
④ 오일, 배터리 등의 유해물 처리는 관련 법규를 준수한다.

해설

장비의 폐기물은 하수도, 하천, 지면 등에 버리지 말고 정화시설을 활용해야 하며, 관련 법규를 준수하여 환경오염을 방지한다.

57 건설기계 작업용 일반 수공구 취급 시 주의사항과 거리가 먼 것은?

① 공구가 맞는 것이 없으면 비슷한 용도의 공구를 사용할 것
② 공구는 지정된 장소에 보관할 것
③ 공구를 청결한 상태에서 보관할 것
④ 공구를 올바른 작업에 사용할 것

해설

섣불리 비슷한 용도의 공구를 사용하면 작업도 적절히 이루어지지 않고 안전사고가 발생할 수 있다.

58 다음 중 볼트나 너트를 조이고 풀 때의 설명으로 잘못된 것은?

① 규정 이상의 토크로 조이면 나사부가 손상된다.
② 토크 렌치를 사용해야 한다.
③ 볼트와 너트는 규정 토크로 조인다.
④ 규정 토크를 2~3회 나누어 조인다.

해설

토크 렌치는 볼트와 너트를 규정대로 조이는 공구이며, 풀 때는 사용하지 않는다.

정답 53 ① 54 ③ 55 ④ 56 ③ 57 ① 58 ②

59 **다음 중 추락의 위험이 있는 곳에서 꼭 착용해야 하는 것은?**

① 보안경　　② 안전장갑
③ 귀마개　　④ 안전모

해설

추락하면 머리를 다칠 수 있으므로 안전모를 써야 한다.

60 **주의를 요하는 곳은 어떤 색으로 표시하는가?**

① 주황색　　② 노란색
③ 녹색　　④ 적색

해설

- 주황색(황적색) : 위험
- 노란색(황색) : 경고(주의)
- 녹색 : 안내
- 적색 : 금지

정답 59 ④　60 ②

타워크레인운전기능사 출제예상문제 ③

자격종목	종목코드	시험시간	형별	수험번호	성명
타워크레인운전기능사		1시간			

1 타워크레인의 운동 특성을 잘못 나타낸 것은?

① 선회 + 기복 ② 선회 + 굽힘
③ 선회 + 횡행 ④ 선회 + 주행

해설
타워크레인은 주행, 횡행, 선회 및 기복운동 등의 조합으로 작동되는 장비를 말한다.

2 캣트 헤드의 구성과 기능을 설명한 것으로 옳은 것은?

① 상하 부분으로 구성되며 회전 테이블이 있다.
② 균형 유지를 위하여 콘크리트 블록으로 되어 있다.
③ 마스트의 최상부에 위치한다.
④ 메인 지브와 카운터 지브의 연결 바를 상호 지탱해준다.

해설
①, ③은 선회장치, ②는 카운터 웨이트에 대한 설명이다.

3 타워크레인 기초 앵커 설치 작업 시 앵커 세팅의 수평도 적정치는 몇 mm 이내인가?

① ±1.0mm 이내
② ±1.2mm 이내
③ ±1.5mm 이내
④ ±2.0mm 이내

해설
앵커 세팅은 수평도의 편차가 ±1.0mm 이내여야 한다.

4 다음 중 크레인에 사용되지 않는 것은?

① 사이렌
② ABS장치
③ 리미트 스위치
④ 승강대

해설
ABS는 휠 타입 건설기계 또는 자동차 등에 사용되는 브레이크 장치이다.

5 가로 10m, 세로 1m, 높이 0.2m인 철이 있다. 이것을 4줄걸이 30°로 들어 올릴 때 한 개의 와이어로프에 걸리는 하중은?(단, 철의 비중은 7.8이다)

① 3.9톤 ② 4.05톤
③ 7.8톤 ④ 15.6톤

해설
체적 = 10 × 1 × 0.2 = 2m³
비중이 7.8이므로 하물의 하중은 2 × 7.8 = 15.6톤이다. 이것을 4줄걸이 30°로 들어 올리므로
한 줄에 걸리는 하중은 $\frac{15.6톤}{4줄} \times 1,035 =$ 4.036톤이 된다.

6 축에 관한 설명 중 잘못된 것은?

① 축끼리의 연결을 축 조인트라 한다.
② 기계를 돌리기 위하여 동력을 전달하는 축을 전동축이라 한다.
③ 축은 회전축과 전동축으로 구분한다.
④ 축은 기계장치의 일부로써 회전에 의한 운동이나 동력을 전달한다.

정답 1 ② 2 ④ 3 ① 4 ② 5 ② 6 ③

해설

축은 작용하중에 따라 차축, 전동축, 스핀들로 구분하며, 모양에 따라서는 직선축, 곡선축, 휨축 등이 있다.

7 기어의 소음 발생 원인과 거리가 먼 것은?

① 기어의 물림이 불량하다.
② 조인트 마모가 크다.
③ 피치 오차가 크다.
④ 치면에 흠이 있고 거칠다.

해설

조인트(이음)는 기어 부분이 아니다.

8 차륜의 재료로 적합하지 않는 것은?

① 구리 ② 특수주강
③ 주강 ④ 주철

해설

차륜의 재료는 주철, 주강, 특수주강 등이 사용된다.

9 평 베어링 메탈 재료가 갖추어야 할 성질과 거리가 먼 것은?

① 열전도가 좋을 것
② 내식성이 클 것
③ 축 재료보다 연할 것
④ 축과의 마찰계수가 클 것

해설

평 베어링의 메탈 재료는 축과의 마찰계수가 작아야 한다.

10 하중이 축선에 직각으로 작용하고 선 접촉을 하는 것은?

① 구름 베어링 ② 평 베어링
③ 스러스트 베어링 ④ 레이디얼 베어링

해설

하중이 축 방향으로 작용하면 스러스트 베어링, 축선과 직각으로 작용하면 레이디얼 베어링이다.

11 타워크레인 구조 부분에 체결하는 고장력 볼트에 대한 설명으로 틀린 것은?

① 연결할 때는 고장력 볼트, 2개의 와셔, 고장력 너트가 필요하다.
② 볼트의 나사산 및 너트 접촉면에는 반드시 그리스를 도포한다.
③ 고장력 볼트는 임의의 토크값으로 조인다.
④ 볼트의 머리 부분에는 강도를 나타내는 기호가 표기된다.

해설

그리스가 도포된 고장력 볼트는 유압 토크 렌치 등으로 정해진 토크 값에 따라 조여야 풀림을 예방할 수 있다.

12 다이나믹 브레이크에서 속도 제어는 어느 때 행하는가?

① 권하 시 ② 주행 및 횡행 시
③ 권상 시 ④ 모든 작업 시

해설

다이나믹 브레이크는 크레인이 권하작용을 할 때 매달리는 하중의 크기와 소비전력 사이의 평행점에서 안정된 저속도를 낸다.

13 크레인 제동 시 브레이크 라이닝에서 발열이 심하며 연기가 날 때 취해야 할 조치는?

① 라이닝의 틈을 작게 조인다.
② 브레이크 드럼을 교환한다.
③ 라이닝과 브레이크 드럼의 틈을 고르게 조정한다.
④ 라이닝을 교환한다.

해설

브레이크 라이닝과 드럼 사이 간격이 너무 좁으면 발열되어 연기가 날 수 있으므로 틈새를 고르게 조정한다.

정답 7 ② 8 ① 9 ④ 10 ④ 11 ③ 12 ① 13 ③

14 권상장치의 주요 구성요소와 관련이 없는 것은?

① 경보장치　② 브레이크
③ 감속기　④ 전동기

해설

경보장치는 안전장치이며 권상장치와 관련이 없다.

15 변압기의 1차 권수가 80회, 2차 권수가 320회인 경우, 1차 측에 25V의 전압을 인가하면 2차 전압은 얼마인가?

① 25V　② 50V
③ 75V　④ 100V

해설

$80 : 320 = 25 : x,\ x = \frac{320 \times 25}{80} = 100$

16 작업장에서 교류전압이 최소 얼마 이상인 경우 전기설비에 접근제한 및 위험표시를 부착해야 하는가?

① 220V　② 440V
③ 500V　④ 1000V

해설

교류전압은 220V 이상인 경우 위험표시를 부착한다.

17 중간속도로 장시간 운전할 경우 저항기에 일어나는 현상은?

① 전동기 온도는 다른 운전과 같다.
② 정격속도로 운전하는 것보다 유리하다.
③ 저항기의 온도가 상승한다.
④ 전동기의 온도가 내려간다.

해설

저항기가 장시간 작동되어 온도가 상승하며, 전동기 온도는 내려갈 수 없다.

18 권상하중 50톤, 권상속도 1.5m/min인 타워크레인의 전동기 출력은 얼마인가? (단, 권상기의 효율을 70%이다)

① 8.5KW　② 12.2KW
③ 13.5KW　④ 17.5KW

해설

$\frac{50,000\text{kg} \times 15}{75 \times 60} \times 735\text{W} = 12.24\text{KW}$

$\text{전동기 출력} = \frac{12.24\text{KW}}{0.7} = 17.49\text{KW}$

19 크레인용 전동기에서 속도 제어를 할 수 있는 교류전동기는 무엇인가?

① 권선형 유도전동기
② 농형 유도전동기
③ 직권전동기
④ 화동 복권전동기

해설

크레인용 전동기에서 속도 제어를 할 수 있는 전동기는 권선형 유도전동기이다.

20 주기적인 정비에 필요한 예비품목과 관련이 없는 것은?

① 제어기 접점　② 콜렉타 브러시
③ 제어반(판넬)　④ 모터 브러시

해설

예비품목은 소모성이 많은 브러시나 접점 등을 말한다.

21 주행집전장치(Panto Graph)의 집전자(Collector Shoe)에 가장 많이 사용되는 브러시는?

① 은 접점 브러시
② 알루미늄 브러시
③ 플라스틱 브러시
④ 카본 브러시

정답 14 ① 15 ④ 16 ① 17 ③ 18 ④ 19 ① 20 ③ 21 ④

해설

집전장치에는 카본 브러시가 제일 많이 활용된다.

22 **과전류 보호장치의 차단기준에 대한 설명으로 옳지 않은 것은?**

① 과전류 발생 시 전로를 자동으로 차단한다.
② 전기계통상에서 상호 협조 · 보완되도록 한다.
③ 차단기와 퓨즈는 최대 과전류에 대해 충분히 차단하는 성능이 있어야 한다.
④ 반드시 접지선 외의 전로에 병렬로 연결해야 한다.

해설

과전류 보호장치를 전로에 연결할 때 반드시 병렬로 연결할 필요는 없다.

23 **작동식 권과방지장치에서는 후크 블록 상면과 트롤리 관계부품이 접촉할 우려가 있는 물체 하면과의 간격을 50mm 이상 두어야 한다. 간격이 확보되지 않은 경우 발생할 수 있는 사고와 관련이 없는 것은?**

① 인양물의 낙하
② 리미트 스위치의 수명 저하
③ 와이어로프 절단
④ 후크 블록이나 프레임 파손

해설

접촉 우려가 있는 물체와 거리를 유지하지 못하면 후크 블록 파손, 로프 절단 등이 일어나 화물이 낙하할 수 있지만, 리미트 스위치 수명 저하와는 연관이 없다.

24 **타워크레인 동작 시 예기치 못한 상황이 발생했을 때 긴급히 정지시키는 것은?**

① 비상정지장치
② 속도제한장치
③ 트롤리 정지장치
④ 트롤리 내 · 외측 제어장치

해설

타워크레인 작동 중 긴급상황에서 정지시키는 것은 비상정지장치이다.

25 **선회 브레이크 풀림장치에 대한 설명 중 틀린 것은?**

① 지상에서는 브레이크 해제 레버를 당겨서 작동한다.
② 바람이 불 때 역방향으로 작동하는 것을 방지한다.
③ 지브를 바람에 따라 자유롭게 움직이게 한다.
④ 컨트롤 볼테이지를 차단한 상태에서 작동한다.

해설

바람이 불 때 역방향 작동을 방지하는 것은 안전장치의 역할이다.

26 **유압유의 첨가제에 속하지 않는 것은?**

① 산화 방지제
② 유동점 강하제
③ 소포제
④ 점도지수 방지제

해설

점도지수를 향상시킬 필요는 있어도 점도지수 방지제를 첨가할 필요는 없다.

27 **속도 제어 회로방식이 아닌 것은?**

① 미터 인　　② 미터 아웃
③ 시퀀스　　④ 블리드 오프

해설

속도 제어 회로에는 미터 인, 미터 아웃, 블리드 오프 방식이 있다.

정답 22 ④ 23 ② 24 ① 25 ② 26 ④ 27 ③

28 **타워크레인의 본체가 전도되는 원인과 관련이 없는 것은?**

① 권상용 와이어로프 체결 부분이 빠짐
② 벽 지지대 및 지지 로프의 파손 · 불량
③ 앵커 및 스토퍼 불량에 의한 궤도 이탈
④ 줄걸이 잘못으로 인한 화물 낙하

해설

줄걸이가 잘못되면 크레인 본체가 전도되는 것이 아니라 화물만 낙하한다.

29 **크레인의 양정이 50m를 넘는 경우 사용하중은 어떻게 결정해야 하는가?**

① 와이어로프의 안전율을 계산할 경우 정격하중 및 후크 블록, 로프 중량까지 고려한다.
② 와이어로프의 안전율은 2~3이 적당하다.
③ 와이어로프의 절단하중을 정격하중으로 한다.
④ 정격하중은 후크 블록 및 로프 중량을 포함한 중량을 말한다.

해설

- 와이어로프의 안전율을 계산할 때는 정격하중 및 후크 블록, 로프 중량까지 고려한다.
- 정격하중은 후크 블록 및 로프 중량을 제외한 중량을 말한다.

30 **크레인 운전 시작 전 크레인 본체에 대한 무부하 운전의 점검방법으로 적합하지 않은 것은?**

① 권과방지장치 작동 이상 유무를 점검한다.
② 전동기, 베어링, 감속기 등의 이상음, 진동 및 과열 등을 점검한다.
③ 과부하 방지장치의 정상 작동 유무를 확인한다.
④ 브레이크 작동 및 이상 유무를 점검한다.

해설

과부하 방지장치의 작동 확인은 무부하 상태에서 할 수 없다.

31 **와이어로프의 작업자가 짐의 중심을 잘못 잡아 후크에 로프를 걸었을 때 발생할 수 있는 현상과 거리가 먼 것은?**

① 과하중으로 기중기에 손상을 준다.
② 짐이 한쪽 방향으로 쏠려 넘어진다.
③ 짐이 생각지도 않은 방향으로 이동한다.
④ 매단 짐이 회전하여 로프가 비틀린다.

해설

짐의 중심을 잘못 잡았다고 해서 과하중 현상이 생기지는 않는다.

32 **짐을 권상시킬 때의 운전방법으로 올바른 것은?**

① 안전을 위하여 작업을 하지 않는다.
② 지면에서 20cm쯤 올린 위치에서 일단 정지하고 줄걸이 상태를 확인한 후 계속 들어 올린다.
③ 짐을 조금씩 들어 올리고 그때마다 제어기를 오프해 브레이크의 지지 능력을 확인한다.
④ 정격하중 이상의 부하를 걸어야 권상할 수 있다.

해설

짐을 권상할 때는 지면에서 약간 들어 올려 일단 정지한 후, 로프의 장력과 줄걸이 상태를 확인한 다음 계속 들어 올린다.

33 **크레인 신호자는 안전을 위해 작업내용과 환경조건을 정확히 파악해야 하는데, 그에 필요한 사항과 거리가 먼 것은?**

정답 28 ④ 29 ① 30 ③ 31 ① 32 ② 33 ②

① 신호는 크레인 운전자가 잘 보이는 위치에서 한다.
② 반드시 1명 이상의 신호자를 선임하여 신호한다.
③ 걸이 신호는 크레인 작업표준 신호에 따른다.
④ 걸이자는 걸이 보조자의 작업 행동을 주시하여야 한다.

해설

신호수는 크레인 동작에 필요한 신호에만 전념해야 하며, 인접한 지역 작업자들의 안전에 신경을 쓰지 못할 경우에 한하여 1명 이상의 신호자를 선임할 수 있다.

34 **그림과 같이 한 손을 들어 올려 주먹을 쥐는 신호는 무슨 뜻인가?**

① 위로 올리기 ② 작업 완료
③ 비상정지 ④ 정지

해설

주먹을 쥐는 수신호는 정지를 뜻한다.

35 **두께가 1,000kg인 물건을 로프로 걸어 올리려 할 때 안전계수는 얼마인가?(단, 로프의 파단하중은 2,000kg이다)**

① 0.5 ② 1.0
③ 2.0 ④ 3.0

해설

$$안전계수 = \frac{절단하중}{안전하중} = \frac{극한강도(파단하중)}{허용응력(실제하중)} = \frac{2,000}{1,000} = 2.0$$

36 **와이어로프의 표시 순서로 옳은 것은?**

① 명칭, 구성, 기호, 꼬임방법, 종류, 로프 지름
② 구성, 기호, 꼬임방법, 종류, 로프 지름, 명칭
③ 명칭, 로프 지름, 종류, 구성, 기호, 꼬임방법
④ 명칭, 기호, 꼬임방법, 구성, 종류, 로프 지름

해설

로프는 명칭, 구성, 기호, 꼬임방법, 종류, 지름 순으로 표시한다.

37 **와이어로프를 선정할 때 주의해야 할 사항과 거리가 먼 것은?**

① 심은 사용 용도에 따라 결정한다.
② 높은 온도에서 사용할 경우 도금한 로프로 선정한다.
③ 용도에 따라 손상이 적게 생기는 것으로 선정한다.
④ 하중의 중량이 고려된 강도를 갖춘 로프로 선정한다.

해설

높은 온도에서 사용할 때는 도금한 것을 피한다.

38 **와이어로프용 그리스의 구비조건으로 잘못된 것은?**

① 온도에 변화가 없을 것
② 휘발성이 아닐 것
③ 물에 잘 씻어질 것
④ 산, 알칼리, 수분을 함유하지 않을 것

해설

와이어로프 그리스는 물에 견디는 성질이 있어야 보관 중 오염, 부식 등을 피할 수 있다.

정답 34 ④ 35 ③ 36 ① 37 ② 38 ③

39 와이어로프의 (+) 킹크에 대한 설명으로 옳은 것은?

① S 꼬임 와이어를 Z 방향으로 비튼 경우
② Y 꼬임 와이어를 Z 방향으로 비튼 경우
③ Z 꼬임 와이어를 Z 방향으로 비튼 경우
④ Z 꼬임 와이어를 S 방향으로 비튼 경우

해설
(+) 킹크는 꼬임이 강해지는 방향으로 생기며, (−) 킹크는 꼬임이 풀리는 방향으로 생긴 것이다.

40 절단하중을 100% 유지할 수 있으며 줄걸이용에는 거의 사용하지 않는 와이어로프 고정방법은 무엇인가?

① 아이스프라이스 ② 합금고정
③ 클립고정 ④ 쐐기고정

해설
합금고정된 상태가 양호하면 절단하중이 100%이지만, 줄걸이용으로는 사용되지 않는다.

41 시브 홈 지름이 너무 큰 경우에 대한 설명으로 잘못된 것은?

① 시브의 수명을 연장한다.
② 시브의 손상을 촉진한다.
③ 와이어로프의 마모를 촉진한다.
④ 와이어로프를 납작하게 만든다.

해설
시브 홈 지름이 크다고 해서 시브의 수명이 연장되지는 않는다.

42 전동장치에서 동력을 직접 전달하는 방식이 아닌 것은?

① 마찰에 의한 전동
② 원뿔차에 의한 전동
③ 기어에 의한 전동
④ 체인에 의한 전동

해설
④는 직접 전달이 아니라 체인을 통한 간접 전달이다.

43 와이어로프 줄걸이 작업을 실시할 때 고려해야 할 사항과 거리가 먼 것은?

① 짐의 부피 ② 짐을 매는 방법
③ 짐의 중량 ④ 짐의 중심

해설
짐의 중량, 짐을 매는 방법, 짐의 중심 등을 고려하여 작업해야 한다.

44 2,000kg의 짐을 2줄걸이로 하여 60°로 매달았을 때, 한 줄에 걸리는 하중은?

① 578kg ② 1,155kg
③ 2,000kg ④ 2,310kg

해설
$\frac{2,000kg}{2줄}$ = 1,000kg이며, 걸이 각도가 60°이므로
1,000kg × 1.155배 = 1,155kg이다.

45 차륜의 점검 및 보수에 관한 설명으로 거리가 먼 것은?

① 차륜 한 개가 파손되었을 때는 즉시 파손된 것만 새것으로 교환한다.
② 차륜 베어링의 마모와 급유에 항상 주의한다.
③ 각 차륜의 중심선이 일치하는지 점검한다.
④ 차륜의 주행 레일과 기체가 직각을 유지하는지 점검한다.

해설
차륜이 한 개만 파손되었어도 함께 교환하여야 한다.

46 다음 중 유활유가 유입되거나 묻어서는 안 되는 곳은 어디인가?

① 브레이크 드럼

정답 39 ③ 40 ② 41 ① 42 ④ 43 ① 44 ② 45 ① 46 ①

② 롤러 체인 및 스프라켓
③ 베어링 및 하우징
④ 와이어로프 및 드럼

해설
브레이크 라이닝 및 드럼에 윤활유가 묻으면 제동작용을 못한다.

47 타워크레인 기초 설치 작업 시 준수해야 할 사항으로 거리가 먼 것은?

① 기초 시공은 부등 침하가 없도록 하며 상단 부분은 정확한 레벨을 잡는다.
② 부재의 중량에 따라 슬링 용구를 적절하게 선택한다.
③ 앵커 볼트는 기초의 철근 등에 용접하거나 L형 강이음을 넣어 인발력에 충분히 견디게 한다.
④ 크레인 사양, 사용조건에 의해 산출된 응력에 견딜 수 있어야 한다.

해설
슬링 용구는 줄걸이 작업에 사용한다.

48 크레인용 고장력 볼트 조임방법에 대한 설명 중 잘못된 것은?

① 나사의 나사선과 너트 접촉면에는 그리스를 발라준다.
② 고장력 볼트 연결부를 조인 후에 너트 위에 보호 캡을 씌운다.
③ 상부 회전체 부분은 핀으로 연결한다.
④ 토크 렌치를 사용한다.

해설
상부 회전체 부분을 핀으로 연결하는 것은 맞으나, 문제는 볼트 조임방법에 대해 묻고 있으므로 잘못된 것은 ③이다.

49 메인 지브 타이 바의 부분 설치방법에 대한 설명으로 잘못된 것은?

① 권상 드럼 이외에도 레버 호이스트로 인상 작업을 할 수 있다.
② 지브 타이 바에 장력이 걸리면 지브를 급속하게 내린 후 조정한다.
③ 지브 타이 바를 캣트 헤드 연결부에 핀으로 고정한다.
④ 지브 타이 바 설치를 용이하게 하려면 지브를 약 2m 정도 들어 올린다.

해설
지브 타이 바에 장력이 걸리면 지브를 천천히 내린 후 조정하여야 한다.

50 크레인에 의한 감전 예방대책으로 옳지 않는 것은?

① 전동기, 배전반 등의 전기기계나 기구는 접지한다.
② 수전설비, 전력장치 등 감전 우려가 있는 부분에는 위험표시를 하거나 조명을 충분히 비춘다.
③ 대지전압 150V 이하의 조작용 팬던트 스위치는 접지할 필요가 없다.
④ 배선이 낡아 누전이 되지 않는지 정기점검하여 완벽하게 절연한다.

해설
대지전압이 150V 이하라도 접지를 해야 한다.

51 와이어가잉(Wire-guying) 고정방법으로 시공하고자 할 때의 설명으로 잘못된 것은?

① 설치 후에는 프리로드와 마스트의 연직도를 점검한다.
② 단순 가잉 설치는 마스트 모서리로부터 방사형으로 네 개의 와이어를 설치한다.
③ 다양한 시공성으로 선호하는 방식이다.
④ 크레인의 운전 중에 설치하기 적합하다.

정답 47 ② 48 ③ 49 ② 50 ③ 51 ④

해설

와이어가잉 고정방법은 설치 장소 주변에 적당한 지지물이 없거나 고심도의 지하층 바닥에 타워크레인을 설치할 때 쓰며, 운전 중에는 설치하지 않는다.

52 **러핑 타워크레인의 연장 · 해체 작업 시 지켜야 할 안전수칙으로 잘못된 것은?**

① 가이드 레일 위에 마스트를 올려놓은 후 반드시 지브를 18° 범위로 설정한 다음에 유압 실린더를 작동한다.
② 제작사가 정한 작업 매뉴얼에 따라 작업을 실시한다.
③ 연장 · 해체 작업 반경 내에서 다른 작업과 동시 병행이 가능하다.
④ 마스트 연결부를 해체한 상태에서는 모든 운전 조작을 금한다.

해설

연장 · 해체 작업 시 작업 반경 내에서 다른 작업과 동시 병행할 수 없다.

53 **사업주는 순간풍속이 (　　)m/s를 초과하는 경우에 타워크레인의 설치 · 해체 · 수리 · 점검 작업을 중지하여야 하며, 순간풍속이 (　　)m/s를 초과하는 경우에는 타워크레인의 운전 작업을 중지하여야 한다. 괄호 안에 들어갈 숫자로 옳은 것은?**

① 10, 15　　② 20, 10
③ 10, 30　　④ 20, 30

해설

사업주는 순간풍속이 10m/s를 초과하는 경우에 타워크레인의 설치 · 해체 · 수리 · 점검 작업을 중지하여야 하며, 순간풍속이 15m/s를 초과하는 경우에는 타워크레인의 운전 작업을 중지하여야 한다.

54 **가동하고 있는 원동기에서 화재가 발생했을 때 소화를 위해 가장 먼저 취해야 할 행동은?**

① 물을 붓는다.
② 원동기를 가속하여 팬의 바람으로 끈다.
③ 모래를 뿌린다.
④ 점화원을 차단한다.

해설

모든 화재의 소화 작업은 점화원을 차단하는 것부터 시작한다.

55 **감전 위험이 많은 작업환경에서의 보호구로 가장 알맞은 것은?**

① 구급용품　　② 보안경
③ 보호장갑　　④ 구명구

해설

감전을 방지하기 위해서는 보호장갑을 착용해야 한다.

56 **다음 중 무거운 물건을 들어 올릴 때 적절하지 못한 것은?**

① 가능한 한 이동식 크레인을 이용한다.
② 장갑에 기름을 묻히고 든다.
③ 약간씩 이동하는 것은 지렛대를 이용할 수도 있다.
④ 힘센 사람과 약한 사람과의 균형을 잡는다.

해설

무거운 물건을 들어 올릴 때 장갑에 기름이 묻어 있으면 미끄러질 수 있어 위험하다.

57 **일반 수공구 사용 시 주의사항으로 옳지 않는 것은?**

① 사용 후에는 정해진 장소에 보관한다.
② 수공구는 손에 꼭 잡고 떨어지지 않도록 한다.
③ 볼트 및 너트를 조일 때는 파이프 렌치를 사용한다.
④ 정해진 용도 이외에는 사용하지 않는다.

정답　52 ③　53 ①　54 ④　55 ③　56 ②　57 ③

해설

파이프 렌치는 둥근 축 혹은 파이프를 분리하거나 조일 때 사용한다.

58 **유해광선이 있는 작업장에 필요한 보호구로 알맞은 것은?**

① 귀마개 ② 방독 마스크
③ 보안경 ④ 안전모

해설

유해광선으로부터 눈을 보호하기 위해 보안경을 착용한다.

59 **작업장의 복장에 대한 유의사항으로 잘못된 것은?**

① 수건은 허리춤에 끼거나 목에 감는다.
② 기름이 묻은 작업복은 될 수 있는 한 입지 않는다.
③ 작업복은 몸에 맞는 것을 입는다.
④ 상의 옷자락이 밖으로 나오지 않도록 한다.

해설

수건을 허리춤이나 목에 감고 작업하면 기계 작동 시 안전사고가 발생할 수 있다.

60 **다음 안전표지판이 의미하는 것은?**

① 출입금지
② 인화성물질 경고
③ 화생방 경고
④ 보안경 착용

해설

문제는 보안경 착용 표지이다. 안전모 착용 표지 및 방진 마스크 착용 표지와 혼동하지 않도록 한다.

정답 58 ③ 59 ① 60 ④

타워크레인운전기능사 출제예상문제 ❹

자격종목	종목코드	시험시간	형별	수험번호	성명
타워크레인운전기능사		1시간			

1 **타워크레인의 운동 속도에 대한 설명 중 옳지 않은 것은?**

① 위험물을 운반할 때는 가능한 한 저속으로 운전하는 것이 좋다.
② 주행 속도는 가능한 한 저속이 좋다.
③ 권상장치에서 양정이 짧은 것은 빠르게, 긴 것은 느리게 작동한다.
④ 권상장치에서 하중이 가벼우면 빠르게, 무거우면 느리게 작동한다.

해설
권상장치에서 양정이 짧은 것은 느리게, 긴 것은 빠르게 작동한다.

2 **타이 바에 대한 설명으로 옳은 것은?**

① 구조 기능상 선회력이 작용
② 구조 기능상 압축력이 작용
③ 구조 기능상 전단력이 작용
④ 구조 기능상 인장력이 작용

해설
타이 바는 구조 기능상 인장력이 크게 작용하는 부재이다.

3 **타워크레인 기초 앵커 설치 순서에 해당하지 않는 것은?**

① 위치 및 각도 확정 → 지내력 측정
② 지내력 측정 → 파일 항타
③ 먹 매김 → 앵커 세팅
④ 철근 배근 → 접지

해설
기초 앵커는 접지 → 철근 배근 → 콘크리트 타설 순으로 설치한다.

4 **타워크레인의 작업 능력을 표시하는 방법은?**

① 작업 시간　　② 작업 속도
③ 권상 톤수　　④ 권상 체적

해설
모든 크레인의 작업 능력은 정격하중으로 권상하는 톤수로 표시한다.

5 **지름이 4m, 높이가 4m인 원기둥 모양의 목재를 크레인으로 운반하고자 할 때 목재의 무게는 얼마인가?(단, 나무의 1m³당 무게는 150kg이다)**

① 94.2kg　　② 942kg
③ 188.4kg　　④ 1,884kg

해설
목재의 체적을 구해서 그 체적을 무게로 변환한다.

원기둥의 체적 = 단면적($\frac{\pi r^2}{4}$, r : 반지름) × 높이(길이)

$$= \frac{\pi 2^2}{4} \times 4 = 12.56\text{m}^3$$

1m³당 나무의 무게가 150kg이므로 12.56 × 150 = 1,884kg

6 **두 축을 30° 이내의 교각으로 연결할 때 사용하는 축 연결장치는 무엇인가?**

① 유니버설 조인트
② 플렉시블 커플링

정답 1 ③　2 ④　3 ④　4 ③　5 ④　6 ①

③ 플랜지 커플링
④ 머프 커플링

해설

두 축을 30° 이내의 교각으로 연결할 수 있는 이음은 유니버설 조인트(자재 이음)이다.

7 **다음 중 기어의 소음 발생 원인과 관계가 없는 것은?**

① 치면에 흠이 있거나 다듬질의 정도가 나쁠 경우
② 오일을 과다하게 급유했을 경우
③ 백래시(Backlash)가 너무 적을 경우
④ 기어축의 평행도가 나쁠 경우

해설

오일을 부족하게 급유했을 경우 소음이 생길 수 있다.

※ 백래시(Backlash)

- 한 쌍의 기어를 맞물렸을 때 치면 사이에 생기는 틈새로, 기어를 매끄럽게 회전시키기 위해서는 적절한 백래시가 필요하다.
- 백래시가 너무 적으면 윤활이 불충분해서 치면끼리의 마찰이 커지고, 백래시가 너무 크면 기어의 맞물림이 나빠져 기어가 파손되기 쉽다.

8 **차륜의 점검사항과 거리가 먼 것은?**

① 차륜의 열전도율
② 차륜의 중심선 일치 여부
③ 베어링의 마모상태
④ 레일의 굽음

해설

열전도율은 차륜의 제작 설계 시 고려사항이다.

9 **미끄럼(슬라이딩) 베어링에 끼워서 사용하는 원통 모양의 베어링 메탈을 무엇이라 하는가?**

① 부시 ② 볼
③ 롤러 ④ 저널

해설

미끄럼 베어링의 원통형 메탈은 부시이며, 접촉되어 있는 축 부분은 저널이라고 한다.

10 **베어링의 온도 상승 원인과 거리가 먼 것은?**

① 고점도 오일 사용
② 베어링의 유격 과대
③ 과하중
④ 속도계수의 초과

해설

베어링의 유격이 과대하면 소음이 발생하고 베어링이 손상될 수 있다.

11 **타워크레인 구조부에 체결되는 고장력 볼트에 대한 설명으로 옳지 않은 것은?**

① 볼트 헤드 및 너트를 향해 내경면 취부가 외부를 향하도록 와셔를 설치한다.
② 고장력 볼트 체결 후 보호마개를 주로 볼트에 장착한다.
③ 볼트 접촉면이나 볼트 구멍에는 먼지, 페인트 등의 이물질이 없어야 한다.
④ 볼트 헤드의 접촉면에는 반드시 그리스를 도포한다.

해설

고장력 볼트 체결 후 보호마개를 너트에 장착해 외부 기온으로부터 보호한다.

12 **직류전동기에 이용하는 속도 제어용 브레이크는 무엇인가?**

① 유압 압상 브레이크
② 마그네틱 브레이크
③ 메카니컬 브레이크
④ 다이나믹 브레이크

해설

- 속도 제어용 브레이크 : 다이나믹 브레이크
- 제동용 브레이크 : 메카니컬 · 마그네틱 · 유압 압상 브레이크

정답 7 ② 8 ① 9 ① 10 ② 11 ② 12 ④

13 마그넷 브레이크 드럼 마모 시 일어나는 현상으로 옳지 않는 것은?

① 전자석이 소손될 염려가 있다.
② 브레이크 제동이 약해지며 제동 시간이 길어진다.
③ 라이닝이 발열할 위험이 있다.
④ 브레이크 드럼과 라이닝의 틈새가 커진다.

해설
브레이크 드럼이나 라이닝이 마모되면 드럼과 라이닝의 틈새가 커지므로 제동력이 떨어지고 전자석이 과열되어 소손될 수 있다.

14 다음 중 권상장치의 동력 전달 순서로 옳은 것은?

① 전동기 → 기어 감속기 → 드럼 → 커플링 → 와이어로프 → 후크
② 전동기 → 커플링 → 기어 감속기 → 드럼 → 와이어로프 → 후크
③ 전동기 → 커플링 → 드럼 → 기어 감속기 → 와이어로프 → 후크
④ 전동기 → 기어 감속기 → 커플링 → 드럼 → 와이어로프 → 후크

해설
권상장치는 전동기가 회전되면 커플링을 통해 감속기를 거쳐 드럼과 와이어로프가 감기면서 후크로 동력이 전달된다.

15 전기 스파크가 일어났을 때 가장 먼저 취해야 하는 조치는?

① 레버를 급속히 정 위치로 돌린다.
② 전동기 스위치를 끈다.
③ 퓨즈를 끊는다.
④ 메인 스위치를 차단한다.

해설
메인 스위치를 차단하면 전류 흐름이 없어 스파크가 일어나지 않는다.

16 저항기의 온도 상승 요인과 거리가 먼 것은?

① 최종 노치의 운전이 길다.
② 통풍이 불량하다.
③ 사용 빈도가 많다.
④ 인칭 운전의 빈도가 많다.

17 권상하중 40톤, 권상속도 1.5m/min인 크레인의 전동기 출력(KW)은?

① 9.8KW ② 13.3KW
③ 58.8KW ④ 588KW

해설
$$\frac{40,000\text{kg} \times 1.5}{75 \times 60} = 13.33\text{마력}$$
1마력 = 75kg · m/sce = 735W
13.33 × 735W ≒ 9.8KW

18 슬립 링이 들어있는 유도전동기는 무엇인가?

① 콘덴서 전동기
② 권선형 유도전동기
③ 디프 홈 농형 유도전동기
④ 농형 유도전동기

해설
슬립 링은 권선형 유도전동기에는 있으나 농형에는 없다.

19 두 동작을 하나의 핸들로 동시에 조작하는 제어기(Controller)는?

① 전기식 ② 크랭크식
③ 유니버설식 ④ 레버식

해설
유니버설식은 만능식으로, 두 동작을 단독으로 조작해 레버 수를 적게 한다.

20 횡행장치에서 전원 공급 방식으로 사용하지 않는 것은?

정답 13 ③ 14 ② 15 ④ 16 ① 17 ① 18 ② 19 ③ 20 ④

① 페스툰 방식
② 케이블 캐리어 방식
③ 트롤리 와이어 방식
④ 케이블 릴 방식

해설

횡행장치에서 전원을 공급하는 방식은 케이블 캐리어 방식, 트롤리 와이어 방식, 페스툰 방식 등이 있다.

21 누전 차단기의 정격 감도 전류 기준치는 얼마 이하인가?

① 5mA 이하 ② 10mA 이하
③ 20mA 이하 ④ 30mA 이하

해설

누전 차단기의 정격 감도 전류 기준치는 30mA 이하이다.

22 타워크레인에 사용되는 전선의 사양은?

① 300V용 전선
② 600V용 전선
③ 6,000V용 전선
④ 22,000V용 전선

해설

타워크레인 전원은 440V가 가장 많이 쓰이므로 600V용 전선이 효과적이다.

23 트롤리 동작 시 후크가 지브 피벗 섹션 및 지브 섹션과 충돌하는 것을 방지하기 위한 장치는 무엇인가?

① 트롤리 내 · 외측 제어장치
② 권상 · 권하 방지장치
③ 비상정지장치
④ 트롤리 로프 안전장치

해설

트롤리 내 · 외측 제어장치는 지브 섹션에서 충돌을 방지하는 장치이다.

24 와이어로프 이탈 방지장치에서 시브 외경과 이탈 방지용 플레이트와의 간격은?

① 3mm ② 5mm
③ 6mm ④ 8mm

해설

와이어로프 이탈 방지장치에서 시브 외경과 이탈 방지용 플레이트와의 간극은 3mm 이내이다.

25 유압유의 성질 중 가장 중요한 것은?

① 온도 ② 열효율
③ 점도 ④ 습도

해설

유압유의 성질 중 가장 중요한 것은 점도로, 온도 변화에 따른 점도 변화가 적어야 한다.

26 다음 유압기호는 무엇을 뜻하는가?

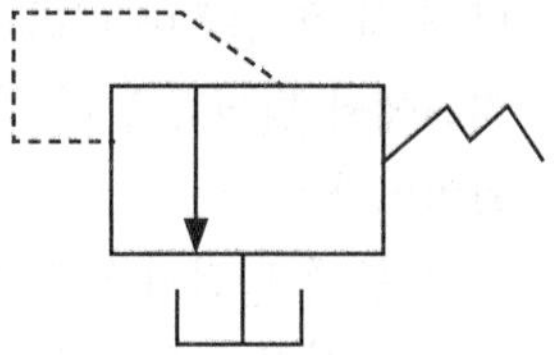

① 체크 밸브 ② 릴리프 밸브
③ 시퀀스 밸브 ④ 리듀싱 밸브

해설

회로에 탱크가 연결되면 릴리프 밸브이고, 탱크가 연결되지 않으면 시퀀스 밸브이다.

27 유압회로의 압력이 설정 압력에 달하였을 때 펌프로부터 전체 유량을 탱크로 리턴시키는 밸브는 무엇인가?

① 시퀀스 밸브 ② 언로더 밸브
③ 감압 밸브 ④ 릴리프 밸브

해설

언로더 밸브는 유압회로의 압력이 설정 압력에 달하였을 때 펌프로부터 전체 유량을 탱크로 리턴시켜 펌프를 무부하 운전시키는 밸브이다.

정답 21 ④ 22 ② 23 ① 24 ① 25 ③ 26 ② 27 ②

28 타워크레인 본체가 전도되는 원인에 해당하지 않는 것은?

① 규격 미달 구조물 사용
② 기초 앵커 시공상의 결함과 지반 침하
③ 지브와 달기 기구의 충돌
④ 설치 내의 강도 부족

해설
지브와 달기 기구의 충돌은 지브의 결손사항이다.

29 타워크레인으로 운전할 때 일반적인 유의 사항으로 잘못된 것은?

① 신호가 불확실하다고 생각되면 운전 작업을 하지 않아도 무방하다.
② 줄걸이 상태가 불안하다고 판단되면 운전 작업을 하지 않아도 무방하다.
③ 권상 시 매다는 용구가 팽팽해지면 일단 정지 후 신호에 따라 올리며, 짐이 지면에서 떨어졌을 때 다시 정지하여 확인한다.
④ 운전 중에 정전이 되면 가장 먼저 크레인 주전원 스위치를 개방하여 송전을 기다린다.

해설
주전원 스위치가 개방되면 송전이 될 수 없다.

30 타워크레인을 운전하기 전 확인할 사항으로 잘못된 것은?

① 앵커 또는 레일 클램프를 확실히 작동시켜둔다.
② 전임 사용자에게 전달받은 사항을 확인하고 그 내용을 파악한다.
③ 운전실의 각 레버, 컨트롤러 핸들, 스위치가 정상인지 확인한다.
④ 무부하로 운전하며 각 안전장치, 브레이크의 기능을 점검한다.

해설
앵커나 레일 클램프를 작동하는 이유는 폭풍 등과 같은 상태에서 이동하지 못하게 고정하기 위해서이다.

31 타워크레인 주행에 대한 설명으로 틀린 것은?

① 주행과 동시에 운반물을 권상 · 권하하지 말 것
② 급격한 주행을 하지 말 것
③ 주행로 상에 장애물이 있을 때는 주행을 멈출 것
④ 운반물 위에 사람이 타고 있을 때는 주행을 서서히 할 것

해설
어떠한 운전 형식이든 운반물 위에 사람을 태워서는 안 된다.

32 크레인으로 물건을 달아 올릴 때 옳지 않는 것은?

① 신호에 따라 움직인다.
② 옆으로 달아 올린다.
③ 제한 용량 이상을 달지 않는다.
④ 수직으로 달아 올린다.

해설
물건을 옆으로 달아 올리면 흔들림이 생길 수 있다.

33 타워크레인 작업 시 신호방법으로 옳지 않는 것은?

① 신호를 정확히 전달하기 위해 최소한 2인 이상이 해야 한다.
② 신호자는 운전자가 보기 쉽고 안전한 장소에 위치하여야 한다.
③ 신호 수단으로 손, 깃발, 호각 등을 이용한다.
④ 신호는 절도 있는 동작으로 간단명료하게 한다.

정답 28 ③ 29 ④ 30 ① 31 ④ 32 ② 33 ①

해설

신호는 한 사람이 해야 혼동되지 않는다.

34 다음 수신호는 무엇을 뜻하는가?

① 후크를 정지시킨다.
② 후크를 내린다.
③ 후크를 올린다.
④ 후크를 돌린다.

해설

집게손가락을 위로 해서 수평으로 원을 그리는 것은 후크를 위로 올리라는 뜻이다.

35 와이어로프의 안전계수가 5이고 절단하중이 20톤일 때 안전하중은?

① 2톤　　② 4톤
③ 6톤　　④ 8톤

해설

안전계수 $= \frac{절단하중}{안전하중}$ 이므로 $\frac{20톤}{5} = 4톤$이다.

36 와이어로프 구성기호 6×19에 대한 설명으로 옳은 것은?

① 6은 스트랜드 수, 19는 소선 수
② 6은 스트랜드 수, 19는 절단하중
③ 6은 안전계수, 19는 절단하중
④ 6은 소선 수, 19는 스트랜드 수

해설

와이어로프 구성기호 6 × 19에서 6은 스트랜드 수, 19는 소선 수이다.

37 와이어로프의 열 영향에 의한 재질 변형의 한계는 얼마인가?

① 50℃　　② 100℃
③ 200~300℃　　④ 300~400℃

해설

와이어로프의 내열온도는 200~300℃이며, 그 이상의 온도에서는 재질이 변형될 수 있다.

38 다음 중 와이어로프용 윤활유의 구비조건과 가장 거리가 먼 것은?

① 모든 조건에서 녹지 않아야 한다.
② 내산화성이 커야 한다.
③ 로프에 잘 스며들도록 침투력이 있어야 한다.
④ 유막을 형성하는 힘이 작아야 한다.

해설

와이어로프용 윤활유가 유막을 형성하는 힘이 작아야 할 이유는 없다.

39 와이어로프에서 발생하는 킹크의 종류로 옳은 것은?

① (+), (−) 킹크　　② (+) 알파 킹크
③ 절단 킹크　　④ (−) 알파 킹크

해설

와이어로프에서 발생하는 킹크로는 (+) 킹크와 (−) 킹크가 있다.

40 줄걸이용 와이어로프 고정방법 중 잔류강도가 100%인 것은?

① 쐐기고정법
② 합금고정법
③ 스플라이스(엮어 넣기)
④ 클립고정법

해설

- 쐐기고정법 잔류강도 : 65~70%
- 엮어 넣기 잔류강도 : 70~80%
- 클립고정법 잔류강도 : 80~85%
- 합금고정법 잔류강도 : 100%

정답 34 ③　35 ②　36 ①　37 ③　38 ④　39 ①　40 ②

41 **후크가 지상에 도달했을 때 와이어로프는 드럼에 몇 회 이상 감겨있어야 하는가?**

① 최소 1회 이상
② 최소 2회 이상
③ 최소 4회 이상
④ 감겨 있지 않아도 된다.

해설
와이어로프는 후크가 지상에 도달한 상태에서도 드럼에 2~3회 이상 감겨 있어야 한다.

42 **체인에 대한 설명으로 옳지 않는 것은?**

① 절손된 체인을 볼트로 끼워서 사용하면 안 된다.
② 사용 한도는 표준 길이보다 5% 늘어난 것이다.
③ 체인은 어떠한 용도에서나 기름을 칠해야 한다.
④ 체인에 균열이 있는 것은 교환하여야 한다.

해설
체인에 기름을 칠하는 것은 롤러 체인이나 사일러트 체인처럼 내부 전동용에 한하며, 외부 호이스트용인 링크 체인은 기름칠을 하면 미끄러진다.

43 **와이어로프 줄걸이 작업을 실시할 때 짐의 중량에 따른 안전작업 방법으로 잘못된 것은?**

① 상례적으로 정해진 짐은 전문적인 줄걸이 용구를 만들어 작업한다.
② 짐의 중량 판단에 자신이 없을 때는 숙련자에게 문의하여 작업한다.
③ 짐의 중량을 어림짐작하여 작업한다.
④ 정격하중을 넘는 짐을 매달지 않는다.

해설
짐의 중량을 어림짐작하여 줄걸이를 하면 매우 위험하다.

44 **그림과 같이 물건을 들어 올릴 때 실제 크레인 후크에 미치는 하중(P)은 약 얼마인가?(단, 보조 와이어로프의 무게는 무시한다)**

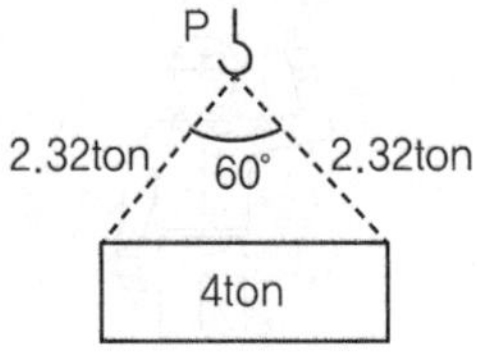

① 2톤　　② 3톤
③ 4톤　　④ 4.64톤

해설
한 줄에 걸리는 하중이 2.32톤이므로

$\frac{P}{2줄} \times 1.155배(60°) = 2.32$

$P = \frac{1.155}{4.64} ≒ 4톤$

45 **타워크레인 차륜의 정기검사 시 확인할 사항과 거리가 먼 것은?**

① 차륜, 베어링 등의 마모가 양각 모두 동일하게 진행되었는지 확인
② 권상 드럼의 마모상태가 마모 한도를 초과했는지 확인
③ 차륜의 플랜지가 레일에 잘 닿는지 확인
④ 주행 중 주기적으로 기체의 진동이나 소음이 발생하는지 확인

해설
권상 드럼의 마모상태는 차륜의 정기검사와 관련이 없다.

46 **급유 작업 시 오일이 묻지 않도록 주의해야 할 부품과 거리가 먼 것은?**

① 전동용 롤러 체인
② 전동용 벨트
③ 브레이크 휠 또는 라이닝
④ 차륜 답면 또는 주행 레일

정답 41 ② 42 ③ 43 ③ 44 ③ 45 ② 46 ①

해설

전동용 롤러 체인에는 오일을 주유하여야 한다.

47 크레인 작업 개시 전 준비사항과 거리가 먼 것은?

① 신호를 정하고 관계자 교육
② 설치 · 해체 작업자의 사전회의
③ 보조 크레인, 줄걸이 용구, 보호구 등의 점검
④ 신규 작업자에 대한 교육

해설

설치 · 해체 작업자의 사전회의는 설치 · 해체 시의 사전 준비사항이다.

48 크레인 고장력 볼트의 구성과 체결방법에 대한 설명으로 틀린 것은?

① 볼트는 규정 토크로 아래에서 위 방향으로 체결한다.
② 접촉면과 구멍에 오물, 페인트 등 이물질이 없도록 한다.
③ 와셔 구멍에서 둥그렇게 모떼기된 부분이 너트 쪽으로 향하게 조립한다.
④ 볼트 · 너트 · 와셔 · 보호캡 등으로 구성된다.

해설

와셔 구멍에서 둥그렇게 모떼기된 부분이 볼트 머리에 닿도록 조립해야 볼트 파손을 줄일 수 있다.

49 메인 지브 타이 바 설치방법으로 옳은 것은?

① 연결된 지브의 중심을 맞춰 인양 로프를 고정한다.
② 사용할 지브 길이에 맞춰 구성요소들을 핀으로 연결한다.
③ 지브 타이 바가 떨어지지 않게 임시로 묶는다.
④ 권상 기어 드럼으로 타이 바를 들어 올려 캣트 헤드에 핀으로 고정한다.

해설

메인 지브 타이 바를 쉽게 설치하기 위해서는 지브를 약 2m 정도 들어 올리고, 핀으로 고정한 다음 장력이 생기면 서서히 내린다.

50 트롤리 와이어에는 감전 재해 방지를 위해 통전 중임을 알리는 적색 표시등을 설치해야 하는데, 그 통전 표시등 설치 장소로 옳지 않는 것은?

① 트롤리 와이어의 말단부
② 트롤리 와이어에 전원이 인입된 곳
③ 전동기 말단부
④ 구간 스위치의 양쪽

해설

전동기 말단부에 통전 표시를 하는 것은 부적절하다.

51 러핑 타워크레인에서 양중물의 무게가 무거운 경우 선회 반경은 어떻게 되는가?

① 선회 반경이 짧아진다.
② 선회 반경이 길어진다.
③ 선회 반경이 커진다.
④ 선회 반경이 변함없다.

해설

양중물의 무게와 선회 반경은 반비례한다.

52 러핑 타워크레인을 해체할 때 가이드 섹션을 내리는 작업방법으로 잘못된 것은?

① 램을 수축시킨다.
② 가이드 섹션을 후크로 지탱한다.
③ 램을 완전히 이완한다.
④ 핀을 설치해 서포트 및 유압장치를 램에 고정한다.

해설

가이드 섹션을 후크로 지탱한 다음 램을 완전히 수축해야 한다.

정답 47 ② 48 ③ 49 ④ 50 ③ 51 ① 52 ③

53 **크레인 운전자가 지켜야 할 안전수칙으로 잘못된 것은?**

① 운전석을 이석할 때는 크레인을 정지위치로 이동한 후 후크를 최대한 내려놓는다.
② 옥외 크레인은 강풍이 불 경우 운전상태 및 옥외환경을 점검하고 정비를 제한한다.
③ 운반물이 흔들리거나 회전하는 상태로 운전해서는 안 된다.
④ 운반물은 작업자 상부로 운반할 수 없으며, 직각 운전을 원칙으로 한다.

해설
운전석을 이석할 때 후크는 최대한 올려놓은 상태여야 한다.

54 **소화 작업의 기본요소에 대한 설명으로 옳지 않는 것은?**

① 점화원을 냉각시키면 된다.
② 연료를 기화시키면 된다.
③ 산소를 차단하면 된다.
④ 가연물질을 제거하면 된다.

해설
연소의 3대 요소를 차단해야 소화가 이루어지며, 기화(액체 → 기체)시키면 오히려 연소를 촉진할 수 있다.

55 **회전 중인 물체를 정지시킬 때 가장 안전한 방법은?**

① 스스로 정지하도록 한다.
② 공구로 정지시킨다.
③ 발로 정지시킨다.
④ 손으로 정지시킨다.

해설
손, 발, 공구 등을 사용하여 정지할 수도 있지만 스스로 정지하도록 하는 것이 가장 안전하다.

56 **건설기계 조종사가 작업조건으로 인해 얻을 수 있는 직업병은 무엇인가?**

① 신경통
② 난청
③ 납 중독
④ 벤젠 중독

해설
건설기계 기관의 고속 회전에 따른 소음으로 인하여 난청이 올 수 있다.

57 **수공구 사용에 대한 설명으로 옳지 않은 것은?**

① 해머는 쐐기의 유무를 확인한다.
② 좋은 공구를 사용한다.
③ 스패너는 너트에 잘 맞는 것을 사용한다.
④ 해머의 사용면이 마모된 것을 사용한다.

해설
해머의 사용면은 마모되지 않아야 한다.

58 **연삭기 사용 시 착용해야 하는 보호구는?**

① 귀마개 ② 방독면
③ 안전장갑 ④ 보안경

해설
연삭기 작동 중에 발생하는 분진물이나 파편 등으로부터 눈을 보호하기 위하여 보안경을 착용해야 한다.

59 **다음 중 사고의 직접적인 원인으로 옳은 것은?**

① 사회적 환경요인
② 불안전한 행동 및 상태
③ 유전적인 요소
④ 성격 결함

해설
불안전한 행동 및 상태는 재해를 일으키는 직접적인 원인이다.

정답 53 ① 54 ② 55 ① 56 ② 57 ④ 58 ④ 59 ②

60 다음 안전표지판이 의미하는 것은?

① 보안경 착용
② 인화성물질 경고
③ 출입금지
④ 비상구

정답 60 ③

타워크레인운전기능사 출제예상문제 ⑤

				수험번호	성명
자격종목 **타워크레인운전기능사**	종목코드	시험시간 1시간	형별		

1 크레인 용어에서 양정을 가장 잘 표현한 것은?

① 건물 바닥이나 지상에서 크레인 상면까지의 거리
② 상한 리미트 스위치 작동 지점부터 하한 리미트 스위치 작동지점까지의 거리
③ 주행 레일간의 간격
④ 횡행 레일간의 간격

해설
양정이란 후크가 움직일 수 있는 수직거리로, 최대 · 최소 거리가 따로 있는 것이 아니므로 상한 리미트 스위치와 하한 리미트 스위치가 작동한 거리이다.

2 타워크레인의 선회장치를 설명한 내용으로 틀린 것은?

① 회전 테이블과 지브 연결 지점에 점검용 난간대가 있다.
② 트러스 또는 A-프레임 구조로 되어 있다.
③ 메인 지브와 카운터 지브가 상부에 부착되어 있다.
④ 마스트의 최상부에 위치하며 상하로 되어 있다.

해설
트러스나 A-프레임 구조로 된 것은 캣트 헤드(타워 헤드)이다.

3 지내력이 부족한 지반에 설치하는 타워크레인의 기초 시공방법으로 올바른 것은?

① 기초 앵커 등의 시공방법으로 보강한다.
② 콘크리트 다지기 시공방법으로 보강한다.
③ 프릭션 파일(Friction Pile) 등의 시공방법으로 보강한다.
④ 일반 토목 시공방법 등으로 보강한다.

해설
지내력이 부족한 지역에서는 타워크레인의 기초가 침하되어 안전성에 위험이 따르므로 프릭션 파일(Friction Pile) 시공방법으로 보강한다. 프릭션 파일(Friction Pile)이란 그 끝이 견고한 지지 지반(支持地盤)까지 도달하지 않고 주위 지반과 마찰력에 의해 위로부터 하중을 지탱하는 말뚝을 말한다.

4 하중에서 후크, 그래브, 버킷 등 달아 올림 기구의 무게를 뺀 것을 무슨 하중이라 하는가?

① 최대 정격 총 하중
② 정격하중
③ 정격 총 하중
④ 안전한계 총 하중

해설
하중에 후크, 그래브, 버킷 등의 무게를 포함하면 정격 총 하중이고, 빼면 정격하중이다.

5 가로 2m, 세로 2m, 높이 2m인 강괴(비중 8)의 무게는?

① 6톤 ② 16톤
③ 32톤 ④ 64톤

정답 1 ② 2 ② 3 ③ 4 ② 5 ④

해설

강괴는 정육면체이므로 체적 = 2 × 2 × 2 = 8m³이고, 비중이 8이므로 8 × 8 = 64톤(단, 1m³ = 1t, 1cm² = 1g)이다.

6 **일직선 상에 있지 않고 어떤 각도를 가진 두 축 사이에 동력을 전달할 때 사용하는 축 이음으로, 경사각이 커지면 전달효율이 저하되어 보통 15° 이내로 사용하는 축 이음(커플링)은 무엇인가?**

① 유니버설 조인트
② 플랜지 커플링
③ 플렉시블 커플링
④ 분할형 커플링

해설

유니버설 조인트(십자형 자재 이음)는 12°~18°가 적당하지만, 양쪽에 사용되므로 30° 이내의 교각이 가능하다. 그러나 경사각이 커지면 전달효율이 저하되므로 15° 이내로 사용하는 것이 좋다.

7 **전달 토크가 크며 부하변동에 안전하지만 치면의 윤활이 어려운 것은 무엇인가?**

① 유니버설 조인트
② 플랜지 커플링
③ 플렉시블 커플링
④ 기어

해설

기어는 치면이 직접 접촉되어 윤활이 어렵다.

8 **지속적으로 차륜 플랜지의 한쪽만 레일과 접촉 · 마모되는 원인으로 거리가 먼 것은?**

① 좌우 구동 차륜의 직경차가 크다.
② 좌우 주행 레일의 높이가 다르다.
③ 구동 차륜과 종륜 차륜의 직경이 다르다.
④ 레일과 차륜의 직각도가 불량하다.

해설

구동 차륜과 종륜 차륜의 직경이 다르면 회전 수에 차이가 생긴다.

9 **간단하게 조립 및 교환할 수 있도록 둘로 갈라지게 하고, 상하를 모두 깎아서 분배홈을 만든 베어링은?**

① 볼 베어링
② 트러스트 베어링
③ 구름 베어링
④ 분할 베어링

해설

베어링 중 상하로 갈라지는 것은 분할 베어링이다.

10 **베어링의 온도가 상승하는 원인과 거리가 먼 것은?**

① 베어링 조립 또는 베어링 하우징 제작이 불량인 경우
② 윤활제의 점성이 낮은 경우
③ 베어링 기본하중에 비해 사용하중이 너무 큰 경우
④ 속도계수가 윤활제의 한계를 초과할 경우

해설

윤활제의 점성은 윤활제의 교체 시기와 베어링 수명에 영향을 준다.

11 **고장력 볼트를 재사용할 수 없는 경우는?**

① 도금 볼트로 사용된 경우
② 볼트에 이물질이 있는 경우
③ 나사산이 손상된 경우
④ 규정된 토크 값으로 사용된 경우

해설

나사산이 손상 또는 마멸된 고장력 볼트는 재사용할 수 없다.

정답 6 ① 7 ④ 8 ③ 9 ④ 10 ② 11 ③

12 **크레인이 권하 동작을 하는 동안 운동 에너지를 전기 에너지로 변환시킨 다음, 그 전기 에너지를 소모해 동작을 제어함으로써 안정된 저속도를 얻는 것은?**

① 리미트 스위치
② 다이나믹 브레이크
③ E.C 브레이크
④ D.C 마그넷 브레이크

해설
다이나믹 브레이크는 운동 에너지를 전기 에너지로 변환해 작동된다.

13 **전자 브레이크 라이닝이 20% 이상 마모되었을 때 일어나는 현상은?**

① 라이닝이 발열할 위험이 있다.
② 브레이크 드럼 면이 손상될 우려가 있다.
③ 전자석이 손상될 우려가 있다.
④ 브레이크 드럼과 라이닝의 간격이 좁아진다.

해설
라이닝이 마모되면 드럼과 라이닝 틈새가 커지므로 전자석이 발열되어 손상될 우려가 있다.

14 **드럼의 권과방지장치를 설명한 내용으로 틀린 것은?**

① 스크류식은 드럼의 회전에 의해 작동된다.
② 캠식은 활차의 회전에 의해 작동된다.
③ 중추식은 후크의 접촉에 의해 작동된다.
④ 권과방지장치는 스크류식, 캠식, 중추식을 주로 이용한다.

해설
캠식은 주로 축의 회전 방식에 따라 작동된다.

15 **전기기기의 불꽃 발생을 예방하는 방법으로 옳지 않는 것은?**

① 접촉면을 매끄럽게 유지한다.
② 가능한 한 교류보다 직류를 많이 사용한다.
③ 스위치류의 개폐는 신속하게 한다.
④ 스위치의 접촉면에 먼지나 이물질이 없도록 한다.

해설
전기기기는 교류보다 직류일 때 스파크가 많이 발생한다.

16 **크레인 운전 중 저항기의 허용 온도는 몇 ℃인가?**

① 270℃　② 350℃
③ 500℃　④ 720℃

해설
저항기의 온도가 350℃ 이상이면 점검·수리를 하거나 교환하여야 한다.

17 **전동기 카본 브러시의 사용 한도는 원래 치수의 몇 % 이상인가?**

① 원래 치수의 20% 이상
② 원래 치수의 30% 이상
③ 원래 치수의 40% 이상
④ 원래 치수의 50% 이상

해설
브러시는 원래 치수의 1/3~1/2 마모 시 교환해야 하므로, 사용 한도는 원래 치수의 50% 이상이다.

18 **다음 중 크레인에 가장 많이 사용하는 전동기는?**

① 3상 유도전동기
② 직류전동기
③ 단상 유도전동기
④ 정류자 전동기

해설
크레인에 많이 사용하는 전동기는 권선형 3상 유도전동기이다.

정답 12 ② 13 ③ 14 ② 15 ② 16 ② 17 ④ 18 ①

19 **제어기에 인터록을 설치하는 목적은 무엇인가?**

① 전기 스파크를 방지하기 위해
② 전자 접속 용량을 조절하기 위해
③ 전원을 잘 공급하기 위해
④ 전자 접촉의 안전을 위해

해설
인터록(연동장치)은 전기적 · 기계적으로 작동하며 전자 접촉의 안전을 위해 설치한다.

20 **타워크레인 기초 앵커 설치 작업 시 최소한의 접지 시공 개소는?**

① 1개소 ② 2개소
③ 3개소 ④ 4개소

해설
기초 앵커를 설치하려면 일반 1곳, 낙뢰 방지용 2곳을 접지해야 한다.

21 **제한 개폐기(Limit Switch)의 종류가 아닌 것은?**

① 로드(Rod)형 제한 개폐기
② 캠(Cam)형 제한 개폐기
③ 너트(Nut)형 제한 개폐기
④ 레버(Lever)형 제한 개폐기

해설
제한 개폐기의 종류는 기어식(너트식), 레버식, 캠식이 있다.

22 **전기 배선 작업을 할 때 전선의 굵기를 결정하는 요소가 아닌 것은?**

① 전압 강하 ② 허용전류
③ 기계적인 강도 ④ 절연저항

해설
허용전류는 전선의 굵기를 결정하는 요소가 아니라 전선의 굵기에 따라 달라지는 요소이다.

23 **트롤리 내 · 외측 제어장치에서 제어 위치는?**

① 카운터 지브 끝 지점
② 트롤리 정지장치
③ 섹션의 중간
④ 섹션의 시작과 끝 지점

해설
트롤리 내 · 외측 제어장치는 섹션의 시작과 끝에서 전원회로를 제어한다.

24 **크레인에서 버퍼 스토퍼란 무엇인가?**

① 권하 시 너무 내리는 것을 방지하기 위하여 드럼에 부착하는 장치
② 권상장치의 과권 방지용 장치
③ 주행이나 횡행 시 충돌할 때 충격을 완화하는 장치
④ 주행 차륜에 부착하여 과속을 방지하는 장치

해설
버퍼 스토퍼는 주행이나 횡행 시 충돌할 때 충격을 완화하는 장치이다.

25 **유압류의 노화 촉진 원인과 거리가 먼 것은?**

① 플러싱을 했을 때
② 수분이 혼입되었을 때
③ 다른 오일이 혼입되었을 때
④ 유온이 높을 때

해설
플러싱을 하면 유압류의 노화를 방지할 수 있다.

26 **피스톤 펌프의 특징으로 옳지 않은 것은?**

① 베어링에 부하가 크다.
② 구조가 간단하고 값이 싸다.
③ 펌프 효율이 높다.
④ 일반적으로 노출 압력이 높다.

정답 19 ④ 20 ③ 21 ① 22 ② 23 ④ 24 ③ 25 ① 26 ②

해설

피스톤 펌프

- 효율이 좋고 높은 압력에 잘 견딘다.
- 토출량의 변화 범위가 크고 다른 펌프에 비해 최고 압력이 높다.
- 수명이 길고 가변 용량이 가능하다.

27 **액추에이터의 운동 속도를 조정하기 위하여 사용되는 밸브는?**

① 온도 제어 밸브 ② 유량 제어 밸브
③ 방향 제어 밸브 ④ 압력 제어 밸브

해설

일의 크기는 압력 제어 밸브, 일의 속도는 유량 제어 밸브가 조정한다.

28 **짐을 전도시킬 때 고려해야 할 사항이 아닌 것은?**

① 가급적 주위를 넓게 하여 실시할 것
② 중심이 이동한 다음 와이어로프를 서서히 늦출 것
③ 새클에 철판을 세워서 매달 것
④ 매단 짐 위에는 절대로 타지 말 것

해설

철판은 새클이 아니라 철판용 클램프에 매단다.

29 **크레인 운전방법에 대한 설명으로 틀린 것은?**

① 주행의 처음과 끝은 저속 운전하며 브레이크를 서서히 밟아 정지한다.
② 권상 시에는 처음에는 저속으로 올리다가 서서히 최고 속도로 달린다.
③ 주권이 50톤, 보권이 10톤인 크레인에서는 8톤 짐을 주권으로 들어 올린다.
④ 횡행을 2m 이동시킬 때는 먼저 1.5m 정도 이동 후 흔들림을 봐가며 0.5m 전진한다.

해설

보권이 10톤이므로 8톤의 짐은 보권으로 들어 올린다.

30 **주행, 횡행, 권상 등 일상점검은 어떤 하중으로 실시해야 하는가?**

① 시험하중 ② 정격하중의 1/2
③ 정격하중 ④ 무부하

해설

주행, 권상, 횡행 등 작동의 일상점검은 모두 무부하 상태에서 한다.

31 **주행 레일에서 크레인에 탑승하고자 할 때는 어떻게 해야 하는가?**

① 운전 중인 운전수를 큰 소리로 불러 크레인을 정지시킨 후 탑승한다.
② 승차용 부저를 사용하여 크레인이 정지한 후 신호를 보내주면 탑승한다.
③ 같은 크레인 운전원이므로 승차용 사다리를 이용하여 임의 승차한다.
④ 크레인의 주행 방향으로 따라가다가 정지하면 바로 승차한다.

해설

주행식 타워크레인에 탑승할 때는 안전을 위하여 승차용 부저를 사용하며, 정지 여부와 신호상태를 확인하고 탑승한다.

32 **크레인 후크로 부하물을 들어 올릴 경우에 대한 설명으로 틀린 것은?**

① 로프가 장력을 받을 때부터 출발한다.
② 부하물은 주행 경로를 생각하여 지상 2m 이상의 높이에서 운반한다.
③ 로프가 충분한 장력을 가질 때까지 서서히 감아올린다.
④ 부하물 중심선에 후크가 위치하도록 한다.

정답 27 ② 28 ③ 29 ③ 30 ④ 31 ② 32 ①

해설
운반물을 들어 올릴 때는 로프가 충분한 장력을 가질 때까지 서서히 들어 올린 후 주행한다.

33 **수신호 중 오른손으로 왼손을 감싸 2~3회 작게 흔드는 신호는 무슨 뜻인가?**

① 천천히 이동
② 크레인 이상 발생
③ 신호 불명
④ 기다려라

34 **집게손가락을 위로 올려 동그라미를 그리는 신호는 무슨 뜻인가?**

① 권상 또는 권하 ② 권상
③ 권하 ④ 주행

해설
집게손가락을 위로 올려 수평 원을 그리면 권상이며, 아래로 내려 수평 원을 그리면 권하이다.

35 **정격하중이 20톤인 크레인의 후크는 파괴하중이 몇 톤 이상이어야 하는가?**

① 40톤 ② 60톤
③ 80톤 ④ 100톤

36 **직경이 같을 때 소선 수가 많아지면 와이어는 어떻게 되는가?**

① 부드러워진다.
② 뻣뻣해진다.
③ 마모에 강해진다.
④ 소선 수가 많아져도 변함이 없다.

해설
소선 수가 많아서 가느다란 와이어는 굽힘 응력이 작고 부드럽지만, 너무 가늘면 외주가 마모 · 절단되어 수명에 영향을 미친다.

37 **다음 중 고온에서 사용하는 와이어로프는 무엇인가?**

① 철심 또는 마심 로프
② 마심에 도금한 로프
③ 철심 로프
④ 마심 로프

해설
마심이나 도금한 로프는 고온에 적합하지 않다.

38 **다음 중 물건을 매다는 기구로 가장 많이 사용하는 것은?**

① 체인 ② 와이어로프
③ 그물 ④ 벨트

해설
물건을 매다는 기구로 많이 사용하는 것은 와이어로프 → 체인 → 벨트 → 그물 순이다.

39 **다음 중 와이어로프에 킹크 상태가 가장 발생하기 쉬운 경우는?**

① 로프가 사용 한도에 이르렀을 경우
② 로프가 사용 한도를 지났을 경우
③ 새로운 로프를 취급할 경우
④ 새로운 로프로 교환한 후 약 10회 작동하였을 경우

해설
새로운 로프는 유연성 부족으로 킹크 상태가 되는 경우가 많다.

40 **와이어로프를 고정하는 방법으로 가장 효율이 높고 양호한 것은?**

① 엮어 넣기 ② 쐐기고정
③ 클립고정 ④ 합금고정

해설
- 쐐기고정법 잔류강도 : 65~70%
- 엮어 넣기 잔류강도 : 70~80%
- 클립고정법 잔류강도 : 80~85%
- 합금고정법 잔류강도 : 100%

정답 33 ④ 34 ② 35 ④ 36 ① 37 ③ 38 ② 39 ③ 40 ④

41 **후크에 대한 설명으로 옳지 않는 것은?**

① 50,000kgf 이상에서는 양쪽 후크를 많이 사용한다.
② 원래 치수의 30% 이상 마모되면 교환한다.
③ 탄소강 단강품 또는 기계구조용 탄소강을 사용한다.
④ 안전율을 5 이상으로 한다.

해설
후크는 원래 치수의 20% 이상 마모되면 교환한다.

42 **체인에 대한 설명으로 잘못된 것은?**

① 롤러 체인의 내구성은 핀과 부시의 마모에 따라 결정된다.
② 체인에는 크게 링크 체인과 롤러 체인이 있다.
③ 떨어진 두 축의 전동장치에는 주로 링크 체인을 사용한다.
④ 고열물이나 수중 작업 시 와이어로프 대용으로 체인을 사용한다.

해설
떨어진 두 축의 전동장치에는 롤러 체인을 사용한다.

43 **줄걸이 작업에 대한 설명으로 틀린 것은?**

① 1줄걸이는 긴 환봉 등의 줄걸이 작업 시 주로 활용한다.
② 1줄걸이를 할 때는 가능한 한 아이에 슬링을 통과시키지 말고, 2줄을 꺾어서 걸면 하물이 안정된다.
③ 하물이 회전하는 경우 로프 꼬임이 약해진다.
④ 1줄걸이는 하물이 회전할 위험이 있다.

해설
기다란 환봉에 외줄을 매다는 것은 위험하며, 한 줄을 둘로 접어 매달거나 로프가 닿는 부분 위에 로프를 한 바퀴 감아서 매단다.

44 **크레인에서 다음 그림과 같이 부하물(200톤)을 들어 올릴 때 당기는 힘은 얼마인가?(단, 마찰 저항이나 매다는 기구 자체의 무게는 없는 것으로 가정한다)**

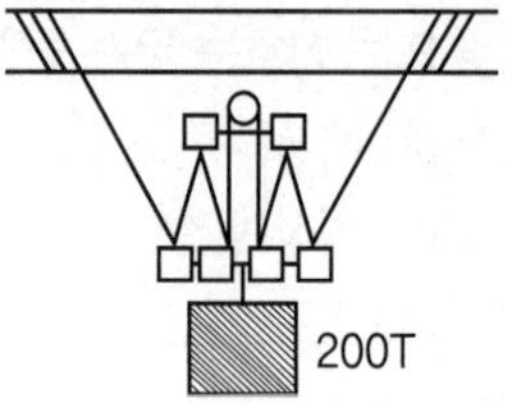

① 25톤　② 28.57톤
③ 40톤　④ 100톤

해설
8줄걸이이므로 $\frac{200톤}{8줄}$ = 25톤이다.

45 **다음 점검항목 중 연간점검에 해당하는 것은?**

① 와이어 드럼의 이상 마모상태
② 전기 배선의 누전 및 오염상태
③ 후크의 작동상태
④ 주행 · 횡행 레일 측정기 작동상태

해설
주행 · 횡행 레일은 연 2회 정밀 측정을 실시한다.

46 **집중급유장치로 급유가 불가능한 것은?**

① 와이어 드럼 축수 베어링
② 후크 시브 베어링
③ 주행 장추 베어링
④ 주행 차륜 베어링

해설
후크 및 후크 시브 베어링은 운전자가 직접 점검하며 주유한다.

47 **현장에 2대 이상의 타워크레인이 설치되어 지브가 겹칠 것으로 예상되는 지점에서 지켜야 할 사항으로 틀린 것은?**

정답 41 ② 42 ③ 43 ① 44 ① 45 ④ 46 ② 47 ③

① 마스트를 일으킬 때 전원 및 스윙 케이블에 주의한다.
② 마스트 설치나 지브 부착은 지휘자의 신호 하에 실시한다.
③ 기둥형 기초 앵커는 앵커 주변에 인장 및 압축 철근을 배치하여 결합력을 증대한다.
④ 근접 설치된 크레인과의 최소 안전거리를 지킨다.

해설
앵커 주변에 인장 및 압축 철근을 배치하는 것은 견고한 가대를 설치하는 데 필요한 사항이다.

48 **타워크레인 텔레스코핑 케이지 조립방법에 대한 설명으로 잘못된 것은?**

① 러닝 레일은 마스트 상승 작업 시 부착한다.
② 텔레스코핑 슈와 서포트 슈를 단단히 고정한다.
③ 텔레스코핑 케이지 두 부분을 핀으로 체결한다.
④ 플랫폼을 볼트로 견고하게 조인다.

해설
러닝 레일은 텔레스코핑 조립 작업 시 부착한다.

49 **메인 지브 설치 후 조절해야 하는 사항으로 틀린 것은?**

① 과부하 방지장치 및 모멘트 리미터 조절
② 변압기 주변 보호망 설치
③ 모든 리미트 스위치 조절
④ 선회 및 트롤리 기어 조절

해설
변압기 주변에 보호망을 설치하는 것은 인입 전원 관리에 관한 사항이다.

50 **감전 위험이 생기는 경우와 거리가 먼 것은?**

① 몸에 땀이 배어 있을 때
② 발밑에 물이 있을 때
③ 옷이 비에 젖어 있을 때
④ 앞치마를 하지 않았을 때

해설
앞치마는 감전과 연관이 없다.

51 **텔레스코핑 작업 전 텔레스코핑 케이지를 연결할 때 지켜야 할 사항으로 틀린 것은?**

① 텔레스코핑 케이지와 마스트는 볼트로 조립한다.
② 텔레스코핑 케이지와 선회 링 서포트는 완전 조립 전까지 선회를 금지한다.
③ 선회 링 서포트와 마스트 사이의 볼트를 해체한다.
④ 텔레스코핑 케이지와 선회 링 서포트는 핀으로 조립한다.

해설
텔레스코핑 케이지와 마스트는 핀으로 조립한다.

52 **러핑 타워크레인에서 균형추를 해체할 때 지켜야 할 사항으로 틀린 것은?**

① 선회 브레이크를 닫는다.
② 균형추 스톤은 안쪽에서 바깥쪽으로 해체한다.
③ 균형추 스톤은 지정된 지면에 놓는다.
④ 동절기에는 동결의 위험이 있으므로 조심스럽게 떼어낸다.

해설
균형추 스톤(카운터 웨이트)은 항상 바깥쪽에서 안쪽으로 해체한다.

정답 48 ① 49 ② 50 ④ 51 ① 52 ②

53 크레인 운전 중에 점검해야 할 사항으로 틀린 것은?

① 운전 중 기계 각부의 이상음, 이상진동, 발열 등을 수시로 확인한다.
② 정격하중 이상의 중량물을 인양하지 않는다.
③ 중량물을 인양하면서 자주 권상 브레이크와 주행 · 횡행 브레이크의 동작 상태를 점검한다.
④ 주행 · 횡행 리미트 스위치를 작동하기 전에는 장애물에 주의한다.

해설

하물이 흔들릴 위험이 있기 때문에 중량물을 인양하는 중에는 브레이크 작동상태를 점검해서는 안 된다.

54 화상을 입었을 때의 응급처치로 바른 것은?

① 옥도정기를 바른다.
② 찬물에 담갔다가 아연화 연고를 바른다.
③ 메틸 알코올에 담근다.
④ 빨리 아연화 연고를 바르고 붕대를 감는다.

해설

화상을 입으면 빨리 찬물에 담가서 화기를 없애야 한다.

55 다음 중 운전 중에 해야 하는 점검은?

① 클러치의 상태
② 벨트의 장력상태
③ 볼트와 너트의 풀림
④ 급유상태

해설

볼트와 너트의 풀림, 급유상태, 벨트 장력은 운전 전 점검사항이다.

56 일반적인 작업장에서 위험을 방지하기 위한 준비사항과 거리가 먼 것은?

① 안전모 착용
② 안전화 착용
③ 작업복 착용
④ 가죽장갑 착용

57 스패너 작업 시 유의사항으로 잘못된 것은?

① 너트에 스패너를 깊이 물리고 조금씩 앞으로 당기는 식으로 풀고 조인다.
② 스패너의 입이 너트 치수에 맞는 것을 사용해야 한다.
③ 스패너와 너트 사이에는 쐐기를 넣고 사용해야 편리하다.
④ 스패너 자루에 파이프를 이어서 사용해서는 안 된다.

해설

스패너는 너트나 볼트 치수에 맞는 것을 선택하고, 쐐기를 넣어서는 안 된다.

58 보안경을 반드시 사용해야 하는 작업장과 거리가 먼 것은?

① 전기 용접 및 가스 용접 작업장
② 철분, 모래 등이 날리는 작업장
③ 장비 밑에서 정비 작업을 할 때
④ 인체에 해로운 가스가 발생하는 작업장

해설

인체에 해로운 가스가 발생하는 작업장에서는 방독면이나 방독 마스크를 착용해야 한다.

59 산업공장에서 재해 발생을 줄이는 방법으로 잘못된 것은?

① 폐기물은 정해진 위치에 모아둔다.
② 통로나 창문 등에 물건을 세워놓지 않는다.

정답 53 ③ 54 ② 55 ① 56 ④ 57 ③ 58 ④ 59 ③

③ 소화기 근처에 물건을 적재한다.
④ 공구는 소정의 장소에 보관한다.

해설
소화기 근처에 물건이 적재되어 있으면 화재 발생 시 적절한 조치를 취할 수 없다.

60 **다음 안전표지판은 무슨 뜻인가?**

① 보안경 착용
② 인화성물질 경고
③ 출입금지
④ 안전제일

정답 60 ④

타워크레인운전기능사 출제예상문제 ❻

자격종목	종목코드	시험시간	형별	수험번호	성명
타워크레인운전기능사		1시간			

1 **크레인에서 양정이란 무엇을 뜻하는가?**

① 크레인의 트롤리가 수평으로 움직일 수 있는 최대거리
② 후크를 최저로 내렸을 때와 운전실 하면과의 거리
③ 로프가 드럼에 감기는 거리
④ 후크가 움직일 수 있는 수직거리

해설
양정이란 후크가 움직일 수 있는 수직거리를 말한다.

2 **타워크레인 선회장치의 부착 위치는?**

① 운전실 반대편 ② 운전실 상층부
③ 마스트 최하부 ④ 마스트 최상부

해설
선회장치는 마스트 최상부에 위치한다.

3 **상승식 타워크레인의 특징에 대한 설명으로 틀린 것은?**

① 건물 자체의 구조물을 지지하여 크레인을 설치하기도 한다.
② 높이가 일정하고 마스트의 추가 없이 고층 구조물 공사가 가능하다.
③ 레일을 타고 이동하면서 작업하며 조선소 등에서 많이 사용한다.
④ 공사장이 넓어 1대의 크레인으로 작업하기 어려울 때 주로 사용한다.

해설
레일에서 이동할 수 있는 것은 주행식 타워크레인이다.

4 **타워크레인의 시험하중은 정격하중의 몇 %인가?**

① 110% ② 120%
③ 135% ④ 150%

5 **다음 그림과 같은 강괴의 중량은 얼마인가?(단, 비중은 7.85)**

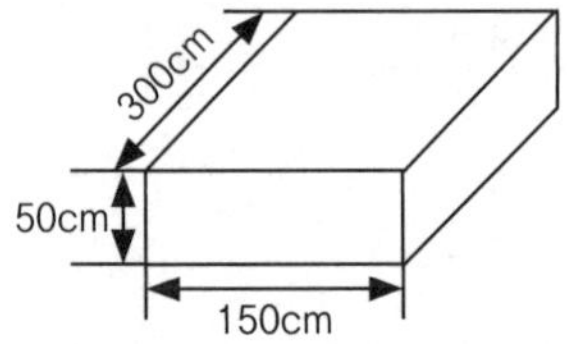

① 2,250kg ② 9,000kg
③ 17,663kg ④ 26,493kg

해설
• 강괴의 체적 = 150 × 300 × 50
= 2,250,000cm³ (2.25m³)
• 강괴의 중량 = 체적 × 비중
= 2,250,000 × 7.85
= 17,662,500g
g을 kg으로 바꾸면 17,662.5kg(17.6625톤)이다.

6 **플랜지형 플렉시블 커플링에 대한 설명으로 잘못된 것은?**

① 고무나 가죽 등의 탄성체를 사용하여 힘의 급변화를 완화한다.
② 두 축이 30° 이내의 각도로 교차할 경우에 한하여 사용한다.
③ 두 축의 중심선을 정확히 맞추기 힘든 경우 사용한다.

정답 1④ 2④ 3③ 4① 5③ 6②

④ 기계 진동 전달을 방지하기 위한 축 이음이다.

해설
두 축이 30° 이내의 각도로 교차할 때 사용하는 커플링(이음)은 자재 이음이다.

7 기어에 급유하는 목적과 거리가 먼 것은?

① 미끄럼 방지
② 냉각작용
③ 소음 방지
④ 기어의 잇면에 유막 형성

해설
기어 부분에 급유하는 목적은 유막을 형성하여 윤활, 소음방지, 냉각, 방청작용 등을 하기 위해서이다.

8 주행 휠 플랜지는 두께의 몇 % 이상이 마모되고 몇 도 이상의 변형이 생겼을 때 교환해야 하는가?

① 40%, 10°　② 40%, 20°
③ 50%, 10°　④ 50%, 20°

해설
주행 휠 및 횡행 휠 플랜지는 두께가 50% 이상 마모되거나 20° 이상의 변형이 생기면 교환해야 한다.

9 ø80mm 축에 끼어 있는 부시(미끄럼) 베어링의 마모 한도는?

① 0.5mm　② 2mm
③ 4mm　④ 6mm

해설
축의 지름이 61~100mm인 경우 부시의 마모 한도는 기억 축이 1.0mm, 기타 축이 2mm이다.

10 베어링 No 6217을 바르게 설명한 것은?

① 단열 홈형 볼 베어링이며, 내경이 85 mm이다.
② 원통 롤러 베어링이며, 내경이 85mm 이다.
③ 단열 홈형 볼 베어링이며, 내경이 170 mm이다.
④ 원통 롤러 베어링이며, 내경이 170 mm이다.

해설
베어링 표시에서 N이면 원통 롤러형이고, 숫자의 첫 자가 6이면 단열 홈형이며, 끝의 2자리는 안지름을 5로 나눈 숫자이다.

11 타워크레인 연결부에 대한 설명으로 잘못된 것은?

① 볼트는 아래에서 위로 체결한다.
② 상부 회전체 부분은 볼트로 연결한다.
③ 부분품은 고장력 볼트 또는 핀으로 체결한다.
④ 여러 개의 부품을 조립하여 설치한다.

해설
상부 회전체 부분은 핀으로 연결한다.

12 권상장치의 속도 제어용 브레이크는 무엇인가?

① 디스크 타입 전자 브레이크
② 교류전자 브레이크
③ 직류전자 브레이크
④ 와류 브레이크

해설
속도 제어 브레이크로는 E.C 브레이크인 와류 브레이크와 다이나믹 브레이크를 사용한다.

13 타워크레인 브레이크 조정에 관한 설명으로 잘못된 것은?

① 브레이크 휠 면의 요철이 2mm 정도가 되면 평활하게 다듬어주어야 한다.
② 라이닝의 내열 온도는 보통 300℃ 정도이다.
③ 브레이크 휠 림(Rim)의 두께 마모 한도는 원래 치수의 40% 정도이다.
④ 브레이크 휠과 라이닝 간격은 보통 브레이크 휠 직경의 1/200 정도로 한다.

정답　7 ①　8 ④　9 ②　10 ①　11 ②　12 ④　13 ②

해설

- 브레이크 라이닝 간극 : 브레이크 휠 직경의 1/150~ 1/200 정도 유지
- 림의 두께 마모 : 원래 치수의 40%
- 라이닝 두께 마모 : 원래 치수의 50%
- 휠 면의 요철 : 2mm 정도가 되면 평활하게 다듬어준다.
- 라이닝의 내열 온도 : 150~200℃(보통 170℃)

14 **권상장치의 과권방지장치는 무엇인가?**

① 족답 스위치
② 와류 브레이크
③ 캠식 리미트 스위치
④ 원심 분리 스위치

해설

리미트 스위치는 권상 및 운행의 과행을 방지하고 이웃 구조물 등에 충돌되는 것을 방지한다.

15 **집전장치에서 과대한 스파크가 발생할 때 점검해야 할 것은?**

① 브레이크 라이닝 간격
② 집전자의 과대 마모에 의한 접촉 불량
③ 리미트 스위치
④ 전동기 회전 수

해설

전기부품에서 접촉이 불량하면 스파크가 발생하기 쉽다.

16 **권선의 변환 수리에서 계자의 회전 방향을 반대로 결선하면 역전될 위험이 있다. 이 경우 회로를 자동 차단하는 장치는?**

① 무전압 보호 계전기
② 역상 보호 계전기
③ 타임 릴레이
④ 칼날형 개폐기

해설

- 무전압 보호 계전기 : 정전 시 스위치를 자동 차단한다.
- 타임 릴레이 : 일정 시간을 두고 다음 동작으로 이행할 때 사용한다.
- 역상 보호 계전기 : 계자의 방향이 역회전할 때 회로를 차단한다.
- 칼날형 개폐기 : 나이프 스위치와 같이 저압 선로의 개폐에 사용된다(600V 이하 전기회로).

17 **모터의 슬립 링을 점검하여 브러시와 접촉 불량이 없도록 할 때, 접촉 압력(kg/cm^2)은 얼마 정도로 유지하여야 하는가?**

① $0.07 \sim 0.085 kg/cm^2$
② $0.15 \sim 0.3 kg/cm^2$
③ $0.5 \sim 0.75 kg/cm^2$
④ $0.75 \sim 0.95 cm^2$

해설

슬립 링과 브러시의 접촉 압력은 $0.15 \sim 0.3 kg/cm^2$이다.

18 **크레인용 전동기에서 직류전동기는 어떤 것을 가장 많이 사용하는가?**

① 농형 유도전동기 ② 화동 복권전동기
③ 분권전동기 ④ 직권전동기

해설

전동기에는 직권식이, 발전기에는 분권식이 많이 쓰인다.

※ 복권발전기 : 분권, 직권의 2종을 조합해 계자 권선을 갖춘 발전기로서, 화동 복권(가동 복권)과 차동 복권으로 대별된다. 화동 복권은 부하전류가 변동해도 발생 전압은 거의 변하지 않지만, 차동 복권은 부하전류가 증가하면 발생 전압이 작아진다.

19 **제어반에서 주전원 차단기나 퓨즈가 자주 차단될 때 점검해야 할 사항으로 틀린 것은?**

① 과부하 여부
② 전선로 상호간 절연저항 검사
③ 전선로 길이 점검
④ 전선간의 단락

정답 14 ③ 15 ② 16 ② 17 ② 18 ④ 19 ③

해설
전선로의 길이에 따라 퓨즈가 차단되지는 않는다.

20 **타워크레인 접지 설비 중 인하도선의 사양에 관한 설명으로 거리가 먼 것은?**

① 1개의 인하도선에 접지극 3개 이상
② 길이가 짧도록 설치
③ 동선이나 동등의 재질 이상
④ 절연 전선으로 30mm² 이상

해설
1개의 인하도선에 접지극이 1개 이상이어야 한다.

21 **크레인 권상장치용 제한 개폐기에 대한 설명으로 옳은 것은?**

① 드럼의 회전을 조정할 수 있는 장치이다.
② 조정할 때는 반드시 주전원을 넣고 한다.
③ 전기적으로 구성되어 좀처럼 고장이 없다.
④ 드럼과 로프가 과권될 경우 전류를 차단하여 회전을 정지시키는 장치이다.

해설
제한 개폐기는 리미트 스위치를 말하며, 과권 및 과행을 제어하는 기능을 한다.

22 **배선용 차단기의 역할로 틀린 것은?**

① 회로의 이상 유무를 확인한 후 수동으로 폐로한다.
② 전기장치와 모터를 보호하고 전기를 차단한다.
③ 단락이나 과전류를 자동으로 차단한다.
④ 분전반 및 인입구 등에 설치한다.

해설
전기장치와 모터를 보호하고 전기를 차단하는 것은 퓨즈의 역할이다.

23 **트롤리 주행에 사용되는 스틸 와이어로프 파손 시 트롤리를 멈추게 하는 장치는?**

① 트롤리 정지장치
② 속도제한장치
③ 비상정지장치
④ 트롤리 로프 안전장치

해설
와이어로프 파손 시 트롤리를 멈추게 하는 것은 트롤리 로프 안전장치이다.

24 **버퍼 스토퍼에 대한 설명으로 옳은 것은?**

① 단단한 고무나 스프링 또는 유압을 이용하여 충돌 시 충격을 완화한다.
② 거더의 비틀림을 방지하기 위해 설치한다.
③ 새들의 차륜을 보호하기 위하여 씌우는 덮개이다.
④ 강판으로 접합하여 케이스를 만들고, 충돌 부위에 나무를 사용하여 부담을 덜어준다.

해설
버퍼 스토퍼란 주행 · 횡행 시 충돌할 때 고무, 스프링, 유압을 이용하여 충격을 완화하는 장치이다.

25 **작동유에 공기가 섞이면 무슨 색이 되는가?**

① 흑색　　② 자갈색
③ 백색　　④ 적갈색

26 **유압 펌프에서 토출량을 바르게 표현한 것은?**

① 펌프가 단위 시간당 토출하는 액체의 체적
② 펌프가 어느 체적당 용기에 가하는 체적
③ 펌프가 어느 체적당 토출하는 액체의 체적
④ 펌프가 최대 시간 내에 토출하는 액체의 최대 체적

정답 20 ① 21 ④ 22 ② 23 ④ 24 ① 25 ③ 26 ①

27 방향 제어 밸브에 대한 설명으로 틀린 것은?

① 유압 실린더나 유압 모터의 작동 방향을 바꾸는 데 사용한다.
② 유체의 흐름 방향을 변환한다.
③ 액추에이터 속도를 제어한다.
④ 유체의 흐름 방향을 한쪽으로만 허용한다.

해설
- 방향 제어 밸브는 흐름의 방향을 제어한다.
- 액추에이터의 속도를 제어하는 것은 유량 제어 밸브이다.

※ 액추에이터 : 전기, 유압, 압축공기 등을 이용하는 구동장치의 총칭으로 보통 유체 에너지를 이용해서 기계적인 작업을 하며, 종류로는 유압 실린더와 유압 모터가 있다.

28 크레인으로 물건을 운반할 때 주의할 사항으로 틀린 것은?

① 운전 중 사람이 다치지 않도록 한다.
② 로프 등의 안전 여부를 항상 점검한다.
③ 규정 무게보다 약간 초과해도 무방하다.
④ 적재물이 떨어지지 않도록 한다.

해설
규정보다 무게를 초과하면 위험하고 장비에 무리가 간다.

29 정격하중이 주권 50톤, 보권 20톤인 크레인에 하중을 매달 때에 대한 설명으로 잘못된 것은?

① 운반물의 하중이 20톤 이내이면 보권을 이용하여도 충분하다.
② 주권, 보권을 동시에 사용하여 하중을 달 때는 하중의 합계가 50톤 이내일 경우에만 가능하다.
③ 운반물의 하중이 40톤이면 주권을 이용한다.
④ 운반물의 하중이 70톤이면 주권과 보권을 동시에 이용한다.

해설
어떠한 경우라도 주권의 하중 톤수를 초과해서는 안 된다.

30 운전 작업 중에 주의할 사항으로 잘못된 것은?

① 주행식 트레인의 스러스트 브레이크가 off일 때는 운선자가 없어도 조금씩 밀어나가는 작업은 해도 무방하다.
② 주행을 시작할 때마다 경고음을 울려 여러 사람에게 알려야 한다.
③ 운전 중 전원이 차단되면 즉시 제어기를 off 위치에 놓아야 한다.
④ 운전 중에 운전수는 짐이나 작업 장소에 주의력을 집중해야 한다.

31 타워크레인 주행에 대한 설명으로 잘못된 것은?

① 목적지에 거의 왔을 때는 서서히 주행할 것
② 주행과 동시에 운반물을 권상 · 권하하지 말 것
③ 급격한 주행을 하지 말 것
④ 운반물 위에 사람을 태울 때는 요동이 없도록 잘 운전할 것

32 무거운 물건을 위로 달아 올릴 때 주의할 점과 거리가 먼 것은?

① 항상 신호수의 신호에 따라 작업한다.
② 신호의 정해진 규정은 없고 작업은 적당히 한다.
③ 매달린 화물이 불안전하다고 생각될 때에는 작업을 중지한다.

정답 27 ③ 28 ③ 29 ④ 30 ① 31 ④ 32 ②

④ 달아 올린 화물의 무게를 파악하여 제한하중 이하에서 작업한다.

해설

크레인의 작업은 정해진 신호 및 작업 규정을 철저히 지켜야 한다.

33 타워크레인 신호방법 중 거수경계 또는 양손을 머리 위에서 교차시키는 것은 무슨 신호인가?

① 크레인 이상 발생
② 작업 완료
③ 수평 이동
④ 기다려라

34 타워크레인의 작업신호 중 무선통신에 관한 설명으로 틀린 것은?

① 육성신호와 함께 꼭 무선통신을 하도록 한다.
② 통신 및 육성은 간결 · 단순 · 명확해야 한다
③ 무선통신이 만족스럽지 못하면 수신호로 한다.
④ 시끄러운 지역에서 활용한다.

해설

육성신호와 무선통신을 함께 해야 할 의무는 없다.

35 안전계수가 6이고 안전하중이 30톤인 크레인 와이어로프의 절단하중은?

① 5톤 ② 36톤
③ 120톤 ④ 180톤

해설

$안전계수 = \frac{절단하중}{안전하중}$ 이므로 절단하중 = 6 × 30 = 180톤이다.

36 같은 굵기의 와이어로프일지라도 소선 수가 많고 가는 것에 대한 설명으로 옳은 것은?

① 유연성이 나쁘고 더 강하다.
② 유연성이 나쁘고 더 약하다.
③ 유연성이 좋고 더 강하다.
④ 유연성이 좋고 더 약하다.

해설

와이어로프는 소선이 가늘수록 유연하고, 수가 많을수록 강하다.

37 와이어로프의 구조 중 소선을 꼬아 합친 것은 무엇인가?

① 소선 ② 공심
③ 심강 ④ 스트랜드

38 와이어로프의 점검사항과 관련이 없는 것은?

① 킹크, 심한 변형, 부식된 곳은 없는가
② 10% 이상 단선된 소선은 없는가
③ 지지 애자가 파손되거나 심하게 마모되지는 않았는가
④ 7% 이상 지름이 줄어든 곳은 없는가

해설

지지 애자가 파손되거나 마모되는 것은 집전장치나 트롤리 급전선과 연관이 있다.

※ 애자 : 송전선이나 전기기기의 나선 부분을 절연하고 기계적으로 유지 또는 지지하기 위하여 사용하는 것으로, 차단기 · 피뢰기용 애자를 지지애자라고 한다.

39 와이어로프의 절단 부분 양끝이 되풀리는 것을 방지하기 위하여 가는 철사로 묶는 것을 무엇이라 하는가?

① 스트랜드 ② 파워로크
③ 시징 ④ 킹크

정답 33 ② 34 ① 35 ④ 36 ③ 37 ④ 38 ③ 39 ③

해설

시징 : 와이어로프 절단 부분의 되풀림 방지를 위해 로프 지름의 2~3배로 묶는 것을 말한다.

40 **와이어로프를 엮어 넣기 할 때 로프 지름의 몇 배를 엮어 넣어야 하는가?**

① 10배 ② 10~20배
③ 20~30배 ④ 30~40배

해설

와이어로프 엮어 넣기는 스플라이스법이라고 하며, 로프 지름의 30~40배 정도가 적당하다.

41 **후크의 안전계수는 얼마가 적당한가?**

① 3 이상 ② 5 이상
③ 7 이상 ④ 9 이상

해설

후크와 와이어로프의 안전계수는 5 이상이다.

42 **체인을 사용할 때 주의사항과 거리가 먼 것은?**

① 화물의 밑에 깔려 있는 체인은 강제로 뽑아낼 것
② 영하의 온도에서 사용할 때는 충격이 가해지지 않도록 할 것
③ 비틀린 상태에서는 사용하지 말 것
④ 높은 곳에서 떨어뜨리지 말 것

43 **와이어로프의 작업자가 짐의 중심을 잘못 잡아 후크에 로프를 걸었을 때 발생할 수 있는 사고와 거리가 먼 것은?**

① 짐이 한쪽 방향으로 쏠려 넘어진다.
② 과하중으로 크레인에 손상을 준다.
③ 매단 짐이 회전하여 로프가 비틀린다.
④ 짐이 생각지도 않은 방향으로 간다.

해설

과하중으로 크레인에 손상을 주는 것은 짐의 중심을 잘못 잡아 일어나는 사고가 아니다.

44 **그림처럼 160톤의 부하물을 들어 올리려 할 때 당기는 힘은?**

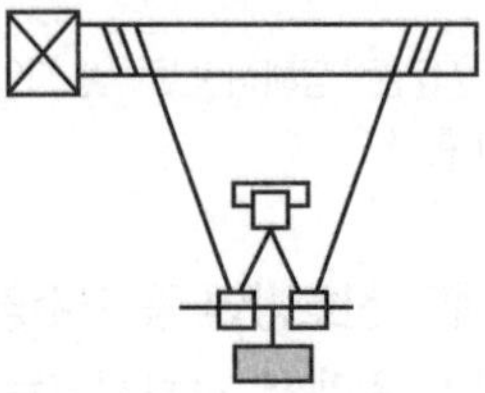

① 16톤 ② 20톤
③ 40톤 ④ 80톤

해설

4줄걸이이므로 $\frac{160톤}{4줄}$ = 40톤이다.

45 **주행 레일은 1년에 몇 회 정밀측정을 해야 하는가?**

① 1회 ② 2회
③ 3회 ④ 4회

해설

레일은 1년에 2회 정밀측정한다.

46 **집중급유장치로 그리스를 급유할 수 없는 베어링은?**

① 후크 베어링
② 횡행 차륜 베어링
③ 주행 차륜 베어링
④ 드럼 베어링

해설

후크 및 후크 시브 베어링은 운전자가 그리스 펌프나 주유기로 직접 주유해야 한다.

47 **동일 현장에 2대 이상의 타워크레인을 설치할 때 고려해야 할 사항으로 잘못된 것은?**

① 마스트의 지지용 로프는 앵커를 확실하게 고려한다.
② 마스트 상승 작업 시에 상호 간섭이 없다.

정답 40 ④ 41 ② 42 ① 43 ② 44 ③ 45 ② 46 ① 47 ②

③ 다른 크레인과 최소 안전거리를 두어야 한다.
④ 마스트의 설치나 지브의 부착은 작업 지휘자의 신호에 따른다.

해설
동일 현장에 2대 이상의 타워크레인을 사용해 마스트 상승 작업 시에는 서로 지브가 겹칠 수 있으므로 최소 안전거리를 두어야 한다.

48 **텔레스코핑 케이지 조립방법에 대한 설명으로 틀린 것은?**

① 텔레스코핑 케이지 롤러의 구동을 점검하고 장애물을 제거한다.
② 선회 플랫폼 전원 터미널 박스에 메인 전원을 연결한다.
③ 텔레스코핑 케이지 두 부분을 핀으로 체결한다.
④ 플랫폼(작업대)이 떨어지지 않게 볼트를 조인다.

해설
②는 운전실 설치사항에 해당한다.

49 **메인 지브 타이 바를 설치할 때 트롤리 장치에 전원 공급 케이블을 연결한 다음에 해야 할 일에 대한 설명으로 틀린 것은?**

① 과부하 방지장치는 트롤리 장치에 전원 공급 케이블을 연결하기 전에 조정해 두어야 한다.
② 권상 와이어로프를 설치한다.
③ 카운터 지브 웨이트를 설치한다.
④ 트롤리가 움직이지 않도록 와이어로프를 조심스레 제거한다.

해설
과부하 방지장치를 비롯한 각종 기어장치류와 리미트는 권상 와이어로프의 설치가 끝난 후에 조정하고, 크레인을 시운전해야 한다.

50 **다음 중 전기기기에 의한 감전 사고를 막기 위하여 필요한 것은?**

① 고압계
② 방폭등
③ 접지 설비
④ 대지 전위 상승장치

51 **텔레스코핑 작업 순서로 틀린 것은?**

① 서포트 슈를 텔레스코핑 웨브에 안착시킨다.
② 유압 실린더가 최대한 수축하도록 작동한다.
③ 유압 실린더를 약 15mm 상승시킨 후 클라이밍 크로스 멤버가 마스트의 텔레스코핑 웨브에 안착하도록 한다.
④ 유압 유닛상의 조절 레버를 하강에서 중립으로 조절한다.

해설
서포트 슈가 텔레스코핑 웨브에 안착되어 있다면 유압 유닛상의 조절 레버를 중립에서 하강으로 조절하여 텔레스코킹 웨브를 크로스 멤버에 안착시킨다.

52 **러핑형 타워크레인에서 메인 지브를 해체하는 작업에 대한 설명으로 틀린 것은?**

① 웨지 소켓은 풀지 않는다.
② 후크 블록을 지면으로 내린다.
③ 지브를 해체 위치에 놓는다.
④ 지브를 해체할 때까지 슬루잉 크레인을 돌린다.

해설
조립 로프는 웨지 소켓 아래에 고정시키고, 웨지 소켓을 지브 탑의 고정 위치에서 푼다.

정답 48 ② 49 ① 50 ③ 51 ④ 52 ①

53 작업 시 안전에 관해 지켜야 할 사항으로 틀린 것은?

① 장비는 취급자가 아니어도 사용한다.
② 회전하는 물체에 손을 대지 않는다.
③ 장비는 사용 전에 점검한다.
④ 장비 사용법은 사전에 숙지한다.

해설

장비는 반드시 취급자가 점검하고 사용법 등을 숙지하여 다뤄야 한다.

54 산소가 결핍된 장소에서 사용하는 마스크는?

① 방독 마스크
② 송풍 마스크
③ 특급 방진 마스크
④ 방진 마스크

해설

- 방진 마스크 : 분진물이 발산 및 비산되는 장소
- 방독 마스크 : 유해가스가 발생되는 장소
- 송풍 마스크 : 산소가 부족한 장소

55 건설기계를 정비할 때 주의할 사항으로 틀린 것은?

① 부품을 교환할 때는 제작회사의 순정품을 사용한다.
② 볼트 및 너트는 규정 토크로 조인다.
③ 작업 중 다른 부품에 손상 가능성이 있을 경우는 커버를 씌운다.
④ 가스켓, 오일실은 손상이 없으면 다시 사용한다.

해설

가스켓과 오일실 등은 재사용할 수 없다.

56 작업장을 가설하거나 사다리식 통로를 설치할 때 지켜야 할 사항으로 틀린 것은?

① 답단 간격은 동일해야 하지만 답단 넓이는 동일할 필요가 없다.
② 추락 위험이 있는 곳은 안전난간을 설치한다.
③ 구조는 견고해야 한다.
④ 경사는 30° 이하로 완만하게 하는 것이 좋다.

해설

답단 간격이나 넓이는 작업장 안전규정에 따른다.

57 안전한 스패너 작업방법으로 옳은 것은?

① 스패너 사용 시 몸의 중심을 항상 옆으로 한다.
② 스패너로 조이고 풀 때 항상 앞으로 당긴다.
③ 스패너의 입이 너트의 치수보다 조금 큰 것을 사용한다.
④ 스패너로 볼트를 조일 때는 앞으로 당기고 풀 때는 뒤로 민다.

해설

볼트를 조이고 풀 때는 렌치를 항상 작업자 앞으로 당겨서 한다.

58 보호안경을 사용하는 목적으로 틀린 것은?

① 유해광선으로부터 눈을 보호하기 위해
② 비산되는 칩으로부터 눈을 보호하기 위해
③ 중량물이 떨어질 때 신체를 보호하기 위해
④ 유해약물로부터 눈을 보호하기 위해

해설

보호안경은 동력전달장치 및 차체 하부 정비 작업 시 떨어지는 불순물이나 이물질로부터 눈을 보호하기 위해 착용한다.

정답 53 ① 54 ② 55 ④ 56 ① 57 ② 58 ③

59 **산업재해의 직접원인 중에서 인적 불안전 행위가 아닌 것은?**

① 기계 공구의 결함
② 부적절한 작업복
③ 불안전한 작업 태도
④ 위험한 장소 출입

해설
기계 공구의 결함은 인적 불안전 행위가 아니다.

60 **타워크레인 해체 작업 시 이동식 크레인의 위치 선정에 관여하는 요소가 아닌 것은?**

① 이동식 크레인의 선회 반경
② 메인 지브 등의 긴 부재
③ 줄걸이 작업자의 작업팀 위치 정보
④ 카운터 지브 등의 무게중심

해설
이동식 크레인 위치 선정은 줄걸이 작업자와 연관이 없다.

정답 59 ① 60 ③

타워크레인운전기능사 출제예상문제 ⑦

				수험번호	성명
자격종목 타워크레인운전기능사	종목코드	시험시간 1시간	형별		

1 크레인의 종류는 주로 무엇에 따라 분류할 수 있는가?

① 권상 정격 속도
② 사용 장소 및 용도
③ 자체중량
④ 권상 정격하중

2 메인 지브를 오가며 권상 작업의 선회 반경을 결정하는 횡행장치는 무엇인가?

① 과부하 반경 ② 방호장치
③ 운전실 ④ 트롤리

3 상승식 타워크레인에 대한 설명으로 옳은 것은?

① 자립고 이상 설치 시에는 월 타이 등으로 지지한다.
② 설치가 난이하고 설치비용이 비싸다.
③ 마스트 추가 없이 고층 구조물 공사가 가능하다.
④ 아파트 등 건축공사에 주로 사용한다.

해설
상승식 타워크레인은 자체의 상승장치를 통해 수직 방향으로 상승시킬 수 있으며, 마스트 추가 없이 고층 구조물 공사가 가능하다.

4 크레인 완성검사 시 적용하는 과부하 방지 장치의 하중 시험 값으로 옳은 것은?

① 정격하중의 100%
② 정격하중의 110%
③ 정격하중의 120%
④ 정격하중의 150%

해설
시험하중은 정격하중의 1.1배이다.

5 중량을 계산할 때 일반 철판류의 비중은 얼마인가?

① 약 5 ② 약 6
③ 약 8 ④ 약 10

해설
일반 철판류의 비중은 7.8이므로 약 8이다.

6 키와 볼트를 사용하는 축 이음법은 무엇인가?

① 기어 이음
② 만능 이음
③ 마찰 원추형 이음
④ 플랜지 이음

7 다음 기어에 대한 설명으로 틀린 것은?

① 스퍼 기어(평치차) – 두 축이 평행
② 웜 기어 – 두 축이 평행도 아니고 교차도 아님
③ 인터널 기어(내치차) – 두 축이 교차
④ 헬리컬 기어 – 두 축이 평행

해설
인터널 기어(내접 기어)는 두 축이 평행하게 전달된다.

8 타워크레인 주행 차륜 플랜지 두께의 마모 한도는 얼마인가?

정답 1 ② 2 ④ 3 ③ 4 ② 5 ③ 6 ④ 7 ③ 8 ④

① 원래 치수의 0.5%
② 원래 치수의 7%
③ 원래 치수의 20%
④ 원래 치수의 50%

해설
플랜지 두께의 마모 한도는 원래 치수의 50%이다.

9 최소한 운전 시작 8시간 이내에 급유하여야 하는 것은?

① 볼 베어링
② 부시(미끄럼 베어링)
③ 와이어로프
④ 개방 치차

해설
볼 베어링이나 기어 케이스 등의 윤활유는 약 2,000시간마다, 평면 베어링(부시 및 메탈 베어링)은 8시간마다 주유한다.

10 베어링 No 23022의 안지름(내경)은 얼마인가?

① 110mm ② 115mm
③ 220mm ④ 230mm

해설
베어링 표시에서 끝 2자리는 안지름을 5로 나눈 것이므로 22 × 5 = 110mm이다.

11 타워크레인의 고장력 볼트 또는 핀 체결 부분이 아닌 것은?

① 와이어로프 – 트롤리
② 타워 섹션 – 타워 섹션
③ 볼 슬루잉 – 슬루잉 링 서포트
④ 슬루잉 링 서포트 – 타워 섹션

해설
와이어로프는 고정방법에 따르거나 볼트나 용접 등으로 체결한다.

12 속도 제어를 하는 브레이크 중 구조가 간단하고 마모 부분이 없으며 저속도를 쉽게 얻을 수 있는 것은?

① 유압 브레이크
② 스러스트 브레이크
③ 와전류 브레이크
④ 직류 마그넷 브레이크

해설
- 속도 제어용 브레이크 : 와전류 브레이크, 다이나믹 브레이크
- 제동용 브레이크 : 직류 마그넷 브레이크, 스러스트 브레이크, 유압 브레이크, 밴드 브레이크, 매커니컬 브레이크, 교류전자 브레이크 등

13 제동기의 제동 토크가 부족하여 심하게 미끄러짐(Slip)이 발생할 때 무엇을 조정해야 하는가?

① 브레이크 스프링 조정 너트
② 브레이크 취부대 조정 너트
③ 포스트 조정 볼트
④ 슈 조정 볼트

해설
미끄럼이 생길 때는 브레이크 스프링 장력이 강해지도록 브레이크 스프링 조정 너트를 조정한다.

14 선회 기어 브레이크 풀림장치에 대한 설명으로 옳은 것은?

① 시간 지연 커넥터의 동작과 관계없이 작동된다.
② 지상에서 브레이크 해제 레버를 당겨서 브레이크를 해제할 수 있다.
③ 컨트롤 볼테이지를 차단하지 않은 상태에서 작동된다.
④ 브레이크 마그넷에 전류를 공급하면 브레이크가 해제되지 않는다.

정답 9 ② 10 ① 11 ① 12 ③ 13 ① 14 ②

해설

선회 기어 브레이크 풀림장치

- 컨트롤 볼테이지를 차단한 상태에서 작동된다.
- 전원이 차단되어도 시간 지연 커넥터가 작동하면서 브레이크에 마그넷 전류가 공급되어 브레이크를 해제한다.
- 지상에서 브레이크 해제 레버를 당겨서 선회 브레이크를 해제할 수 있다.

15 타워크레인에서 교류전류가 널리 사용되는 주된 이유는?

① 모터를 돌리는 데 적당하기 때문이다.
② 전압을 자유롭게 변화시킬 수 있기 때문이다.
③ 발전이 간단하기 때문이다.
④ 직류보다 위험이 적기 때문이다.

해설

직류는 전압이 일정하게 유지되며, 교류는 전압을 변화시킬 수 있다.

16 타워크레인의 전동기를 보호하기 위해 주로 사용하는 것은?

① 주파수 계전기 ② 전력 계전기
③ 한시 계전기 ④ 과부하 계전기

17 슬립 링의 표면에 황손(거칠어짐)이 생기는 원인과 거리가 먼 것은?

① 과다 진동
② 빈번한 정격 운전
③ 균질하지 않은 브러시 재질
④ 링 면과의 곡률 불일치

해설

정격 운전과 황손은 연관이 없다.

18 다음 직류전동기 중 속도 제어 방식이 다른 것은?

① 2차 저항 제어 ② 저항 제어
③ 전압 제어 ④ 계자 제어

해설

2차 저항 제어방법은 교류 권선형 유도전동기에 주로 활용하는 속도 제어 방식이다.

19 제어기에 대한 설명으로 틀린 것은?

① 1차 측의 전원회로를 변환한다.
② 2차 측의 저항은 차례로 단속하여 속도를 제어한다.
③ 회로의 단속에는 접촉편 및 접촉자를 사용한다.
④ 전동기 40KW 이하는 직접 제어기를 사용해야 한다.

해설

- 교류형 제어기 전동기 출력 : 40KW 이하
- 직류형 제어기 전동기 출력 : 75 KW 이하

20 전동기를 접지하는 목적은?

① 전동기에 전기를 공급하기 위해
② 누전을 방지하기 위해
③ 전도기의 과열을 방지하기 위해
④ 감전을 방지하기 위해

해설

모든 접지의 목적은 감전을 방지하기 위해서이다.

21 리미트 스위치의 역할로 가장 알맞은 것은?

① 권상, 횡행, 주행 등 각 장치의 운전 중 급제동
② 운전 중 비상 스위치 역할
③ 권상, 횡행, 주행 등 각 장치 운동에 대한 과행 방지
④ 권상, 횡행, 주행 등 각 장치의 스피드 조절

해설

리미트 스위치는 급제동이나 스피드 조절은 하지 못한다.

정답 15 ② 16 ④ 17 ② 18 ① 19 ④ 20 ④ 21 ③

22 **다음 중 타워크레인의 안전장치와 관련이 없는 것은?**

① 전동기 ② 과부하 계전기
③ 전자 브레이크 ④ 리미트 스위치

해설
전동기는 구동장치이다.

23 **트롤리 로프 안전장치에 대한 설명으로 틀린 것은?**

① 리액션 베어링이 아래로 처지면서 작동된다.
② 세이프티 레버가 90°로 이동해 지브 하단부에 걸린다.
③ 트롤리의 충격을 흡수하는 완충제이다.
④ 트롤리 주행에 사용하는 로프가 파손되었을 때 작동하는 안전장치이다.

해설
③은 트롤리 정지장치이다.

24 **완충장치(Buffer)의 재질로 알맞지 않은 것은?**

① 스프링 버퍼 ② 강철 버퍼
③ 고무 버퍼 ④ 유압 버퍼

25 **가열한 철판 위에 오일을 떨어뜨리는 방법은 오일의 어떤 점을 판정하기 위한 것인가?**

① 수분 함유
② 먼지나 이물질 함유
③ 오일의 열화
④ 산성도

해설
크래클 테스트 : 가열한 철판 위에 오일을 떨어뜨리고 소리로 수분 함유 여부를 판정한다.

26 **다른 펌프에 비해 최고압 토출이 가능하고, 펌프의 효율 면에서도 전압력 범위가 높아 최근에 많이 사용하는 펌프는?**

① 기어 펌프 ② 나사 펌프
③ 베인 펌프 ④ 피스톤 펌프

해설
피스톤 펌프는 플런저 펌프로서 고압에서 누설이 적어 효율이 높고 가변 용량에 적합하다.

27 **다음 중 역류를 방지하는 밸브는?**

① 흡기 밸브 ② 체크 밸브
③ 압력 조절 밸브 ④ 변환 밸브

해설
체크 밸브는 유체의 흐름을 한쪽으로만 허용한다.

28 **타워크레인으로 하중을 운반할 때 주의할 점으로 옳은 것은?**

① 신호수에게만 의존하여 운전하고, 하중을 지상에서 높이 매달아 운반한다.
② 와이어로프는 후크의 중심에 걸고, 매다는 각도는 되도록 작게 한다.
③ 보조 와이어로프는 와이어 작업자가 선정하는 것이 좋다.
④ 규정된 하중 이상은 매달지 않는 것이 원칙이나, 이전에 매달아서 사고가 없었던 하중이면 매달아도 무방하다.

해설
짐을 매다는 각도는 클수록 한 줄에 걸리는 장력이 커지므로 작게 하는 것이 좋다(60° 이내).

29 **크레인 작동 절차상 갖춰야 할 사항과 거리가 먼 것은?**

① 평균풍속이 15m/s를 넘을 때는 운전 정지 후 레일 클램프를 바짝 조인다.
② 각종 제어는 일정한 곳에 설치된 제어실에서만 한다.

정답 22 ① 23 ③ 24 ② 25 ① 26 ④ 27 ② 28 ② 29 ②

③ 작동 조건이 변할 때마다 과부하 방지 장치를 재조정하여야 한다.
④ 권하할 때 부하 후크를 물건이나 지면 위에 심하게 내려놓으면 안 된다.

해설

지상에서 해제 레버를 당겨서 브레이크를 해제하는 선회 기어 브레이크 풀림장치처럼 제어장치는 제어실에만 있는 것이 아니다.

30 크레인이 병렬로 설치된 공장에서 옆 크레인 운전수가 권상을 시작하자마자 기절해 버렸다. 부하물을 매단 채 크레인이 권상하고 있다면 가장 먼저 취해야 할 행동은?

① 자기 크레인으로 옆 크레인에 충돌해서 운전자가 정신 차리게 한다.
② 옆 크레인에 가서 운전수에게 인공호흡을 한다.
③ 옆 크레인의 해당 전원을 최대한 빨리 차단한다.
④ 공장의 전체 전원을 재빨리 차단한다.

31 타워크레인 주행 운전방법으로 잘못된 것은?

① 급격한 주행으로 인해 매달린 짐이 흔들리지 않도록 한다.
② 주행을 시작할 때 반드시 경보를 울려야 한다.
③ 진행 중인 방향에 위험물이 있는지 확인하며 주행한다.
④ 정지 위치에 도달할 때까지 빠르게 주행했다가 브레이크를 사용해 정지한다.

32 운반물을 지상에 내릴 때 가장 적절한 운전방법은?

① 권하 시 운반물에 흔들림이 없으면 속도에 상관없이 작업해도 된다.
② 적당한 높이까지 내린 다음 일단 정지 후 서서히 내린다.
③ 크레인 조작 시 속도는 권하 시 속도에 관계없이 조작하면 된다.
④ 운반물 권하 시 속도는 권상 시 속도와 같은 정도로 유지한다.

해설

화물을 지상에 내릴 때는 지면에서 약 30cm 정도까지 내린 다음 서서히 내린다.

33 양손을 들어올려 크게 2~3회 좌우로 흔드는 수신호는 무슨 뜻인가?

① 비상정지 ② 운전자 호출
③ 고속으로 주행 ④ 고속으로 권상

34 타워크레인의 육성 신호방법에 대한 설명으로 틀린 것은?

① 운전자와 통신자는 서로 이해했는지 확인한다.
② 시끄러운 지역에서는 무선통신이 효과적이다.
③ 명확성보다는 소리의 크기가 중요하다.
④ 육성신호는 간결 · 단순하여야 한다.

해설

육성신호는 명확해야 하며, 시끄러운 곳에서는 무선통신이 효과적이다.

35 정격하중 100톤의 크레인을 제작한다면 6×24 직경이 20mm인 와이어로프를 몇 가닥으로 해야 하는가?(단, 와이어로프의 절단하중은 20톤, 안전계수는 7이다)

① 5가닥 ② 10가닥
③ 30가닥 ④ 35가닥

해설

와이어로프의 절단하중이 20톤이고 안전계수가 7이므로, 로프 한 가닥 당 안전하중은 2.85톤이다. 따라서 100톤 / 2.85톤 = 약 35가닥이 된다.

정답 30 ③ 31 ④ 32 ② 33 ① 34 ③ 35 ④

36 와이어로프의 수명에 대한 설명으로 잘못된 것은?

① 로프를 많이 굽히면 수명이 약해진다.
② 제조업체가 로프의 성능을 명시하는 것은 파단하중이다.
③ 수명은 사용자의 사용법과 사용 조건에 달려 있다.
④ 제조업체는 로프의 수명을 보증하는 표시를 해야 한다.

해설
와이어로프의 수명은 사용자의 사용법과 사용 조건에 따라 달라지므로 수명을 보증하는 표시는 하지 않아도 무방하다.

37 와이어로프의 심강 종류에 속하지 않는 것은?

① 편심　② 와이어심
③ 공심　④ 섬유심

38 로프의 밀림현상이 일어나는 경우가 아닌 것은?

① 로프가 활차 플랜지에 접촉할 경우
② 로프와 활차가 잘 구성되어 있을 경우
③ 권양통에 중첩되어 감겼을 경우
④ 활차가 원활히 회전하지 않을 경우

39 와이어로프를 절단하고 나면 뜨임 열처리한 저탄소 강선으로 끝을 묶는데, 묶는 넓이는 와이어로프 지름의 몇 배가 가장 적당한가?

① 2배　② 3배
③ 4배　④ 5배

40 와이어로프 끝을 고정하는 방법 중 쐐기 고정법은 무엇인가?

①

②
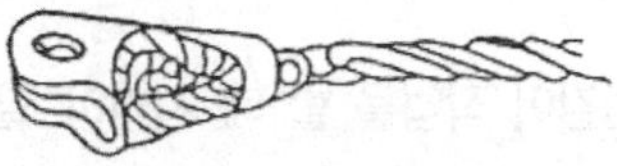

③
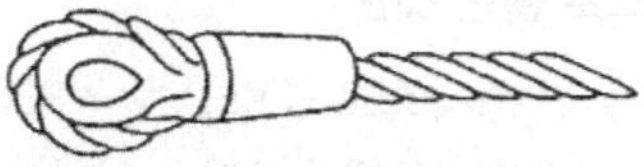

④
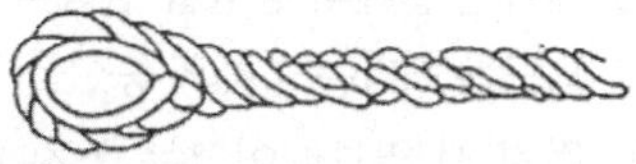

해설
① 클립고정법　② 쐐기고정법
③ 파워로크법　④ 스플라이스법

41 후크에 대한 설명으로 잘못된 것은?

① 단면이 급변한 부분은 균열이 발생할 우려가 있으므로 상세하게 점검한다.
② 장시간 사용하면 재료가 연해질 우려가 있다.
③ 후크의 입구가 안쪽 크기와 같아졌을 때 후크를 교환해야 한다.
④ 후크에 로프가 닿는 부분은 흔히 마모되므로 상세하게 점검한다.

42 체인에 대한 설명으로 잘못된 것은?

① 롤러 체인을 고리 모양으로 연결할 때는 링크의 수가 짝수여야 편리하고, 링크의 수가 짝수일 때 옵셋 링크로 연결한다.
② 체인은 신품 구입 시보다 5% 늘어나면 사용이 불가능하다.
③ 고열물이나 수중 · 해중 작업에서 흔히 사용한다.
④ 매다는 체인의 종류에는 스터드 체인, 롱 링크 체인, 쇼트 링크 체인 등이 있다.

정답 36 ④　37 ①　38 ②　39 ②　40 ②　41 ②　42 ①

해설

롤러 체인의 링크가 짝수일 때는 이음 링크로, 홀수일 때는 옵셋 링크로 연결한다.

43 줄걸이 작업을 할 때 지켜야 할 안전수칙으로 틀린 것은?

① 한 가닥으로 중량물을 인양하지 말 것
② 매다는 물체의 중량을 정확히 판정할 것
③ 되도록 매다는 물체의 중심을 높게 할 것
④ 정지 시 역브레이크는 쓰지 말 것

44 후크걸이 방법 중 가장 위험한 것은?

① 반걸이 ② 이중걸이
③ 어깨걸이 ④ 눈걸이

해설

반걸이 방법은 미끄러지기 쉬워 위험하다.

45 다음 설명 중에서 잘못된 것은?

① 크레인은 예방 · 보전이 중요하다.
② 점검은 일상점검, 주간점검, 월간점검, 연간점검으로 구분한다.
③ 주행장치의 주행 차륜은 연간점검으로 관리한다.
④ 권상장치는 예방 · 보전으로 관리한다.

해설

주행장치의 차륜은 월간정비이고, 레일은 연간정비이지만 1년에 2회 정밀측정한다.

46 집중윤활장치에 대한 설명으로 잘못된 것은?

① 분배변의 각 배유구마다 유량 조절이 불가하며 낭비가 심하다.
② 정기적으로 급유함으로써 과잉, 과소, 급유 누락 등을 해결한다.
③ 단시간 내에 확실히 급유가 되므로 능률적이다.
④ 운전 중이라도 안전하게 급유할 수 있다.

해설

집중윤활장치는 분배변의 각 배유구마다 자동적으로 유량이 조절되어 급유 누락 · 과잉 · 과소 현상 등을 방지한다.

47 타워크레인 설치 시 안전장치 부착 확인사항에 속하지 않는 것은?

① 회전 부위의 안전 커버
② 트롤리 로프 긴장장치
③ 권과 및 후크해지장치
④ 과부하 경보장치

해설

트롤리 로프 긴장장치는 로프의 한 끝을 드럼으로 감아서 장력을 주는 장치이므로 안전장치와는 거리가 멀다.

48 텔레스코핑 케이지에 설치하는 구성품이 아닌 것은?

① 플랫폼 ② 서포트 슈
③ 템플리트 ④ 유압 펌프와 모터

해설

템플리트는 기초 앵커에 주로 사용된다.

49 권상 와이어로프를 설치할 때 권상 로프를 권상 드럼에 부착시키고 견제용 클립이 당겨질 때까지 감은 다음에는 무엇을 해야 하는가?

① 이렉션 로프를 계속 감은 후 보조재인 대마 로프를 제거한다.
② 권상 로프를 끝에서 약 4~5m 정도 남겨두고 견제용 클립을 고착시킨다.
③ 권상 드럼에 4m 여유가 남을 때까지 권상 로프를 감는다.
④ 권상 로프 견제용 클립을 제거한다.

정답 43 ③ 44 ① 45 ③ 46 ① 47 ② 48 ③ 49 ①

해설

견제용 클립이 트롤리 위의 시브에 걸려 인장력이 생길 때까지 권상 로프를 계속 감아야 하며, 이때 보조재인 대마 로프를 제거한다.

50 **감전사고를 예방하는 누전 방지 기구는 무엇인가?**

① 과부하 계전기 ② 과전압 계전기
③ 전자 접촉기 ④ 누전 차단기

51 **텔레스코핑 작업 순서에서 기존에 설치된 마스트와 추가된 마스트의 결합 방법에 대한 설명으로 틀린 것은?**

① 가이드 섹션을 낮춰 기존에 설치된 마스트와 추가된 마스트 사이에 간격이 없게 한다.
② 롤러 홀더를 유지한 채 타워에 추가 마스트를 볼트로 체결한다.
③ 볼트를 체결하기 전에 서포트 슈가 텔레스코핑 웨브를 벗어나게 한다.
④ 크로스 멤버는 텔레스코핑 웨브에 안착된 상태를 유지한다.

해설

추가 마스트에 조립된 롤러 홀더를 제거하고 추가 마스트를 타워에 볼트로 체결한다.

52 **러핑형 타워크레인에서 카운터 지브의 해체 작업에 대한 설명으로 잘못된 것은?**

① 슬루잉 브레이크는 내린다.
② 푸시 핀을 제거한다.
③ 슬루잉 프레임과 카운터 지브 사이의 커버를 제거한다.
④ 홀딩 로프를 카운터 지브에 고정한다.

해설

레버를 올려 슬루잉 브레이크를 올린다.

53 **타워크레인 작업에서 지켜야 할 안전수칙으로 틀린 것은?**

① 지정된 신호수 외에는 신호를 하지 않는다.
② 임의로 스위치 박스에 손대지 않는다.
③ 달아 올린 짐 밑으로 사람이 통행하지 못하게 한다.
④ 운반물을 작업자 상부로 운반한다.

54 **작업과 관련된 주의사항으로 잘못된 것은?**

① 남의 작업장에는 함부로 들어가지 않는다.
② 작업 전에는 반드시 분해 · 조립한다.
③ 자기 임무에 속하는 작업 이외에는 손을 대지 않는다.
④ 주유할 때는 반드시 기계를 멈춘다.

55 **건설기계 정비 작업장에서 갖춰야 할 물품 중에서 안전과 거리가 먼 것은?**

① 방청용 오일
② 소화기 및 소화용구
③ 안전모
④ 응급용 의약품

해설

방청용 오일은 기구나 부속 등의 녹을 방지하는 데 사용한다.

56 **작업환경 개선과 연관이 없는 것은?**

① 조명을 밝게 한다.
② 채광을 좋게 한다.
③ 소음을 줄인다.
④ 부품을 교환한다.

해설

부품의 교환은 작업환경 개선사항이 아니라 점검 및 정비사항이다.

정답 50 ④ 51 ② 52 ① 53 ④ 54 ② 55 ① 56 ④

57 **스패너 작업에 대한 설명으로 옳은 것은?**

① 스패너 자루에 조합 렌치를 연결해서 사용해도 무방하다.
② 스패너 자루에 파이프를 끼워서 사용한다.
③ 고정 죠에 힘이 많이 걸리도록 한다.
④ 볼트 머리보다 약간 큰 스패너를 사용한다.

해설
스패너에 파이프 렌치나 조합 렌치를 끼워서 사용해서는 안 되며, 고정 죠에 힘이 많이 걸리도록 한다.

58 **용접 작업 시 유해광선으로 눈에 이상이 생겼을 때 응급처치 요령은?**

① 바람을 마주보고 눈을 깜박인다.
② 냉수로 씻어낸 다음 치료한다.
③ 온수 찜질 후 치료한다.
④ 안약을 넣고 안대를 한다.

59 **재해 발생 원인으로 가장 높은 비율을 차지하는 것은?**

① 작업자의 불안전한 행동
② 작업자의 성격적 결함
③ 불안전한 작업환경
④ 사회적 환경

해설
작업자의 불안전한 행동 〉 불안전한 작업환경 〉 작업자의 성격적 결함 〉 사회적 환경 순으로 재해가 발생한다.

60 **타워크레인 해체 작업 전에 준비해야 할 사항이 아닌 것은?**

① 선회 링 기어의 상태를 중점적으로 점검한다.
② 유압 펌프 및 유압 실린더를 점검한다.
③ 풍속 10m/s 이내에서만 작업이 가능하다.
④ 유압 실린더와 카운터 지브가 동일한 방향이 되도록 맞춘다.

해설
선회 링 기어의 상태를 점검하는 것은 정비 및 점검 사항이다.

정답 57 ③ 58 ② 59 ① 60 ①

타워크레인운전기능사 출제예상문제 ❽

				수험번호	성명
자격종목 타워크레인운전기능사	종목코드	시험시간 1시간	형별		

1 **메인 지브의 기능에 해당하지 않는 것은?**

① 풍하중과 중량을 줄이기 위해 트러스 구조로 되어 있다.
② 트롤리 윈치 점검을 위한 보도판을 설치한다.
③ 전 · 후방 균형을 유지한다.
④ 선회 반경에 따라 권상 용량이 결정된다.

해설
전 · 후방 균형 유지는 카운터 지브와 균형추가 한다.

2 **타워크레인의 기초 설치 작업 시 고려해야 할 안전사항과 거리가 먼 것은?**

① 기초 상단은 정확한 캠버를 잡을 것
② 기둥형 기초 앵커는 충분한 인장력과 압축력이 있도록 할 것
③ 기초 시공 시 부등침하가 없을 것
④ 미리 산출된 응력에 견딜 수 있도록 설치할 것

해설
기초 상단은 정확한 레벨을 잡은 후 수직도를 고려해야 한다.

3 **공사장이 넓어 크레인 1대로 작업하기 곤란할 때 많이 사용하며 건물 자체의 구조물에 지지하여 설치하는 타워크레인은?**

① 고정식 ② 주행식
③ 유압식 ④ 상승식

4 **정격하중이 20톤인 크레인의 시험하중은?**

① 20톤 ② 17.5톤
③ 22톤 ④ 30톤

해설
시험하중은 정격하중의 110%이므로 20 × 1.1 = 22톤이다.

5 **물질이 무거운 순서대로 바르게 나열된 것은?(단, 체적은 같다)**

① 철 – 동 – 납 – 점토
② 납 – 동 – 철 – 점토
③ 납 – 점토 – 철 – 동
④ 납 – 동 – 점토 – 철

해설
물질 1m³당 중량(t)은 납(11.4) → 동(8.9) → 강(7.8) → 주철(7.2) → 점토(2.6) 순이다.

6 **다음 설명 중 옳은 것은?**

① 가공비가 적게 들고 큰 하중에 견디며, 주로 모터 축에 사용되는 축 이음은 스플라인이다.
② 두 개의 축이 일직선상에 있지 않고 경사질 때 사용하는 축 이음은 머프 커플링이다.
③ 플렉시블 커플링은 축심이 정확하게 일치할 때 사용한다.
④ 플랜지 커플링은 플랜지 사이를 볼트로 조인 것이며, 축의 직경이 75mm 이상일 때 편리하다.

정답 1 ③ 2 ① 3 ④ 4 ③ 5 ② 6 ④

해설

- 플렉시블 커플링 : 축심이 일치하지 않을 때 사용한다.
- 머프 커플링 : 주철제 통 속에 두 개의 축이 양쪽에서 삽입된다.

7 **기어와 축의 관계가 잘못 연결된 것은?**

① 웜과 웜 기어 – 두 축이 평행도, 교차도 하지 않는다.
② 하이포이드 기어 – 두 축이 교차한다.
③ 베벨 기어 – 두 축이 교차한다.
④ 스퍼 기어 – 두 축이 평행한다.

해설

하이포이드 기어는 링 기어의 중심보다 10~20% 아래쪽에 설치하므로 두 축이 교차하지 않는다.

8 **타워크레인의 주행 레일 측면의 허용 마모 한도는 원래 치수의 몇 % 이하인가?**

① 5% 이하 ② 7% 이하
③ 10% 이하 ④ 15% 이하

해설

주행 레일 측면의 허용 마모 한도는 원래 치수의 10% 이하이며, 레일의 구배(기울기)는 10m당 5mm이다.

9 **주행 차륜 베어링 안전검사 시 지켜야 할 사항에 속하지 않는 것은?**

① 급유가 적정할 것
② 용접부 크랙이 없을 것
③ 현저한 마모가 없을 것
④ 이상 진동 또는 현저한 발열이 없을 것

해설

주행 차륜의 베어링은 완제품을 삽입한 것으로 용접부 크랙과 관계가 없다.

10 **베어링을 세척하는 재료로 가장 좋은 것은?**

① 솔벤트 ② 알콜
③ 휘발유 ④ 시너

해설

베어링뿐 아니라 모든 부품의 세척유로 솔벤트가 주로 쓰인다.

11 **러핑 타워크레인의 고장력 볼트 연결부가 느슨해지는 원인과 거리가 먼 것은?**

① 크레인의 과부하
② 구조부의 부적절한 설치
③ 부정확한 프리 로드
④ 볼트 나사부의 그리스 처리

해설

볼트와 너트에 그리스를 처리하는 것은 방청과 산화를 방지하기 위한 것이다.

12 **구조가 간단하고 마모 부분이 없으며 유지가 용이하고 정격 속도의 1/5의 안정된 저속도를 얻을 수 있는 브레이크는?**

① 트러스트 브레이크
② D.C 마그넷 브레이크
③ E.C 브레이크
④ 유압 브레이크

해설

- 트러스트 브레이크 : 축압 브레이크
- D.C 마그넷 브레이크 : 권상기 및 산업기계에 주로 사용
- E.C 브레이크 : 안정된 저속도를 쉽게 얻을 수 있는 속도 제어 브레이크

13 **타워크레인에서 브레이크의 조정사항과 거리가 먼 것은?**

① 라이닝 조정
② 플랜지 두께 조정
③ 스트로크 조정
④ 슈 조정

해설

플랜지 두께는 레일에 관련된 사항이다.

정답 7 ② 8 ③ 9 ② 10 ① 11 ④ 12 ③ 13 ②

14 **선회 기어 브레이크 풀림장치에 대한 설명으로 잘못된 것은?**

① 컨트롤 볼테이지가 투입된 상태에서 작동한다.
② 크레인 본체가 바람에 영향을 받는 면적을 최소화하여 보호한다.
③ 작동 시 지브가 바람에 따라 자유롭게 움직인다.
④ 비가동 시에 선회 기어 브레이크 풀림장치를 작동한다.

해설

선회 기어 브레이크 풀림장치
- 컨트롤 볼테이지를 차단한 상태에서 동작한다.
- 전원을 차단해도 시간 지연 커넥터가 작동하면서 브레이크에 마그넷 전류가 공급되어 브레이크를 해제한다.
- 지상에서 해제 레버를 당겨서 선회 브레이크를 해제한다.

15 **퓨즈에 대한 설명으로 잘못된 것은?**

① 전력의 크기에 따라 굵거나 가는 퓨즈를 사용한다.
② 퓨즈의 재질은 아연과 납의 합금이다.
③ 전기회로 보호장치이다.
④ 퓨즈의 재질은 주석과 납의 합금이다.

16 **메인 스위치를 투입했는데도 운전실의 신호 램프가 들어오지 않을 때는 어떻게 해야 하는가?**

① 모터부터 점검한다.
② 상사에게 보고한다.
③ 제어기의 전압이 0인지 확인한다.
④ 먼저 정비사에게 연락한다.

해설

메인 스위치를 투입해도 신호 램프가 들어오지 않으면 전원 공급 여부를 확인하기 위해서 제어기 전압을 확인한다.

17 **권선형 전동기를 사용한 타워크레인에서 볼 수 없는 기기는?**

① 브레이크 ② 슬로 스타터
③ 저항기 ④ 컨트롤러

해설

슬로 스타터는 농형전동기에 사용된다.

18 **교류전동기에 사용되는 속도 제어방법과 거리가 먼 것은?**

① 출력 제어 ② 전압 제어
③ 직렬 저항 제어 ④ 계자 제어

해설

교류전동기는 전압, 출력, 저항 제어를 통해 속도를 제어한다.

19 **전동기에 전원이 인가되지 않을 때 제일 처음 점검하여야 할 것은?(단, 운전 중 정지되었을 때)**

① 배선상태
② 브레이크 동작상태
③ 과부하 계전기 동작 유무
④ 집전기 이탈상태

해설

먼저 과부하 계전기를 점검하고, 이상이 없을 경우 집전기 이탈과 배선상태 등을 점검한다.

20 **타워크레인 접지극 사양에 관한 내용으로 틀린 것은?**

① 1개의 인하도선에 2개 이상의 접지극을 직렬 접속할 때는 간격을 2m 이상으로 한다.
② 인하도선의 단독 접지저항은 20Ω 이하이고, 총 접지저항은 10Ω 이하여야 한다.
③ 두께가 3mm 이상일 경우 접지극은 면적 0.35m² 이상의 용융 아연 도금 철판을 사용한다.

정답 14 ① 15 ② 16 ③ 17 ② 18 ④ 19 ③ 20 ①

④ 두께가 1.4mm 이상일 경우 접지극은 면적 0.35m² 이상의 강판을 사용한다.

해설

접지극을 병렬 접속할 경우 간격을 2m 이상으로 한다.

21 **연동장치에 의해 피드 나사가 회전하면 그 것과 맞물리는 너트가 이동해 개폐기의 레버를 움직여 접점을 개폐하는 리미트 스위치는?**

① 레버형 리미트 스위치
② 중추형 리미트 스위치
③ 캠형 리미트 스위치
④ 나사형 리미트 스위치

해설

- 나사형(기어식) : 피드 나사 회전
- 캠형 : 원판상의 캠판과 요철 회전
- 레버형 : 작동 축의 V 레버나 롤러 작동
- 중추식 : 중추를 보텀 블록이 작동

22 **전선로 방호 시 유의사항으로 잘못된 것은?**

① 시험 중량별 과부하 방지장치를 조절한다.
② 바인드선이나 전선의 끝에 절연장갑이 손상되지 않도록 한다.
③ 주상에서의 방호작업은 원칙적으로 2명이 한다.
④ 방호 작업자는 절연용 보호구를 착용한 후 지휘자에게 착용상태를 점검 받는다.

해설

시험 중량별 과부하 방지장치를 조절하는 것은 권상로프이다.

23 **트롤리 정지장치에 대한 설명으로 잘못된 것은?**

① 고무완충제로서 스토퍼 역할을 한다.
② 트롤리의 충격을 흡수한다.
③ 와이어로프 파손 시 트롤리를 멈추게 한다.
④ 메인 지브의 양 끝에 부착되어 있다.

해설

③은 트롤리 로프 안전장치에 대한 설명이다.

24 **밀폐된 용기 속에 채워진 비압축성 유체의 일부에 가해진 압력은 유체의 모든 부분에 같은 세기로 전달된다는 것은 누구의 원리인가?**

① 아르키메데스의 원리
② 보일 · 샤를의 법칙
③ 베르누이의 원리
④ 파스칼의 원리

25 **작동유에 수분이 혼합되었을 때의 영향과 거리가 먼 것은?**

① 유압기기의 마모 촉진
② 작동유의 열화
③ 오일탱크의 오버플로
④ 캐비테이션 현상

해설

작동유의 열화는 온도가 상승하거나 공기가 유입되었을 때 발생하며, 공기 속의 수분 등이 캐비테이션 현상을 초래한다.

26 **유압 펌프의 고장 원인과 거리가 먼 것은?**

① 오일의 압력이 너무 높다.
② 소음이 크고 잡음이 있다.
③ 흐르는 오일의 양이나 압력이 부족하다.
④ 시프트 실에서 오일이 누설되었다.

해설

오일의 압력 상승은 릴리프 밸브의 이상으로 나타나는 현상이다.

정답 21 ④ 22 ① 23 ③ 24 ④ 25 ③ 26 ①

27 **유압유의 압력 에너지(힘)를 기계적인 에너지(일)로 변환시키는 장치는 ?**

① 어큐뮬레이터 ② 액추에이터
③ 유압 펌프 ④ 유압 밸브

해설

액추에이터

- 전기, 유압, 압축공기 등을 이용하는 구동장치의 총칭이다.
- 보통 유체 에너지를 기계적인 에너지로 전환한다.
- 종류 : 유압 실린더, 유압 모터

28 **크레인 작업의 안전수칙을 설명한 것으로 옳지 않는 것은?**

① 임의로 스위치 박스에 손대지 않는다.
② 지정된 신호수 외에는 신호를 하지 않는다.
③ 운반물을 작업자 상부로 운반한다.
④ 달아 올린 짐 밑으로 사람이 통행하지 못하게 한다.

29 **타워크레인의 작동에 대한 설명으로 틀린 것은?**

① 조정할 수 있는 부하 토크 제한장치는 실제 조건에 맞춘다.
② 운전자가 조정실을 이석할 때는 메인 스위치를 끈다.
③ 운영회사나 소유주는 화물 적재 시 안정 여유를 1.5m 이상 유지한다.
④ 최대 허용 부하량을 초과하는 하중을 부하해서는 안 된다.

해설

작업이 완전히 종료된 것이 아니라면 운전자가 조정실을 떠나도 다른 모든 부분들이 작동되어야 하므로 메인 스위치를 끌 필요는 없다.

30 **크레인 운전 시 주의사항에 대한 설명으로 잘못된 것은?**

① 화물 위치에 크레인을 이동시킬 경우 후크를 지상의 설비 등에 부딪치지 않을 높이까지 권상하여 크레인을 수평 이동한다.
② 화물의 중심 위에 후크의 중심이 오도록 횡행 · 주행 조작 등을 통해 위치를 결정한다.
③ 줄걸이 작업 위치까지 후크를 권하할 때는 필요 이상으로 권하하지 않는다.
④ 화물을 지면에서 떨어지게 권상할 때는 빠른 속도로 한다.

31 **타워크레인 주행 시 갑자기 장애물을 발견했을 때 가장 먼저 취해야 할 행동은?**

① 비상 스위치를 누른다.
② 조종 레버를 최대한 몸 쪽으로 당긴다.
③ 분전반 스위치를 전부 끈다.
④ 컨트롤러를 전부 제로 노치에 놓는다.

해설

타워크레인 주행 시 장애물을 발견했다면 비상 스위치를 누르고 컨트롤러를 제로 노치에 놓은 후 정지하도록 한다.

32 **전체적으로 둥글고 울퉁불퉁한 부하물을 줄에 건 후 약 10cm 정도 권상해보니 부하물이 빙글빙글 돌면서 좌우로 약 30cm 간격으로 흔들린다. 가장 쉽고 안전하게 조치할 수 있는 방법은?**

① 사이렌을 계속 울리면서 작업을 진행한다.
② 흔들림이 별로 크지 않으니까 그대로 운전해도 상관없다.
③ 주행 및 횡행을 사용하여 흔들림을 잡아준다.
④ 제자리에 권하한 후 줄걸이를 다시 한다.

정답 27 ② 28 ③ 29 ② 30 ④ 31 ① 32 ④

해설

지면으로부터 약 10cm 위에서 흔들림이 생겼으므로 그대로 권하한 후 줄걸이를 다시 한다.

33 운전자가 손바닥을 안으로 하여 얼굴 앞에서 2~3회 흔드는 신호는 무슨 뜻인가?

① 작업 완료
② 줄걸이 작업 미비
③ 신호 불명
④ 크레인 이상으로 작업 못함

34 무전기 사용 시 주의할 점과 거리가 먼 것은?

① 은어, 속어, 비어를 사용하지 않는다.
② 무전기 상태를 확인한 후에 교신한다.
③ 조종자 입장에서 신호한다.
④ 반복 신호를 금지한다.

35 다음 중 안전하중을 계산하는 방법은?

① 줄걸이 수 × 파단하중 / 안전계수 × 압축계수
② 줄걸이 수 × 파단하중 / 장력계수
③ 줄걸이 수 × 파단하중 / 안전계수
④ 줄걸이 수 × 파단하중 / 안전계수 × 장력계수

해설

$$\text{안전하중} = \frac{\text{절단하중}}{\text{안전계수}} = \frac{\text{줄걸이수} \times \text{파단하중}}{\text{안전계수} \times \text{장력계수}}$$

36 와이어로프에 대한 설명으로 틀린 것은?

① 로프에 킹크가 발생하면 폐기한다.
② 소선 수의 7%가 절단되면 폐기한다.
③ 안전율은 사용하중을 절단하중으로 나눈 값이다.
④ 권상용 와이어로프의 안전율은 5 이상이다.

해설

소선 수의 10%가 절단되면 교환한다.

37 크레인용 와이어로프에 심강을 사용하는 목적이 아닌 것은?

① 소선끼리의 마찰에 의한 마모를 방지한다.
② 부식을 방지한다.
③ 충격하중을 분산한다.
④ 스트랜드의 위치를 올바르게 유지한다.

해설

심강 사용 목적은 스트랜드 위치를 바르게 하고 충격을 흡수하기 위해서이다.

38 와이어로프의 내 · 외부 마모를 방지하는 방법과 거리가 먼 것은?

① 드럼에 와이어로프를 바르게 감을 것
② S 꼬임을 피할 것
③ 장애물로 두드리거나 비비지 않을 것
④ 도유를 충분히 할 것

해설

와이어로프는 S와 Z 꼬임보다는 랭꼬임과 보통꼬임에 영향을 받는다.

39 시징은 와이어로프 지름의 몇 배를 기준으로 하는가?

① 1배　　② 3배
③ 5배　　④ 7배

해설

시징은 와이어로프의 스트랜드나 소선의 이완을 방지하는 것으로, 로프 지름의 2~3배 폭으로 한다.

40 줄걸이용 와이어로프를 엮어 넣어 고리를 만들려고 할 때 엮어 넣는 길이(Splice)는 얼마가 적당한가?

① 와이어로프 지름의 5~10배
② 와이어로프 지름의 10~20배
③ 와이어로프 지름의 20~30배
④ 와이어로프 지름의 30~40배

정답　33 ③　34 ④　35 ④　36 ②　37 ③　38 ②　39 ②　40 ④

41 **후크를 점검할 때 지켜야 할 사항으로 틀린 것은?**

① 두부 및 만곡의 내측에 홈이 있는 것을 사용한다.
② 개구부가 원래 간격의 5% 이내여야 한다.
③ 단면 지름의 감소가 원래 지름의 5% 이내여야 한다.
④ 균열이 없는 것을 사용한다.

42 **줄걸이 체인은 링 단면의 지름이 원래 치수보다 몇 % 감소했을 때 교환해야 하는가?**

① 5%　　② 7%
③ 10%　　④ 15%

43 **줄걸이 작업 시 기본적인 주의사항과 관련이 없는 것은?**

① 매다는 각도는 원칙적으로 60° 이상으로 한다.
② 권상 · 권하 작업 시 안전한지 눈으로 확인한다.
③ 매다는 도구는 매다는 짐의 중심 위에 위치시킨다.
④ 권상 · 권하 작업 시 급격한 충격은 피한다.

해설
줄걸이 작업 시 매다는 각도는 60° 이내가 좋다.

44 **다음 그림 중 와이어로프 지름이 가늘 때 짝 감아 걸기 하는 것은 무엇인가?**

① 
② 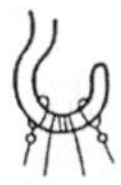
③ 
④ 

해설
- 와이어로프가 가늘 때 : ② 짝 감아 걸기
- 와이어로프가 굵을 때 :③ 어깨걸이, ④ 어깨걸이 나머지 돌림
- ①은 눈걸이이다.

45 **다음 중 연간점검에 해당하는 것은?**

① 전기 배선의 누전 및 오염상태
② 와이어 드럼의 이상 마모상태
③ 주행 · 횡행 레일 측정기 작동상태
④ 후크의 작동상태

해설
①, ②, ④는 월간점검이다.

46 **오일을 교환할 때 주의사항으로 거리가 먼 것은?**

① 기어박스는 경유로 잘 닦고 건조시킨 다음 새 기름을 주입한다.
② 개방 기어는 경유로 잘 닦고 새 기름을 바른다.
③ 구름 베어링 하우징은 그리스를 1/2 ~3/4 정도 충전한다.
④ 구름 베어링은 경유 또는 백등유로 청소한 후 압축 공기로 이물질을 제거한다.

해설
구름 베어링 하우징의 그리스 충전량은 1/3 정도가 좋다.

47 **타워크레인의 인입 전원에 대한 설명으로 적합하지 않은 것은?**

① 충분한 수전을 받고 전압 강하를 감안한 케이블을 선정한다.
② 기초공사 시 가설물과 마스트 중심선 사이의 간격을 유지한다.
③ 공사 도중 용접기, 전등 등을 연결해서 사용하지 않는다.

정답 41 ① 42 ③ 43 ① 44 ② 45 ③ 46 ③ 47 ②

④ 자체 변압기를 설치할 때는 방호망과 시건장치를 설치해야 한다.

해설

가설물과 마스트 중심선 사이의 간격을 유지하는 것은 지브를 설치할 적정 장소를 선정하는 데 연관이 있다.

48 **타워크레인 텔레스코핑 케이지의 설치방법으로 잘못된 것은?**

① 지상에서 조립해 한꺼번에 설치하는 방법과 베이직 마스트에 직접 조립하는 방법이 있다.

② 이동식 크레인으로 텔레스코핑 케이지를 들어 올려 베이직 마스트의 위에서 아래로 설치한다.

③ 슈가 흔들리는 것을 방지하는 고정장치를 제거한다,

④ 텔레스코핑 유압장치는 마스트의 텔레스코핑 사이드 반대 방향으로 설치한다.

해설

유압장치는 마스트의 텔레스코핑 사이드 방향으로 설치한다.

49 **권상 와이어로프 설치 순서에서 견제용 클립이 트롤리 위의 시브에 걸려 인장력이 생길 때까지 권상 로프를 계속 감고, 보조재인 대마로프를 제거한 다음에는 무엇을 해야 하는가?**

① 매듭을 짓지 않은 권상 로프 끝을 꼬임 방지장치의 연결부에 연결한다.

② 트롤리를 타워 방향으로 이동시켜 권상 로프에서 클립을 제거한다.

③ 후크를 올리기 위해 이렉션 로프를 계속 감는다.

④ 지브 헤드 쪽으로 트롤리를 이동하고 최대 반경 위치에서 후크를 권상한 후 트롤리와 충돌하지 않도록 리미트 스위치를 조정한다.

해설

후크를 지면에서 위로 올리기 위해서는 권상 로프를 계속 감는다.

50 **감전 예방에 대한 설명으로 잘못된 것은?**

① 작업복을 착용하고 장갑은 사용하지 않는다.

② 점검 · 수리할 때는 전원 스위치를 내린다.

③ 감전 염려가 있는 장소는 위험 표시판을 설치하고 조명을 충분히 비춘다.

④ 배선을 완전히 절연한다.

51 **텔레스코핑 작업방법으로 옳지 않는 것은?**

① 서포트 슈를 그대로 유지한 채 볼트 체결 작업을 실시한다.

② 선회 링 서포트가 끼워 넣은 마스트에 안착되도록 실린더를 하강한 후 작업을 실시한다.

③ 마스트의 볼트 체결방법을 반드시 숙지한 후 작업을 실시한다.

④ 볼트를 체결할 때는 토크값을 지참하여 유압 토크 렌치를 사용한다.

해설

서포트 슈를 제거하고, 선회 링 서포트가 끼워 넣은 마스트에 안착되도록 실린더를 하강한 후 작업을 실시한다.

52 **이동식 크레인으로 해체할 때 지켜할 할 안전수칙으로 잘못된 것은?**

① 루핑 붐을 부착할 때는 메인 붐의 각도를 80~85°로 유지한다.

② 루핑 붐이 하중 인양으로 각도가 저하되더라도 작업에는 영향이 없다.

정답 48 ④ 49 ③ 50 ① 51 ① 52 ②

③ 이동식 크레인의 후부가 외벽에 닿지 않게 위치를 선정한다.
④ 운전자 사각지대는 무선통신으로 연락체계를 확보한다.

해설
루핑 붐이 하중 인양으로 기존의 각도에서 아래로 처지는 경우가 있으므로 해체 계획을 세울 때 반드시 높이 계산을 해야 한다.

53 크레인 안전운전에서 가장 중요한 사항은?
① 주행로 상의 장애물 대처 방법
② 운전실 내의 정리정돈 상태
③ 권상 상한 거리
④ 운전자와 신호수의 신호

해설
운전자와 신호수 사이에 신호 전달이 잘못되면 안전사고가 발생한다.

54 동력전달장치 계통에서 지켜야 할 안전수칙으로 틀린 것은?
① 벨트를 빨리 걸기 위해 회전하는 풀리에 걸어서는 안 된다.
② 안전방호장치를 장착하고 작업해야 한다.
③ 천천히 회전할 때 벨트를 손으로 잡고 풀리에 걸어야 한다.
④ 기어가 회전하고 있는 곳은 커버를 잘 덮어서 위험을 방지한다.

55 다음 중 정밀한 부속품을 세척하는 데 가장 안전한 것은?
① 에어건 ② 걸레
③ 와이어 브러시 ④ 건

해설
와이어 브러시나 걸레 등으로 세척하면 정밀한 부속품에 손상이 생길 수 있다.

56 안전장치에 대한 설명으로 틀린 것은?
① 안전장치는 반드시 작업 전에 점검한다.
② 안전장치가 불량할 때는 즉시 수정한 다음 작업한다.
③ 안전장치는 작업 형편상 부득이한 경우는 일시 제거해도 좋다.
④ 안전장치는 반드시 활용하도록 한다.

57 해머를 사용할 때 지켜야 할 안전수칙으로 틀린 것은?
① 처음부터 힘을 넣어 작업한다.
② 담금질한 것은 무리하게 두들기지 않는다.
③ 해머 사용 전에 주위를 살펴본다.
④ 대형 해머를 사용할 때는 자기 힘에 맞는 것으로 고른다.

해설
해머는 처음에는 약하게 하고 점차 힘을 넣어 강하게 친다.

58 가스 용접에서 지켜야 할 안전수칙으로 잘못된 것은?
① 토치 끝으로 용접물의 위치를 바꾸면 안 된다.
② 가스를 들이 마시지 않도록 한다.
③ 산소 누설 시험에는 비눗물을 사용한다.
④ 토치에 점화할 때에는 산소 밸브를 먼저 연 다음 아세틸렌 밸브를 연다.

해설
토치에 점화할 때는 아세틸렌 밸브를 먼저 열고 산소 밸브를 연다.

정답 53 ④ 54 ③ 55 ① 56 ③ 57 ① 58 ④

59 **재해 조사 목적을 바르게 설명한 것은?**

① 재해 발생 상태와 그 동기에 대한 통계를 작성하기 위하여
② 적절한 예방 대책을 수립하기 위하여
③ 작업 능률 향상과 근로 기강 확립을 위하여
④ 재해를 발생하게 한 자의 책임을 추궁하기 위하여

60 **타워크레인의 해체 작업에 대한 설명으로 잘못된 것은?**

① 실린더를 약간 올려 실린더 및 서포트 슈를 텔레스코핑 웨브에 안착시킨다.
② 마스트를 가이드 레일 밖으로 민다.
③ 후크로 마스트를 들고 트롤리를 움직여 수평을 잡는다.
④ 실린더를 하강 위치로 동작시킨다.

해설
실린더를 상승 위치로 약 15mm 동작시킨다.

정답 59 ② 60 ①

타워크레인운전기능사 출제예상문제 ❾

자격종목 타워크레인운전기능사	종목코드	시험시간 1시간	형별	수험번호	성명

1 타워크레인의 권상 용량을 결정하는 요소는?

① 지브 길이 ② 후크 블록의 무게
③ 마스트 길이 ④ 와이어로프 직경

해설
지브 길이 즉, 선회 반경에 따라 권상 용량이 결정된다.

2 고정식 타워크레인의 기초 앵커 설치 방법으로 잘못된 것은?

① 고정 앵커용 콘크리트 블록의 강도는 일반적으로 255kg/m² 이상이다.
② 콘크리트 양생은 최소 2일 이상 실시한다.
③ 수평 레벨을 확인한 후 보조재를 넣고 다짐 작업을 한다.
④ 기초 앵커 템플리트를 사용하여 정확하게 위치를 잡는다.

해설
콘크리트 양생은 최소 10일 이상 해야 한다.

3 이동식 크레인 선정 조건과 거리가 먼 것은?

① 가장 무거운 부재의 중량
② 이동식 크레인 선회 반경
③ 최대 권상 높이
④ 기초 앵커 설치 부지 조건

4 크레인의 강구조 부분의 지진하중은 수직하중의 몇 %의 수평력을 고려하는가?(단, 고정된 경우)

① 5% ② 10%
③ 20% ④ 30%

해설
주행하는 크레인은 수평력을 고려하지 않고, 고정된 경우는 20%의 수평력을 고려한다.

5 동력의 단위 중 1마력(ps)을 표시한 것은?

① 70kg · m/s ② 75kg · m/s
③ 100kg · m/s ④ 10kg · s/m

해설
1마력은 75kg의 물건을 1m 옮기는 데 1초 동안 할 수 있는 일의 양으로 75kg · m/s이며, 전력으로는 735W이다.

6 타워크레인에서 동력을 전달할 때 축의 동심도에 오차가 있을 경우 부적합한 것은?

① 기어 커플링
② 플랜지 커플링
③ 플렉시블 커플링
④ 유니버설 커플링

해설
플랜지 커플링은 볼트나 키로 직접 연결하므로 축의 동심도에 오차가 있을 때는 적합하지 못하다.

7 헬리컬 기어를 사용하고, 피니언 중심선상에서 아래쪽에 설치되어 있는 기어는 무엇인가?

① 베벨 기어
② 스플라인 기어
③ 하이포이드 기어
④ 스파이럴 베벨 기어

정답 1 ① 2 ② 3 ④ 4 ③ 5 ② 6 ② 7 ③

해설

하이포이드 기어는 헬리컬 기어를 사용하고, 피니언 기어가 링 기어의 중심선보다 10~20% 아래쪽에 설치되어 있다.

8 베어링의 수명과 가장 관계가 깊은 것은?

① 과부하상태 ② 발열상태
③ 진동 ④ 그리스 주유상태

해설

베어링 주유상태에 따라 마모와 발열 여부가 달라지므로 수명에 영향을 미친다.

9 구름 베어링에 대한 설명으로 잘못된 것은?

① 미끄럼 베어링보다 충격에 강하다.
② 미끄럼 베어링보다 윤활과 보수가 용이하다.
③ 미끄럼 베어링보다 마찰 손실이 적다.
④ 미끄럼 베어링보다 소음이나 진동이 생기기 쉽다.

해설

구름 베어링은 미끄럼 베어링보다 충격에 약하다.

10 미터 보통나사의 나사산의 각도는 몇 °인가?

① 30° ② 50°
③ 55° ④ 60°

해설

- 미터 보통나사의 나사산 각도 : 60°
- 휘트워드 나사(인치계 나사)의 나사산 각도 : 55°

11 F 10 T 등급 M22의 조립용 고장력 볼트의 최소 인장하중(kg)은?

① 12,300kg ② 18,600kg
③ 23,500kg ④ 30,300kg

12 다음 중 일반적으로 사용되는 권상 제동용 브레이크는 무엇인가?

① 에디커렌트 브레이크
② 다이나믹 브레이크
③ 마그네틱 브레이크
④ 스피드 컨트롤 브레이크

해설

- 속도 제어용 : 에디커렌트(E.C) 브레이크, 다이나믹 브레이크
- 권상 제동용 : 마그네틱 브레이크

13 브레이크의 스프링이 느슨하면 어떤 현상이 일어나는가?

① 주행의 경우 정지시켜도 밀림 현상이 생긴다.
② 권상의 경우 상하 동작 시 급작스럽게 정지한다.
③ 권상의 경우 기동 불능 현상이 생긴다.
④ 주행의 경우 기동 불능 현상이 생긴다.

해설

브레이크 스프링의 장력이 약해져서 라이닝이 드럼을 밀착시키는 힘이 적어 정지시켜도 미끄러진다(밀림 현상).

14 러핑 타워크레인의 선회감속기 브레이크를 정비하는 방법으로 틀린 것은?

① 에어 갭이 최댓값이면 조정할 것
② 브레이크 디스크가 최댓값이면 교환할 것
③ 브레이크 효과가 감소하면 점검할 것
④ 매일 작동상태를 확인할 것

해설

브레이크 디스크가 최솟값일 때 교환한다.

15 운전을 종료한 후 조치할 사항으로 잘못된 것은?

① 운전 종료 지점에 크레인을 정지시키고 각 스위치를 off한다.

정답 8 ④ 9 ① 10 ④ 11 ④ 12 ③ 13 ① 14 ② 15 ①

② 운전 중 조금이라도 이상을 느꼈던 부분을 점검한다.
③ 각 제어기를 off한 다음 전원 스위치를 off한다.
④ 각 부의 기기를 청소한다.

해설
크레인 운전을 종료한 후에는 후크를 최대한 권상하여 운전실 쪽으로 당긴다.

16 전기기계 · 기구의 설치 요건으로 잘못된 것은?

① 전기적 · 기계적 방호 수단의 적정성
② 습기 등 사용 장소의 환경
③ 높은 습도에 대한 감도
④ 충분한 전기적 용량 및 기계적 강도

17 2차 측 저항의 조정 저항값을 증감함으로써 회전 속도를 가감하는 전동기는?

① 분권전동기
② 권선형 유도전동기
③ 직권전동기
④ 복권전동기

해설
- 직권 · 분권 · 복권전동기 : 직류전동기로 전기자에 가해지는 전압이 변화하면서 속도를 제어한다.
- 권선형 유도전동기 : 2차 측 저항을 이용하여 속도를 조절한다.

18 제어 컨트롤러에서 인터록(Inter Lock) 시스템을 설치하는 근본적인 원인은 무엇인가?

① 전자 접속의 안전을 확보하기 위해
② 전원을 원활히 공급하기 위해
③ 스파크 발생을 방지하기 위해
④ 전자 접촉기의 원활한 동작을 위해

19 다음 중 권과 방지용 리미트 스위치에 속하지 않는 것은?

① 중추식 ② 앵커형
③ 나사형 ④ 캠형

해설
리미트 스위치는 상용 및 비상용(중추식), 기어식, 캠식, 레버식으로 분류된다.

20 트롤리 로프 긴장장치에 대한 설명으로 옳은 것은?

① 와이어로프 파손 시 트롤리를 멈추게 한다.
② 와이어로프가 후크로부터 이탈되는 것을 막는다.
③ 트롤리 로프 사용 시 처짐을 방지하고 장력을 부여한다.
④ 권상 · 권하 시 호이스트 와이어로프 꼬임을 방지한다.

해설
- 트롤리 로프 긴장장치 : 로프 처짐 방지
- 트롤리 로프 안전장치 : 로프 파손 시 트롤리 정지

21 유압의 일반적인 성질이 아닌 것은?

① 액체는 힘을 증대시킬 수 없다.
② 액체는 운동을 전달할 수 있다.
③ 액체는 압축되지 않는다.
④ 액체는 힘을 전달할 수 있다.

해설
액체는 압축되지 않고 힘과 운동을 전달하며 힘을 증대시킬 수 있다.

22 유압 오일이 과열되었을 때 점검해야 할 곳은?

① 호스 ② 컨트롤 밸브
③ 피터 ④ 오일 쿨러

정답 16 ③ 17 ② 18 ① 19 ② 20 ③ 21 ① 22 ④

해설

오일 쿨러

- 작동유 온도를 40~60℃ 정도로 유지한다.
- 작동유의 온도 상승에 의한 슬러지(찌꺼기) 형성, 열화, 유막의 파괴를 방지한다.

23 다음 중 유압 액추에이터가 하는 일은?

① 유압을 일로 바꾸는 장치이다.
② 유압의 오염을 방지하는 장치이다.
③ 유압의 방향을 바꾸는 장치이다.
④ 유압의 빠르기를 조정하는 장치이다.

해설

액추에이터란 작동기란 뜻으로, 실린더나 모터와 같이 유압을 일로 바꾸는 장치이다.

24 유압 실린더의 구성품에 속하지 않는 것은?

① 피스톤 로드 ② 피스톤
③ 실린더 ④ 암

해설

유압 실린더는 실린더와 튜브, 피스톤, 피스톤 로드, 패킹 등으로 구성되어 있다.

25 앵커를 지반에 콘크리트로 타설하여 고정하는 타워크레인으로, 철골 구조물 건축과 RC, APT 공사 등에 적합한 형식의 크레인은?

① 유압식 ② 상승식
③ 주행식 ④ 고정식

26 축과 보스에 작은 삼각형의 돌기 홈을 이용하여 고정하는 것은 무엇인가?

① 플렌지 커플링
② 유니버설 커플링
③ 세레이션
④ 스플라인

해설

축과 보스에 작은 삼각형의 돌기 홈을 이용하여 고정하는 것은 세레이션이다.

27 헬리컬 기어와 스퍼 기어에 대한 설명으로 잘못된 것은?

① 두 기어 모두 같은 치폭에서 전달할 수 있는 힘의 크기가 동일하다.
② 헬리컬 기어는 스퍼 기어보다 제작이 어렵다.
③ 두 기어 모두 축이 평행으로 되어 있다.
④ 헬리컬 기어는 스퍼 기어보다 소음이 적다.

해설

헬리컬 기어와 스퍼 기어는 축이 평행이고, 치폭이 같아도 전달할 수 있는 힘의 크기는 다르다.

28 옥외에 설치된 크레인은 순간풍속이 몇 m/s 이상이 되면 이탈 방지장치를 작동해야 하는가?

① 10m/s ② 15m/s
③ 20m/s ④ 30m/s

29 크레인으로 경사진 작업과 운반장치를 움직이는 작업을 할 때에 대한 설명으로 틀린 것은?

① 크레인으로 물건을 지면에 따라 끌고 다니는 작업을 하면 안 된다.
② 물건 인양장비나 운반장비를 이동하는 것은 금한다.
③ 권상하중 차단장치가 있으니 단단히 달라붙어 있는 물건을 떼어내는 데 사용해도 된다.
④ 물건을 경사지게 밀면서 작업하는 것은 금지한다.

해설

부하 당김 작업(단단히 붙어있는 물건을 떼어내는 작업)은 금지사항이다.

정답 23 ① 24 ④ 25 ④ 26 ③ 27 ① 28 ④ 29 ③

30 **크레인 작업 시작 전에 점검해야 할 사항과 거리가 먼 것은?**

① 권과방지장치, 브레이크, 클러치 및 운전장치의 기능
② 와이어로프가 통하는 곳의 상태
③ 주행로의 상측과 트롤리가 횡행하는 레일의 상태
④ 건설물과 건설물 사이의 통로

해설
건설물과 건설물 사이의 통로는 공사를 시작하기 전에 계획해서 확정한 다음 크레인을 투입한다.

31 **타워크레인을 운전하기 전 점검사항과 거리가 먼 것은?**

① 크레인 부하시험 시 과부하 방지장치 동작상태
② 각종 레버와 스위치의 이상 유무
③ 크레인의 주행로상 혹은 크레인이 이동하는 영역 내의 장애물 유무
④ 크레인 정지기구 및 레일 클램프와 같은 고정장치 해제 유무

해설
크레인 부하시험은 완성검사와 정기검사 항목이다.

32 **크레인으로 짐을 운반해서 지정한 장소에 내리는 작업을 할 때 운전방법으로 잘못된 것은?**

① 지면에 가까워지면 권하 속도를 서서히 줄인다.
② 정해진 위치라도 꼭 신호수의 신호에 따라 내려야 한다.
③ 받침대가 놓여 있는 정해진 위치에 그대로 권하하여 와이어를 푼다.
④ 지면에 닿기 전 약 30cm 정도에서 일단 정지한다.

해설
화물을 지정한 장소에 내릴 때는 지면에 닿기 전 30cm 정도에서 일단정지를 한 후 신호수의 신호에 따라 서서히 권하 속도를 줄인다.

33 **운전자가 경보기를 울리거나 한쪽 손 주먹을 다른 손 손바닥으로 2~3회 두드릴 경우는 무슨 뜻인가?**

① 잠시 대기　② 물건 걸기
③ 신호 불명　④ 이상 발생

34 **양중 작업용 보조용구의 구성과 역할에 대한 설명으로 틀린 것은?**

① 보조대나 받침대는 줄걸이 용구 및 물품을 보호한다.
② 물품 모서리에 가죽류와 동판 등을 대준다.
③ 로프는 고무나 비닐 등을 씌워서 사용한다.
④ 보조대는 덩치가 큰 물건에만 사용한다.

해설
보조대나 받침대는 모서리에 대거나 로프를 감싸는 데 사용한다.

35 **와이어로프의 실제 사용 안전율을 계산하는 공식은?**

① $\frac{\text{절단하중}}{\text{정격하중}}$　② $\frac{\text{절단하중}}{\text{후크하중}}$
③ $\frac{\text{절단하중}}{\text{사용하중}}$　④ $\frac{\text{절단하중}}{\text{최소하중}}$

해설
$\text{안전율(안전계수)} = \frac{\text{절단하중}}{\text{정격하중}}$

와이어로프의 실제 사용 안전율을 구하기 위해서는 정격하중 대신 사용하중을 대입한다.

정답　30 ④　31 ①　32 ③　33 ④　34 ④　35 ③

36 와이어로프 직경의 허용 오차는?

① ±7% ② 0% ~ +7%
③ ±3% ④ -3% ~ +7%

해설
와이어로프의 마모율은 원래 지름의 7%까지이며, 제조 시 허용 오차는 0~+7%까지이다.

37 강심 로프를 선정해야 할 경우가 아닌 것은?

① 고온에서 사용할 경우
② 부식을 적게 해야 할 경우
③ 큰 절단하중을 필요로 하는 경우
④ 연신율을 적게 할 필요가 있는 경우

해설
강심 로프는 절단하중이 크고 고온에서도 견딜 수 있으며 적게 늘어나는 특징이 있다.

38 와이어로프를 교환한 타워크레인으로 작업을 개시하기 전 권상시험을 할 때 가장 올바른 방법은?

① 적당량의 부하하중을 운전자가 선정하여 권상 · 권하 작업을 해본다.
② 시험하중을 매달아서 권상 · 권하 작업을 해본다.
③ 정격하중을 매달아 여러 번 권상 · 권하 작업을 해본다.
④ 정격하중의 1/2을 매달아 여러 번 권상 · 권하 작업을 해본다.

39 와이어로프의 끝을 절단하여 드럼에 장착시키고자 할 때 시징의 폭은?

① 와이어로프 직경의 20배
② 드럼 직경의 1.5배
③ 와이어로프 직경의 3배
④ 와이어로프 직경과 동일하게

해설
시징은 뜨임 열처리한 저탄소강 열처리선으로 로프 직경의 2~3배 폭으로 한다.

40 후크가 최하단(바닥)에 도달되었을 때 와이어 드럼의 여유 감김은 얼마가 있어야 하는가?

① 2회전 이상 ② 4회전 이상
③ 7회전 이상 ④ 8회전 이상

해설
와이어로프는 후크가 바닥에 도달한 상태에서 드럼에 2~3회 감길 여유가 있어야 한다.

41 후크의 마모란 와이어로프가 걸리는 곳에 홈이 생기는 것인데, 평활하게 다듬질해야 하는 마모의 깊이는 얼마인가?

① 0.5mm ② 2mm
③ 3mm ④ 5mm

해설
후크에 생긴 홈은 2mm까지는 다듬질하여 사용하며, 원래 치수의 20% 이상 마모되면 교환한다.

42 신품 체인을 구입하여 사용한 후 임의의 5개 링의 길이를 측정할 때 신장율이 몇 % 이상이면 교환해야 하는가?

① 3% ② 5%
③ 7% ④ 10%

해설
지름에 따른 마모량이 10% 이상, 늘어나는 연신율(신장)이 5% 이상이면 사용 불가능하다.

43 중량물을 인양하기 위해 줄걸이 작업을 할 때 주의사항에 속하지 않는 것은?

① 줄걸이 와이어로프가 미끄러지지 않도록 한다.
② 날카로운 모서리가 있는 중량물은 보호대를 사용한다.

정답 36 ② 37 ② 38 ④ 39 ③ 40 ① 41 ② 42 ② 43 ④

③ 중량물의 중심 위치를 고려한다.
④ 줄걸이 각도를 최대한 크게 한다.

해설
줄걸이 각도가 클수록 와이어로프 한 줄에 걸리는 하중이 커지므로 60° 이내가 효과적이다.

44 굵은 와이어로프일 때 어깨걸이는 어떤 것인가?(단, 로프 지름은 16mm 이상)

① 
② 
③ 
④ 

해설
- ① 반걸이, ② 짝 감아 걸기, ③ 어깨걸이, ④ 눈걸이
- 와이어로프 지름이 16mm 이상일 때는 어깨걸이가 활용된다.

45 크레인 운전 중에 경보를 해야 하는 상황으로 옳지 않은 것은?

① 하물을 매달고 이동하는 방향에 사람이 있는 경우
② 크레인 운전 중에는 항상
③ 크레인 운전을 시작할 때
④ 미끄러지기 쉬운 물건, 기타 위험물을 운반할 때

46 다음 중 윤활제를 점검했을 때 이상이 없는 것은?

① 윤활유가 몹시 부족할 때
② 그리스는 광유와 비누가 분리되지 않을 때
③ 금속 분말이 혼입하여 심하게 변색되어 있을 때
④ 고무상태로 되어 있을 때

해설
윤활제에 이상이 생기면 변색이 되며, 고무상태가 되거나 그리스의 광유와 비누가 분리된다.

47 타워크레인 운전실 설치에 대한 설명으로 잘못된 것은?

① 텔레스코핑 케이지를 운전실 밑 부분과 핀으로 조립한다.
② 윤활유 공급 여부를 확인한다.
③ 이동식 크레인으로 운전실을 들어 올려 고장력 볼트로 조립한다.
④ 텔레스코핑 케이지의 램과 서포트 슈는 움직이지 않아야 한다.

해설
램과 서포트 슈가 자유롭게 움직이는지 확인하여야 한다.

48 타워크레인 운전실 설치에 대한 설명으로 잘못된 것은?

① 윤활유 공급 부분 등을 점검한 후 작동한다.
② 텔레스코핑 케이지의 램과 서포트 슈의 움직임을 점검한다.
③ 유지 · 보수용 플랫폼과 수직사다리를 부착한다.
④ 베이직 마스트에 올려놓은 후 고장력 볼트로 조립한다.

해설
유지 · 보수용 플랫폼과 수직사다리를 부착하는 것은 타워 헤드 설치사항이다.

49 권상 와이어로프의 부분 설치에 대한 설명으로 잘못된 것은?

① 이렉션 로프와 권상 로프를 연결한다.
② 권상 로프를 감으면 이렉션 로프가 당겨진다.
③ 트롤리는 지브의 가장 안쪽에 위치한다.
④ 권상 드럼에서 나온 이렉션 로프를 연결한다.

정답 44 ③ 45 ② 46 ② 47 ④ 48 ③ 49 ②

해설
이렉션 로프를 천천히 감으면 권상 로프가 권상 기어 쪽으로 당겨진다.

50 텔레스코핑 작업 준비사항으로 옳지 않는 것은?

① 유압장치보다 전기장치에 집중점검이 요구된다.
② 전원 공급 케이블이 텔레스코핑 장치에 연결되있는지 확인한다.
③ 추가할 마스트는 메인 지브 방향으로 운반한다.
④ 유압장치와 카운터 지브의 위치를 동일 방향으로 맞춘다.

해설
텔레스코핑 작업을 준비할 때는 추가할 마스트에 대한 상승요건이 필수적이므로 전기장치보다는 유압장치에 대한 집중적인 점검이 요구된다.

51 데릭(Derrick)을 이용하여 타워크레인을 해체할 때 지켜야 할 안전수칙으로 틀린 것은?

① 지지 와이어는 동일 간격으로 장력이 작용해야 한다.
② 마스트에는 제한하중, 붐 경사각, 정격하중을 표시해야 한다.
③ 데릭 지지 와이어는 8곳 이상이어야 한다.
④ 가이 로프는 배전선 가까이 두고 수시로 클립을 조여야 한다.

해설
가이 로프는 배전선 가까이 두지 말고 수시로 클립을 조여준다.

52 타워크레인으로 건물 구조물을 해체하고자 할 때 잘못된 것은?

① 해체 작업자는 안전모 등을 착용한다.
② 해체 계획에 따라 작업을 실시한다.
③ 작업구역 내에서 타 작업과 병행 가능하다.
④ 해체계획서를 작성한다.

해설
해체 작업구역에는 관계인 이외에 다른 사람을 출입시켜서는 안 된다.

53 일반적인 안전수칙 사항으로 잘못된 것은?

① 화물이 없어도 로프를 후크에 걸고 크레인을 운전해서는 안 된다.
② 크레인 작동 중에 승강할 때 같은 운전자끼리는 허락을 받지 않아도 된다.
③ 달아 올린 짐 밑에 들어가지 말아야 한다.
④ 매단 짐 위에 사람을 태우지 말아야 한다.

해설
크레인 작동 중에는 같은 운전자끼리라도 서로 승인하고 약속한 다음에 승강해야 한다.

54 공장 내 안전수칙으로 옳은 것은?

① 잭이 차를 받치고 있을 때는 정비 기술자만이 차내에 들어갈 수 있다.
② 공구나 부속품을 닦는 데는 휘발유를 사용한다.
③ 정비 작업 시 차를 받칠 때는 잭이나 호이스트만 사용한다.
④ 기름걸레나 인화물질은 철재 상자에 보관한다.

55 건설기계를 점검하거나 작업할 때 지켜야 할 안전수칙으로 옳지 않는 것은?

① 유압계통은 작동유가 식은 다음에 점검한다.

정답 50 ① 51 ④ 52 ③ 53 ② 54 ④ 55 ③

② 엔진 냉각계통은 엔진을 정지시키고 냉각수가 식은 다음에 점검한다.
③ 엔진 등 중량물을 탈착할 때는 반드시 밑에서 잡아준다.
④ 엔진을 가동할 때는 소화기를 비치한다.

해설
중량물을 탈착할 때 밑에서 잡아주면 안전사고가 발생할 수 있으므로 옆에서 잡아준다.

56 안전보호구를 선택할 때 유의사항으로 잘못된 것은?

① 보호구 검정에 합격하고 보호 성능이 보장될 것
② 작업 행동에 방해되지 않을 것
③ 사용 목적에 구애받지 않을 것
④ 착용이 용이하고 크기 등이 사용자에게 편리할 것

해설
안전보호구는 사용 목적에 따라 올바른 선택을 하여야 한다.

57 해머 작업에 대한 설명으로 틀린 것은?

① 녹슨 재료를 다룰 때는 보안경을 착용한다.
② 작업자가 서로 마주보고 두드린다.
③ 작게 시작하여 차차 큰 행정으로 작업하는 것이 좋다.
④ 타격 범위에 장애물이 없도록 한다.

58 아세틸렌 용접기에서 가스가 누설되는지 검사하는 방법으로 옳은 것은?

① 비눗물검사　② 물검사
③ 기름검사　④ 촛불검사

59 산업안전보건상 근로자의 의무사항으로 잘못된 것은?

① 안전규칙 준수
② 위험상황 발생 시 작업 중지 및 대피
③ 위험한 장소 출입
④ 보호구 착용

해설
위험한 장소의 출입은 인가된 자만 허락하되, 부득이 일반 작업자가 출입할 경우 안전규정을 지켜야 한다.

60 타워크레인으로 건물 구조물을 해체하고자 할 때, 해체 작업 계획서에 들어가는 내용이 아닌 것은?

① 사업장내 연락방법
② 해체 후 조립방법 및 순서
③ 가설설비, 방호설비 방법
④ 해체방법, 순서도면

정답 56 ③ 57 ② 58 ① 59 ③ 60 ②

타워크레인운전기능사 출제예상문제 ⑩

					수험번호	성명
자격종목 **타워크레인운전기능사**	종목코드	시험시간 1시간	형별			

1 T형 타워크레인과 L형 타워크레인에 대한 설명으로 틀린 것은?

① L형은 T형의 단점을 보완한 장비이며, 운전 반경 내에서의 민원까지 해결할 수 있다.
② L형은 근접 거리에 2대 이상의 크레인이 설치되면 상호 간섭을 받아 독자적인 작업 수행이 어렵다.
③ T형은 L형과는 달리 국내 건설현장에 가장 많이 보급되어 있다.
④ T형은 아파트 현장이나 주위 간섭물이 없는 공사 현장에 사용된다.

해설
L형은 근접 거리에 2대 이상의 크레인이 설치되어도 상호 간섭을 받지 않고 독자적인 작업을 수행할 수 있다.

2 타워크레인에 대한 설명으로 옳은 것은?

① 유압장치의 힘으로 짐을 들어 올리는 장비이다.
② 정격하중 이하의 짐을 달아 올려 선회, 기복 또는 굽히는 방향으로 운동하는 장비이다.
③ 정격하중 이하의 짐을 달아 올려 주행, 횡행 또는 선회하는 방향으로 운동하는 장비이다.
④ 엔진장치의 힘으로 짐을 들어 올리는 장비이다.

해설
타워크레인은 정격하중 이하의 짐을 매달고 주행, 횡행 또는 선회하는 방향으로 운동하는 장비이다.

3 타워크레인의 운동 특성으로 틀린 것은?

① 선회 + 기복　② 선회 + 굽힘
③ 선회 + 횡행　④ 선회 + 주행

해설
타워크레인은 주행 · 횡행 · 선회 · 기복운동의 조합으로 작동되는 장비이다.

4 마스트 조립에 쓰이는 고장력 볼트의 사용 요건이 아닌 것은?

① 로크 너트는 반드시 사용할 것
② 와셔를 삽입할 것
③ 볼트에 너트를 조립한 후 둘 이상의 여유 나사산을 가질 것
④ 고장력 또는 동등 이상의 재질을 사용할 것

해설
고장력 볼트로 조립할 때는 로크 너트를 반드시 사용하지 않아도 기계적 강도가 유지된다.

5 고장력 볼트를 재사용할 수 없는 경우는?

① 도금 볼트로 사용한 경우
② 볼트에 이물질이 있는 경우
③ 나사산이 손상된 경우
④ 규정된 토크값으로 사용한 경우

해설
고장력 볼트의 나사산이 손상된 경우 재사용하지 못한다.

정답 1 ② 2 ③ 3 ② 4 ① 5 ③

6 **고장력 볼트에 대한 설명으로 틀린 것은?**

① 임의의 토크값으로 조여 체결한다.
② 고장력 볼트, 2개의 와셔, 고장력 너트로 연결한다.
③ 볼트의 나사산 및 너트 접촉면에는 반드시 그리스를 도포한다.
④ 볼트의 머리 부분에는 강도를 나타내는 기호가 표시된다.

해설
그리스가 도포된 고장력 볼트는 유압 토크 렌치 등으로 정해진 토크값에 따라 조여야 풀림을 예방할 수 있다.

7 **고장력 볼트에 대한 설명으로 틀린 것은?**

① 볼트 헤드 및 너트를 향해 내경면 취부가 외부를 향하도록 와셔를 설치한다.
② 고장력 볼트 체결 후에는 주로 보호마개를 볼트에 장착한다.
③ 볼트 접촉면 및 구멍에는 먼지, 페인트 등의 이물질이 없어야 한다.
④ 볼트 헤드의 접촉면에는 반드시 그리스를 도포한다.

해설
고장력 볼트 체결 후에는 주로 보호마개를 너트에 장착하여 외부 온도로부터 보호한다.

8 **후크에 대한 설명으로 잘못된 것은?**

① 균열된 후크는 용접 후 재사용이 가능하다.
② 목 부분이 20% 이상 벌어지면 사용을 금지한다.
③ 목 부분이 10° 이상 비틀리면 사용을 금지한다.
④ 홈의 변형 깊이가 2mm 정도 진행되면 평활하게 다듬질한 후 사용이 가능하다.

해설
후크를 사용하다가 균열이 발생하면 용접 시공을 실시한다 해도 재사용을 하지 않는다.

9 **타워크레인의 전기장치를 보관할 때 점검 사항에 대한 설명으로 잘못된 것은?**

① 전동기의 변색 여부
② 전기 커넥터의 꼬임 여부
③ 전장 패널 고장 및 손상 유무
④ 리미트 스위치의 기능

10 **스위치 접점에 대한 설명으로 잘못된 것은?**

① 스위치 접점에는 그리스를 칠하면 안 된다.
② 접점이 검게 변색하면 손상된 것이다.
③ 자주 점검을 하는 것이 좋다.
④ 접점의 은판이 손상되면 새것으로 교환한다.

11 **전동기 절연저항 측정에 사용되는 것은?**

① 옴 메타 ② 스모그 테스터
③ 라인 스피드 미트 ④ 메가

12 **전기 스파크가 일어났을 때 가장 먼저 해야 할 조치는?**

① 주전원 스위치를 차단한다.
② 퓨즈를 끊는다.
③ 레버를 정 위치로 한다.
④ 전동기 스위치를 끈다.

13 **크레인에서 전기적 스파크가 발생하기 힘든 곳은 어디인가?**

① 스위치 접점 ② 전동기 베이스
③ 전자 접촉점 ④ 전자 접촉기

정답 6 ① 7 ② 8 ① 9 ① 10 ② 11 ④ 12 ① 13 ②

14 타워크레인의 과부하 방지장치는 정격하중을 몇 배 초과했을 때 권상 동작을 정지하는가?

① 1.01배 이상
② 1.03배 이상
③ 1.05배 이상
④ 1.10배 이상

해설
과부하 방지장치는 정격하중의 1.05배 이상 권상할 때 동작을 정지하는 안전장치이다.

15 타워크레인의 안전장치에 속하지 않는 것은?

① 충돌방지장치
② 타이 바(연결 바)
③ 권상 · 권하 방지장치
④ 속도제한장치

해설
타이 바는 메인 지브와 카운터 지브를 지지하면서 타워 헤드에 연결해주는 바이다.

16 권상 작업 시 트롤리 및 지브의 충돌을 방지하는 안전장치는?

① 비상정지장치 ② 충돌방지장치
③ 권하방지장치 ④ 권상방지장치

17 러핑 타워크레인의 선회 감속기 오일 교환에 대한 설명으로 틀린 것은?

① 드레인 플러그는 열어둬야 한다.
② 새로운 오일을 주입해야 한다.
③ 크레인 사용을 종료하면 오일이 굳기 전에 즉시 교환한다.
④ 기어박스를 세척한다.

해설
드레인 플러그는 잠가둔다.

18 동절기 권상 감속기의 오일은 어떻게 선택해야 하는가?

① 점도에 상관없이 선택
② 점도가 낮은 것을 선택
③ 점도가 동일한 것을 선택
④ 점도가 높은 것을 선택

19 윤활유의 성질 중 가장 중요한 것은?

① 건도 ② 습도
③ 온도 ④ 점도

20 윤활유나 그리스 등이 묻어서는 안 되는 곳은?

① 와이어 드럼 ② 브레이크 드럼
③ 볼트 ④ 시브 홈

해설
브레이크 드럼 및 라이닝에 윤활유나 그리스가 묻으면 미끄러워져 제동 역할을 하지 못한다.

21 크레인의 윤활 및 급유방법에 대한 설명으로 잘못된 것은?

① 동절기에는 가급적 점도가 높은 오일을 사용한다.
② 그리스 컵은 사용 빈도에 따라 수시로 확인한 후 급유한다.
③ 지시된 양을 주입하되 사용 빈도에 따라 증감한다.
④ 규정된 시간에 맞춰 주입한다.

해설
동절기 윤활유는 가급적 점도가 낮은 것을 선택한다.

22 다음 중 저속 회전에 알맞은 윤활유는 무엇인가?

① 중온도의 윤활유 ② 고온도의 윤활유
③ 고점도의 윤활유 ④ 저점도의 윤활유

정답 14 ③ 15 ② 16 ④ 17 ① 18 ② 19 ④ 20 ② 21 ① 22 ③

23 **다음 중 고속 회전에 알맞은 윤활유는 무엇인가?**

① 중온도의 윤활유 ② 고온도의 윤활유
③ 고점도의 윤활유 ④ 저점도의 윤활유

해설
저속 회전에는 고점도의 윤활유가, 고속 회전에는 저점도의 윤활유가 필요하다.

24 **러핑 타워크레인의 유압상승장치에 대한 설명으로 틀린 것은?**

① 유압 전원함 작동 시 벤트 밸브(Vent Valve)를 잠근다.
② 전동기의 회전 방향을 점검한다.
③ 저장기 바닥에 오일 침전물이 있으면 저장기를 세척한다.
④ 유압 작동유의 색상이 밝으면 장기간 사용하지 않은 경우라도 다시 사용할 수 있다.

해설
유압 전원함 작동 시 벤트 밸브를 열어야 한다.

25 **유압장치를 보관할 때 점검해야 할 요소가 아닌 것은?**

① 유압 필터의 오손 여부
② 유압 게이지의 청결상태
③ 유압 펌프의 오일 누유 여부
④ 실린더의 파손 여부

26 **유압장치에 대한 설명으로 잘못된 것은?**

① 유압 펌프는 반영구적이므로 무부하 압력에서의 점검은 불필요하다.
② 유압 펌프는 기어 등이 마모된다.
③ 장치 내 · 외부의 온도 차이에 영향을 받는다.
④ 사용 오일은 1년에 1회 교환한다.

27 **텔레스코핑 작업 전에 점검해야 할 사항으로 틀린 것은?**

① 유압장치의 압력
② 유압장치의 품질 및 미관
③ 유압 펌프의 오일량
④ 유압전동기의 회전 방향

28 **줄걸이 화물의 중량을 구하는 공식으로 옳은 것은?**

① 비중 × 체적 ② 비중 × 넓이
③ 무게 × 비중 ④ 체적 × 넓이

29 **중량물이 2,000kg인 물체를 파단하중 2,200kg을 가진 와이어로프로 들어 올리려고 할 때 와이어로프의 안전계수는?**

① 3.0 ② 5.5
③ 11.0 ④ 15.0

해설

$$\text{안전계수} = \frac{\text{파단하중}}{\text{안전하중}} = 11$$

30 **와이어로프를 육안으로 보았을 때 피로의 위험 상태가 감지되었음에도 이를 무시하고 작업하면 어떻게 되는가?**

① 계속 늘어났다 줄어들었다를 반복한다.
② 작업 시 충격이 온다.
③ 스트랜드 골에서 그리스가 나온다.
④ 계속 늘어난다.

31 **부득이하게 작업자가 탑승하는 전용 탑승대를 제작 · 설치하여 작업자를 운반할 때, 탑승대에 매다는 후크의 안전계수는 얼마 이상이어야 하는가?**

① 4 이상 ② 5 이상
③ 8 이상 ④ 10 이상

정답 23 ④ 24 ① 25 ② 26 ① 27 ② 28 ① 29 ③ 30 ② 31 ④

32 와이어로프를 신품으로 교체하였을 때 준수해야 할 사항으로 옳은 것은?

① 정격하중의 1/2 중량을 걸고 저속으로 수회 운전한 후 사용
② 시험하중의 중량을 걸고 고속으로 수회 운전한 후 사용
③ 정격하중의 중량을 걸고 저속으로 수회 운전한 후 사용
④ 시험하중의 중량을 걸고 저속으로 수회 운전한 후 사용

33 주행 타워의 상시점검사항이 아닌 것은?

① 레일 지반의 평탄성
② 레일 클램프의 이상 유무
③ 주행 레일의 규격
④ 주행로 상의 장애물

34 신호자가 배치된 상태에서 운전 작업을 하던 중 신호자의 신호를 무시하고 운전할 수 있는 경우로 옳은 것은?

① 작업사항이 잘못되었을 때
② 급정지 및 비상 여건일 때
③ 신호자의 신호가 오류일 때
④ 소장이 특별히 허용한 경우일 때

35 타워크레인 운전을 개시하기 전에 준비해야 할 사항과 거리가 먼 것은?

① 컨트롤 패널의 모든 주전원 스위치를 0으로 맞춘다.
② 타워 연결부의 나사와 볼트는 시동 후 확인한다.
③ 기어 등 기계장치 윤활 주입 개소의 윤활상태를 점검한다.
④ 클라이밍 장치가 있을 때는 유압 브리드 밸브를 연다.

해설

타워크레인 운전 개시 전 주요 준비사항

- 기계장치 윤활 개소(슬루잉 기어, 와이어로프 등)의 윤활상태 확인
- 전기 · 유압장치 점검
- 모든 나사와 볼트가 확실히 조여졌는지 점검

36 타워크레인의 일반적인 안전수칙으로 옳지 않는 것은?

① 과부하 방지장치는 화물의 중량 측정 수단으로 사용해서는 안 된다.
② 화물을 지면에서 경사지게 끌어 올리거나 지면에 달라붙은 화물을 움직일 때는 운전을 금지한다.
③ 8톤의 크레인에 부하용량을 넘는 화물을 달아 올릴 때는 과부하 방지장치를 조정한 후 운전한다.
④ 불가피하게 후크에 의존하여 작업자를 탑승시켜 운전하는 경우에는 강도를 보증하는 탑승대를 제작하여 탑승하게 한다.

해설

타워크레인의 일반적인 안전수칙

- 들어 올리는 화물이 정격하중을 초과하지 않도록 한다.
- 만약 정격하중을 초과할 때는 과부하 방지장치가 작동할 수 있도록 운전 개시 전에 점검 및 시운전을 거친다.
- 과부하 방지장치는 정격하중의 1.05배 초과 권상 시에 작동하여야 한다.
- 불가피하게 사람을 탑승대에 실어 옮길 수는 있으나 정격하중을 초과해서는 안 된다.

37 작업 지점이 멀고 간섭이 있을 때 운전자와 신호자 간의 가장 적절하고 효과적인 신호수단은 무엇인가?

① 1인 수신호 ② 다수자의 수신호
③ 육성 ④ 무선통신

정답 32 ① 33 ③ 34 ② 35 ② 36 ③ 37 ②

38 운전자와 신호자간의 육성 신호방법에 대한 설명으로 틀린 것은?

① 명확하게 한다.
② 장황하게 한다.
③ 단순하게 한다.
④ 간결하게 한다.

39 이동식 크레인의 위치를 선정하는 데 고려할 요소가 아닌 것은?

① 카운터 지브의 무게중심
② 마스트의 무게중심
③ 메인 지브의 무게중심
④ 권과 방지용 리미트 스위치

해설
이동식 크레인의 위치를 선정할 때는 메인 지브와 카운터 지브의 무게중심, 권과 방지용 리미트 스위치(최소 1m 이상)를 고려해야 한다.

40 이동식 크레인의 선정 조건과 거리가 먼 것은?

① 가장 무거운 부재의 중량
② 이동식 크레인의 선회 반경
③ 최대 권상 높이
④ 이동식 크레인의 권상 속도

41 타워크레인을 설치 · 해체할 때 가장 먼저 해야 할 것은?

① 이동식 크레인 운전회사에 연락한다.
② 설치 · 해체 작업자의 보호구를 점검한다.
③ 설치 · 해체 작업계획서를 작성한다.
④ 관계 회사 간에 안전작업에 대한 회의를 실시한다.

42 이동식 크레인의 최대 권상 높이를 결정하는 요인과 거리가 먼 것은?

① 선회 권상 속도
② 선회 작업 반경
③ 권상 부재의 높이
④ 타워크레인의 양정

해설
이동식 크레인의 최대 권상 높이를 결정하는 요인은 크레인의 양정, 권상해야 할 부재의 높이, 작업조건에 맞는 권상 높이, 선회 작업 반경이다.

43 타워크레인의 설치 · 해체 작업 전에 준비해야 할 사항에 속하지 않는 것은?

① 설치 · 해체 작업자 안전회의
② 설치 · 해체 작업계획서 작성
③ 이동식 크레인의 선정
④ 타워크레인 주요 부재의 점검

44 타워크레인의 설치 · 해체 작업 시 공동 안전대책과 거리가 먼 것은?

① 보조 로프의 이용
② 볼트, 너트, 고정 핀 등의 수량 확인
③ 협착 재해 방지
④ 지휘명령 계통의 명확화

해설
①은 작업방법, ②는 작업부품, ④는 명령 계통과 관련된 사항이다.

45 동일 현장에 2대 이상의 타워크레인을 설치할 때 고려해야 할 사항이 아닌 것은?

① 마스트 상승 작업 시에는 상호 간섭이 없으므로 고려하지 않는다.
② 마스트의 지지용 로프는 앵커를 확실하게 고정한다.

정답 38 ② 39 ② 40 ④ 41 ③ 42 ① 43 ④ 44 ③ 45 ①

③ 크레인과의 최소 안전거리를 두어야 한다.
④ 마스트 설치와 지브 부착은 작업 지휘자의 신호에 따른다.

해설
2대 이상의 타워크레인을 설치하여 마스트 상승 작업 시에는 지브가 서로 겹칠 수 있으므로 최소 안전거리를 두어야 한다.

46 **텔레스코핑 케이지를 조립하는 방법으로 잘못된 것은?**

① 러닝 레일은 마스트 상승 작업 시에 부착한다.
② 텔레스코핑 슈와 서포트 슈를 단단히 고정한다.
③ 텔레스코핑 케이지 두 부분을 핀으로 체결한다.
④ 플랫폼을 볼트로 견고하게 조인다.

해설
텔레스코핑을 조립할 때 러닝 레일을 부착한다.

47 **텔레스코핑 케이지를 조립할 때 관련되는 부품 및 기구가 아닌 것은?**

① 선회기어장치 ② 러닝 레일
③ 유압장치 ④ 서포트 슈

해설
선회기어장치는 선회장치의 부품이다.

48 **타워크레인 텔레스코핑 케이지를 설치하는 방법으로 잘못된 것은?**

① 슈의 흔들림을 방지하는 고정장치를 제거한다.
② 텔레스코핑 유압장치는 마스트의 텔레스코핑 사이드 반대 방향에 설치한다.
③ 지상에서 조립하여 한꺼번에 설치하는 방법과 베이직 마스트에 직접 조립하는 방법이 있다.
④ 이동식 크레인으로 텔레스코핑 케이지를 들어 올려 베이직 마스트의 위에서 아래로 설치한다.

해설
유압장치는 마스트의 텔레스코핑 사이드 방향으로 설치한다.

49 **타워크레인 운전실을 설치하는 방법으로 잘못된 것은?**

① 텔레스코핑 케이지를 운전실 밑 부분에 핀으로 조립한다.
② 윤활유 공급 여부를 확인한다.
③ 이동식 크레인으로 운전실을 들어 올리고 고장력 볼트로 조립한다.
④ 텔레스코핑 케이지의 램과 서포트 슈는 구속된 상태로 움직이지 않아야 한다.

해설
텔레스코핑 케이지의 램과 서포트 슈는 자유롭게 움직여야 한다.

50 **안전모의 착용 목적과 거리가 먼 것은?**

① 절연으로부터 보호
② 비래로부터 보호
③ 외관으로부터 보호
④ 낙하로부터 보호

51 **타워크레인 본체가 전도되었을 때 예상되는 원인이 아닌 것은?**

① 기초 앵커 시공상 결함과 지반 침하
② 인접 타워크레인의 지브와 접촉
③ 정격하중 이상의 과부하에 의한 전도
④ 벽체 지지대 및 지지 로프의 파손

해설
인접 타워크레인의 지브와 접촉할 때는 지브의 결손 등이 발생할 수 있지만 전도와는 관련이 없다.

정답 46 ① 47 ① 48 ② 49 ④ 50 ③ 51 ②

52 **산업안전보건법상 중량물을 취급하는 작업과 관련된 사항이 아닌 것은?**

① 작업계획 내용을 교육한다.
② 2명 이상이 중량물을 운반할 때는 신호자를 배치한다.
③ 운전자는 안전모만 착용하면 된다.
④ 작업 지휘자를 지정하여 배치한다.

53 **타워크레인 구조물의 안전을 위협하는 요소가 아닌 것은?**

① 간판 부착물
② 우물 정자 방식의 가설재 브레이싱
③ 풍압
④ 월 브레이싱

해설

월 브레이싱은 지지 · 고정방법이다.

54 **타워크레인 구조물의 안전을 유지하기 위한 방법이 아닌 것은?**

① 우물 정자 방식의 가설재 브레이싱 제거 및 정품 설치
② 월 브레이싱의 안전점검
③ 완성검사 후 간판 설치
④ 풍압에 대비한 특별점검

55 **타워크레인 해체 작업 시 바람이 불 때 작업을 중지시키는 풍속 기준은 얼마인가?**

① 5m/sec ② 7m/sec
③ 10m/sec ④ 20m/sec

56 **타워크레인 해체 작업 시 와이어로프의 이상 마모를 판정하고 폐기하는 기준은 무엇인가?**

① 로프 직경의 5% 이내
② 로프 직경의 7% 이내
③ 로프 직경의 9% 이내
④ 로프 직경의 10% 이내

57 **주철 · 주강제품 시브 홈의 마모 한도는?**

① 와이어로프 직경의 10%
② 와이어로프 직경의 15%
③ 와이어로프 직경의 20%
④ 와이어로프 직경의 25%

58 **용접제품 시브 홈의 마모 한도는?**

① 와이어로프 직경의 5%
② 와이어로프 직경의 7%
③ 와이어로프 직경의 10%
④ 와이어로프 직경의 15%

59 **주철, 주강제품 시브 플랜지 부분의 마모 한도는?**

① 와이어로프 직경의 7%
② 와이어로프 직경의 10%
③ 와이어로프 직경의 15%
④ 와이어로프 직경의 20%

60 **용접제품 시브 플랜지 부분의 마모 한도는?**

① 와이어로프 직경의 5%
② 와이어로프 직경의 7%
③ 와이어로프 직경의 10%
④ 와이어로프 직경의 15%

정답 52 ③ 53 ④ 54 ③ 55 ③ 56 ② 57 ④ 58 ④ 59 ④ 60 ③

타워크레인운전기능사 출제예상문제 ⑪

				수험번호	성명
자격종목 **타워크레인운전기능사**	종목코드	시험시간 1시간	형별		

1 타워크레인을 지지하는 기둥 역할을 하는 것은?

① 카운터 웨이트 ② 캣트 헤드
③ 마스트 ④ 지브

2 타워크레인에서 기복의 의미를 가장 잘 표현한 것은?

① 수직면에서 와이어로프 각의 변화
② 수직면에서 지브 각의 변화
③ 수평면에서 와이어로프 각의 변화
④ 수평면에서 지브 각의 변화

3 타워크레인 기초 앵커를 설치하는 방법에 대한 설명으로 틀린 것은?

① 설치 마스트의 수직 정렬을 위해 기초 앵커는 수평 위치와 무관하게 조정한다.
② 강철 보강 바를 기초 앵커 주위에 위치시킨 다음 콘크리트를 채워 넣는다.
③ 기초 작업 시 반드시 응력을 분석하고 도면을 준비한다.
④ 기초 앵커는 타워 섹션 또는 베이스 타워 섹션에 설치하고 볼트로 고정한다.

해설

설치 마스트의 수직 정렬을 위해 기초 앵커는 반드시 수평을 이루게 한 후 조정한다.

4 선회 기어 브레이크 풀림장치에 대한 설명으로 잘못된 것은?

① 컨트롤 볼테이지가 투입된 상태에서 동작한다.
② 크레인 본체가 바람의 영향을 받는 면적을 최소화하여 보호한다.
③ 작동 시 지브가 바람에 따라 자유롭게 움직인다.
④ 비가동 시에 선회 기어 풀림장치를 작동한다.

해설

선회 기어 브레이크 풀림장치는 컨트롤 볼테이지가 차단된 상태에서 동작한다.

5 선회 기어 브레이크 풀림장치에 대한 설명으로 옳은 것은?

① 지상에서 해제 레버를 당겨서 브레이크를 해제할 수 있다.
② 시간 지연 커넥터와 상관없이 작동되는 기능이다.
③ 브레이크 마그넷에 전류를 공급할 때 브레이크가 해제되지 않는 기능이다.
④ 컨트롤 볼테이지가 차단되지 않은 상태에서 작동하는 기능이다.

해설

선회 기어 브레이크 풀림장치

- 컨트롤 볼테이지가 차단된 상태에서 작동한다.
- 전원이 차단되어도 시간 지연 커넥터가 작동되면서 브레이크의 마그넷 전류가 공급되어 브레이크를 해제한다.
- 지상에서 해제 레버를 당겨서 선회 브레이크를 해제시킬 수 있다.

정답 1 ③ 2 ② 3 ① 4 ① 5 ①

6 **타워크레인의 고장력 볼트 또는 핀 체결 부분이 아닌 것은?**

① 타워 섹션 – 타워 섹션
② 와이어로프 – 트롤리
③ 볼 슬루잉 – 슬루잉 링 서포트
④ 볼 슬루잉 서포트 – 타워 섹션

7 **타워크레인의 연결부에 대한 설명으로 잘못된 것은?**

① 부품은 고장력 볼트 또는 핀으로 체결한다.
② 여러 개의 부품을 조립해 설치한다.
③ 볼트는 아래에서 위로 체결한다.
④ 상부 회전체 부분은 볼트로 연결한다.

해설
상부 회전체 부분은 핀으로 연결한다.

8 **고장력 볼트의 구성부품 및 체결방법에 대한 설명으로 잘못된 것은?**

① 체결 볼트 규격별로 조임 토크값과 임의 토크값을 병행하여 체결한다.
② 볼트 접촉면과 볼트 구멍에는 오물, 이물질이 없어야 한다.
③ 아래에서 위로 체결한다.
④ 구성부품은 고장력 볼트, 너트, 와셔 등이 있다.

해설
반드시 정해진 토크값으로 토크 렌치를 이용하여 조인다.

9 **러핑 타워크레인의 와전류 브레이크에 대한 설명으로 틀린 것은?**

① 디스크 브레이크로 설계되어 있다.
② 휠은 디스크의 열을 식히는 송풍기 역할을 한다.
③ 제동 토크는 활성 전류의 증가 속도와 수준이 증가함에 따라 감소한다.
④ 전압이 와전류를 생성해 자극의 자기장과 작용하여 제동 토크를 발생시킨다.

해설
제동 토크는 활성 전류의 증가 속도와 수준이 증가함에 따라 증가한다.

10 **러핑 타워크레인의 와전류 브레이크에 대한 설명으로 틀린 것은?**

① 브레이크 스텝이 장시간 작동하면 회전자 및 권선이 과열될 수 있다.
② 제동 토크는 활성전류의 증가 속도와 수준이 증가함에 따라 증가한다.
③ 제동 모멘트는 자기장에 의해 생성된다.
④ 와전류 브레이크는 마모된다.

해설
자기장에 의해 제동 모멘트가 생성되므로 마찰에 의한 마모와는 관련이 없다.

11 **권상 기어 전동기가 2단으로 작동하는 경우에 회전 속도는 어떻게 되는가?**

① 초저속으로 작동된다.
② 중속으로 작동된다.
③ 저속으로 작동된다.
④ 고속으로 작동된다.

해설
1단은 저속, 2단은 중속, 3단은 고속을 나타낸다.

12 **속도제한장치에 대한 설명으로 옳은 것은?**

① 권하 속도 단계별로 임의하중 초과 시 전원 차단
② 권상 속도 단계별로 임의하중 초과 시 전원 차단
③ 권하 속도 단계별로 정격하중 초과 시 전원 차단
④ 권상 속도 단계별로 정격하중 초과 시 전원 차단

정답 6 ② 7 ④ 8 ① 9 ③ 10 ④ 11 ② 12 ④

13 **과부하 방지장치에 대한 설명으로 잘못된 것은?**

① 성능검사 합격품을 사용해야 한다.
② 정격하중 범위 내에서 권상장치를 보호해야 한다.
③ 정격하중의 1.05배 초과 권상 시 부하를 차단하는 기능이 있어야 한다.
④ 작동 시 경보를 울리며 임의로 조정할 수 없도록 봉인되어 있어야 한다.

해설
과부하 방지장치는 정격하중의 1.05배 초과 시 부하를 차단하고 권상장치를 보호한다.

14 **바람에 대한 안전장치의 설명으로 옳은 것은?**

① 바람이 불 때 후크의 충돌 방지
② 바람이 불 때 전원회로 차단
③ 바람이 불 때 역방향으로 작동하는 것을 방지
④ 바람이 불 때 정방향으로 작동하는 것을 방지

15 **유압장치 작동 불량의 원인과 관련이 없는 것은?**

① 오일의 습기
② 실린더 재료 결함
③ 오일 열화
④ 온도차

해설
실린더에 재료 결함이 있으면 유압장치가 전혀 작동하지 않는다.

16 **유압 오일의 온도가 상승하는 원인과 거리가 먼 것은?**

① 과부하 운전의 연속
② 고속 운전의 연속
③ 오일의 점도가 부적당한 경우
④ 유량이 과다한 경우

17 **유압장치의 부품을 교환한 후 가장 먼저 해야 할 작업은?**

① 유압 밸브 점검
② 오일 펌프 작동 시운전
③ 공기 빼기 작업
④ 최대 부하상태 시운전

18 **유압 모터의 취약점과 관련이 없는 것은?**

① 릴리프 밸브를 부착하여 속도와 방향 제어를 한다.
② 작동유는 먼지나 공기 등이 침입하면 작동에 무리가 따른다.
③ 작동유는 인화성이 용이하다.
④ 작동유의 점도 변화로 인해 사용 시 제약이 있다.

19 **유압 조정 밸브에서 조정 스프링의 장력이 약할 때 나타나는 현상은?**

① 유압이 높아진다.
② 채터링 현상이 발생한다.
③ 유압이 낮아진다.
④ 플래터 현상이 발생한다.

해설
채터링 현상 : 릴리프 밸브 스프링의 장력이 약할 때 릴리프 밸브의 볼이 시트를 때려 소음을 발생시키는 현상

20 **펌프가 오일을 토출하지 않을 때의 원인과 거리가 먼 것은?**

① 흡입관으로 공기가 유입되었다.
② 오일의 점도가 너무 높다.
③ 오일 탱크의 유면이 낮다.
④ 토출 측 배관 체결 볼트가 이완되었다.

정답 13 ② 14 ③ 15 ② 16 ④ 17 ③ 18 ① 19 ② 20 ④

해설
토출 측 배관 체결이 느슨하면 토출 시 오일이 샐 수도 있지만, 오일 토출을 못하는 것은 아니다.

21 유압유의 점검사항과 관련이 없는 것은?

① 점도 ② 내구성
③ 소포성 ④ 윤활성

22 다음 중 유압회로 내 압력이 비정상적으로 올라가는 원인은 무엇인가?

① 오일 압력 게이지 고장
② 유압 조정 밸브의 고착
③ 오일 파이프 파손
④ 점도가 묽은 오일

해설
유압 조정 밸브가 굳어져 조정이 안 되면 유압회로 내 압력이 비정상적으로 높아질 수 있다.

23 유압장치의 동력 전달 구조를 알기 위해서 기본적으로 숙지할 것은?

① 제어 밸브의 흐름과 유속
② 운동의 관계
③ 유체에 작용하는 힘
④ 작동유의 성질

24 유압의 기초이론 중 하나인 파스칼의 원리에 대한 설명으로 잘못된 것은?

① 압력은 힘과 면적의 비이다.
② 용기 면에 수직으로 작용한다.
③ 동일한 세기로 액체의 일부에 전달된다.
④ 밀폐 용기에 압력이 작용한다.

25 유압장치가 작동되지 않는 원인으로 잘못된 것은?

① 부적당한 오일 점도
② 여과기 막힘
③ 오일 부족
④ 높은 점도의 오일

해설
오일의 점도가 높으면 유압장치가 느리게 작동한다.

26 ø14mm 와이어로프를 단말 고정할 때 필요한 클립 수는?

① 3개 ② 4개
③ 5개 ④ 6개

해설
- 와이어로프의 지름 16mm 이하 : 4개
- 와이어로프의 지름 16mm 이상, 28mm 이하 : 5개
- 와이어로프의 지름 28mm 이상 : 6개

27 ø23mm 와이어로프를 단말 고정할 때 필요한 클립 수는?

① 3개 ② 4개
③ 5개 ④ 6개

28 와이어로프의 직경 감소 산출방법을 바르게 설명한 것은?

① 로프 직경을 수직 방향으로 측정하여 측정값과 공칭 직경과의 값을 비교
② 로프 직경을 무부하 방향으로 측정하여 측정값과 공칭 직경과의 값을 비교
③ 로프 직경을 부하 방향으로 측정하여 측정값과 공칭 직경과의 값을 비교
④ 로프 직경을 수평 방향으로 측정하여 측정값과 공칭 직경과의 값을 비교

29 후크에 긴 자재를 내려놓는 방법으로 옳은 것은?

① 권하 작업은 지브 위의 드럼과 상관이 없다.

정답 21 ② 22 ② 23 ① 24 ③ 25 ④ 26 ② 27 ③ 28 ① 29 ③

② 권하 시에 다른 부하 모멘트가 작용하면 비상정지장치를 작동하는 대신 신속히 화물을 내려놓는다.
③ 지면 위에 서서히 내려놓는다.
④ 권하 시에는 충격 여유가 있으므로 급하게 내려놓는다.

30 **화물을 운전하는 중에 긴급 상황이 발생하여 비상정지장치를 작동할 때에 대한 설명으로 옳은 것은?**

① 모든 장치가 즉시 정지된다.
② 권상 기어만 작동한다.
③ 선회 기어, 권상 기어, 주행 기어만 정지된다.
④ 선회 기어, 권상 기어만 정지된다.

31 **타워크레인을 정지시킬 때 주의사항으로 옳은 것은?**

① 작업 완료 후 운전석을 이석할 때는 주전원을 끈다.
② 후크는 지면에 내려놓는다.
③ 화물을 내린 후 후크를 높이 올린 다음 최대 작업 반경에 트롤리를 고정한다.
④ 선회 기어의 회전은 구속시킨다.

32 **크레인 운전자의 의무사항에 해당하지 않는 것은?**

① 수리된 부품은 크레인 운전일지 등에 기록한다.
② 운전 중에 일어난 경미한 결함도 보고한다.
③ 운전 개시 전에 비상정지장치, 리미트 스위치 등 안전장치를 점검한다.
④ 운전 도중 결함이 발견되면 운전 임무를 완료한 후 작동을 정지한다.

33 **크레인 운전자가 컨트롤러 전원을 투입하기 전에 해야 할 것은?**

① 주전원을 투입한 후 제어장치를 중립에 놓는다.
② 모든 제어장치는 0의 위치나 중립에 놓는다.
③ 안전장치 전원을 먼저 투입한다.
④ 구동 기어를 먼저 조작한다.

34 **크레인 운전자가 운전석을 장시간 이석하는 경우에 취해야 할 조치로 옳은 것은?**

① 후크는 마스트 중앙 지점에 올려놓고 선회 기어 브레이크는 풀어 놓는다.
② 후크는 지상에 내려놓고 선회 기어 브레이크는 풀어 놓는다.
③ 후크를 최대 작업 반경 안쪽으로 올리고 선회 기어 브레이크는 풀어 놓는다.
④ 후크를 최대 작업 반경 안쪽으로 올려놓는다.

35 **일반적으로 무선통신의 교신 상태가 만족스럽지 못할 때 가장 적절한 신호수단은?**

① 몸짓, 동작 ② 운전자 호출
③ 육성 ④ 수신호

36 **크레인 신호자에 대한 설명으로 잘못된 것은?**

① 크레인의 동작점보다 운전자의 시선에 항시 주목한다.
② 위험에 노출되지 않아야 한다.
③ 주변 작업자의 안전보다 크레인 동작에 필요한 신호에만 신경 쓴다.
④ 운전자에게 수신호 등으로 운전 방향을 지시한다.

정답 30 ① 31 ① 32 ④ 33 ② 34 ③ 35 ④ 36 ③

37 **캣트 헤드의 설치방법에 대한 설명으로 잘못된 것은?**

① 캣트 부분의 지브 쪽에 연결 바(타이 바) 연결판을 설치한다.
② 운전실 프레임 상부는 주로 볼트로 체결한다.
③ 플랫폼과 수직 사다리를 조립한다.
④ 캣트 부분의 카운터 지브 쪽에 카운터 가이 로드를 설치한다.

해설
캣트 헤드를 운전실 프레임과 접합할 때는 핀으로 체결하여야 한다.

38 **카운터 지브의 설치방법에 대한 설명으로 잘못된 것은?**

① 카운터 웨이트는 반드시 메인 지브를 설치하기 전에 매단다.
② 카운터 지브를 약 2~3m 가량 들어 올린 후 타이 바를 조립한다.
③ 플랫폼에 헤드 레일을 부착한다.
④ 지브 길이에 따라 카운터 지브의 길이를 맞춰 조립한다.

해설
카운터 웨이트는 메인 지브를 설치한 후에 매달아야 카운터 지브와의 균형이 유지된다.

39 **메인 지브의 설치방법에 대한 설명으로 잘못된 것은?**

① 트롤리 와이어로프는 지브의 최종 작업 순서에 따라 설치한다.
② 지브 타이 바를 연결하고 지브 연결 부위에 핀으로 고정한다.
③ 지브 길이에 맞춰 구성요소들을 핀으로 연결한다.
④ 첫 번째 지브 부분에 트롤리를 끼워 넣는다.

해설
트롤리 와이어로프는 첫 번째 지브 부분에 트롤리를 끼워 넣은 다음 설치한다.

40 **메인 지브 타이 바의 부분 설치방법에 대한 설명으로 잘못된 것은?**

① 권상 드럼 이외에 레버 호이스트로 인상 작업을 할 수 있다.
② 지브 타이 바에 장력이 걸리면 지브를 급속하게 내린 후 조정한다.
③ 지브 타이 바를 캣트 헤드 연결부에 핀으로 고정한다.
④ ③항의 작업을 할 때는 지브를 약 2m 정도 들어 올린다.

해설
지브 타이 바에 장력이 걸리면 지브를 천천히 내린 후 조정하여야 한다.

41 **권상 와이어로프의 설치 및 작동과 직접적인 관련이 없는 것은?**

① 트롤리 주행 기어
② 권상 기어
③ 시브
④ 선회 기어

42 **권상 와이어로프의 부분 설치방법에 대한 설명으로 거리가 먼 것은?**

① 권상 드럼에서 나온 이렉션 로프를 연결한다.
② 이렉션 로프와 권상 로프를 연결한다.
③ 권상 로프를 감으면 이렉션 로프가 당겨진다.
④ 트롤리는 지브의 가장 안쪽에 위치한다.

정답 37 ② 38 ① 39 ① 40 ② 41 ④ 42 ③

해설

이렉션 로프를 천천히 감으면 권상 기어 쪽으로 권상 로프가 당겨진다.

43 **권상 와이어로프의 설치 순서에서, 이렉션 로프를 감은 다음에 해야 할 일로 옳지 않은 것은?**

① 권상 드럼에서 이렉션 로프를 풀어 카운터 지브 위에 놓는다.
② 이렉션 로프를 권상 드럼에서 풀어낸 후, 클립으로 권상 드럼에 부착시킨다.
③ 드럼 위에 권상 로프를 3~4회 감는다.
④ 과부하 차단 시브 앞에 견제용 클립을 권상 로프에 부착한다.

해설

권상 드럼에서 권상 로프를 풀어 카운터 지브 위에 놓는다.

44 **권상 와이어로프 설치 순서에서, 권상 로프를 클립으로 권상 드럼에 부착시키고 견제용 클립이 당겨질 때까지 감은 다음에 해야 할 일로 옳지 않은 것은?**

① 권상 로프를 끝에서 약 4~5m 정도만 남겨두고 견제용 클립을 고착시킨다.
② 이렉션 로프를 계속 감은 후 보조재인 대마 로프를 제거한다.
③ 권상 로프 견제용 클립을 제거한다.
④ 권상 드럼에 4m 여유 감김량이 남을 때까지 권상 로프를 감는다.

해설

견제용 클립이 트롤리 위의 시브에 걸려 인장력이 생길 때까지 권상 로프를 계속 감아야 하며, 이때 보조재인 대마 로프를 제거한다.

45 **권상 와이어로프의 설치 순서에서, 견제용 클립이 트롤리 위의 시브에 걸려 인장력이 생길 때까지 권상 로프를 계속 감고 보조재인 대마 로프를 제거한 다음에 해야 할 일로 옳지 않은 것은?**

① 권상 로프의 매듭짓지 않은 끝을 꼬임 방지장치의 연결부에 연결한다.
② 트롤리를 타워 방향으로 이동시켜 권상 로프에서 클립을 제거한다.
③ 후크를 올리기 위해 이렉션 로프를 계속 감는다.
④ 지브 헤드 쪽으로 트롤리를 이동시켜 최대 반경 위치에서 후크를 권상한 후, 트롤리와 충돌되지 않도록 리미트 스위치를 조정한다.

해설

후크를 지면에서 위로 올리기 위해서는 권상 로프를 계속 감는다.

46 **권상 와이어로프를 설치한 후 조정 및 확인해야 할 요소와 거리가 먼 것은?**

① 시험 중량별 부하 모멘트와 과부하 방지장치를 조절한다.
② 각종 기어장치의 브레이크를 조절한다.
③ 타워 헤드의 설치 안정도와 기울기 상태를 조절한다.
④ 모든 리미트 스위치의 작동을 조절한다.

해설

과부하 방지장치를 비롯한 각종 기어장치류와 리미트 스위치를 조정하고, 크레인을 시운전해본다.

47 **메인 지브 타이 바의 설치 순서에 따라 트롤리 장치에 전원 공급 케이블을 연결한 다음에 해야 할 일로 옳지 않은 것은?**

① 권상 와이어로프를 설치한다.
② 과부하 방지장치는 트롤리 장치에 전원 공급 케이블을 연결하기 전에 조정해야 한다.

정답 43 ① 44 ② 45 ③ 46 ③ 47 ②

③ 트롤리가 움직이지 않도록 와이어로프를 조심스레 제거한다.
④ 카운터 지브 웨이트를 설치한다.

해설
과부하 방지장치를 비롯한 각종 기어장치류와 리미트 스위치는 권상 와이어로프의 설치가 끝난 후에 조정하고, 크레인을 시운전해봐야 한다.

48 **타워크레인을 자립고 이상의 높이로 설치할 때 크레인의 공치 대지 전압이 750V 이하인 경우에 최소 이격거리는 얼마인가?**

① 0.8m ② 1.0m
③ 1.2m ④ 1.4m

49 **타워크레인을 자립고 이상의 높이로 설치할 때 크레인의 공치 대지 전압이 750V 이상, 15kV 미만인 경우에 최소 이격거리는 얼마인가?**

① 1.2m ② 1.4m
③ 1.6m ④ 1.8m

50 **타워크레인의 구조 부분에 강재를 용접하고자 할 때 고려해야 할 사항으로 거리가 먼 것은?**

① 필요시 리벳 부분에 용접을 해야 한다.
② 용접 장소의 기온이 0℃ 이상이어야 한다.
③ 용접봉은 KS D 7004에 적합해야 한다.
④ 아크 용접 또는 동등 이상의 용접방법에 따른다.

해설
리벳 접합 : 강철판을 포개어 뚫려 있는 구멍에 가열한 리벳을 꽂아 넣고, 머리 부분을 받친 후 기계 · 해머 등으로 두들겨 변형시켜서 체결한다.

51 **원격 제어되는 타워크레인 무선 조작 컨트롤러에 대한 설명으로 옳지 않은 것은?**

① 운전실과 겸용 시에는 양쪽에서 작동되도록 한다.
② 충격을 받으면 즉시 정지되는 구조여야 한다.
③ 지정 작동 위치가 아닌 중간 위치에서는 작동되지 않도록 한다.
④ 조작 주파수가 간섭을 받아서 오작동이 없도록 한다.

52 **사다리의 구조에서 발판과 등 간격에 대한 적정 기준치는 얼마인가?**

① 발판 20cm 이상, 등 간격 30cm 이하
② 발판 20cm 이상, 등 간격 35cm 이하
③ 발판 25cm 이상, 등 간격 30cm 이하
④ 발판 25cm 이상, 등 간격 35cm 이하

53 **계단의 구조에서 발판 높이와 발판의 폭에 대한 적정 기준치는 얼마인가?**

① 발판의 높이 20cm 이하, 발판의 폭 10cm 이상
② 발판의 높이 20cm 이하, 발판의 폭 15cm 이상
③ 발판의 높이 30cm 이하, 발판의 폭 10cm 이상
④ 발판의 높이 30cm 이하, 발판의 폭 15cm 이상

54 **계단을 만들 때 일정한 높이를 초과할 때마다 계단참을 설치해야 하는데, 계단참의 적정 기준치는 얼마인가?**

① 높이 10m 초과 시 6m마다 계단참 설치
② 높이 10m 초과 시 7m마다 계단참 설치
③ 높이 12m 초과 시 6m마다 계단참 설치
④ 높이 12m 초과 시 7m마다 계단참 설치

정답 48 ③ 49 ④ 50 ① 51 ① 52 ④ 53 ③ 54 ②

55 타워크레인의 이름판에 표시되는 최소한의 내용과 거리가 먼 것은?

① 기종
② 정격하중 및 형식번호
③ 제작자
④ 제작연월

56 러핑형 타워크레인에서 화물을 권상한 물체의 하단면과 T형 타워크레인의 캣트 헤드 상층면과의 최소 안전거리는 몇 m인가?

① 1m ② 2m
③ 3m ④ 4m

57 동일 형식의 마스트 높이가 줄어든 상태로 마스트를 교체한 경우에 설계 및 완성검사의 수검 여부에 대하여 바르게 설명한 것은?

① 설계검사 면제, 완성검사 수검
② 설계검사 면제, 완성검사 면제
③ 설계검사 수검, 완성검사 수검
④ 설계검사 수검, 완성검사 면제

58 러핑형 타워크레인과 T형 타워크레인이 한 곳에서 작업할 때 최소 안전거리는 몇 m인가?

① 1m ② 2m
③ 3m ④ 4m

59 유압 오일 필터의 여과 입도가 너무 높으면 어떤 현상이 생기는가?

① 공동현상이 생긴다.
② 맥동현상이 생긴다.
③ 유량이 증가한다.
④ 과포화 상태가 된다.

해설
여과 입도가 너무 높으면 유압유의 압력 변화로 공동현상이 생긴다.

60 타워크레인 유압장치에 대한 설명으로 틀린 것은?

① 유압 탱크, 실린더 장치, 펌프, 램 장치 등이 있다.
② 오일 탱크의 열화를 방지하기 위해 보호조치를 한다.
③ 클라이밍 후에는 오일량과 상태를 점검한다.
④ 클라이밍 후에는 램을 수축하여 보관한다.

해설
오일량과 오일 상태 확인은 클라이밍 전에 해야 한다.

정답 55 ① 56 ② 57 ① 58 ② 59 ① 60 ③

타워크레인운전기능사 출제예상문제 ⑫

				수험번호	성명
자격종목 타워크레인운전기능사	종목코드	시험시간 1시간	형별		

1 지내력이 약한 지역에 설치하는 타워크레인의 기초 시공방법으로 옳은 것은?

① 기초 앵커 등의 시공방법으로 보강한다.
② 콘크리트 다지기 시공방법으로 보강한다.
③ 프릭션 파일(Friction Pile) 등의 시공방법으로 보강한다.
④ 일반 토목 시공방법 등으로 보강한다.

해설
지내력이 약한 지역에서는 타워크레인의 기초가 침하되어 안전성에 위험이 따르므로 프릭션 파일 등의 시공방법으로 보강한다.
※ 프릭션 파일(마찰 말뚝) : 끝이 지지 지반까지 도달하지 않고 주위 지반과 마찰력으로 위로부터의 하중을 지탱하는 말뚝이다.

2 카운터 지브의 역할을 설명한 것으로 옳은 것은?

① 카운터 지브의 길이에 따라 크레인의 균형 유지
② 카운터 지브의 폭에 따라 크레인의 균형 유지
③ 메인 지브의 폭에 따라 크레인의 균형 유지
④ 메인 지브의 길이에 따라 크레인의 균형 유지

3 카운터 지브 위에 설치되는 구조물을 올바르게 짝지은 것은?

① 시브 + 유압장치
② 시브 + 마스트
③ 균형추 + 권상장치
④ 와이어로프 + 트롤리

4 타워크레인의 고장력 볼트 연결부가 느슨해지는 원인과 거리가 먼 것은?

① 볼트 나사부에 그리스 처리
② 크레인의 과부하
③ 구조부의 부적절한 설치
④ 부정확한 프리 로드

5 타워크레인에 작용되는 하중에 대한 설명으로 틀린 것은?

① 오버 터닝 모멘트
② 슬루잉 토크
③ 360° 전 방향에 수평력 작용
④ 360° 전 방향에 수직력 작용

6 타워크레인 전체에 작용되는 부하하중으로 큰 충격력이 전달되었을 때 균열 등이 나타날 수 있는 부분은?

① 기초 콘크리트 슬래브 부분
② 볼트 및 너트 부분
③ 와이어로프 부분
④ 메인 지브 부분

정답 1 ③ 2 ④ 3 ③ 4 ① 5 ④ 6 ①

7 **강의 풀림 목적에 해당하지 않는 것은?**

① 내부응력을 제거한다.
② 강을 경화해 인성을 얻는다.
③ 강을 연화한다.
④ 결정 조직을 균일화한다.

8 **강의 표면경화법으로 화학적 방법과 관련이 없는 것은?**

① 화염경화법 ② 질화처리법
③ 가스침탄법 ④ 고체침탄법

해설

- 화학적 방법 : 고체·액체침탄법, 가스침탄법, 질화처리법, 침탄질화법
- 물리적 방법 : 금속용사법, 전해경화법, 화염경화법, 고주파경화법

9 **타워크레인의 전기 부분에 대한 기본적인 설명으로 잘못된 것은?**

① 변압기는 크레인 규격별로 다를 수 있다.
② 소요 전력은 크레인 규격별로 다를 수 있다.
③ 크레인 규격별 설치조건은 대부분 동일하다.
④ 메인 케이블 용량은 마스트의 높이에 따라 상이하다.

10 **전로 전압이 345KV일 때, 타워크레인 지브 끝단과 전선로의 안전이격 거리는 몇 m인가?**

① 3.6m ② 4.9m
③ 5.8m ④ 6.8m

11 **전로 전압이 154KV일 때, 타워크레인 지브 끝단과 전선로의 안전이격 거리는 몇 m인가?**

① 2.5m ② 3.3m
③ 4.3m ④ 5.5m

12 **크레인에서 돌발 상황이 발생했을 때 정지하는 장치로, 모든 제어회로를 차단하는 것은 무엇인가?**

① 선회 제한 리미트 스위치
② 충돌방지장치
③ 권상방지장치
④ 비상정지장치

13 **트롤리 동작 시 후크가 지브 섹션과 충돌하는 것을 방지하는 장치는?**

① 트롤리 내·외측 제어장치
② 선회 제한 리미트 스위치
③ 트롤리 정지장치
④ 트롤리 로프 안전장치

해설

트롤리 내·외측 제어장치는 트롤리 동작 시 후크가 지브 섹션과 충돌하는 것을 방지하는 장치로, 각 섹션의 시작과 끝 지점에서 전원회로를 제어한다.

14 **트롤리 로프 안전장치에 대한 설명으로 잘못된 것은?**

① 로프가 파손되면 리액션 베어링이 아래로 처진다.
② 안전 레버가 45°로 이동되면서 지브의 하단부 구조물에 걸리게 한다.
③ 흔히 트롤리 로프 브레이크 세이프티 디바이스(Trolley Rope Break Safety Device)를 말한다.
④ 와이어로프 파손 시 트롤리를 멈춘다.

해설

트롤리 로프 안전장치

- 와이어로프 파손 시 트롤리를 멈추게 한다.
- 리액션 베어링이 아래로 처지면 안전 레버가 90°로 이동해 지브의 하단부 구조물에 걸리게 한다.

정답 7 ② 8 ① 9 ③ 10 ④ 11 ③ 12 ④ 13 ① 14 ②

15 **유압장치가 불규칙하게 작동하는 원인이 아닌 것은?**

① 오일이 냉각되었을 때
② 오일펌프가 손상되었을 때
③ 공기가 들어갔을 때
④ 여과기가 더러워졌거나 막혔을 때

해설
여과기가 더러워지거나 막히면 유압장치가 느리게 작동한다.

16 **유압장치가 느리게 작동하는 원인이 아닌 것은?**

① 흡입 통로나 여과기가 막혔을 때
② 오일 온도가 낮을 때
③ 유압 호스 연결이 잘못되었거나 공기가 들어갔을 때
④ 펌프가 심하게 마멸되었을 때

해설
공기가 들어가면 유압장치의 작동이 불규칙해진다.

17 **유압장치 내에서 작동 오일이 과열되는 원인이 아닌 것은?**

① 오일이 누출될 때
② 오일 탱크의 열이 방출될 때
③ 오일의 점도가 불량할 때
④ 오일 라인이 손상되었을 때

18 **유압장치 내에서 기포가 생기는 원인이 아닌 것은?**

① 오일펌프의 속도가 너무 빠를 때
② 오일이 누출될 때
③ 오일에 물이 들어갔을 때
④ 오일의 양이 적을 때

해설
유압장치 내에 기포, 소음 등이 발생하는 것과 펌프 속도는 관련이 없다.

19 **오일펌프에서 소음이 발생하는 원인이 아닌 것은?**

① 오일 속에 공기가 들어갔을 때
② 오일펌프의 속도가 너무 느릴 때
③ 오일의 양이 적을 때
④ 오일의 점도가 높을 때

20 **오일장치의 제어 밸브가 고착되거나 작동이 잘 되지 않는 원인이 아닌 것은?**

① 적정 압력이 유지되더라도 볼트나 너트가 느슨하게 조여졌을 때
② 밸브가 긁혔을 때
③ 밸브가 파손되었을 때
④ 제어 링키지가 잘못 정렬되었을 때

21 **오일장치의 제어 밸브에서 오일이 누출되는 원인이 아닌 것은?**

① 밸브가 파손되었을 때
② O 링이 손상되었을 때
③ 밸브 스택의 연결 볼트가 느슨하게 조여졌을 때
④ 압력이 불충분할 때

22 **오일장치의 실린더에서 오일이 누출되는 원인이 아닌 것은?**

① 실린더 배럴이 손상되었을 때
② 제어 밸브에서 오일이 누출될 때
③ 부품의 부착이 헐거울 때
④ 로드 실에서 오일이 누출될 때

정답 15 ④ 16 ③ 17 ② 18 ① 19 ② 20 ① 21 ④ 22 ②

해설

제어 밸브는 실린더와 연관이 없다.

23 서지압력(Surge Pressure)에 대한 설명으로 옳은 것은?

① 유압모터의 조작으로 유체의 흐름이 과도하게 변해 발생한 이상 압력 변동
② 유압모터의 조작으로 유체의 흐름이 과도하게 변해 발생한 이상 속도 변동
③ 제어밸브의 조작으로 유체의 흐름이 과도하게 변해 발생한 이상 압력 변동
④ 제어밸브의 조작으로 유체의 흐름이 과도하게 변해 발생한 이상 속도 변동

24 유압을 가장 적절하게 표현한 것은?

① 수자원력을 이용해서 전기적인 장점을 이용한 것이다.
② 액체의 힘을 모으기 위해 기체를 압축시킨 것이다.
③ 과중한 물건을 들어올리기 위해 기계적인 장점을 이용하는 것이다.
④ 액체의 압력원을 이용하여 기계적인 일이 작동되도록 하는 것이다.

25 압력의 단위와 거리가 먼 것은?

① mAq ② kW
③ kg/cm^2 ④ kPa

해설

압력이란 단위 면적에 작용하는 힘을 말한다.
- mAq : 대기압에 대한 물기둥의 높이(meter Aqua의 줄임말)
- Pa(파스칼) : 1㎡의 넓이에 1N의 힘이 작용할 때의 압력

26 안전하중을 계산하는 방법은?

① $\dfrac{\text{줄걸이 수}\times\text{파단하중}}{\text{장력계수}}$
② $\dfrac{\text{줄걸이 수}\times\text{파단하중}}{\text{안전계수}\times\text{압축계수}}$
③ $\dfrac{\text{줄걸이 수}\times\text{파단하중}}{\text{안전계수}\times\text{장력계수}}$
④ $\dfrac{\text{줄걸이 수}\times\text{파단하중}}{\text{안전계수}}$

27 와이어로프 실제 사용 안전율을 구하는 방법은?

① $\dfrac{\text{절단하중}}{\text{후크하중}}$ ② $\dfrac{\text{절단하중}}{\text{정격하중}}$
③ $\dfrac{\text{절단하중}}{\text{최소하중}}$ ④ $\dfrac{\text{절단하중}}{\text{사용하중}}$

28 권상용 와이어로프의 안전율은 얼마 이상이어야 하는가?

① 2.0 이상 ② 3.5 이상
③ 5.0 이상 ④ 7.0 이상

29 크레인 운전자가 화물을 볼 수 없을 때는 어떻게 해야 하는가?

① 신호자의 지시에 따르고 운전 조건이 불안전한 경우에는 경고 신호를 보낸다.
② 운전 조건이 불안하더라도 신호자의 지시를 무조건 따른다.
③ 신호자의 신호와 책임자의 지시에 따라 운전한다.
④ 신호자의 신호와 자신의 임의 판단으로 운전한다.

해설

시야 확보가 어려울 때는 신호자의 지시에 따라 운전해야 한다. 운전 조건이 불안전할 때는 신호자에게 경고 신호를 보내 운전 중지 결정을 내려야 한다.

정답 23 ③ 24 ④ 25 ② 26 ③ 27 ④ 28 ③ 29 ①

30 **동일한 현장에서 여러 대의 타워크레인이 운행 중일 때에 대한 설명으로 옳은 것은?**

① 운전 중에는 공동 협의사항이 필요한 경우에만 상호 협의 후 운전한다.
② 주변 운전자와 통신장비로 연락하면서 운전한다.
③ 동일한 현장 내에서 타워크레인 운전자 간의 작업방법, 순서, 신호 및 연락방법, 응급 대처방법 등을 운전 개시 전에 협의한다.
④ 별도의 협의 없이 운전을 개시한다.

해설
동일한 현장에서 여러 대의 타워크레인이 운행할 때는 다양한 작업이 병행될 수 있으므로 서로 간섭하면서 발생할 수 있는 사항 등을 운전 개시 전에 상호 협의한 후 작업에 착수해야 한다.

31 **타워크레인 위에서 이루어지는 보수작업에 대한 설명으로 틀린 것은?**

① 운전자와 보수 작업자는 안전수칙을 사전에 협의한다.
② 보수 작업자의 연락 없이도 운전자는 필요하다면 운전할 수 있다.
③ 작업자는 안전대를 착용한다.
④ 운전신호는 무전기 등을 이용한다.

32 **지브의 회전에 관한 설명으로 틀린 것은?**

① 메인 솔레노이드가 해제되면 로킹 솔레노이드 바에는 아무런 영향을 미치지 않는다.
② 로킹 솔레노이드에 전류가 흐르면 바를 밀어낸다.
③ 리미트 스위치가 브레이크 해지 조건에 있을 때는 지브를 자유롭게 회전시켜야 한다.
④ 선회 브레이크의 메인 솔레노이드에 전류가 흐르면 브레이크가 작동한다.

해설
지브를 회전시킨 후 작동과 제동을 하는 것은 선회 기어 브레이크이다. 특히, 메인 솔레노이드가 풀린 후에는 로킹 솔레노이드 바에 압력이 가해진다.

33 **타워크레인의 운전 작업 시 지켜야 할 안전사항에 해당하는 것은?**

① 저속으로 천천히 감아올리고 와이어로프가 인장력을 받기 시작할 때는 빨리 당긴다.
② 지면과 약 5cm 떨어져 정지한 후 급격히 상승한다.
③ 지면과 약 30cm 떨어진 지점에서 정지한 후 안전을 확인하고 상승한다.
④ 측면으로 하여 비스듬히 끌어 올린다.

34 **텔레스코핑 작업 순서에서 기존에 설치된 마스트에 추가 마스트를 체결하는 작업이 완료될 때까지에 대한 설명으로 옳은 것은?**

① 마스트와 슬루잉 링 서포트 사이에 볼트를 체결한 후에 운전한다.
② 가이드 레일이 수평을 유지하지 않는 경우에는 미동 운전을 한다.
③ 추가할 마스트에서 약간의 불균형이 있는 경우에는 미동 운전을 한다.
④ 기존 마스트에서 약간의 불균형이 있는 경우에는 미동 운전을 한다.

해설
추가 마스트에 조립된 롤러 홀더를 제거하고 타워에 볼트로 체결한다.

35 **크레인 운전자와 신호자가 지켜야 할 행동 규율로 틀린 것은?**

① 육성신호가 곤란할 때는 수신호를 사용할 수 있다.

정답 30 ③ 31 ② 32 ① 33 ③ 34 ① 35 ②

② 운전자는 신호자의 요구 신호가 안전에 문제가 발생할 소지가 있더라도 운전을 계속할 수 있다.
③ 1인의 신호자가 주변 여건상 만족스러운 신호를 보낼 수 없을 때는 추가 신호자를 요구할 수 있다.
④ 신호자는 주변 작업자의 안전을 잘 살피는 동시에 크레인의 동작에 주의력을 집중한다.

36 **크레인의 공통적 표준운전 신호방법에서 운전 방향을 제시하는 동작을 바르게 설명한 것은?**

① 둘째 · 셋째손가락으로 운전 방향 제시
② 주먹으로 운전 방향 제시
③ 엄지손가락으로 운전 방향 제시
④ 둘째손가락으로 운전 방향 제시

37 **트롤리 주행 와이어로프의 설치방법에 대한 설명으로 잘못된 것은?**

① 처짐 풀리를 거치지 않고 지브 헤드 섹션에서 트롤리 주행 로프 드럼으로 직접 연결할 수도 있다.
② 스토리지 드럼 위에 있는 트롤리 주행 로프를 위한 풀림 방지 기구를 분리한다.
③ 트롤리는 최소 반경으로 이동시킨다.
④ 지상에서 완전 조립 후 설치한다.

38 **텔레스코핑 작업 준비사항으로 잘못된 것은?**

① 전원 공급 케이블이 텔레스코핑 장치에 연결되었는지 확인한다.
② 유압장치보다 전기장치를 집중 점검한다.
③ 유압장치와 카운터 지브의 위치를 동일한 방향으로 맞춘다.
④ 추가할 마스트는 메인 지브 방향으로 운반한다.

해설
텔레스코핑은 상승요건이 필수적이므로 유압장치에 대한 점검이 필요하다.

39 **고장력 볼트의 연결부 조립 순서로 옳은 것은?**

① 볼트 → 보호 캡 → 와셔 → 볼트 → 와셔
② 보호 캡 → 너트 → 와셔 → 볼트 → 와셔
③ 볼트 → 와셔 → 와셔 → 너트 → 보호 캡
④ 보호 캡 → 너트 → 와셔 → 볼트 → 와셔

40 **타워크레인 설치 순서로 옳지 않은 것은?**

① 트롤리 주행용 와이어로프 설치 → 권상용 와이어로프 설치
② 기초 앵커 설치 → 베이직 마스트 설치
③ 텔레스코핑 케이지 설치 → 운전실 설치
④ 권상장치 설치 → 카운터 지브 설치

41 **타워크레인의 설치 계획을 세울 때 사전에 고려해야 할 사항으로 옳지 않는 것은?**

① 지반상태
② 고급 숙련자 위주의 작업팀 구성
③ 크레인의 위치 및 기종 선정
④ 이동식 크레인의 선택

42 **와이어로프를 보관할 때 점검할 사항으로 잘못된 것은?**

① 단선 ② 킹크
③ 변색 ④ 마모

정답 36 ④ 37 ① 38 ② 39 ③ 40 ④ 41 ② 42 ③

43 타워크레인 작업계획서에 들어갈 내용과 거리가 먼 것은?

① 작업팀 구성 및 작업자의 역할 범위
② 볼트 체결 및 분해방법
③ 타워크레인의 종류 및 형식
④ 설치 · 조립 및 해체 순서

44 타워크레인의 수리 · 점검 작업을 할 때 준수해야 할 내용으로 옳지 않는 것은?

① 필요시에는 다른 작업자도 출입 가능하다.
② 작업 순서에 따라 작업을 실시한다.
③ 작업 장소에 있는 장애물을 제거한다.
④ 눈이나 비가 올 때는 작업을 중지한다.

45 타워크레인의 설치 · 조립 작업을 할 때 준수해야 할 내용으로 옳지 않는 것은?

① 지반에는 침하가 없도록 한다.
② 대칭되는 곳은 볼트를 순차적으로 결합한다.
③ 권상 · 권하 기자재는 균형을 유지해서 운반한다.
④ 작업 장소에 있는 장애물은 그대로 둔다.

46 타워크레인을 벽체에 지지할 경우 설계검사 등의 서류가 없거나 명확하지 않을 때는 전문가의 확인을 받아야 하는데, 이때 확인해 줄 수 있는 전문가에 해당하지 않는 사람은?

① 건설안전분야 산업안전지도사
② 기계 · 건설안전기술사
③ 기계제작기술사, 차량기술사
④ 건축구조기술사, 건설기계기술사

47 타워크레인을 설치할 때의 위험요인에 속하지 않는 것은?

① 기초 앵커 시공 시 결함과 지반 침하
② 지브와 달기 기구와의 충돌
③ 벽 지지대 및지지 와이어로프의 파손 · 불량
④ 정격하중 이상의 과부하

해설

벽 지지대, 지지 와이어로프의 파손 · 불량은 텔레스코핑 작업 시 발생하는 현상이다.

48 지상 10m에서 풍속 5m/sec로 바람이 불 때, 타워크레인의 30m 지점에서 부는 바람의 풍속은 얼마인가?

① 5.0m/sec ② 7.0m/sec
③ 9.0m/sec ④ 11.0m/sec

49 지상 10m에서 풍속 7m/sec로 바람이 불 때, 타워크레인의 60m 지점에서 부는 바람의 풍속은 얼마인가?

① 11.2m/sec ② 13.2m/sec
③ 15.2m/sec ④ 17.2m/sec

50 용접 중에 검사해야 하는 작업에 속하지 않는 것은?

① 비드 형상 및 용입 부족 조사
② 후 열처리 조사
③ 이음의 표면 청소상태
④ 용접봉의 건조상태

51 여름철 태풍에 대한 설명으로 잘못된 것은?

① 태풍의 소용돌이는 우회전한다.
② 8, 9월경에 가장 피해가 크다.
③ 열대성 저기압이 발달한다.
④ 필리핀 해상 등에서 발생한다.

정답 43 ② 44 ① 45 ④ 46 ③ 47 ③ 48 ③ 49 ④ 50 ② 51 ①

해설
태풍의 소용돌이는 좌회전을 하며 북쪽에서는 동풍, 서쪽에서는 북풍, 동쪽에서는 남풍이 된다.

52 **풍속은 무엇을 표시한 것인가?**

① 1분당 몇 미터의 압력을 미치는가
② 1분당 몇 미터의 속도로 부는가
③ 1초당 몇 미터의 압력을 미치는가
④ 1초당 몇 미터의 속도로 부는가

53 **와이어로프가 내부 소선에 의해 마멸되는 이유로 잘못된 것은?**

① 윤활작용이 잘 되지 않는 경우
② 로프가 다른 물체와 접촉할 경우
③ 무리하게 굽힘 작용이 있는 경우
④ 과대하중이 작용한 경우

해설
와이어로프가 다른 물체와 접촉할 경우 외부 소선에 의한 마멸이 발생한다.

54 **타워크레인을 설치할 때 안전 담당자가 해야 할 일이 아닌 것은?**

① 필요시 작업에 공동으로 참여하고 지원한다.
② 안전대와 안전모 착용상태를 감시한다.
③ 재료의 결함 유무와 공기구의 기능을 점검한다.
④ 작업방법과 작업자 배치를 결정한다.

55 **해머 작업을 할 때 주의사항으로 거리가 먼 것은?**

① 손에 묻은 기름은 깨끗이 닦고 작업한다.
② 장갑을 끼고 작업한다.
③ 타격면이 변형된 것은 사용을 금지한다.
④ 손잡이가 튼튼한 것을 사용한다.

56 **수공구 사용 시 주의사항으로 거리가 먼 것은?**

① 해머의 사용면은 마멸되어도 큰 문제는 없다.
② 스패너는 너트에 잘 맞는 것을 사용한다.
③ 해머 쐐기의 유무를 확인한다.
④ 좋은 공구를 사용한다.

57 **텔레스코핑 작업 중 추락 위험이 있는 위치에서 작업할 때 주의할 점은?**

① 안전 관리자에게 전적으로 의지한다.
② 안전대 또는 로프를 사용한다.
③ 스스로 알아서 주의한다.
④ 사다리를 이용한다.

58 **마스트 상승 작업을 할 때 관리 감독자가 작업 중에 감시해야 할 사항과 거리가 먼 것은?**

① 줄걸이 및 신호자 배치 여부
② 작업 발판의 설치상태
③ 안전대 착용상태
④ 부재중량 파악

59 **텔레스코핑 케이지에 설치되는 구성품과 거리가 먼 것은?**

① 플랫폼
② 서포트 슈
③ 템플리트
④ 유압 펌프와 모터

해설
템플리트는 기초 앵커 설치용 구성품이다.

정답 52 ④ 53 ② 54 ① 55 ② 56 ① 57 ② 58 ④ 59 ③

60 텔레스코핑 케이지 조립방법에 해당하지 않는 것은?

① 텔레스코핑 케이지 롤러의 구동상태를 점검하고 장애물을 제거한다.
② 플랫폼이 떨어지지 않게 볼트를 조인다.
③ 텔레스코핑 케이지 두 부분을 핀으로 체결한다.
④ 선회 플랫폼 전원 터미널 박스에 메인 전원을 연결한다.

해설

선회 플랫폼 전원 터미널 박스에 전원을 연결하는 것은 운전실 설치사항이다.

정답 60 ④

타워크레인운전기능사 출제예상문제 ⑬

				수험번호	성명
자격종목 **타워크레인운전기능사**	종목코드	시험시간 1시간	형별		

1 타이 바에 대한 설명으로 옳은 것은?

① 구조 기능상 전단력이 작용
② 구조 기능상 선회력이 작용
③ 구조 기능상 압축력이 작용
④ 구조 기능상 인장력이 작용

2 선회장치는 어디에 설치하는가?

① 운전실 반대편 ② 운전실 상층부
③ 마스트 최하부 ④ 마스트 최상부

3 크레인의 전 · 후방 균형 유지를 위해 메인 지브의 반대편에 설치하는 구조물은?

① 카운터 지브 ② 타워 헤드
③ 호이스트 기어 ④ 와이어 드럼

4 강의 화염경화법의 장점이 아닌 것은?

① 담금질로 인한 균열이나 변형이 적다.
② 열효율이 좋다.
③ 장치가 간편하고 설비비가 저렴하다.
④ 거의 모든 강 제품에 담금질이 가능하다.

5 F 10 등급 조립용 고장력 너트의 최소 경도(HB)는 얼마인가?

① 75 ② 85
③ 95 ④ 105

6 M 20, 8.8 HT 볼트와 너트의 토크 체결 시 적정한 토크값은?

① 210±7N · m
② 220±7N · m
③ 240±7N · m
④ 250±7N · m

7 M 22, 8.8 HT 볼트와 너트의 토크 체결 시 적정한 토크값은?

① 290±7N · m
② 300±7N · m
③ 320±7N · m
④ 340±7N · m

8 크레인 구조 부분의 하중을 계산할 때 적용되는 하중 종류와 거리가 먼 것은?

① 사하중 ② 수평 동하중
③ 수직 동하중 ④ 수직 정하중

9 타워크레인 지브 끝단과 전선로 사이에는 적당한 안전 이격거리를 두어야 하는데, 전로 전압이 50KV일 때 안전 이격거리는 몇 m인가?

① 1m ② 3m
③ 5m ④ 6m

10 전기기계 · 기구를 설치할 때 고려해야 할 사항이 아닌 것은?

① 전기적 · 기계적 방호 수단의 적정성
② 습기 등 사용 장소의 주위 환경

정답 1 ④ 2 ④ 3 ① 4 ② 5 ③ 6 ④ 7 ② 8 ① 9 ② 10 ③

③ 도전성이 높은 액체에 의한 습윤 장소의 감도
④ 충분한 전기적 용량 및 기계적 강도

11 **누전 차단기의 정격 감도 전류의 기준치는 얼마인가?**

① 5mA 이하 ② 15mA 이하
③ 20mA 이하 ④ 30mA 이하

12 **트롤리 정지장치에 대한 설명으로 옳은 것은?**

① 트롤리의 속도를 제한하는 고무 완충제
② 트롤리의 충격을 흡수하는 고무 완충제
③ 마스트의 충격을 흡수하는 고무 완충제
④ 후크의 충격을 흡수하는 고무 완충제

13 **트롤리 로프 처짐이 클 때 로프의 한쪽 끝을 드럼에 감아주는 장치는 무엇인가?**

① 트롤리 로프 긴장장치
② 트롤리 로프 안전장치
③ 트롤리 정지장치
④ 와이어로프 꼬임 방지장치

해설

- 트롤리 로프 안전장치 : 트롤리 주행에 사용되는 와이어로프가 파손되었을 때 트롤리 작동을 정지시키는 장치
- 트롤리 로프 긴장장치 : 로프의 처짐이 클 때 트롤리 로프의 한쪽 끝을 드럼에 감아 장력을 주는 장치

14 **호이스트 로프에 하중이 걸릴 때 로프 변형과 후크 블록의 회전을 방지하는 장치는?**

① 트롤리 로프 긴장장치
② 트롤리 로프 안전장치
③ 트롤리 정지장치
④ 와이어로프 꼬임 방지장치

15 **유압기기의 장점과 거리가 먼 것은?**

① 작동유 온도가 상승하면 속도가 변한다.
② 미세 조작이 용이하다.
③ 원격 조작이 가능하다.
④ 진동이 작고 작동이 원활하다.

16 **유압장치의 장점에 해당하지 않는 것은?**

① 작은 동력원으로 큰 힘을 만들 수 있다.
② 구조가 간단하다.
③ 과부하 방지가 용이하다.
④ 운동 방향을 쉽게 변경할 수 있다.

17 **"밀폐 용기 내에 있는 정지된 액체의 일부에 작용한 압력은 세기가 변하지 않고 용기 안의 모든 액체에 전달되며 벽면에 수직으로 작용한다"고 주장한 이론은 무엇인가?**

① 파스칼의 원리
② 피타고라스의 정리
③ 토리첼리의 원리
④ 베르누이의 정리

18 **유압장치 내부에 국부적으로 높은 압력이 발생하여 진동과 소음이 발생하는 현상을 무엇이라고 하는가?**

① 채터링 ② 제로랩
③ 오버랩 ④ 캐비테이션

해설

- 제로랩 : 미끄럼 밸브 등에서 밸브가 중립점에 있으면 포트가 닫혀 있고, 밸브가 조금이라도 변위되면 포트가 열려 유체가 흐르도록 하는 겹쳐진 모양의 구조
- 오버랩 : 미끄럼 밸브 등에서 밸브가 중립점으로부터 약간 변위하면 처음으로 포트가 열려 유체가 흐르도록 하는 겹쳐진 모양의 구조

정답 11 ④ 12 ② 13 ① 14 ④ 15 ① 16 ② 17 ① 18 ④

- 언더랩 : 미끄럼 밸브 등에서 밸브가 중립점에 있을 때 이미 포트가 열려 있어 유체가 흐르도록 하는 겹쳐진 모양의 구조
- 채터링 : 릴리프 밸브 등으로 밸브 시트를 두들겨서 비교적 높은 음을 발생시키는 일종의 자력 진동 현상

19 **유압 펌프에서 소음 및 진동이 발생하고 양정과 효율이 급격하게 저하되며 날개차 등에 부식을 일으키는 원인은 무엇인가?**

① 동력 저하 ② 손실
③ 공동현상 ④ 비속도

20 **유압회로에서 서지 압력은 무엇을 뜻하는가?**

① 과도하게 발생하는 이상 압력의 최댓값
② 정상적으로 발생하는 압력의 최댓값
③ 과도하게 발생하는 압력의 최솟값
④ 정상적으로 발생하는 압력의 최솟값

해설
서지 압력이란 제어 밸브의 조작에 따라 유체의 흐름이 과도하게 변화하여 발생하는 이상 압력 변동이다.

21 **유압장치에서 작동유가 과열하는 이유에 해당하지 않는 것은?**

① 작동유 냉각기가 불량이다.
② 릴리프 밸브가 닫혀 있다.
③ 작동유의 점도가 낮다.
④ 작동유량이 부족하다.

22 **유압장치의 작동유 온도가 약 120℃ 정도로 상승했을 때 발생하는 현상으로 옳은 것은?**

① 냉각의 영향으로 온도가 저하된다.
② 작동유 산화로 접촉부 마모가 촉진된다.
③ 압력은 정상값을 유지한다.
④ 작동이 용이해진다.

23 **유압장치의 작동유 온도가 지나치게 상승했을 때 발생하는 현상과 거리가 먼 것은?**

① 실린더의 작동이 불량해진다.
② 작동유의 산화가 촉진된다.
③ 스크래칭이 발생한다.
④ 유압기기의 작동이 용이해진다.

해설
작동유의 온도가 지나치게 상승하면 산화를 촉진하고 유압기기의 작동이 불량해지며, 스크래칭(긁힘) 현상과 슬러지 등의 오염물질이 생긴다.

24 **유압장치 작동유의 첨가제와 거리가 먼 것은?**

① 수포제 ② 산화 방지제
③ 점도지수 향상제 ④ 유동성 강화제

25 **유압장치 작동유의 사용 온도 범위는?**

① -20~10℃ ② 0~20℃
③ 10~30℃ ④ 30~80℃

해설
작동유의 정상적인 작동 온도는 30~70℃ 정도이다. 80℃ 이상 되면 점도 저하로 열화가 촉진되며, 오일이 탄성력을 잃게 된다.

26 **가이로프 및 고정용 와이어로프의 안전율은 얼마인가?**

① 1.0 이상 ② 2.0 이상
③ 4.0 이상 ④ 5.0 이상

27 **와이어로프의 직경을 바르게 표현한 것은?**

① 로프 길이 중간의 전후 3m 지점에서 측정한 평균치
② 로프 끝에서 1.5m 이상 떨어진 임의의 2개소 이상에서 측정한 평균치
③ 로프의 임의의 길이에 대하여 측정한 평균치

정답 19 ③ 20 ① 21 ③ 22 ② 23 ④ 24 ① 25 ④ 26 ③ 27 ②

④ 로프의 전 길이에 걸쳐서 임의의 3개소 이상에서 측정한 평균치

28 **와이어로프를 폐기 · 교환해야 하는 기준으로 옳은 것은?**

① 소선 수의 10% 이상이 절단되거나 공칭 지름의 7% 이상이 감소한 경우
② 소선 수의 15% 이상이 절단되거나 공칭 지름의 7% 이상이 감소한 경우
③ 소선 수의 7% 이상이 절단되거나 공칭 지름의 10% 이상이 감소한 경우
④ 소선 수의 10% 이상이 절단되거나 공칭 지름의 15% 이상이 감소한 경우

29 **텔레스코핑 작업 과정에 대한 설명으로 옳은 것은?**

① 카운터 지브 방향에 수평상태를 유지한다.
② 마스트의 전 길이에 걸쳐 수직도 상태를 유지한다.
③ 선회 운전을 금지한다.
④ 필요시 트롤리 운전을 실시한다.

30 **가장 이상적인 마스트 운반방법은?**

① 전 하중 전속력 운전
② 이상 진동을 느낄 때 즉시 운전 정지
③ 시동 후 급출발
④ 빈번한 정지 후 출발

31 **인양물이 긴 대하중이고 이동 경로 주변에 작업자의 출입이 없으며, 신호자의 유도를 받아 작업할 때 올바른 운전방법은?**

① 가능한 한 지면에서 낮게 올려 서행한다.
② 최소 2m 높이를 유지하면서 서행한다.
③ 서행하면서 수시로 브레이크를 사용하여 정지하면서 운전한다.
④ 높이 2m 정도를 유지하면서 신속히 운전한다.

32 **마스트를 위로 달아 올릴 때 준수해야 할 사항과 거리가 먼 것은?**

① 매달린 하중을 확인한 후 정격하중 이하에서 운전한다.
② 매달린 인양물이 불안할 때는 작업을 중지한다.
③ 신호자의 신호를 반드시 따른다.
④ 별다른 신호 규정 없이 작업한다.

33 **타워크레인을 가동하기 전 하중시험은 정격하중의 몇 배인가?**

① 1.1배 미만　　② 1.1배 이상
③ 1.05배 미만　　④ 1.05배 이상

34 **타워크레인을 가동하기 전 하중시험을 걸어야 하는 지브의 위치는 어디인가?**

① 지브의 2/3 지점
② 지브의 중앙
③ 지브의 외측단
④ 지브의 내측단

35 **크레인의 공통적 표준운전 신호방법에서 '매달린 화물 위로 올리기'를 바르게 표현한 것은?**

① 검지를 위로 해서 수평원을 크게 그린다.
② 검지를 위로 해서 수평원을 작게 그린다.
③ 엄지를 위로 해서 수평원을 크게 그린다.
④ 엄지를 위로 해서 수평원을 작게 그린다.

정답 28 ① 29 ③ 30 ② 31 ① 32 ④ 33 ④ 34 ③ 35 ①

36 크레인의 공통적 표준운전 신호방법에서 '주권 사용'을 바르게 표현한 것은?

① 손바닥을 머리에 대고 떼었다 붙였다 한다.
② 주먹을 머리에 대고 떼었다 붙였다 한다.
③ 주먹을 머리에 대고 붙였다 떼었다 한다.
④ 손바닥을 머리에 대고 붙였다 떼었다 한다.

37 타워크레인으로 건물 구조물을 해체하고자 할 때에 대한 설명으로 잘못된 것은?

① 해체 작업자는 안전모 등을 착용한다.
② 해체 계획에 따라 작업을 실시한다.
③ 작업 구역 내에서 타 작업과 병행이 가능하다.
④ 해체계획서를 작성한다.

해설

설치·해체 작업 구역에는 관계 근로자 외에 다른 근로자를 출입시키거나 타 작업과 병행해서는 안 된다.

38 타워크레인으로 건물 구조물을 해체하고자 할 때 해체계획서에 포함되지 않는 것은?

① 해체 후 조립방법 및 순서
② 사업장 내 연락방법
③ 해체방법, 순서 도면
④ 가설설비, 방호설비방법

39 타워크레인으로 중량물을 취급하는 작업을 할 때 작업계획서에 포함되지 않는 것은?

① 작업 장소의 넓이 및 지형
② 중량물의 재질 및 특성
③ 중량물의 취급방법 및 순서
④ 중량물의 종류 및 형상

40 타워크레인 설치 시 위치 및 기종을 선정할 때 사전에 검토할 사항으로 옳지 않는 것은?

① 2대 이상의 크레인을 설치할 때 최소한의 이격거리를 유지할 수 있는지 점검한다.
② 가급적이면 최신 기종을 선정한다.
③ 작업에 적합한 사양의 기종을 선정한다.
④ 지브가 인접 크레인과 간섭되어도 충돌방지장치로 방어할 수 있는지 점검한다.

해설

지브가 인접한 크레인과 접촉하는 것은 피해야 하며, 최소한의 이격거리를 유지하여야 한다.

41 이동식 크레인의 선택 및 지반상태에 대한 검토사항에 해당하지 않는 것은?

① 이동식 크레인이 위치할 장소의 지내력를 점검한다.
② 토류벽과 인접되는 장소의 지지력를 점검한다.
③ 도심지 공사에는 선택적으로 신호자를 배치한다.
④ 작업에 적합한 용량의 이동식 크레인을 선택한다.

42 타워크레인을 선정할 때 검토할 사항과 관련이 없는 것은?

① 크레인 사용 연한
② 크레인 제작사
③ 크레인 기종
④ 크레인 위치

정답 36 ② 37 ③ 38 ① 39 ② 40 ④ 41 ③ 42 ②

43 이동식 크레인을 선정할 때 검토할 사항과 관련이 없는 것은?

① 크레인 제작사
② 크레인 사용 연한
③ 크레인 용량
④ 크레인 성능

44 타워크레인을 설치할 때 기초 지반에 대해 검토할 사항과 관련이 없는 것은?

① 토류벽의 지지력
② 신호자 보호 대책
③ 인양물 하중의 지지상태
④ 이동식 크레인이 위치할 지반상태

45 타워크레인의 설치 계획에 필요한 서류와 거리가 먼 것은?

① 작업 팀원의 이력서
② 설치 작업 계획서
③ 크레인 사용표 및 관리 카드
④ 보험 관계 서류

46 타워크레인의 설치 계획에 필요한 서류와 거리가 먼 것은?

① 이동식 크레인을 선택하거나 구조물 상부에 크레인을 설치할 때 구조물의 지지력 검토서
② 크레인 기종 및 설치 위치 관련 자료
③ 보험 관계 서류 및 설치 작업계획서
④ 설치 작업 팀원에 대한 신상명세서

47 타워크레인 설치 전에 준비해야 할 사항과 관련이 없는 것은?

① 차량 진입로와 야적 장소 확인
② 전원 공급 라인의 적정성 확인
③ 작업자 안전교육 장소 확인
④ 현장 지내력 확인

48 사용 중인 와이어로프의 신뢰성 확인과 관련이 없는 사항은?

① 파손된 로프의 중량
② 로프의 파손 연쇄 반응
③ 파손된 로프 가닥의 종류와 수
④ 파손된 로프의 위치

49 타워크레인의 작업 시 순간풍속이 초당 10m를 초과할 때 중지해야 하는 작업에 해당하지 않는 것은?

① 점검 작업 ② 운전 작업
③ 수리 작업 ④ 설치 작업

해설
운전 작업은 20m/sec를 초과하는 경우에 중지한다.

50 타워크레인으로 상 · 하차 작업을 하기 전에 준비해야 할 사항과 거리가 먼 것은?

① 작업 위치를 계획한다.
② 차량 진입로를 확인한다.
③ 이동식 크레인의 기종을 선정한다.
④ 상 · 하차 작업계획서는 사후에 작성한다.

51 타워크레인으로 상 · 하차 작업을 하기 전에 준비해야 할 사항과 거리가 먼 것은?

① 도로 지형 및 위치를 사전에 파악한다.
② 부재 야적 장소 및 작업 공간을 확보한다.
③ 받침목, 밴드 등 인양 도구를 준비한다.
④ 크레인 부재의 수량 및 품목을 파악한다.

정답 43 ① 44 ② 45 ① 46 ④ 47 ③ 48 ① 49 ② 50 ④ 51 ①

52 타워크레인으로 상·하차 작업을 하기 전에 준비해야 할 사항과 거리가 먼 것은?

① 부재 야적 장소의 연약 지반을 확인한다.
② 운전자에 대한 사후 안전교육을 실시한다.
③ 부재의 물품 리스트와 실물을 확인한다.
④ 상·하차 작업계획서를 사전에 작성한다.

53 타워크레인 작업을 할 때 집중호우 및 태풍에 대비한 자연재해 방지대책으로 옳지 않는 것은?

① 타워크레인에 대한 지지·고정상태를 재확인한다.
② 연약 지반을 보강한다.
③ 선회 브레이크를 구속하고 변압기 위치를 변경한다.
④ 전기장치 등은 감전이 되지 않도록 조치한다.

해설
선회 브레이크를 해제하여 지브가 바람의 영향에 자유롭도록 해야 한다.

54 타워크레인 운전에 참고하기 위한 풍속 판정 요령으로, 10분 동안 평균 풍속에 따라 일어나는 현상으로 옳지 않는 것은?

① 0.5m/sec 미만 – 연기가 바로 올라간다.
② 3.5m/sec 미만 – 나뭇잎이 흔들린다.
③ 13.5m/sec 미만 – 우산을 쓰기 어렵다.
④ 17.5m/sec 미만 – 바람을 향해 걸을 수 없다.

해설
10분 동안 풍속이 17.5m/sec일 때는 수목 전체가 흔들리며, 20m/sec일 때는 바람을 향해 걸을 수 없다.

55 일반적으로 10분 동안의 평균풍속이 얼마일 때 타워크레인 설치 작업이 중지되는가?

① 0.5m/sec 미만
② 3.5m/sec 미만
③ 10.0m/sec 미만
④ 17.5m/sec 미만

56 일반적으로 10분 동안의 평균풍속이 얼마일 때 과부하 방지장치의 하중 세팅 등 정밀한 작업이 곤란해지는가?

① 5.5m/sec 미만
② 8.0m/sec 미만
③ 10.0m/sec 미만
④ 17.5m/sec 미만

57 장마철 타워크레인 운전자가 준수해야 할 사항과 거리가 먼 것은?

① 주전원은 공급 상태로 둔다.
② 운전석을 이석할 때는 선회 브레이크를 풀어 놓는다.
③ 와이어 가잉은 설계도서 등에 명시된 경우 이외에는 임의로 설치해서는 안 된다.
④ 후크는 최대한 높이 올리고 운전석 가까운 곳에 둔다.

58 장마철 타워크레인 운전자가 준수해야 할 사항과 거리가 먼 것은?

① 케이블이 손상되었는지 점검하고 누전되지 않도록 사전에 조치한다.
② 스위치와 전자 접촉기류는 주전원을 차단한 후 뚜껑을 연다.
③ 피뢰침 설치상태 등을 점검하고 이상이 있으면 보고한다.

정답 52 ② 53 ③ 54 ④ 55 ③ 56 ② 57 ① 58 ④

④ 지브나 마스트에 부착된 광고판과 표지판 등은 가급적 제거하지 않는다.

59 **텔레스코핑 작업을 준비할 때 유압장치에 대한 설명으로 틀린 것은?**

① 유압 실린더 작동과 모터의 회전 방향을 점검한다.
② 유압 실린더와 카운터 지브를 동일 방향으로 한다.
③ 텔레스코핑 작동 중에는 에어벤트(Air Vent)를 닫아둔다.
④ 유압장치의 압력과 모터의 회전 방향을 점검한다.

해설
텔레스코핑 작업 중에는 에어벤트를 열어둔다.

60 **텔레스코핑 작업에 관한 설명으로 옳지 않는 것은?**

① 볼트 체결 시 유압 · 수동 토크 렌치를 사용한다.
② 추가 마스트에는 균형추를 달아 전후 평행을 유지한다.
③ 텔레스코핑 작업 중에는 크레인 선회를 금지한다.
④ 선회 동작이 불가피하다면 볼트를 체결한 후 실시한다.

해설
균형추는 카운터 지브에 설치하며 균형을 유지하는 역할을 한다.

정답 59 ③ 60 ②

타워크레인운전기능사 출제예상문제 14

자격종목	종목코드	시험시간	형별	수험번호	성명
타워크레인운전기능사		1시간			

1 메인 지브를 따라 왕복 이동하며 권상 작업을 위한 선회 반경을 결정하는 장치는?

① 시브 ② 후크
③ 트롤리 ④ 와이어 드럼

해설

트롤리는 횡행장치로 메인 지브를 따라 왕복 이동하며 권상 작업을 위한 선회 반경을 결정한다.

2 유압 실린더를 작동시켜 실린더 행정에 의해 확보되는 공간에 새로운 마스트를 끼워 넣어 타워크레인을 상승시키는 장치는?

① 솔레노이드 밸브
② 안전 밸브
③ 유압하강장치
④ 유압상승장치

3 타워크레인의 설치 형식에서 고정식(Stationary Type)에 대한 설명으로 잘못된 것은?

① 자립고 이상에 설치할 때는 월 타이 등으로 지지한다.
② 설치가 어렵고 비용이 많이 든다.
③ 지반에 픽싱 앵커를 콘크리트로 타설하여 고정한다.
④ 아파트를 건축할 때 적합하다.

4 보통 운전 중에 위치 및 크기가 변하지 않는 수직하중은 무엇인가?

① 수평 동하중 ② 사하중
③ 자중 ④ 수직 동하중

5 타워크레인에서 풍하중의 값을 산출하는 데 관련이 없는 것은?

① 충돌 하중 계수
② 압력을 받는 면적
③ 속도압
④ 풍력계수

6 타워크레인의 재료나 구조물의 외력에 대한 변형 저항을 무엇이라 하는가?

① 불안정(Unstable)
② 강성(Stiffness)
③ 캠버(Camber)
④ 처짐(Deflection)

7 타워크레인의 와이어로프에 걸리는 총 하중은 무엇을 뜻하는가?

① 정하중 + 동하중
② 임계하중
③ 정하중
④ 동하중

8 축에 홈을 가공하지 않고 보스에만 홈을 가공하여 축의 표면과 보스의 홈에 모양이 일치하도록 가공하여 박은 것은 무슨 키인가?

① 접선키 ② 안장키
③ 반달키 ④ 성크키

정답 1 ③ 2 ④ 3 ② 4 ③ 5 ① 6 ② 7 ① 8 ②

9 **과전류 보호장치의 차단에 대한 설명으로 잘못된 것은?**

① 전기계통상에서 상호 협조 · 보완되도록 한다.
② 과전류 발생 시 전로를 자동적으로 차단하도록 한다.
③ 반드시 접지선 외의 전로에 병렬로 연결한다.
④ 차단기 퓨즈는 최대 과전류에 대해 충분히 차단하는 성능을 갖춰야 한다.

해설
전지선 외의 전로에 반드시 병렬로 연결할 필요는 없다.

10 **브레이크용 전자석에서 전압이 낮아졌을 때 발생할 수 있는 현상으로 옳은 것은?**

① 과열이 일어난다.
② 작동 시간이 매우 빨라질 수 있다.
③ 충격이 일어날 수 있다.
④ 문제가 발생하지 않는다.

11 **권상전동기의 소요 용량을 구하는 공식은?**

① $\dfrac{(\text{정격하중}+\text{후크하중})\times\text{효율}}{6.12\times\text{효율}}$

② $\dfrac{(\text{정격하중}+\text{후크하중})\times\text{효율}}{6.12\times\text{속도}}$

③ $\dfrac{(\text{정격하중}+\text{후크하중})\times\text{속도}}{6.12\times\text{효율}}$

④ $\dfrac{(\text{정격하중}+\text{후크하중})\times\text{속도}}{6.12\times\text{속도}}$

12 **후크해지장치에 대한 설명으로 옳은 것은?**

① 와이어로프의 이탈을 용이하게 한다.
② 와이어로프의 이탈을 방지한다.
③ 후크의 균열을 방지한다.
④ 후크의 마모를 방지한다.

해설
후크해지장치는 와이어로프가 이탈되는 것을 방지하는 장치이다.

13 **선회 제한 리미트 스위치에 대한 설명으로 잘못된 것은?**

① 제한 리미트가 연결된 피니언으로 구성된다.
② 트롤리의 이동을 제한한다.
③ 회전 수를 검출한다.
④ 회전판으로 작동한다.

해설
선회 제한 리미트
- 선회장치 내에서 회전 수를 검출하여 주어진 범위 안에서 선회 동작이 이루어진다.
- 회전판에 의해 작동되고 제한 리미트가 연결된 한 개의 피니언으로 구성된다.
- 작동 시에는 지브의 회전을 제한한다.

14 **선회 제한 리미트 스위치를 작동하기 위한 구성품과 거리가 먼 것은?**

① 센서　② 선회 링 기어
③ 캠 기구　④ 피니언

15 **유압장치 작동유의 온도가 상승할 때 발생할 수 있는 현상이 아닌 것은?**

① 밸브류의 기능 저하
② 유압 펌프의 효율 저하
③ 작동유의 점도 저하
④ 작동유의 누출 저하

해설
작동유의 온도가 상승하면 점도가 떨어지면서 유압 펌프의 효율이 저하되며, 작동유의 누출이 증가하고 제어 밸브류의 기능이 저하된다.

정답 9 ③　10 ①　11 ③　12 ②　13 ②　14 ①　15 ④

16 유압장치 작동유에 필요한 성질과 거리가 먼 것은?

① 공기와 쉽게 혼합될 것
② 부식 발생이 억제될 것
③ 장시간 사용 시 화학적 변화가 적을 것
④ 비압축성일 것

해설
작동유는 비압축성이여야 한다.

17 유압장치 작동유의 점도가 매우 높을 때 발생할 수 있는 현상으로 옳은 것은?

① 기계적 효율이 증가한다.
② 유동 저항의 강하로 압력 손실이 적어진다.
③ 캐비테이션 현상이 발생한다.
④ 내부 마찰이 증가하여 온도가 낮아진다.

해설
작동유의 점도가 너무 높으면 캐비테이션 현상이 일어날 수 있다. 반대로 점도가 너무 낮으면 유압 펌프의 효율 저하를 비롯해 작동유의 누출 증가, 제어 밸브류의 기능 저하가 나타난다.

18 유압장치 작동유의 점도가 너무 높을 때 발생하는 현상과 거리가 먼 것은?

① 발열이 생긴다.
② 동력 손실이 커진다.
③ 유압력이 낮아진다.
④ 파이프 내의 마찰 손실이 커진다.

해설
점도가 증가하면 압력 또한 증가한다.

19 유압장치 작동유의 구비조건과 거리가 먼 것은?

① 물리적, 화학적으로 안정될 것
② 압축성이 있을 것
③ 실(Seal)재와의 적합성이 좋을 것
④ 유동성과 점성력이 있을 것

20 유압장치 작동유의 구비조건과 거리가 먼 것은?

① 물리적 안정성이 클 것
② 체적계수가 클 것
③ 내연성이 클 것
④ 밀도가 클 것

해설
밀도가 크다는 것은 같은 부피에 대해 질량이 더 크다는 뜻이므로, 여러 물질이 섞여 있을 때 밀도가 큰 물질일수록 아래에 위치한다.

21 유압장치 작동유의 구비조건과 거리가 먼 것은?

① 산화 안정성이 있을 것
② 윤활성과 방청성이 있을 것
③ 넓은 온도 범위에서 점도 변화가 적을 것
④ 유압장치에 사용되는 재료에 대해 불활성이 아닐 것

22 유압장치 작동유의 점도가 너무 낮을 때 발생하는 현상이 아닌 것은?

① 유압 펌프의 효율성 저하
② 유압계통 내의 압력 저하
③ 시동 시 저항 증가
④ 작동 시 누출 발생

해설
점도가 너무 낮으면 유압 펌프의 효율 저하, 작동유의 누출 증가, 제어 밸브류의 기능 저하, 유압 저하 등이 발생한다.

23 다음 중 유압장치 작동유의 산화를 가장 많이 촉진하는 원인은?

정답 16 ① 17 ③ 18 ③ 19 ② 20 ④ 21 ④ 22 ③ 23 ①

① 공기의 혼입
② 점도의 증가
③ 작동유의 급랭
④ 금속의 촉매작용

24 유압기기 장치 내에 슬러지(Sludge) 등이 발생했을 때 장치 내부를 청소하는 작업을 무엇이라 하는가?

① 코킹 ② 서징
③ 플러싱 ④ 트램핑

25 유압장치 작동유의 점도가 너무 낮을 때 나타나는 현상과 거리가 먼 것은?

① 내부 오일의 누출 증대
② 유압 펌프 및 전동기의 효율 증대
③ 압력 유지 곤란
④ 부품의 마모 증대

26 와이어로프와 체인의 수명에 대한 설명으로 옳은 것은?

① 와이어로프는 체인에 비해 단위 길이당 중량이 크다.
② 와이어로프는 체인에 비해 사용 시 소음이 크다.
③ 와이어로프는 체인에 비해 굽힘작용에 대한 저항이 크다.
④ 와이어로프는 체인에 비해 수명이 짧다.

27 와이어로프를 절단하여 줄걸이 용구를 제작하는 방법으로 잘못된 것은?

① 유압으로 절단
② 수공구로 절단
③ 기계적인 방법으로 절단
④ 가스 용단으로 절단

28 다음 중 와이어로프를 줄걸이 용구로 사용할 수 있는 경우는 무엇인가?

① 부식된 것
② 지름이 공칭 지름의 2% 이상 감소한 것
③ 손상된 것
④ 꼬임이 끊어진 것

29 타워크레인을 가동하기 전 점검사항과 거리가 먼 것은?

① 브레이크 확인
② 리미트 스위치 점검
③ 볼트 및 핀 점검
④ 청소 및 스위치 작동 방향 부착

30 타워크레인을 가동하기 전 시운전을 할 때 확인해야 할 사항으로 옳은 것은?

① 권상, 권하, 선회, 트롤리 이동 운전으로 운전상태 확인
② 트롤리 이동 운전으로 운전상태 확인
③ 선회 운전으로 운전상태 확인
④ 권상·권하 운전으로 운전상태 확인

31 자재 권상 작업 시 가장 올바른 운전방법은?

① 줄걸이 용구가 팽팽해질 때까지 급행동작 후 급격히 상승
② 줄걸이 용구가 팽팽해질 때까지 서행동작 후 서서히 상승
③ 줄걸이 용구가 팽팽해질 때까지 서행동작 후 급격히 상승
④ 줄걸이 용구가 팽팽해질 때까지 급행동작 후 서서히 상승

정답 24 ③ 25 ② 26 ④ 27 ④ 28 ② 29 ④ 30 ① 31 ②

32 **자재 권상 작업 시 지켜야 할 수칙으로 거리가 먼 것은?**

① 선회 제한 스위치가 고장나면 운전을 정지한다.
② 슬링 줄걸이가 불량하면 운전을 정지한다.
③ 과하중 시에는 운전을 정지한다.
④ 리미트 스위치가 고장나면 운전을 정지한다.

33 **타워크레인 운전자가 지상에 있는 화장실에 가기 위해 운전석을 이석하는 경우에 조치할 사항으로 잘못된 것은?**

① 2차 조작 전원을 차단한다.
② 후크를 운전석 높이 가까이까지 올린다.
③ 작업자에게 반드시 알린다.
④ 후크에서 화물을 내려놓는다.

34 **타워크레인 운전자가 장시간 운전석을 비울 때 조치할 사항으로 옳은 것은?**

① 감시인을 배치한다.
② 주전원을 차단한다.
③ 2차 전원만 차단한다.
④ 전원은 공급 상태로 유지한다.

35 **크레인의 공통적 표준운전 신호방법에 대한 설명으로 잘못된 것은?**

① '비상정지'는 양손을 들어 올려 크게 2, 3회 좌우로 흔든다.
② '화물의 일반적인 정지'는 두 손을 들어 올려 주먹을 쥔다.
③ '주권 사용'은 주먹을 머리에 대고 떼었다 붙였다를 반복한다.
④ '위로 올리기'는 집게손가락을 위로 해서 수평원을 크게 그린다.

36 **크레인의 공통적 표준운전 신호방법에서 '화물을 천천히 조금씩 위로 올리기'를 올바르게 표현한 것은?**

① 두 손을 지면과 수직으로 들고 손바닥을 위로 하여 2, 3회 작게 흔든다.
② 두 손을 지면과 수평으로 들고 손바닥을 위로 하여 2, 3회 작게 흔든다.
③ 한 손을 지면과 수직으로 들고 손바닥을 위로 하여 2, 3회 작게 흔든다.
④ 한손을 지면과 수평으로 들고 손바닥을 위로 하여 2, 3회 작게 흔든다.

37 **타워크레인 설치 전에 준비해야 할 사항으로 잘못된 것은?**

① 대민 및 관공서 업무 수행
② 작업장 출입 통제 표시띠 설치
③ 이동식 크레인 사전 배치
④ 현장 안전요원 배치

38 **타워크레인 설치 전에 설치 업체에서 준비해야 할 사항이 아닌 것은?**

① 완성검사 신청 및 안전장구 준비
② 토크 렌치, 인양 줄걸이 및 공구 확인
③ 설치 중 보험 가입
④ 장비 매뉴얼 확보 및 숙지

39 **클라이밍 작업 시 현장에서 준비해야 하는 사항이 아닌 것은?**

① 철골조 높이를 감안하여 레벨링 작업을 한다.
② 레벨링 작업은 현장 여건에 따라 실시한다.
③ 시공법에 따라 구조를 계산하여 준비한다.
④ 준비된 정품의 보강자재로 작업한다.

정답 32 ① 33 ① 34 ② 35 ② 36 ④ 37 ③ 38 ③ 39 ②

40 **클라이밍 작업 시 철골조에 관한 주요 준비사항과 거리가 먼 것은?**

① 도장상태 확인 ② 볼팅상태 확인
③ 레벨상태 확인 ④ 용접상태 확인

41 **클라이밍 작업 시 설치 업체에서 준비해야 하는 사항이 아닌 것은?**

① 클라이밍 장치의 이상 유무 확인
② 철골조의 레벨, 용접 등의 확인
③ 클리이밍 장치의 이상 유무 확인
④ 타 공종의 영향을 최소화했는지 확인

해설
타 공종의 영향을 최소화하는 것은 현장에서 준비해야 하는 사항이다.

42 **클라이밍 작업 전에 준비해야 할 사항과 거리가 먼 것은?**

① 1차 클라이밍 프레임, 2차 프레임 간격과 철골조의 높이를 비교하여 크레인 높이를 조정한다.
② 베이직 마스트 분리 · 해체 시 해체 여유 공간을 확보한다.
③ 데릭은 타워크레인을 설치한 후 즉시 철거하고, 해체할 때 다시 설치한다.
④ 크레인 상승 위치 보강 빔과 빔 사이 간격이 설치 기종의 클라이밍 프레임과 맞는지 비교 조정한다.

43 **타워크레인 클라이밍 방법에 대한 설명으로 잘못된 것은?**

① 클라이밍 프레임에서 콘택트와 가이드 슈를 조정한다.
② 콘택트와 가이드 슈를 조정한 후에는 크레인을 선회 운전한다.
③ 슬루잉 섹션에서 평형상태를 유지한다.
④ 메인 지브와 카운터 지브가 클라이밍 크로스 멤버에 직각이 되도록 크레인을 회전한다.

44 **타워크레인의 클라이밍 작업으로 계획된 설치 높이에 이르기 전에 준비해야 하는 사항과 거리가 먼 것은?**

① 클라이밍 섹션을 연결하는 볼트를 조립한다.
② 콘택트, 가이드 슈와 함께 위 · 아래 클라이밍 프레임을 볼트로 견고히 고정한다.
③ 램 피스톤을 수축시키고 하부 클라이밍 프레임을 거더에 내려놓는다.
④ 수직력을 흡수하는 4거더는 하부 클라이밍 프레임 위치에 설치한다.

해설
클라이밍 섹션 연결은 핀으로 한다.

45 **월 브레이싱에 대한 설명으로 잘못된 것은?**

① 크레인과 건물 간의 이격거리는 최소 2.5m에서 최대 6m 정도로 제한한다.
② 삼각형 구조로 용접하여 출하한다.
③ 3~16톤의 타워크레인에 적용한다.
④ 일반적으로 도심의 건축물에 시공한다.

해설
월 브레이싱(벽체 지지) 형태가 삼각형만 있는 것은 아니다.

46 **월 브레이싱 시공 계획을 반영하는 시점으로 옳은 것은?**

① 타워크레인의 해체 계획에 반영
② 타워크레인 설치 후 계획에 반영
③ 타워크레인 설치 중 계획에 반영
④ 타워크레인 설치 전 계획에 반영

정답 40 ① 41 ④ 42 ③ 43 ② 44 ① 45 ② 46 ④

47 **타워크레인이 건물과 이격거리가 큰 경우에 월 브레이싱 시공방법으로 옳은 것은?**

① 수평력에 부합하는 것보다 큰 부재를 선정하여 시공한다.
② 수평력에 부합하는 것보다 작은 부재를 선정하여 시공한다.
③ 수직력에 부합하는 것보다 큰 부재를 선정하여 시공한다.
④ 수직력에 부합하는 것보다 작은 부재를 선정하여 시공한다.

48 **타워크레인 검사와 관련된 내용으로 틀린 것은?**

① 3개월마다 정기적으로 자체검사를 실시한다.
② 크레인의 주요 구조부를 변경할 때는 완성검사만 받는다.
③ 최초 완성검사 후 2년마다 정기검사를 받는다.
④ 검사 대상품을 제조·수입하여 설치 또는 사용하려는 자는 완성검사를 받는다.

49 **산업안전보건법상 조종석이 설치된 타워크레인으로 운전이 가능한 자에 해당하지 않는 것은?**

① 천장크레인 운전기능사 자격을 취득한 자
② 타워크레인 운전 분야 수료시험에 합격한 자
③ 타워크레인 운전기능사 자격을 취득한 자
④ 타워크레인 운전 분야 직업 훈련을 이수한 자

50 **타워크레인 작업의 안전 담당자가 수행해야 하는 직무 내용이 아닌 것은?**

① 재료의 결함 유무 점검
② 안전장치의 작동상태 점검
③ 안전대 및 안전모 착용 감시
④ 작업방법을 파악하고 근로자를 배치해 작업 지휘

해설
리미트 스위치, 브레이크 등의 작동상태는 운전자가 점검할 내용이다.

51 **타워크레인의 자체검사 내용으로 바르지 않은 것은?**

① 와이어로프의 이상 유무
② 브레이크 및 클러치의 이상 유무
③ 트롤리 바의 이상 유무
④ 과부하·권과방지장치 등의 이상 유무

해설
트롤리 바는 옥내 천장크레인 등에 구성된 전기기구이다.

52 **타워크레인을 조립한 후 검사 기준에 대한 설명으로 잘못된 것은?**

① 공인검사관이란 정부 지정 검사기관의 검사요원을 말한다.
② 시운전과 수리를 한 후 전문가의 검사를 받는다.
③ 최초 완성검사 후 3년이 경과되면 정기검사를 받아야 한다.
④ 최초 시운전의 운전자격은 간단한 교육을 받은 자도 포함된다.

53 **커플링의 올바른 검사기준과 거리가 먼 것은?**

① 체인형의 경우 압력상태가 양호해야 한다.

정답 47 ① 48 ② 49 ① 50 ② 51 ③ 52 ④ 53 ①

② 볼트와 너트는 풀림과 탈락이 없어야 한다.
③ 플렉시블형의 고무 부시는 풀림과 마모가 없어야 한다.
④ 회전 시 원주 방향 및 축 방향에 이상 진동이 없어야 한다.

54 **브레이크의 올바른 검사기준에 해당하지 않는 것은?**

① 유량은 적정하고 기름 누설이 없어야 한다.
② 디스크의 마모량은 원래 치수의 10% 이내여야 한다.
③ 마모량은 원래 치수의 30% 이내여야 한다.
④ 라이닝은 편마모가 없어야 한다.

55 **치차의 올바른 검사기준에 해당하지 않는 것은?**

① 치면은 파손과 균열이 없어야 한다.
② 볼트와 너트는 탈락이 없어야 한다.
③ 이상음과 이상 발열이 없어야 한다.
④ 치면의 최대 마모 한도가 경화층 두께를 초과하지 않아야 한다.

56 **축의 올바른 검사기준에 해당하지 않는 것은?**

① 풀림과 빠짐이 없어야 한다.
② 진동이 없어야 한다.
③ 회전 시 소음이 없어야 한다.
④ 변형과 마모가 없어야 한다.

57 **베어링의 올바른 검사기준에 해당하지 않는 것은?**

① 급유가 양호해야 한다.
② 구름 베어링은 부하상태에서만 이상 발열이 없으면 된다.
③ 미끄럼 베어링은 부시에 현저한 마모가 없어야 한다.
④ 균열과 손상이 없어야 한다.

58 **드럼의 올바른 검사기준에 해당하지 않는 것은?**

① 용접제 드럼은 로프 지름의 15% 이내여야 한다.
② 본체는 균열과 변형이 없어야 한다.
③ 로프 부착부는 풀림이 없어야 한다.
④ 주철제는 로프 지름의 25% 이내여야 한다.

59 **텔레스코핑 작업 시 안전핀에 대한 내용으로 틀린 것은?**

① 정상 핀으로 교체할 때는 권상 작업을 금지한다.
② 4개의 핀 중 한 개만 정상 핀보다 2mm 작다.
③ 케이지와 연결되어 있고 텔레스코핑 시에만 사용한다.
④ 4개의 핀으로 연결되며 정상 핀보다 2mm 작다.

해설
텔레스코핑 안전핀은 4개 모두가 정상 핀보다 2mm 작다.

60 **텔레스코핑의 균형을 유지하기 위한 방법으로 잘못된 것은?**

① 트롤리의 위치를 조정한다.
② 작업 순서를 반드시 준수한다.
③ 작업 후 케이지를 내린 다음에 핀을 교체한다.
④ 정해진 무게를 주어진 반경으로 이동한다.

해설
핀을 교체하는 것과 균형 유지는 관련이 없다.

정답 54 ③ 55 ④ 56 ③ 57 ② 58 ① 59 ② 60 ③

타워크레인운전기능사 출제예상문제 ⑮

				수험번호	성명
자격종목 **타워크레인운전기능사**	종목코드	시험시간 1시간	형별		

1 **타워크레인의 설치형식에서 상승식에 대한 설명으로 옳은 것은?**

① 자립고 이상으로 설치할 때는 월 타이 등으로 지지한다.
② 설치하기가 어렵고 비용이 많이 든다.
③ 마스트의 추가 없이 고층 구조물 공사가 가능하다.
④ 아파트를 건축할 때 적합하다.

2 **타워크레인의 설치형식에서 주행식에 대한 설명으로 잘못된 것은?**

① 고정식이나 상승식보다 전도의 안정성이 매우 우수하다.
② 작업 반경을 최소화할 수 있는 장점이 있다.
③ 작업장과 나란히 주행 레일을 따라 이동한다.
④ 조선소 등에서 사용 가능하다.

3 **타워크레인의 기초 설치 작업 시 고려해야 할 안전사항과 거리가 먼 것은?**

① 기둥형 기초 앵커는 충분한 인장력과 압축력을 갖추도록 한다.
② 기초 상단은 정확한 캠버를 잡아야 한다.
③ 미리 산출된 응력에 견딜 수 있도록 설치해야 한다.
④ 기초 공사 시 부등침하가 없어야 한다.

해설
기초 설치 작업 시 기초 상단은 정확한 레벨을 잡은 후 수직도를 고려해야 한다.

4 **브레이크 제동장치의 라이닝에서 발열로 인해 갑자기 연기가 발생했을 때 취해야 할 응급조치는?**

① 브레이크 드럼과 라이닝의 틈새를 고루 조정한다.
② 라이닝을 즉시 교환한다.
③ 브레이크 드럼만 교환한다.
④ 라이닝의 틈새를 작게 조인다.

5 **다음 중 나사의 크기를 나타내는 것은?**

① 골지름 ② 유효지름
③ 안지름 ④ 바깥지름

6 **감속 기어의 특성이 아닌 것은?**

① 베어링에 미치는 압력이 작다.
② 낮은 속도에서 전동력이 크다.
③ 충격을 흡수한다.
④ 운동 전달이 확실하다.

해설
기어는 충격을 흡수하지 못하므로 소음이 발생한다.

7 **베어링의 온도가 상승하는 원인과 거리가 먼 것은?**

① 윤활제의 점성이 낮다.
② 베어링의 조립이 불량하다.

정답 1 ③ 2 ① 3 ② 4 ① 5 ④ 6 ③ 7 ①

③ 속도계수가 윤활제의 한계를 초과했다.
④ 기본하중에 비해 사용하중이 크다.

해설
윤활제의 점성이 높으면 베어링의 온도가 올라간다.

8 후크 재료와 같이 장기간 사용했을 때 반복응력에 의한 경화를 방지하는 열처리 방법은 무엇인가?

① 오일 담금질 ② 풀림 처리
③ 고용화 처리 ④ 구상화 처리

9 전동기를 오랜 시간 작동하던 중에 갑자기 심한 진동이 발생하였다. 그 원인으로 적합하지 않은 것은?

① 볼트의 풀림
② 전동기의 기초 베이스 고정 불량
③ 절연 불량
④ 베어링 마모

10 특별 고압이란 어느 정도를 말하는가?

① 6,600V 이하 ② 6,600V 이상
③ 7,000V 이하 ④ 7,000V 이상

11 인체에 허용되는 접촉 전압은 몇 V인가?

① 30V ② 35V
③ 40V ④ 45V

12 와이어로프 이탈 방지장치의 시브 외경과 이탈 방지용 플레이트와의 간격은 몇 mm인가?

① 1.5mm ② 3.0mm
③ 6.0mm ④ 9.0mm

13 지브의 각도와 길이별로 하중이 달라지는 경우에 관여하는 방호장치는 무엇인가?

① 모멘트 리미트
② 미끄럼 방지장치
③ 한계 리미트 스위치
④ 제한 리미트 스위치

14 선회 구조 및 회전부, 고정 부분 사이의 전기배선 등을 보호하기 위한 방호장치는 무엇인가?

① 경사각 지시장치
② 선회 각도 제한 스위치
③ 이동 한계 스위치
④ 모멘트 리미트

15 유압유를 냉각했을 때 파라핀 외의 고체물질이 분리되기 시작하는 온도를 무엇이라 하는가?

① 흐린점 ② 응고점
③ 전환온도 ④ 유동점

해설
액체가 고체로 변하는 온도를 응고점이라 한다.

16 유압장치의 취급방법과 거리가 먼 것은?

① 이상음 발생 시 즉시 가동을 중지한다.
② 작동 유량이 부족하지 않도록 보충한다.
③ 종류가 다른 작동유를 보충해도 무방하다.
④ 동절기에는 난기 운전을 충분히 한 후에 작업을 실시한다.

17 유압장치 유압유의 교환 시점을 판단하는 조건이 아닌 것은?

① 점도의 변화
② 유량의 감소
③ 오일 색상의 변화
④ 수분의 함량

정답 8 ② 9 ③ 10 ④ 11 ④ 12 ② 13 ① 14 ② 15 ② 16 ③ 17 ②

해설

유량이 감소하면 보충하면 된다.

18 **유압장치 작동유를 선택할 때 가장 우선적으로 고려해야 할 사항은 무엇인가?**

① 오일의 점도 ② 오일의 가격
③ 오일의 색상 ④ 오일 제작회사

19 **유압장치 작동유의 점검사항과 거리가 먼 것은?**

① 점도 ② 내유성
③ 향유화성 ④ 소모성

20 **유압장치 작동유의 열화를 판정하는 확인 방법이 아닌 것은?**

① 침전물
② 냄새
③ 오일 가열 후 냉각시간
④ 점도

21 **유압장치 작동유에 공기가 침입하면 무슨 색으로 변하는가?**

① 흑색 ② 적색
③ 황색 ④ 백색

22 **유압기기 내 플러싱 후의 처리방법으로 잘못된 것은?**

① 작동유는 1시간 이후에 보충한다.
② 라인 필터 엘리먼트를 교환한다.
③ 작동유 탱크 내부를 다시 청소한다.
④ 잔류 플러싱 오일을 반드시 제거한다.

해설

유압기기 내 플러싱을 완료한 후에는 작동유를 즉시 보충한다.

23 **유압기기 작동유 탱크의 기능과 거리가 먼 것은?**

① 차폐장치에 의해 기포가 발생하는 것을 방지한다.
② 방열로 적정 온도를 유지한다.
③ 계통 내에 필요한 유압을 설정한다.
④ 계통 내에 필요한 작동 유량을 확보한다.

24 **유압기기에서 작동유 탱크의 구비조건에 해당하지 않는 것은?**

① 탱크의 크기는 정지했을 때 복귀하는 작동 유량만큼으로 정한다.
② 유면을 항상 흡입 라인 위까지 유지한다.
③ 수분 등 이물질을 분리할 수 있어야 한다.
④ 발생한 열을 방산할 수 있어야 한다.

25 **유압회로의 구성부품에 해당하지 않는 것은?**

① 유압 제어 밸브 ② 배관 및 부속품
③ 축류 펌프 ④ 유압 펌프

26 **와이어로프의 수명에 대한 설명으로 잘못된 것은?**

① 로프를 과다하게 굽히면 수명이 짧아진다.
② 제조자는 로프의 수명을 보증하는 표시를 명시하여야 한다.
③ 제조자가 명시할 수 있는 로프의 성능은 파단력뿐이다.
④ 로프의 수명은 사용법에 따라 달라진다.

해설

제조자는 로프의 수명이 아니라 성능을 파단력으로 명시한다.

정답 18 ① 19 ④ 20 ③ 21 ④ 22 ① 23 ③ 24 ① 25 ③ 26 ②

27 크레인의 줄걸이 용구와 거리가 먼 기구는?

① 샤클 ② 핀
③ 와이어로프 ④ 체인

28 보통꼬임 와이어로프에 대한 설명으로 잘못된 것은?

① 랭꼬임보다 마멸이 적다.
② 로프의 꼬임과 스트랜드의 꼬임 방향이 반대이다.
③ 취급이 비교적 용이하다.
④ 킹크 현상이 적다.

29 타워크레인 운전자가 장시간 운전석을 비우는 경우에 후크는 어디에 위치해야 하는가?

① 지브 최외측 ② 운전석 근접부
③ 마스트 하단부 ④ 마스트 중앙부

30 타워크레인 정비 작업 시 운전자가 가장 먼저 취해야 할 조치는?

① 주전원을 반드시 차단한다.
② 상황에 따라 1, 2차 전원을 차단한다.
③ 상황에 따라 주전원을 차단한다.
④ 2차 조작 전원을 차단한다.

31 타워크레인 운전자가 안전한 운전을 위해 지켜야 하는 사항과 거리가 먼 것은?

① 매달린 화물을 떼어내는 작업을 할 때는 경고음을 울린다.
② 강도가 확인되지 않은 사람 탑승대는 운반하지 않는다.
③ 신원이 불확실한 작업자의 탑승을 허락한다.
④ 인양화물을 무리하게 끌도록 요구하는 신호를 거부한다.

32 아파트 외벽 시공용 갱폼을 타워크레인으로 인양하는 방법으로 옳은 것은?

① 갱폼은 이동식 크레인으로 외벽과 분리한 후 타워크레인으로 인양한다.
② 갱폼은 체인 블록으로 외벽과 분리한 후 타워크레인으로 인양한다.
③ 이동식 크레인과 공동으로 작업한다.
④ 크레인 후크에 갱폼을 줄걸이한 후 인양한다.

33 타워크레인 작동을 갑자기 중지해야 하는 상황에 해당하지 않는 것은?

① 갑자기 강풍이 불어올 때
② 비가 내리거나 안개가 끼었을 때
③ 장치에 기능 장애가 나타났을 때
④ 일부 작업자에 건강 이상이 나타났을 때

34 타워크레인을 운전하던 중 근접 크레인 간의 설치 높이가 동일한 상황이 발생하였을 때 취해야 할 조치와 거리가 먼 것은?

① 원칙적으로 작업을 중지한다.
② 상호 주의하면서 작업을 수행한다.
③ 작업 지휘자에게 보고한 후 적절한 지시를 받는다.
④ 작업을 중지한 후 인접 크레인과 안전사항을 협의한다.

35 크레인의 공통적 표준운전 신호방법에서 '화물 걸기'를 표시하는 방법은?

① 한쪽 손을 몸 앞에다 댄다.
② 양쪽 손을 몸 앞에다 대고 두 손을 주먹 쥔다.
③ 양쪽 손을 몸 앞에다 대고 두 손을 깍지 낀다.
④ 양쪽 손을 몸 앞에다 댄다.

정답 27 ② 28 ④ 29 ② 30 ① 31 ③ 32 ② 33 ④ 34 ② 35 ③

36 크레인의 공통적 표준운전 신호방법에서 '화물을 천천히 조금씩 내리기'를 표시하는 방법은?

① 두 손을 지면과 수직으로 들고 손바닥을 아래로 하여 2,3회 작게 흔든다.
② 두 손을 지면과 수평으로 들고 손바닥을 아래로 하여 2,3회 작게 흔든다.
③ 한 손을 지면과 수직으로 들고 손바닥을 아래로 하여 2,3회 작게 흔든다.
④ 한 손을 지면과 수평으로 들고 손바닥을 아래로 하여 2,3회 작게 흔든다.

37 월 브레이싱 프레임의 설치조건으로 옳지 않는 것은?

① 브레이싱 프레임 내부에 설치되는 수평재, 대각선재 등은 안전에 다소 문제가 있어도 무방하다.
② 브레이싱 프레임 내부에 수평재, 대각선재 등이 구비된 기종도 있다.
③ 지지 구조물의 높이 때문에 위치 선정이 곤란한 경우에는 마스트 내부에 수평 보강재를 설치한다.
④ 프레임을 설치할 때는 반드시 수평재를 중심으로 설치한다.

38 빔 등의 현장 가설재 브레이싱으로 타워크레인을 고정한 경우에 예상할 수 있는 위험요소는?

① 부재 이완 시 비틀림이나 충격이 발생할 수 있다.
② 기초 콘크리트 슬래브에는 충격력이 전달되지 않는다.
③ 마스트 면과 빔 면을 단단히 고정하기 어렵다.
④ 마스트가 비틀리거나 하중에 의한 유동이 발생할 수 있다.

39 빔 등의 현장 가설재 브레이싱으로 타워크레인을 고정한 경우에 대한 설명으로 옳지 않은 것은?

① 빔 구조는 우물 정자 방식이다.
② 마스트 구조에 심각한 영향을 끼친다.
③ 빔에 있는 네 군데 코너의 부하 전달 지점이 바뀐다.
④ 360° 전 방향에 수평력이 발생한다.

40 월 브레이싱 고정방법으로 시공하고자 할 때 준수해야 할 내용으로 거리가 먼 것은?

① 구조 기술사 등 전문가의 검토를 받는다.
② 크레인에 대응하는 안전하중을 확보한다.
③ 볼트와 너트의 구조를 우선 검토한다.
④ 제작사 매뉴얼에 의한 사양을 준수한다.

41 와이어 가잉 고정방법에 대한 설명으로 잘못된 것은?

① 설치한 후에는 프리 로드와 마스트의 연직도를 감시한다.
② 단순 가잉 설치는 마스트 모서리로부터 방사형으로 네 개의 와이어를 설치한다.
③ 다양한 시공성으로 선호하는 방식이다.
④ 크레인 운전 중에 설치하기 적합하다.

42 와이어 가잉 고정방법에 대한 설명으로 잘못된 것은?

① 수평 각도는 70° 정도가 적합하다.

정답 36 ④ 37 ① 38 ② 39 ④ 40 ③ 41 ④ 42 ①

② 수평 각도는 45° 정도가 적합하다.
③ 와이어 가잉 각도는 어느 정도의 수평을 유지해야 한다.
④ 회전원까지의 거리가 1/2~2/3 사이인 마스트보다 높게 체결되도록 한다.

43 **마스트 연장 작업 시 지켜야 할 사항이 아닌 것은?**

① 선회나 트롤리 이동 등의 작동을 금지한다.
② 현장 여건에 따라 5°까지는 선회 가능하다.
③ 양쪽 지브의 균형을 유지한다.
④ 작업방법 및 절차서를 미리 확인한다.

해설
마스트 연장 작업 시에는 절대 선회 작동을 하지 않는다.

44 **타워크레인의 해체 작업 시 일반적으로 유의해야 할 사항과 거리가 먼 것은?**

① 해체 작업계획서에 따라 시공한다.
② 작업 중에는 상해보험 등에 가입한다.
③ 안전모 등 안전보호구를 착용한다.
④ 숙련된 적정 인원을 투입한다.

45 **타워크레인의 설치 · 해체 · 상승 작업 시 지휘 명령 체계에 대한 설명으로 옳지 않은 것은?**

① 조직은 주로 원청 건설업체와 설치 · 해체 · 상승 작업 업체로 구성된다.
② 작업팀장은 능력이 뛰어나고 경험이 풍부한 자를 선정한다.
③ 작업팀원은 작업 조건에 따라 수시로 변경할 수 있다.
④ 현장소장 책임 하에 조직을 구성한다.

46 **타워크레인의 해체 작업 전에 준비해야 하는 사항과 거리가 먼 것은?**

① 선회 링 기어의 상태를 중점적으로 점검한다.
② 유압 펌프 및 유압 실린더를 점검한다.
③ 풍속은 10m/sec 이내일 때만 작업이 가능하다.
④ 유압 실린더 방향과 카운터 지브가 동일한 방향이 되도록 지브 방향을 맞춘다.

47 **타워크레인의 해체 작업 방법으로 잘못된 것은?**

① 마스트에 롤러를 끼워 넣는다.
② 실린더 및 서포트 슈를 텔레스코핑 웨브에 안착시킨다.
③ 마스트와 볼 선회 링 서포트의 연결 볼트를 해체한다.
④ 마스트 간에 체결된 볼트는 유지한다.

48 **시브의 올바른 검사기준에 해당하지 않는 것은?**

① 마모는 로프 지름의 30% 이하여야 한다.
② 홈에는 이상 마모가 없어야 한다.
③ 플랜지에는 균열이 없어야 한다.
④ 본체에는 균열과 변형이 없어야 한다.

49 **와이어로프의 올바른 검사기준에 해당하지 않는 것은?**

① 마모는 공칭 지름의 7% 이하여야 한다.
② 급유가 적정해야 한다.
③ 소선의 수가 10% 이상 절단되지 않아야 한다.
④ 용접제 드럼은 로프 지름의 15% 이내여야 한다.

정답 43 ② 44 ② 45 ③ 46 ① 47 ④ 48 ① 49 ④

50 후크의 올바른 검사기준에 해당하지 않는 것은?

① 블록에 정격하중이 표기되어 있어야 한다.
② 볼트 등은 풀림이 없어야 한다.
③ 국부 마모는 원래 치수의 8% 이내여야 한다.
④ 균열과 변형이 없어야 한다.

51 선회장치의 올바른 검사기준에 해당하지 않는 것은?

① 상부 회전체의 볼트와 너트는 풀림이 없어야 한다.
② 고압선을 제외한 모든 주변에 안전조치를 해야 한다.
③ 선회 시 장치부에 이상음이 없어야 한다.
④ 밸런스 웨이트는 견고하게 설치되어야 한다.

52 렌치 사용에 대한 설명으로 옳지 않는 것은?

① 파이프 렌치는 확실히 정지된 상태에서 사용해야 한다.
② 해머 대용으로 사용해서는 안 된다.
③ 너트에 맞는 것을 사용해야 한다.
④ 렌치를 몸 밖으로 밀어 움직이게 해야 한다.

53 타워크레인 특별 안전점검의 주된 목적은 무엇인가?

① 안전작업 표준의 적합 여부를 점검한다.
② 장비의 설계기준 적합 여부를 점검한다.
③ 위험요인을 사전에 발견하여 시정한다.
④ 법 기준의 적합 여부를 점검한다.

54 타워크레인 설치 작업 전, 전원을 공급하기 위한 준비사항이 아닌 것은?

① 1차 전원은 타워크레인과 원거리 지점에 분전반을 설치해서 공급한다.
② 지브 장착용 작업 등의 전선은 별도 분전반에 가설한다.
③ 메인 케이블은 방호관을 설치한다.
④ 메인 케이블은 타워크레인 단독선으로 가설한다.

해설

1차 전원은 타워크레인 근접 지점에 분전반을 설치하며, 타워크레인에서 T/R까지 약 5m 정도 결선되어야 한다.

55 타워크레인의 설치작업 전, 팀원의 안전을 위해 지켜야 할 사항으로 잘못된 것은?

① 설치 팀원의 역할과 임무를 숙지한다.
② 안전교육을 받는다.
③ 장비 매뉴얼과 제원은 사전에 파악한다.
④ 매뉴얼에서 이해가 되지 않는 부분은 작업 중에 의논하면서 설치하기로 협의한다.

56 상차 작업 시 지켜야 할 안전수칙으로 잘못된 것은?

① 부재물은 묶음 밴드로 결속하여 화물의 유동이 없도록 한다.
② 오일 배출구는 밀봉한다.
③ 부재물이 적재함 뒤로 돌출되는 경우 깃발 등으로 위험을 표시한다.
④ 부재를 상차할 때는 무거운 부분을 적재함 뒤쪽에 적재한다.

정답 50 ③ 51 ② 52 ④ 53 ③ 54 ① 55 ④ 56 ④

57 상차 작업 시 지켜야 할 안전수칙으로 잘못된 것은?

① 차량이 진입하는 순서대로 하차한다.
② 지브 하차는 적재함 위에서 밴딩을 푼다.
③ 현장 시설물과의 접촉에 주의한다.
④ 낙하물에 주의한다.

해설
적재함에서 지면으로 내린 후 밴딩을 해체하여야 한다.

58 타워크레인의 설치 작업 시 일반적으로 작업능률의 저하나 재해사고가 많이 발생할 개연성이 높은 요일은 언제인가?

① 공휴일 ② 금요일
③ 화요일 ④ 월요일

59 텔레스코핑 작업 시 금기사항과 관련이 없는 것은?

① 마스트 밀어 넣기
② 권상 작업
③ 선회 동작
④ 트롤리 이동

해설
새로운 마스트를 케이지 내로 밀어 넣는 작업이 텔레스코핑이다.

60 타워크레인 운전실에 일체로 조립되는 구성품에 속하지 않는 것은?

① 선회 링 서포트
② 텔레스코핑 케이지
③ 선회기어장치
④ 선회 플랫폼

해설
텔레스코핑 케이지는 별도로 운전실 밑 부분에 핀으로 연결한다.

정답 57 ② 58 ① 59 ① 60 ②

MEMO

제3편

타워크레인운전기능사
기출문제

국가기술자격 필기시험문제

2007년 기능사 제2회 필기시험

자격종목	종목코드	시험시간	형별	수험번호	성명
타워크레인운전기능사		1시간			

1 주행용 타워크레인 레일 설치에 대한 내용으로 틀린 것은?

① 주행 레일에도 반드시 접지를 설치한다.
② 레일 양끝에는 정지장치(Buffer Stop)를 설치한다.
③ 콘크리트 슬리퍼를 사용한 레일 설치는 지내력과 상관없다.
④ 정지장치 앞에는 전원 차단용 리미트 스위치를 설치한다.

해설
콘크리트 슬리퍼뿐 아니라 타워크레인 설치 시에는 지내력이 약하면 매우 위험하다.

2 타워크레인 배전함의 구성과 기능을 설명한 것으로 틀린 것은?

① 전동기를 보호 및 제어하고 전원을 개폐한다.
② 철제상자나 커버 및 난간 등을 설치한다.
③ 옥외에 두는 방수용 배전함은 양질의 절연재를 사용한다.
④ 지상 및 배전함의 외부에는 반드시 적색표시를 하여야 한다.

해설
배전함은 철제상자로서 절연과 방수가 잘 되어 전동기를 보호하고 전원을 개폐한다.

3 타워크레인에서 과부하 방지장치 기준에 대한 설명으로 틀린 것은?

① 타워크레인 제작 및 안전기준에 의한 성능 점검 합격품일 것
② 접근이 용이한 장소에 설치될 것
③ 정격하중의 2.05배 권상 시 경보와 함께 권상 동작이 정지할 것
④ 과부하 시 운전자가 용이하게 경보를 들을 수 있을 것

해설
과부하 방지장치는 정격하중의 1.1배 권상 시 동작이 정지하여야 한다.

4 타워크레인 본체에 설치된 과전류 보호용 차단기는 해당 전동기의 정격전류에 대하여 차단기 용량이 얼마여야 하는가?

① 100% 이하 ② 250% 이하
③ 300% 이하 ④ 350% 이하

해설
타워크레인 자체검사 기준상 과전류 차단기의 크기는 2.5 × 전동기 전류이므로 250% 이하이다.

5 크레인의 구성품들 중 타워크레인에만 사용하는 것은?

① 새들 ② 크래브
③ 권상장치 ④ 캣트 헤드

해설
• 새들, 크래브 : 천장크레인
• 권상장치 : 타워 및 천장크레인

정답 1 ③ 2 ④ 3 ③ 4 ② 5 ④

6 **다음 중 타워크레인 운동에서 기복에 관한 설명으로 맞는 것은?**

① 타워크레인의 수직면에서 지브 각의 변화를 말한다.
② 타워크레인은 기복운동을 할 수 없다.
③ 타워크레인이 달아 올린 화물을 상하로 이동하는 것은 권상 · 권하운동이다.
④ 타워크레인에서 지브의 각이 변화해도 작업 반경은 일정하다.

해설
크레인에서 기복이란 지브를 중심으로 상하로 운동하는 것으로, 수직면에서 지브 각의 변화를 말한다.

7 **유압 펌프 종류가 아닌 것은?**

① 기어식 펌프 ② 베인식 펌프
③ 피스톤 펌프 ④ 헬리컬식 펌프

해설
헬리컬식이란 기어의 모양에 따른 분류방법이다.

8 **다음 중 동력의 값이 가장 큰 것은?**

① 1PS ② 1HP
③ 1KW ④ 1.2HP

해설
- 1PS = 735W
- 1HP = 746W
- 1KW = 1,000W
- 1.2HP = 895W

9 **크레인 기준에서 정하고 있는 타워크레인의 방호장치 종류가 아닌 것은?**

① 충전장치 ② 과부하 방지장치
③ 권과방지장치 ④ 후크해지장치

해설
충전장치는 축전지를 사용할 때 소모된 전류를 보충하는 장치이다.

10 **타워크레인에서 사용전압이 440V 이상일 경우 몇 종 접지를 하는가?**

① 제1종 ② 제2종
③ 제3종 ④ 특별 제3종

해설
- 고압이나 특별 고압용 : 제1종
- 400V 이상 : 특별 제3종
- 400V 이하 : 제3종

11 **타워크레인 비가동 시 지브가 바람에 따라 자유롭게 움직여 풍압에 대해 타워크레인 본체를 보호하고자 설치된 장치는?**

① 선회 브레이크 풀림장치
② 충돌방지장치
③ 선회 제한 리미트 스위치
④ 와이어로프 꼬임 방지장치

해설
선회 브레이크 풀림장치는 지브가 바람에 따라 자유롭게 움직이도록 한다.

12 **유압장치의 구성품에서 제어 밸브의 3대 요소에 해당되지 않는 것은?**

① 유압류 제어 밸브 – 오일 종류 확인(일의 선택)
② 방향 제어 밸브 – 오일 흐름 바꿈(일의 방향)
③ 압력 제어 밸브 – 오일 압력 제어(일의 크기)
④ 유량 제어 밸브 – 오일 유량 조절(일의 속도)

해설
유압 제어 밸브는 압력 제어, 유량 제어, 방향 제어를 한다.

정답 6 ① 7 ④ 8 ③ 9 ① 10 ④ 11 ① 12 ①

13 **전자식 과부하 방지장치의 주요 점검방법이 아닌 것은?**

① 과부하 작동상태 조사
② 하중 검출기의 변형 유무 조사
③ 구조와 장치 사이의 작동거리 조사
④ 계기판, 경보음 작동 유무 조사

해설
구조와 장치 사이의 작동거리 조사는 기계식 과부하 방지장치 점검방법이다.

14 **전기 수전반에서 인입 전원을 받을 때의 내용이 아닌 것은?**

① 기동 전력을 충분히 감안하여 수전 받아야 한다.
② 지브의 길이에 따라서 기동 전력이 달라져야 한다.
③ 변압기를 설치하는 경우 방호망을 설치하여 작업자를 보호할 수 있게 한다.
④ 타워크레인용으로 단독으로 가설하여 전압 강하가 발생하지 않도록 한다.

15 **배선용 차단기는 퓨즈에 비하여 장점이 많은데, 그 장점이 아닌 것은?**

① 개폐 기구를 겸하고 개폐 속도가 일정하며 빠르다.
② 과전류가 1극에만 흘러도 각 극이 동시에 트립되므로 결상 등과 같은 이상이 생기지 않는다.
③ 전자제어식 퓨즈이므로 복구 시에는 교환시간이 많이 소요된다.
④ 과전류로 동작하였을 때 그 원인을 제거하면 즉시 사용할 수 있다.

해설
퓨즈는 복구시간이 많이 걸리지만 배선용 차단기는 교환시간이 적게 걸린다.

16 **타워크레인의 권상장치에서 달기 기구가 가장 아래쪽에 위치할 때, 드럼에서 와이어로프가 최소 몇 회 이상의 여유 감김이 있어야 하는가?**

① 1회 ② 2회
③ 3회 ④ 4회

해설
모든 크레인의 권상장치 드럼에서 달기 기구가 가장 아래쪽에 위치할 때 최소한 2회 이상 여유 감김이 있어야 한다.

17 **텔레스코핑 장치 조작 시 사전 점검사항으로 적합하지 않은 것은?**

① 유압장치의 오일 레벨을 점검한다.
② 전동기의 회전 방향을 점검한다.
③ 텔레스코핑 압력을 점검한다.
④ 텔레스코핑 작업 시 통풍 밸브(Air Vent)가 닫혀 있는지 점검한다.

해설
텔레스코핑 작업 시에는 통풍 밸브를 열어두어야 한다.

18 **타워크레인 체결용 고장력 볼트 '12.9'에 대한 설명으로 틀린 것은?**

① '12.9'라는 명기 중 앞자리 숫자는 인장강도를 말한다.
② 고장력 볼트와 너트는 동급의 같은 재질을 사용하여야 한다.
③ 고장력 볼트는 해당 규격에 따른 토크렌치로 체결해야 한다.
④ '12.9'라는 명기 중 뒷자리 숫자는 전단강도를 의미한다.

해설
뒷자리 숫자는 보증 신뢰도를 말한다.

정답 13 ③ 14 ② 15 ③ 16 ② 17 ④ 18 ④

19 **타워크레인 작업이 종료되었을 때 정리정돈 내용으로 잘못된 것은?**

① 운전자에게는 반드시 종료신호를 보낸다.
② 트롤리 위치는 지브 끝단, 후크는 최상단까지 권상해둔다.
③ 원칙적으로 줄걸이 용구는 분리해둔다.
④ 줄걸이 와이어로프 등의 굽힘 등 변형을 교정하여 소정의 장소에 잘 보관한다.

20 **기초 앵커의 설치 순서가 올바르게 나열된 것은?**

① 현장 내 타워크레인 설치 위치 선정 → 지내력 확인 → 터파기 → 버림 콘크리트 타설 → 기초 앵커 세팅 및 접지 → 철근 배근 및 거푸집 조립 → 콘크리트 타설 → 양생
② 현장 내 타워크레인 설치 위치 선정 → 터파기 → 지내력 확인 → 버림 콘크리트 타설 → 기초 앵커 세팅 및 접지 → 철근 배근 및 거푸집 조립 → 콘크리트 타설 → 양생
③ 현장 내 타워크레인 설치 위치 선정 → 버림 콘크리트 타설 → 터파기 → 지내력 확인 → 기초 앵커 세팅 및 접지 → 철근 배근 및 거푸집 조립 → 콘크리트 타설 → 양생
④ 현장 내 타워크레인 설치 위치 선정 → 지내력 확인 → 터파기 → 철근 배근 및 거푸집 조립 → 기초 앵커 세팅 및 접지 → 콘크리트 타설 → 양생

21 **타워크레인의 텔레스코핑 작업 시 참여한 운전자의 권리와 의무사항이 아닌 것은?**

① 작업자에게 작업과정 중에 텔레스코핑용 실린더의 지지상태를 반드시 점검할 것을 요구한다.
② 실린더 작동 전 타워크레인의 균형상태를 확인한다.
③ 기상 악화 시 작업 중단을 요청한다(우천 시, 순간최대풍속 10m/s 이상, 번개 등).
④ 텔레스코핑 작업자의 심리적인 상태를 확인한다.

해설

텔레스코핑 작업자의 심리적인 상태 확인은 안전관리자 및 경영자의 의무사항이다.

22 **크레인의 운동 속도에 대한 설명으로 틀린 것은?**

① 주행 속도는 가능한 한 저속으로 운전하는 것이 좋다.
② 위험물 운반 시에는 가능한 한 저속으로 운전하는 것이 좋다.
③ 권상장치에서 속도는 양정이 짧은 것은 빠르게, 긴 것은 느리게 작동되도록 한다.
④ 권상장치에서 속도는 하중이 가벼우면 빠르게, 무거우면 느리게 작동되도록 한다.

해설

권상장치에서의 속도는 양정이 짧으면 느리게, 길면 빠르게 작동되도록 한다.

정답 19 ② 20 ① 21 ④ 22 ③

23 타워크레인으로 철근 다발을 지상으로 내려놓을 때 가장 적합한 운전방법은?

① 철근 다발이 지면에 가까워지면 권하속도를 서서히 높인다.
② 권하 시의 속도는 항상 권상속도와 같은 속도로 한다.
③ 철근 다발의 흔들림이 없다면 속도에 관계없이 작업해도 좋다.
④ 지면에 닿기 전 20cm 정도까지 내린 다음 일단 정지 후 서서히 내린다.

해설
타워크레인으로 물건을 권상 · 권하할 때는 20~30cm 정도 들고 안전 확인과 줄걸이 확인 등을 한 후 작업하도록 한다.

24 다음 중 양중 작업에 필요한 보조용구가 아닌 것은?

① 턴 버클 ② 섬유 밸트
③ 수직 클램프 ④ 샤클

해설
턴 버클은 중앙의 틀을 회전시키면 길이가 조절되는 조임 기구이다.

25 타워크레인 관련법상 작업 제한 최대순간 풍속은 얼마인가?

① 10m/s ② 15m/s
③ 20m/s ④ 25m/s

해설
산업안전규칙 제117조 3의 규정에 의하면 순간풍속이 초당 15m를 초과하는 경우 운전을 중지한다.

26 다음 중 신호에 관련된 사항으로 틀린 것은?

① 신호수는 한 사람이어야 한다.
② 신호가 불분명할 때는 즉시 중지한다.
③ 비상시에는 신호에 관계없이 중지한다.
④ 복수 이상이 신호를 동시에 한다.

해설
크레인 작업 시 신호수는 복수가 아닌 한 사람이 하도록 한다.

27 타워크레인의 육성신호 방법에 대한 설명으로 잘못된 것은?

① 육성신호는 간결, 단순하여야 한다.
② 명확성보다는 소리의 크기가 중요하다.
③ 시끄러운 지역에서는 무선통신(무전기)이 효과적이다.
④ 운전자와 통신자는 이해 여부를 상호 확인해야 한다.

28 무한 선회구조의 타워크레인이 필수적으로 갖춰야 할 장치로 맞는 것은?

① 선회 제한 리미트 스위치
② 유체 커플링
③ 볼 선회 링 기어
④ 집전 슬립 링

해설
무한 선회구조의 타워크레인은 집전 슬립 링을 갖추어야 전원의 입 · 출입작용이 원활해진다.

29 타워크레인 인양 작업 시 금기에 해당하지 않는 것은?

① 신호수가 없는 상태에서 하중이 보이지 않는 인양 작업
② 고층으로 하중을 인양하는 작업
③ 땅 속에 박힌 하중을 인양하는 작업
④ 중심이 벗어나 불균형하게 매달린 하중 인양 작업

해설
타워크레인의 작업 특성상 고층으로 하중을 인양하는 것이 목적이다.

정답 23 ④ 24 ① 25 ② 26 ④ 27 ② 28 ④ 29 ②

30 **다음 중 수신호에 대한 설명으로 맞는 것은?**

① 운전자가 신호수의 육성신호를 정확히 들을 수 없을 때는 반드시 수신호가 사용되어야 한다.
② 신호수는 위험을 감수하고서라도 임무를 수행하여야 한다.
③ 신호수는 전적으로 크레인 동작에 필요한 신호에만 전념하고, 인접 지역의 작업자는 무시하여도 좋다.
④ 운전자가 안전 문제로 작업을 이행할 수 없을지라도 신호수의 지시에 의해 운전하여야 한다.

31 **떨어진 두 축 사이의 전동에 주로 사용하는 체인은?**

① 롱 링크 체인(Long Link Chain)
② 쇼트 링크 체인(Short Link Chain)
③ 롤러 체인(Roller Chain)
④ 스터드 체인(Stud Chain)

해설

링크 체인은 운반용이며, 롤러 체인은 전동용 체인이다.

32 **크레인에 사용되는 와이어로프의 사용 중 점검항목으로 적합하지 않는 것은?**

① 마모상태
② 엉킴 및 꼬임 킹크상태
③ 부식상태
④ 소선의 인장강도

해설

소선의 인장강도 검사는 사용 중 점검항목이 아니고 제작과정에 속한다.

33 **와이어로프의 안전계수가 5이고 절단하중이 20,000kgf일 때 안전하중은?**

① 6,000kgf ② 5,000kgf
③ 4,000kgf ④ 2,000kgf

해설

$$\text{안전계수} = \frac{\text{절단하중}}{\text{안전하중}} \text{이므로 } \frac{20,000}{4,000} = 5\text{이다.}$$

34 **다음 그림은 축의 무게중심 G를 나타내고 있다. G와 A 사이의 거리는 얼마인가?**

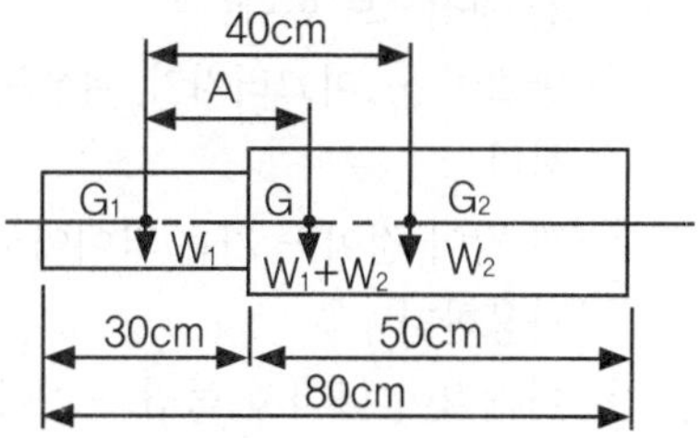

W_1= 3kg, W_2= 11kg

① 약 20cm ② 약 38cm
③ 약 31cm ④ 약 25cm

해설

$$A = \frac{W_2 l}{W_1+W_2} \text{이므로 } \frac{11}{3+11} \times 40 = 31.4\text{cm}$$

35 **와이어로프는 KS 규격의 무엇에 속하는가?**

① KS D ② KS H
③ KS B ④ KS A

해설

와이어로프는 KS D 3514이다.

36 **신호법 중에서 팔을 아래로 뻗고 집게손가락을 아래로 향해서 수평원을 그리는 신호는 무슨 신호인가?**

① 천천히 조금씩 올리기
② 아래로 내리기
③ 천천히 이동
④ 운전 방향 제시

정답 30 ① 31 ③ 32 ④ 33 ③ 34 ③ 35 ① 36 ②

37 와이어로프의 내·외부 마모 방지방법이 아닌 것은?

① 도유를 충분히 할 것
② 두드리거나 비비지 않도록 할 것
③ S 꼬임을 선택할 것
④ 드럼에 와이어로프를 바르게 감을 것

38 줄걸이 방법에 대한 설명으로 틀린 것은?

① 눈걸이 – 모든 줄걸이 작업은 눈걸이를 원칙으로 한다.
② 반걸이 – 미끄러지기 쉬우므로 엄금한다.
③ 짝 감아 걸이 – 가는 와이어로프일 때 사용한다.
④ 어깨걸이 나머지 돌림 – 2가닥 걸이로서 꺾어 돌림을 할 수 없을 때 사용한다.

해설
어깨걸이 나머지 돌림은 4가닥 걸이로서 꺾어 돌림을 할 수 있을 때 사용한다.

39 물체의 중량을 구하는 공식으로 맞는 것은?

① 비중 × 넓이　② 무게 × 길이
③ 넓이 × 체적　④ 비중 × 체적

해설
물체의 중량은 비중 × 체적이며 m^3로 환산하면 톤(ton)이 되고 cm^3로 환산하면 그램(g)이 된다.

40 와이어로프를 절단했을 때 꼬임이 풀리는 것을 방지하기 위한 시징은 직경의 몇 배가 적당한가?

① 1배　② 3배
③ 5배　④ 7배

해설
시징은 로프 직경의 2~3배가 적당하다.

41 타워크레인의 마스트를 해체하고자 할 때 실시하는 작업이 아닌 것은?

① 마스트와 턴 테이블 하단의 연결 볼트 또는 핀을 푼다.
② 해체할 마스트와 하단 마스트의 연결 볼트 또는 핀을 푼다.
③ 마스트에 가이드 레일의 롤러를 끼워 넣는다.
④ 마스트를 가이드 레일의 안쪽으로 밀어 넣는다.

해설
마스트를 가이드 레일에 밀어 넣는 작업은 설치 시에, 빼내는 작업은 해체 시에 한다.

42 타워크레인 설치 시 비래 및 낙하 방지를 위한 안전조치가 아닌 것은?

① 작업 범위 내 통행금지
② 운반주머니 이용
③ 보조 로프 사용
④ 공구통 사용

43 타워크레인의 마스트 연장(텔레스코핑) 작업 시 준수사항이 아닌 것은?

① 작업과정 중 실린더 받침대의 지지상태를 확인한다.
② 실린더 작동 전에 반드시 타워크레인 상부의 균형상태를 확인한다.
③ 유압 실린더의 동작상태를 확인하면서 진행한다.
④ 비상정지장치의 작동상태를 점검한다.

해설
비상정지장치는 방호장치에 해당한다.

정답 37 ③ 38 ④ 39 ④ 40 ② 41 ④ 42 ③ 43 ④

44 **타워크레인 작업자가 상승 작업(마스트 연장 작업) 중 타워크레인이 붕괴되는 재해가 발생하였다. 이 재해에 대한 예방대책이 아닌 것은?**

① 핀이나 볼트 체결상태 확인
② 주요 구조부의 용접 설계 검토
③ 제작사의 작업지시서에 의한 작업 순서 준수
④ 상승 작업 중 권상, 트롤리 이동, 선회 동작 등 일체의 작동 금지

해설
주요 구조부의 용접 설계 검토는 제작과정에 해당한다.

45 **타워크레인 관련법상 자체검사 주기로 옳은 것은?**

① 1월에 1회 이상
② 3월에 1회 이상
③ 6월에 1회 이상
④ 12월에 1회 이상

46 **와이어 가잉 작업 시 소요되는 부재 및 부품이 아닌 것은?**

① 전용 프레임 ② 와이어클립
③ 장력조절장치 ④ 브레싱 타이 바

해설
브레싱 타이 바는 벽체 지지 보강을 위한 장치이다.

47 **텔레스코핑 케이지는 무슨 역할을 하는 장치인가?**

① 권상장치
② 선회장치
③ 타워크레인의 마스트를 설치 · 해체하기 위한 장치
④ 횡행장치

해설
마스트의 설치 · 해체 시 사용되는 유압장치들을 텔레스코핑 케이지라고 한다.

48 **다음 중 타워크레인 운전자의 취업 제한에 관하여 규정하고 있는 법률은?**

① 산업안전보건법 – 유해 · 위험 작업의 취업 제한에 관한 규칙
② 하도급 거래 공정화에 관한 법률 – 표준계약서
③ 산업안전보건법 – 산업안전기준에 관한 규칙
④ 건설산업기본법 – 건설기계관리법

해설
타워크레인의 취업 제한에 관한 규정은 산업안전보건법의 유해 · 위험 작업의 취업 제한에 관한 규칙에 해당한다.

49 **타워크레인 설치 작업 중 추락 및 낙하 위험 방지 대책으로 잘못된 것은?**

① 설치 작업 시 상하 이동 중 추락 방지를 위해 전용 안전 벨트를 사용한다.
② 텔레스코핑 케이지의 상 · 하부 발판을 이용하여 발판에서 작업한다.
③ 기초 앵커 볼트 조립 시에는 반드시 규정 토크로 체결한다.
④ 텔레스코핑 케이지를 마스트의 각 부재 등에 심하게 부딪치지 않도록 주의한다.

해설
기초 앵커 볼트 조립은 추락 및 낙하 위험 방지와 직접적인 연관이 없다.

정답 44 ② 45 ② 46 ④ 47 ③ 48 ① 49 ③

50 **해체할 타워크레인의 용량 및 종류에 따라 이동식 크레인의 적정 사양을 선정하는데, 이에 해당하는 사항이 아닌 것은?**

① 최대 권상 높이
② 가장 무거운 부재의 중량
③ 이동식 크레인의 감속기 특성
④ 이동식 크레인 지브의 작업 반경

해설
이동식 크레인의 감속기 특성은 제작과정에서 고려할 사항이다.

51 **작업장에서 준수할 사항이 아닌 것은?**

① 작업장에서 급히 뛰지 말 것
② 불필요한 행동을 삼갈 것
③ 공구를 전달할 경우 시간 절약을 위해 가볍게 던질 것
④ 대기 중인 차량에는 고임목을 고여둘 것

52 **동력전달장치 중 재해가 가장 많이 일어날 수 있는 것은?**

① 기어　② 차축
③ 벨트　④ 커플링

해설
벨트는 회전하는 부분으로 노출되어 있는 경우가 많아 재해 발생률이 높다.

53 **유류 화재 시 소화용으로 가장 거리가 먼 것은?**

① 물　② 소화기
③ 모래　④ 흙

54 **수공구 사용 시 안전사고 원인에 해당하지 않는 것은?**

① 힘에 맞지 않는 공구를 사용하였다.
② 수공구의 성능을 알고 선택하였다.
③ 사용방법이 미숙하였다.
④ 사용 공구의 점검 및 정비를 소홀히 하였다.

55 **산업공장에서 재해 발생을 줄이기 위한 방법 중 틀린 것은?**

① 폐기물은 정해진 위치에 모아둔다.
② 공구는 소정의 장소에 보관한다.
③ 소화기 근처에 물건을 적재한다.
④ 통로나 창문 등에 물건을 세워놓아서는 안 된다.

해설
소화기 근처에 물건을 적재해두면 화재 진압이 어려워 재해 발생의 원인이 된다.

56 **오픈 엔드 렌치 사용방법으로 틀린 것은?**

① 입(Jaw)이 변형된 것은 사용하지 않는다.
② 볼트는 미끄러지지 않게 단단히 끼워서 밀 때 힘이 작용되도록 사용한다.
③ 연료 파이프 피팅을 풀고 조일 때 사용한다.
④ 자루에 파이프를 끼워 사용하지 않는다.

해설
렌치는 당길 때 힘이 작용되도록 사용한다.

57 **안전관리상 감전 위험이 있는 곳의 전기를 차단하여 수리점검을 할 때의 조치와 관계가 없는 것은?**

① 스위치에 통전장치를 한다.
② 기타 위험에 대한 방지장치를 한다.
③ 스위치에 안전장치를 한다.
④ 통전 금지기간에 관한 사항이 있을 때는 필요한 곳에 게시한다.

정답 50 ③ 51 ③ 52 ③ 53 ① 54 ② 55 ③ 56 ② 57 ①

해설

전기를 차단하고 작업할 때는 스위치에 통전이 되지 않아야 한다.

58 크레인으로 인양할 때는 물체의 중심을 측정하여 인양하여야 하는데, 그에 대한 설명으로 잘못된 것은?

① 형상이 복잡한 물체는 무게중심을 확인한다.
② 인양 물체를 서서히 올려 지상 약 30cm 지점에서 정지하여 확인한다.
③ 인양 물체의 중심이 높으면 물체가 기울 수 있다.
④ 와이어로프나 매달기용 체인이 벗겨질 우려가 있으면 되도록 높이 인양한다.

해설

와이어로프나 체인이 벗겨질 우려가 있으면 화물을 내려놓고 줄걸이를 다시 한다.

59 산업안전보건표지에서 아래 표지는 무엇을 뜻하는가?

① 독극물 경고　② 폭발물 경고
③ 고압전기　④ 낙하물 경고

60 작업장에서 용접 작업의 유해광선으로 눈에 이상이 생겼을 때 적절한 조치는?

① 손으로 비빈 후 과산화수소수로 치료한다.
② 냉수로 씻어낸 후 냉수포를 얹거나 병원에서 치료한다.
③ 알코올로 씻는다.
④ 뜨거운 물로 씻는다.

해설

모든 작업에서 눈에 이상이 생기면 냉각수와 냉수포로 1차 조치한 후 병원에서 치료한다.

정답 58 ④　59 ③　60 ②

국가기술자격 필기시험문제

2008년 기능사 제3회 필기시험

자격종목	종목코드	시험시간	형별	수험번호	성명
타워크레인운전기능사		1시간			

1 **다음 중 저압에 해당하는 것은?**

① 직류 7,000V 이상, 교류 600V 이하
② 직류 750V 이상, 교류 600V 이하
③ 직류 750V 이하, 교류 600V 이하
④ 직류 7,000V 이하, 교류 600V 이하

해설
직류는 750V 이하, 교류는 600V 이하가 저압에 속한다.

2 **다음 중 힘의 3요소가 아닌 것은?**

① 힘의 크기 ② 힘의 작용점
③ 힘의 작용 방향 ④ 힘의 균형

해설
힘의 3요소는 힘의 크기, 작용점, 작용 방향이다.

3 **타워크레인 선회 브레이크의 라이닝 마모시 교체 시기로 가장 적절한 것은?**

① 원형의 20% 이내일 때
② 원형의 30% 이내일 때
③ 원형의 40% 이내일 때
④ 원형의 50% 이내일 때

해설
브레이크 드럼(림)의 마모 한계는 원형의 40% 이내이며, 라이닝의 마모 한계는 50% 이내이다.

4 **기복(Luffing)형 타워크레인에서 양중물의 무게가 무거운 경우 선회 반경은?**

① 선회 반경이 짧아진다.
② 선회 반경이 길어진다.
③ 선회 반경이 커진다.
④ 선회 반경이 변함없다.

해설
양중물의 무게와 선회 반경은 반비례한다.

5 **동절기에 타워크레인 기초 앵커를 설치할 때 보온 조치를 하여 콘크리트가 완전히 양생될 때까지의 기간으로 가장 적합한 것은?**

① 1~2일 ② 2~3일
③ 3~5일 ④ 7~10일

해설
콘크리트의 양생은 7~10일 정도 소요되며, 일반적으로 콘크리트 블록의 강도는 255kg/cm^2 이상으로 한다.

6 **타워크레인 권상장치의 속도 제어방법으로 틀린 것은?**

① 역제동 ② 와전류제동
③ 발전제동 ④ 극수변환제동

해설
권상장치의 속도 제어방법에는 와전류제동, 발전제동, 극수변환제동이 있다.

7 **카운터 웨이트의 역할에 대한 설명으로 적합한 것은?**

① 메인 지브의 폭에 따라 크레인의 균형을 유지한다.
② 메인 지브의 길이에 따라 크레인의 균형을 유지한다.
③ 메인 지브의 높이에 따라 크레인의 균

정답 1 ③ 2 ④ 3 ④ 4 ① 5 ④ 6 ① 7 ②

형을 유지한다.
④ 메인 지브의 속도에 따라 크레인의 균형을 유지한다.

해설
카운터 웨이트는 평형추로서 메인 지브 길이에 따라 카운터 지브 끝에서 균형을 유지한다.

8 **타워크레인 각 지브의 길이에 따라 정격하중의 1.05배 이상 권상 시 권상 동작을 정지시키는 장치는?**

① 권상 및 권하 방지장치
② 비상정지장치
③ 과부하 방지장치
④ 트롤리 정지장치

9 **일반적인 타워크레인의 선회장치에 대한 설명으로 틀린 것은?**

① 타워의 최상부인 지브 아래 부착한다.
② 운전 중 순간 정지할 때는 선회 브레이크를 해제한다.
③ 상하로 구성되고 턴 테이블을 설치한다.
④ 운전을 마칠 때는 선회 브레이크를 해제한다.

해설
선회 브레이크는 선회 작동 중 순간 정지할 때 제동을 한다.

10 **타워크레인에서 사용전압이 400V 이하일 경우 접지저항(Ω)값은?(단, 특별 제3종 접지일 때)**

① 1Ω 이하 ② 5Ω 이하
③ 10Ω 이하 ④ 100Ω 이하

해설
400V 이하의 특별 제3종 접지저항은 10Ω 이하이며, 제3종(일반) 접지저항은 100Ω 이하이다.

11 **다음 중 배선용 차단기(MCCB)에 대한 설명으로 옳은 것은?**

① 부하 전류 차단이 불가능하다.
② 일반적으로 누전 보호 기능도 구비하고 있다.
③ 과전류가 1극에만 흘렀을 경우 결상과 같은 이상이 생긴다.
④ 과전류로 동작(차단)하였을 때 그 원인을 제거하면 즉시 재차 투입할 수 있으므로 반복 사용이 가능하다.

해설
배선용 차단기는 배선에 과전류가 흐를 경우 손상과 위험을 초래할 수 있어 이를 차단하기 위해 설치한 것이므로, 과전류 흐름의 원인이 제거되면 계속 사용해도 된다.

12 **타워크레인의 주행구동장치가 아닌 것은?**

① 전동기
② 감속기
③ 미끄럼 방지 고정장치
④ 브레이크

13 **텔레스코핑 작업에 관한 내용으로 틀린 것은?**

① 텔레스코핑 작업 중 선회 동작 금지
② 연결 볼트 또는 연결 핀을 체결하기 전에는 크레인 동작 금지
③ 연결 볼트 체결 시에는 토크 렌치 사용
④ 유압 실린더 상승 중에 트롤리를 전후로 이동

해설
텔레스코핑 작업 중에는 트롤리를 전후로 이동하는 등의 행동을 금지한다.

정답 8 ③ 9 ② 10 ③ 11 ④ 12 ③ 13 ④

14 타워크레인에서 트롤리가 메인 지브를 따라 이동하는 동작을 무엇이라 하는가?

① 횡행 ② 주행
③ 선회 ④ 기복

해설

- 횡행 : 메인 지브 위를 이동한다.
- 주행 : 크레인 일체가 이동한다.
- 선회 : 마스트의 상부에서 회전작용을 한다.
- 기복 : 수직면으로부터 각을 이루며 작동한다.

15 1g의 물체에 작용하여 1cm/sec²의 가속도를 일으키는 힘의 단위는?

① 1dyn(다인) ② 1Hp(마력)
③ 1ft(피트) ④ 1lb(파운드)

16 타워크레인 트롤리에 구성된 안전장치가 아닌 것은?

① 트롤리 내 · 외측 위치 제어장치
② 트롤리 로프 파손 안전장치
③ 트롤리 정지장치
④ 트롤리 각도 제한장치

해설

트롤리 각도 제한장치는 안전장치가 아니며 실제적으로 사용하는 일이 드물다.

17 과전류 계전기의 역할 및 특징이 아닌 것은?

① 순차적으로 일정한 전류를 보낸다.
② 온도 계전기이며 과전류 보호 기능이 있다.
③ 과전류에 의한 전동기 소손을 방지한다.
④ 외부 조합 CT(Current Trans)가 필요 없다.

해설

순차적으로 작동된다는 것은 시퀀스 작용을 뜻하는 말로 과전류 계전기의 역할이 아니다.

18 전기 · 기계기구의 외함 구조로서 적당하지 않은 것은?

① 충전부가 노출되어야 한다.
② 폐쇄형으로 잠금장치가 있어야 한다.
③ 사용 장소에 적합한 구조여야 한다.
④ 옥외 시 방수형이어야 한다.

해설

충전부는 노출되지 않도록 한다.

19 유압의 특징에 대한 설명으로 틀린 것은?

① 액체는 압축률이 커서 쉽게 압축할 수 있다.
② 액체는 운동을 전달할 수 있다.
③ 액체는 힘을 전달할 수 있다.
④ 액체는 작용력을 증대시키거나 감소시킬 수 있다.

20 유압 펌프에서 공급되는 오일의 양이 단위 시간당 증가하면 실린더의 속도는 어떻게 변화하는가?

① 빨라진다. ② 느려진다.
③ 일정하다. ④ 수시로 변한다.

21 타워크레인 트롤리의 설명으로 옳은 것은?

① 선회할 수 있는 모든 장치를 말한다.
② 권상 윈치와 조립되어 이동할 수 있는 장치이다.
③ 메인 지브를 따라 이동하며, 권상 작업을 위한 선회 반경을 결정하는 횡행 장치이다.
④ 지브를 원하는 각도로 들어 올릴 수 있는 장치이다.

정답 14 ① 15 ① 16 ④ 17 ① 18 ① 19 ① 20 ① 21 ③

22 타워크레인의 작업(양중 작업)을 제한하는 풍속의 기준은?

① 평균풍속이 12m/s 초과
② 순간풍속이 12m/s 초과
③ 평균풍속이 20m/s 초과
④ 순간풍속이 15m/s 초과

해설
산업안전기준에 관한 규칙 제117조의 3 규정에 의하여 순간풍속이 15m/s를 초과하면 타워크레인의 작업을 중단한다.

23 통신을 이용하여 신호를 할 때 옳지 않은 것은?

① 혼선상태일 때는 크게 일방적으로 말한다.
② 작업 시작 전, 신호수와 운전자 간에 작업 형태를 미리 협의하고 숙지한다.
③ 공유 주파수를 사용함으로써 짧고 명확한 의사전달이 되어야 한다.
④ 운전자와 신호수 간에 완전히 이해가 이루어진 것을 상호 확인해야 한다.

해설
혼선상태일 때는 통신기기를 재조정하거나 수리하여 사용한다.

24 타워크레인 안전 작업을 위한 신호상의 주의사항이 아닌 것은?

① 신호수는 절도 있는 동작으로 간단명료하게 신호한다.
② 운전자가 보기 쉽고 안전한 장소에서 실시한다.
③ 운전자에 대한 신호는 반드시 정해진 한 사람의 신호수가 한다.
④ 신호수는 항상 운전자만 주시하고 줄걸이 작업자의 행동은 별로 중요시하지 않아도 된다.

25 붐이 있는 크레인 작업에서 다음의 수신호는 무엇을 뜻하는가?

① 붐 위로 올리기
② 붐 아래로 내리기
③ 붐을 올리고 짐은 아래로 내리기
④ 붐을 내리고 짐은 올리기

해설
엄지손가락을 위로 하면 붐 위로 올리기이고, 엄지손가락을 아래로 하면 붐 아래로 내리기가 된다.

26 타워크레인의 양중 작업에서 권상 작업을 할 때 지켜야 할 사항이 아닌 것은?

① 지상에서 약간 떨어지면 매단 하물과 줄걸이 상태를 확인한다.
② 권상 작업은 가능한 한 평탄한 위치에서 실시한다.
③ 타워크레인의 권상용 와이어로프의 안전율이 4 이상 되는지 계산해본다.
④ 하물이 흔들릴 때는 권상 후 이동하기 전에 반드시 흔들림을 정지시킨다.

해설
권상용 와이어로프의 안전율은 5 이상이다.

27 타워크레인으로 권상 작업 시 무전 신호수와 운전자의 작업방법으로 틀린 것은?

① 운전자는 신호수의 신호가 불명확한 경우에는 운전을 하지 않는다.
② 신호수는 안전거리를 확보한 상태에서 권상하물이 가장 잘 보이는 곳에서 신호한다.

정답 22 ④ 23 ① 24 ④ 25 ① 26 ③ 27 ③

③ 신호수는 하물의 흔들림을 방지하기 위하여 후크 바로 위의 줄걸이 와이어를 잡고 신호한다.
④ 무전신호 메시지는 단순 · 간결 · 명확하여야 한다.

해설
신호수는 권상 작업 시에 줄걸이 와이어를 절대 잡아서는 안 된다.

28 지브(러핑) 크레인 휴지 시 지켜야 할 사항으로 옳은 것은?

① 바람의 반대 방향으로 정지시킨 후 선회 브레이크를 작동한다.
② 매뉴얼에 제시된 지브 각도를 유지하고 선회 브레이크를 개방한다.
③ 카운터 지브가 무거우므로 지브를 최대한 눕혀 놓는다.
④ 건물의 튼튼한 곳에 줄걸이 와이어로 단단히 고정한다.

해설
크레인을 쉬게 할 때는 지브 각도를 유지하고 선회 브레이크는 꼭 해지해두어야 한다.

29 옥외에 설치된 주행식 타워크레인에서 순간풍속이 얼마 이상이면 레일 이탈 방지장치를 설치하여야 하는가?

① 10m/s ② 15m/s
③ 20m/s ④ 30m/s

해설
산업안전기준에 관한 규칙 제115조 규정에 의하여 순간풍속이 30m/s를 초과하면 이탈 방지를 위한 조치를 해야 한다.

30 크레인의 양중 작업용 보조용구의 구성과 역할에 대한 설명으로 틀린 것은?

① 보조대는 덩치가 큰 물건에만 사용한다.
② 로프에는 고무나 비닐 등을 씌워서 사용한다.
③ 물품 모서리에 대는 것은 가죽류와 동판 등이 쓰인다.
④ 보조대나 받침대는 줄걸이 용구 및 물품을 보호한다.

해설
보조대의 사용은 물건의 덩치와 관계가 없다.

31 40톤의 부하물이 있다고 가정했을 때, 이 부하물을 들어올리기 위해서는 직경 20mm의 와이어로프를 몇 가닥으로 해야 하는가?(단, 20mm 와이어로프의 절단하중은 20톤, 안전계수는 7, 와이어로프 자체의 무게는 0이다)

① 2가닥(2줄걸이)
② 8가닥(8줄걸이)
③ 14가닥(14줄걸이)
④ 20가닥(20줄걸이)

해설
와이어로프의 절단하중이 20톤이며 안전계수가 7이므로, 로프 한 가닥 당 안전하중은 2.85톤이다.

따라서 필요한 와이어로프는 $\frac{40t}{2.85}$ = 14가닥이다.

32 매다는 체인의 종류에 속하지 않는 것은?

① 쇼트 링크 체인(Shot Link Chain)
② 롱 링크 체인(Long Link Chain)
③ 스터드 링크 체인(Stud Link Chain)
④ 롤러 체인(Roller Chain)

해설
링크 체인은 운반하역용이고, 롤러 체인은 전동용이다.

정답 28 ② 29 ④ 30 ① 31 ③ 32 ④

33 줄걸이 작업자가 양중물의 중심을 잘못 잡아 후크에 로프를 걸었을 때 발생할 수 있는 일과 관계가 없는 것은?

① 양중물이 생각지도 않은 방향으로 간다.
② 매단 양중물이 회전하여 로프가 비틀어진다.
③ 크레인에 전혀 영향이 없다.
④ 양중물이 한쪽 방향으로 쏠려 넘어진다.

해설
양중물의 중심을 잘못 잡으면 양중물이 엉뚱한 방향으로 가거나 한쪽으로 쏠린다.

34 다음 그림은 와이어로프의 꼬임 형식 중 무엇을 나타내는가?

① 보통 S 꼬임　② 랭 Z 꼬임
③ 보통 Z 꼬임　④ 랭 S 꼬임

35 안전율을 구하는 공식으로 맞는 것은?

① 안전율 = 이동하중 / 고정하중
② 안전율 = 시험하중 / 정격하중
③ 안전율 = 사용하중 / 절단하중
④ 안전율 = 절단하중 / 사용하중

해설
$$\text{안전율} = \frac{\text{절단(파단)하중}}{\text{사용(정격)하중}}$$

36 그림과 같이 호각과 동시에 양손의 손바닥을 앞으로 하여 머리 위에 올리고 급히 좌우로 2~3회 흔들며 호각을 아주 길게 부는 신호가 뜻하는 것은?

① 호출　② 신호 불명
③ 비상정지　④ 작업 완료

37 줄걸이 작업에 쓰는 샤클(Shackle)을 사용하기 전에 확인하여야 할 조건으로 가장 거리가 먼 것은?

① 샤클의 허용 인양 하중
② 샤클의 재질
③ 나사부 및 핀(Pin)의 상태
④ 앵커 형식에서 안전작업하중(SWL)

해설
샤클의 재질 확인은 제작상의 문제이며 줄걸이 작업의 조건이 아니다.

38 와이어로프의 교체 대상으로 틀린 것은?

① 소선 수의 10% 이상이 단선된 것
② 공칭 직경의 5%가 감소된 것
③ 킹크된 것
④ 현저하게 변형되거나 부식된 것

해설
공칭 직경의 7% 이상 감소하면 교체한다.

39 와이어로프의 열 영향에 의한 재질 변형의 한계는?

① 50℃　② 100℃
③ 200~300℃　④ 500~600℃

해설
와이어로프가 열에 견딜 수 있는 온도는 200~300℃이며, 그 이상이 되면 외관상으로는 이상이 없어 보여도 강도 저하가 생긴다.

정답　33 ③　34 ③　35 ④　36 ③　37 ②　38 ②　39 ③

40 가로 10m, 세로 1m, 높이 0.2m인 금속화물이 있다. 이것을 4줄걸이 30˚로 들어 올릴 때 한 개의 와이어에 걸리는 하중은?(단, 금속의 비중은 7.8)

① 3.9톤 ② 7.8톤
③ 4.04톤 ④ 15.6톤

해설
사면체 체적 = 가로 × 세로 × 높이
= 10 × 1 × 0.2 = $2m^3$
비중 = 7.8 × $2m^3$ = 15.6톤
4줄걸이이므로 $\frac{15.6}{4줄} = 3.9$
줄걸이 각도가 30˚이면
$\cos\frac{조각도\theta}{2} = \frac{30}{2} = \cos 15(0.9659)$
하중 = 3.9 ÷ 0.9659 ≒ 4.04톤

41 타워크레인 마스트 해체 작업에 대한 설명으로 틀린 것은?

① 처음에는 최상부 마스트와 선회 링 서포트 볼트 또는 핀을 푼다.
② 해체 마스트에 롤러를 끼워 넣는다.
③ 해체 마스트는 가이드 레일 밖으로 밀어낸다.
④ 선회 링 서포트와 기초 볼트를 푼다.

42 타워크레인의 설치·해체 작업 시 순간제한풍속은?

① 10m/s ② 20m/s
③ 30m/s ④ 40m/s

해설
순간풍속이 10m/s 이상일 때는 해체·설치 작업을 중지하고, 20m/s 이상이면 전체 작업을 중지한다.

43 다음 보기에서 타워크레인 설치·해체 작업에 관한 설명으로 옳은 것을 모두 고르면?

㉠ 작업은 시계 방향으로 한다. ㉡ 작업 구역에는 관계 근로자의 출입을 금지시키고, 그 취지를 항상 크레인 상단 좌측에 표시한다. ㉢ 폭풍·폭우 및 폭설 등의 악천후 작업에서 위험이 미칠 우려가 있을 때에는 당해 작업을 중지한다. ㉣ 안전한 작업이 이루어질 수 있도록 충분한 공간을 확보하고 장애물이 없도록 한다. ㉤ 크레인의 능력, 사용 조건에 따라 충분한 내력을 갖는 구조의 기초를 설치하고, 지반 침하 등이 일어나지 않도록 한다.

① ㉠, ㉡, ㉢, ㉣, ㉤
② ㉢, ㉣, ㉤
③ ㉠, ㉡, ㉢
④ ㉡, ㉢, ㉣

44 타워크레인의 설치·해체 작업 시 추락 및 낙하에 대한 예방대책으로 틀린 것은?

① 해당 매뉴얼에서 인양 무게중심과 슬링 포인트를 확인한다.
② 설치·해체 시 각 부재의 유도용 로프는 반드시 와이어로프만을 사용한다.
③ 볼트나 핀의 낙하 방지를 위해서 반드시 철선 등으로 고정한다.
④ 이동식 크레인의 용량은 반드시 인양 여유를 감안해서 선정한다.

45 와이어 가잉 클립(Clip) 결속 시 준수사항으로 옳은 것은?

① 클립의 새들은 로프 힘이 많이 걸리는 쪽에 있어야 한다.
② 클립의 새들은 로프 힘이 적게 걸리는

정답 40 ③ 41 ④ 42 ① 43 ② 44 ② 45 ①

쪽에 있어야 한다.
③ 클립의 너트 방향을 설치 수의 1/2씩 나누어 조인다.
④ 클립의 너트 방향을 아래 · 위로 교차되게 조인다.

46 **마스트 연장 작업 시 준수사항이 아닌 것은?**

① 선회 및 트롤리 이동 등 작동 금지
② 현장 여건에 따라 5°까지는 선회 가능
③ 양쪽 지브 균형 유지
④ 작업방법 및 절차서 확인

해설
마스트 연장 작업 시에는 선회 작동을 금지한다.

47 **유해 · 위험 작업의 취업 제한에 관한 규칙에 의하여 타워크레인 조종 업무의 적용 대상에서 제외되는 타워크레인은?**

① 조종석이 설치된 정격하중이 1톤인 타워크레인
② 조종석이 설치된 정격하중이 2톤인 타워크레인
③ 조종석이 설치된 정격하중이 3톤인 타워크레인
④ 조종석이 설치되지 않은 정격하중이 3톤인 타워크레인

해설
조종석이 설치되어 있지 않다면 타워크레인으로 볼 수 없다.

48 **마스트 연장 작업(텔레스코핑) 시 안전핀 사용에 대한 설명으로 틀린 것은?**

① 케이지에 연결된 안전핀은 텔레스코핑 시에만 사용하여야 한다.
② 텔레스코핑 작업이 완료되면 즉시 정상 핀으로 교체해야 한다.
③ 텔레스코핑 시에 현장 상황이 급박하다면 안전핀을 생략하고 권상 작업을 해도 된다.
④ 정상 핀으로 교체되기 전에는 타워크레인의 정상 작업을 금지한다.

해설
아무리 현장 상황이 급박하더라도 안전핀은 꼭 끼워져 있어야 한다.

49 **고장력 볼트와 너트 나사부의 접촉면은 어떻게 처리해야 하는가?**

① 기어 오일 도포
② 몰리브덴을 함유한 그리스 도포
③ 유압유 도포
④ 변속기 오일 도포

해설
고장력 볼트와 너트에는 오일이 아닌 그리스를 도포해야 한다.

50 **타워크레인 해체 작업 시 안전운전 준수사항으로 가장 중요한 것은?**

① 타워크레인 상부 마스트가 선회 링 서포트와 볼트나 핀으로 연결될 때까지는 절대로 회전하면 안 된다.
② 운전은 팀의 선임자가 운전 자격 없이도 할 수 있다.
③ 운전석의 전원은 항상 on 상태로 하며 필요시 즉시 조작할 수 있어야 한다.
④ 해체 작업 시에는 풍속의 영향을 받지 않기 때문에 풍속은 고려할 필요가 없다.

해설
상부 마스트는 서포트와 볼트나 핀으로 연결한 후에 회전시키도록 한다.

정답 46 ② 47 ④ 48 ③ 49 ② 50 ①

51 **안전작업은 복장의 착용상태에 따라 달라진다. 다음 중 권장사항이 아닌 것은?**

① 땀을 닦기 위한 수건이나 손수건을 허리나 목에 걸고 작업해서는 안 된다.
② 옷소매 폭이 너무 넓지 않은 것이 좋고, 단추가 달린 것은 되도록 피한다.
③ 물체 추락의 우려가 있는 작업장에서는 안전모를 착용해야 한다.
④ 복장을 단정하게 하기 위해 넥타이를 꼭 매야 한다.

52 **중량물 운반에 대한 설명으로 틀린 것은?**

① 무거운 물건을 운반할 경우 주위 사람에게 인지하게 한다.
② 무거운 물건을 상승시킨 채 오랫동안 방치하지 않는다.
③ 규정 용량을 초과해서 운반하지 않는다.
④ 흔들리는 중량물은 사람이 붙잡아서 이동한다.

해설

흔들리는 중량물이라도 사람이 붙잡아서 이동해서는 안 된다.

53 **볼트나 너트를 조이거나 푸는 데 사용하는 각종 렌치(Wrench)에 대한 설명으로 틀린 것은?**

① 조정 렌치 – 멍키 렌치라고도 하며, 제한된 범위 내에서 모든 규격의 볼트나 너트에 사용할 수 있다.
② 엘 렌치 – 6각형 봉을 L자 모양으로 구부려서 만든 렌치이다.
③ 박스 렌치 – 연료 파이프 피팅 작업에 사용한다.
④ 소켓 렌치 – 다양한 크기의 소켓을 바꿔가며 작업할 수 있도록 만든 렌치이다.

해설

파이프 피팅 작업에는 끝이 열린 오픈 렌치를 사용한다.

54 **산업재해의 직접원인 중에서 인적 불안전 행위가 아닌 것은?**

① 작업 태도 불안전
② 위험한 장소의 출입
③ 기계의 결함
④ 작업자의 실수

해설

산업재해는 작업자의 실수나 불안전한 태도, 위험장소 출입 등을 통해 발생한다.

55 **유해광선이 있는 작업장에 필요한 보호구는 무엇인가?**

① 보안경 ② 안전모
③ 귀마개 ④ 방독 마스크

해설

- 보안경 : 유해광선
- 안전모 : 낙하 및 머리 충격
- 귀마개 : 작업장 소음
- 방독 마스크 : 가스

56 **볼트나 너트를 조이고 풀 때 주의사항으로 틀린 것은?**

① 볼트와 너트는 규정 토크로 조인다.
② 한 번에 조이지 말고 2~3회로 나누어 조인다.
③ 토크 렌치를 사용한다.
④ 규정 이상의 토크로 조이면 나사부가 손상된다.

해설

토크 렌치는 볼트나 너트를 규정 토크로 조이는 공구로, 풀 때는 사용하지 않는다.

정답 51 ④ 52 ④ 53 ③ 54 ③ 55 ① 56 ③

57 크레인으로 물건을 운반할 때 주의사항으로 틀린 것은?

① 규정 무게보다 약간 초과할 수 있다.
② 적재물이 떨어지지 않도록 한다.
③ 로프 등의 안전 여부를 항상 점검한다.
④ 선회 작업 시 사람이 다치지 않도록 한다.

58 낙하 또는 물건의 추락에 의해 머리를 보호하는 보호구는?

① 안전대　② 안전모
③ 안전화　④ 안전장갑

해설
- 안전대 : 추락 시 인체 보호
- 안전모 : 낙하 및 충격으로부터 머리 보호
- 안전화 : 충격 및 고열로부터 발 보호
- 안전장갑 : 전기 및 고열로부터 손 보호

59 산업안전보건표지의 종류에서 지시표시에 해당되는 것은?

① 차량통행금지　② 고온 경고
③ 안전모 착용　④ 출입금지

해설
차량통행금지와 출입금지는 금지, 고온 경고는 경고에 속한다.

60 화재의 분류에서 전기 화재에 해당되는 것은?

① A급 화재　② B급 화재
③ C급 화재　④ D급 화재

해설
- A급 화재 : 일반 화재
- B급 화재 : 유류 화재
- C급 화재 : 전기 화재
- D급 화재 : 금속 화재

정답 57 ① 58 ② 59 ③ 60 ③

국가기술자격 필기시험문제

2008년 기능사 제4회 필기시험

자격종목	종목코드	시험시간	형별	수험번호	성명
타워크레인운전기능사		1시간			

1 권과방지장치에 대한 다음 설명에서 ( ) 안에 들어갈 말로 옳은 것은?

> 권과방지장치는 후크의 달기 기구 상부와 접촉 우려가 있는 도르래와의 간격이 최소 ( ) 이상일 것

① 10cm ② 15cm
③ 25cm ④ 30cm

해설
타워크레인 검사기술지침 제28조에 의하면 달기 기구 상부와 도르래와의 간격은 0.25m(25cm) 이상이어야 한다.

2 동절기에 기초 앵커를 설치할 경우 콘크리트 타설 작업 후 일반적인 콘크리트의 양생 기간으로 가장 적절한 것은?

① 1일 이상 ② 3일 이상
③ 5일 이상 ④ 10일 이상

해설
콘크리트 양생은 7~10일 정도 소요되며 콘크리트 블록의 강도는 255kg/cm^2 이상으로 한다.

3 대지전압이 150V 이하인 경우 배선용 절연저항으로 맞는 것은?

① 1.0MΩ ② 0.5MΩ
③ 0.3MΩ ④ 0.1MΩ

해설
대지전압이 150V 이하인 경우 절연저항은 0.1MΩ 이상이어야 한다.

4 유압 펌프의 고장과 관련이 없는 것은?

① 전동 모터의 체결 볼트 일부가 이완되었다.
② 오일이 토출되지 않는다.
③ 이상 소음이 난다.
④ 유량과 압력이 부족하다.

5 저항이 10Ω일 경우 100V의 전압을 가할 때 흐르는 전류는?

① 0.1A ② 10A
③ 100A ④ 1000A

해설
$\frac{100V}{10\Omega} = 10A$

6 타워크레인의 접지 설비에서 전압이 400V를 초과할 때 전동기 외함의 접지저항은 얼마 이하이어야 하는가?

① 10Ω ② 20Ω
③ 30Ω ④ 50Ω

해설
전압이 400V를 초과할 때 접지저항은 10Ω 이하이며, 전압이 400V 이하일 때는 100Ω 이하이다.

7 타워크레인의 전동기, 제어반, 리미트 스위치, 과부하 방지장치 등의 외함 구조는 방수 및 방진에 대하여 IP 규격이 얼마 이상이어야 하는가?

① IP10 ② IP11
③ IP54 ④ IP67

정답 1 ③ 2 ④ 3 ④ 4 ① 5 ② 6 ① 7 ③

해설

NEMA, IP, KS 외함 구조비교표에 의하면 IP54 이상 방습형이어야 한다.

8 타워크레인의 방호장치 종류가 아닌 것은?

① 권상 및 권하 방지장치
② 풍압방지장치
③ 과부하 방지장치
④ 후크해지장치

9 유압장치의 기본적인 제어 밸브 3요소가 아닌 것은?

① 압력 제어 밸브
② 방향 제어 밸브
③ 유량 제어 밸브
④ 가속도 제어 밸브

10 타워크레인의 텔레스코핑 작업 전 유압장치 점검사항이 아닌 것은?

① 유압 탱크의 오일 레벨
② 유압 모터의 회전 방향
③ 유압 펌프의 작동 압력
④ 유압장치의 자체 중량

해설

텔레스코핑 작업을 위해 유압계통의 압력, 회전 방향 등은 점검할 수 있으나 자체 중량을 측정할 필요는 없다.

11 타워크레인 구조에서 기초 앵커 위쪽에서 운전실 아래까지의 구간에 위치하지 않는 것은?

① 베이직 마스트
② 카운터 지브
③ 타워 마스트
④ 텔레스코핑 케이지

해설

카운터 지브는 캣트 헤드를 중심으로 뒤에 설치된 구조이다.

12 타워크레인의 트롤리와 관련된 안전장치가 아닌 것은?

① 와이어로프 꼬임 방지장치
② 트롤리 정지장치
③ 트롤리 로프 안전장치
④ 트롤리 내 · 외측 제한장치

해설

트롤리는 와이어로프에 의해 작동되는 부분으로, 와이어로프 꼬임 방지장치는 트롤리 외부에 있다.

13 고정식 지브형 타워크레인이 할 수 있는 동작으로 틀린 것은?

① 권상(하) 동작 ② 주행 동작
③ 기복 동작 ④ 선회 동작

해설

고정식 지브형 타워크레인은 움직일 수 없으므로 주행 동작은 할 수 없다.

14 그림과 같은 둥근 막대에 인장하중 P를 가했을 때 d1 : d2 의 직경의 비가 1 : 2이면, d1과 d2에 생기는 응력의 비는?

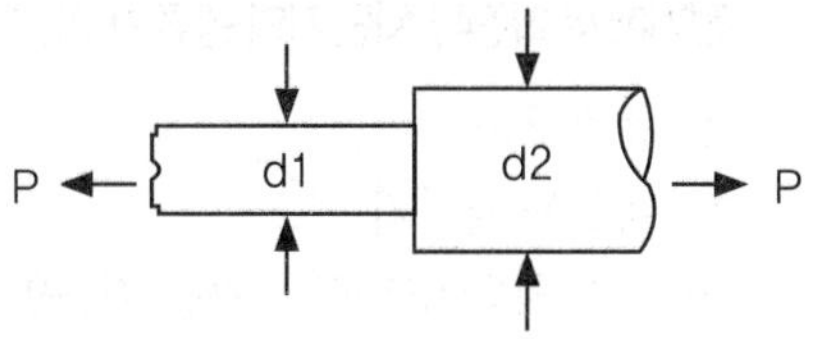

① 1 : 2 ② 3 : 1
③ 4 : 1 ④ 8 : 1

정답 8 ② 9 ④ 10 ④ 11 ② 12 ① 13 ② 14 ③

15 선회 속도가 0.81rev/min으로 표시되었을 때 올바른 설명은?

① 타워크레인 선회 속도는 1분당 0.81m이다.
② 타워크레인 선회 속도는 1분당 0.81cm이다.
③ 타워크레인 선회 속도는 1분당 0.81 회전이다.
④ 타워크레인 선회 속도는 1선회당 0.81분 걸린다.

해설
rev는 Revolution으로 회전을 뜻하고, min이란 분을 뜻한다.

16 지브가 기복하는 장치가 있는 크레인 등은 운전자가 보기 쉬운 위치에 당해 지브의 (　) 지시장치를 구비하여야 한다. (　) 안에 들어갈 내용으로 적합한 것은?

① 거리　② 하중
③ 속도　④ 경사각

해설
운전자가 보기 쉬운 곳에 경사각 지시장치를 설치해야 한다.

17 전기에서 과전류 차단기의 종류가 아닌 것은?

① 퓨즈(Fuse)
② 배선용 차단기
③ 누전 차단기(과전류 차단 겸용인 경우)
④ 저항기

해설
저항기는 전류 차단기가 아니고 전류 흐름을 저항으로 가감하여 속도 등을 제어한다.

18 고장력 볼트 머리의 문자, 숫자는 무엇을 나타내는가?

① 볼트의 기계적 성질에 따른 강도
② 볼트의 길이
③ 볼트의 재질
④ 볼트의 모양

19 권상장치의 와이어드럼에 와이어로프가 감길 때 홈이 없는 경우 플리트(Fleet) 허용 각도는?

① 4° 이내　② 3° 이내
③ 2° 이내　④ 1° 이내

해설
홈이 없을 때는 2° 이내, 홈이 있을 때는 4° 이내이다.

20 인터록 장치를 설치하는 목적으로 맞는 것은?

① 서로 상반되는 동작이 동시에 동작되지 않도록 하기 위하여
② 전기 스파크의 발생을 방지하기 위하여
③ 전자 접속 용량을 조절하기 위하여
④ 전원을 안정적으로 공급하기 위하여

해설
인터록은 한 가지 동작이 다른 동작과 겹쳐지지 않게 고정하는 역할을 한다.

21 크레인 운전자의 의무사항으로 볼 수 없는 것은?

① 재해 방지를 위해 크레인 사용 전 점검
② 장비에 특이사항이 있을 때 교대자에게 설명
③ 기어박스의 오일량 점검 및 마모 기어 정비
④ 안전운전에 영향을 미칠 결함 발견 시 작업 중지

해설
기어박스의 오일량 점검 및 마모 기어의 정비는 정비사가 할 일이다.

정답　15 ③　16 ④　17 ④　18 ①　19 ③　20 ①　21 ③

22 **타워크레인 후크로 상승 작업 중 하물의 낙하가 발생하였다면, 그 원인과 거리가 가장 먼 것은?**

① 줄걸이 상태 불량
② 권상용 와이어로프의 절단
③ 지브와 달기 기구의 충돌
④ 텔레스코핑 시 상부의 불균형

해설
텔레스코핑 시 상부의 불균형은 마스트 연장 작업과 연관이 있다.

23 **트롤리의 기능을 옳게 설명한 것은?**

① 와이어로프에 매달려 권상 작업을 한다.
② 카운터 지브에 설치되어 균형 유지를 한다.
③ 메인 지브에서 전후 이동하며 작업 반경을 결정하는 횡행장치이다.
④ 마스트의 높이를 높이는 유압구동장치이다.

24 **운전자가 손바닥을 안으로 하여 얼굴 앞에서 2~3회 흔드는 신호는 무엇을 뜻하는가?**

① 작업 완료
② 신호 불명
③ 줄걸이 작업 미비
④ 기중기 이상 발생

25 **2대 이상이 근접하여 설치된 타워크레인에서 하물을 운반할 때 가장 주의하여야 할 동작은?**

① 권상 동작 ② 권하 동작
③ 선회 동작 ④ 트롤리 이동

해설
2대 이상의 타워크레인이 작업을 할 때는 권상 · 권하보다 선회 시 충돌 등에 주의한다.

26 **신호수의 준수사항으로 부적합한 것은?**

① 신수호는 지정된 신호방법으로 신호한다.
② 두 대의 타워크레인으로 작업 시 두 사람의 신호수가 동시에 신호한다.
③ 신호수는 그 자신이 신호수로 구별될 수 있도록 눈에 잘 띄는 표시를 한다.
④ 신호장비는 밝은 색상에 신호수에게만 적용되는 특수 색상으로 한다.

해설
두 대의 크레인이 작업해도 신호수는 한 사람이 한다.

27 **타워크레인 정격하중의 의미로 가장 적합한 것은?**

① 후크 및 달기 기구의 중량을 포함하여 타워크레인이 들어 올릴 수 있는 최대하중
② 후크 및 달기 기구의 중량을 제외하고 타워크레인이 들어 올릴 수 있는 최대하중
③ 평상시 주로 취급하는 하물의 하중
④ 후크의 중량을 포함하여 타워크레인이 들어 올릴 수 있는 최대 하중

28 **기복(Luffing)하는 타워크레인의 지브(Jib 또는 Boom)를 위로 올리고자 수신호할 때의 방법으로 적합한 것은?**

① 팔을 펴서 엄지손가락을 위로 향한다.
② 팔을 펴서 엄지손가락을 아래로 향한다.
③ 두 주먹을 허리에 놓고 두 엄지손가락을 서로 안으로 마주보게 한다.
④ 두 주먹을 허리에 놓고 두 엄지손가락을 밖으로 향하게 한다.

정답 22 ④ 23 ③ 24 ② 25 ③ 26 ② 27 ② 28 ①

해설

팔을 펴서 엄지손가락이 위로 펴면 신호는 지브(붐)을 위로 올리라는 뜻이며, 엄지손가락을 아래로 펴면 내리라는 뜻이다.

29 **타워크레인의 정상운전 작업으로 맞는 것은?**

① 하중의 끌어당김 작업
② 박힌 하중 인양 작업
③ 최대 하강 속도로 내림 작업
④ 작업 반경 밖으로 내려놓기 위한 흔들기 작업

해설

타워크레인으로 흔들어서 짐을 내리거나 끌어당기는 작업은 매우 위험하다.

30 **타워크레인의 양중 작업 보조용구로 사용하는 클립(Clip) 체결 방법으로 틀린 것은?**

① 클립의 새들은 로프에 힘이 걸리는 쪽에 있을 것
② 클립의 간격은 로프 직경의 6배 이상으로 할 것
③ 클립 수는 로프 직경에 따라 다르지만, 최소 2개 이상으로 할 것
④ 가능한 한 딤블(Thimble)을 부착할 것

해설

직경에 따라 다르지만 클립의 수는 최소 4개 이상으로 한다.

31 **와이어로프 줄걸이 작업자가 작업을 실시할 때 고려해야 할 사항과 가장 거리가 먼 것은?**

① 짐의 중량 ② 짐의 중심
③ 짐의 부피 ④ 짐을 매는 방법

32 **동일 조건에서 2줄걸이 작업의 줄걸이 각도 α 중 로프에 장력이 가장 크게 걸리는 각도는?**

① α가 30°일 때
② α가 60°일 때
③ α가 90°일 때
④ α가 120°일 때

해설

줄걸이 각도의 각이 커질수록 한 줄에 걸리는 장력이 커진다.

33 **와이어로프의 심강을 3가지 종류로 구분한 것은?**

① 섬유심, 공심, 와이어심
② 철심, 동심, 아연심
③ 섬유심, 랭심, 동심
④ 와이어심, 아연심, 랭심

해설

와이어로프는 소선, 스트랜드, 심강으로 구성되어 있으며 심강은 섬유심, 공심, 와이어심 등을 사용한다.

34 **그림에서 240톤의 부하물을 들어 올리려 할 때 당기는 힘은 몇 톤인가?(단, 마찰계수 및 각종 효율은 무시함)**

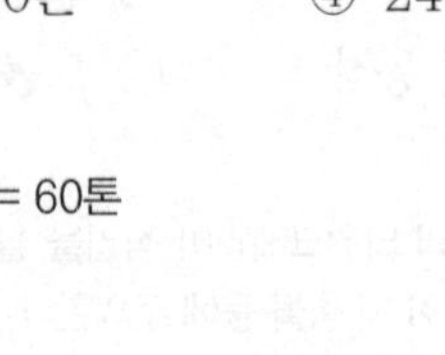

① 80톤 ② 60톤
③ 120톤 ④ 240톤

해설

$\frac{240톤}{4줄} = 60톤$

정답 29 ③ 30 ③ 31 ③ 32 ④ 33 ① 34 ②

35 **국내 타워크레인 안전 및 검사기준상 권상용 와이어로프의 안전계수는?**

① 4.0　　② 5.0
③ 6.0　　④ 7.0

해설
권상용 와이어로프의 안전계수는 5 이상이고, 지브 지지용 와이어로프 안전계수는 4 이상이다.

36 **클립(Clip) 고정이 가장 적합하게 된 것은?**

① 
② 
③ 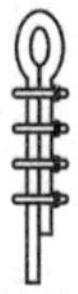
④ 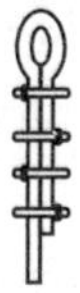

37 **와이어로프의 마모 한도에 따른 교환기준을 바르게 설명한 것은?**

① 킹크(Kink)가 발생한 경우
② 로프에 그리스가 많이 발라진 경우
③ 마모로 인해 직경이 공칭 직경의 3% 이상 감소한 경우
④ 로프의 한 꼬임(스트랜드) 사이에서 소선 수의 7% 이상이 절단된 경우

해설
와이어로프는 소선 수의 7% 이상이 절단되었거나 공칭 직경이 7% 이상 감소했을 때, 킹크가 발생했을 때 교환한다.

38 **권상장치 등의 드럼에 홈이 있는 경우와 홈이 없는 경우의 플리트(Fleet) 각도(와이어로프가 감기는 방향과 로프가 감겨지는 방향과의 각도)를 옳게 설명한 것은?**

① 홈이 있는 경우 10° 이내, 홈이 없는 경우 5° 이내
② 홈이 있는 경우 5° 이내, 홈이 없는 경우 10° 이내
③ 홈이 있는 경우 4° 이내, 홈이 없는 경우 2° 이내
④ 홈이 있는 경우 2° 이내, 홈이 없는 경우 4° 이내

해설
와이어로프 드럼에 홈이 있는 경우는 4° 이내, 홈이 없는 경우 2° 이내이다.

39 **크레인에서 리미트 스위치의 전동에 쓰이는 일반적인 체인은?**

① 롤러 체인　　② 롱 링크 체인
③ 쇼트 링크 체인　　④ 스타트 체인

해설
링크 체인은 운반용, 롤러 체인은 전동용이다.

40 **크레인 신호 중 한 손을 들어 올려 주먹을 쥐는 신호는 무슨 뜻인가?**

① 정지　　② 비상정지
③ 작업 완료　　④ 위로 올리기

해설
- 비상정지 : 양손을 들어 2~3회 흔든다.
- 작업 완료 : 거수경례를 한다.
- 위로 올리기 : 집게손가락을 위로 해서 원을 그린다.

41 **건설현장에서 타워크레인 설치 · 해체 작업 시 안전대책이 아닌 것은?**

① 지휘 계통의 명확화
② 추락 재해 방지
③ 풍속 확인
④ 크레인 성능과 디자인

정답 35 ② 36 ① 37 ① 38 ③ 39 ① 40 ① 41 ④

해설

크레인의 성능과 디자인은 설치 · 해체가 아니고 제작상의 문제이다.

42 **타워크레인 메인 지브(앞 지브)의 절손 원인으로 가장 적합한 것은?**

① 호이스트 모터의 소손
② 트롤리 로프의 파단
③ 정격하중의 과부하
④ 슬로잉 모터 소손

43 **타워크레인을 사용할 장소에 설치 후 관련 법에 의해 실시하는 검사는?**

① 성능검사 ② 완성검사
③ 설계검사 ④ Q.C검사

해설

타워크레인은 사용 장소를 이동할 때마다 설치를 마치고 완성검사를 받아야 한다.

44 **타워크레인 설치 시 서로 조립되는 것으로 틀린 것은?**

① 베이직 마스트 – 기초 앵커
② 카운터 지브 – 권상장치
③ 균형추 – 타워 헤드
④ 메인 지브 – 트롤리 장치 및 타이 바

해설

균형추는 카운터 지브에 설치된다.

45 **고장력 볼트 또는 핀 체결 부분이 아닌 것은?**

① 슬루잉 플랫폼 – 볼 슬루잉 링
② 볼 슬루잉 링 – 슬루잉 링 서포트
③ 볼 슬루잉 서포트 – 타워 마스트
④ 기초 앵커 고정 – 기초 앵커

해설

기초 앵커 고정은 기초 앵커와 콘크리트로 한다.

46 **고장력 볼트의 조임 토크값의 단위는?**

① kg/m^3 ② kgf
③ kN ④ kgf-m

해설

볼트와 너트의 조임 토크는 kgf-m 또는 m-kgf로 나타낸다.

47 **마스트를 분리한 후 가장 올바른 하강 운전방법은?**

① 지상 바닥에 고속으로 내린다.
② 지상 바닥에 중속으로 스윙하면서 내린다.
③ 바닥에 긴급히 내린다.
④ 바닥에 놓기 전 일단 정지 후 저속으로 내린다.

48 **텔레스코핑(상승 작업) 시 관련 내용으로 틀린 것은?**

① 마스트 기둥과 가이드 롤러 사이에는 적정 간격이 필요하다.
② 텔레스코핑 전 지브와 카운터 지브가 45° 각도를 유지한 상태에서 트롤리를 움직여야 한다.
③ 가이드 슈를 고정했다면 크레인을 움직이지 않는다.
④ 텔레스코핑 작업 전에 반드시 좌우 평형상태를 이루어야 한다.

해설

텔레스코핑 작업 시 지브와 카운터 지브는 좌우상하로 수평과 평형상태를 유지하여야 한다.

49 **마스트 연장 작업에서 메인 지브와 카운터 지브의 균형 유지방법으로 옳은 것은?**

① 작업 전 주행 레일을 조정하여 균형을 유지한다.

정답 42 ③ 43 ② 44 ③ 45 ④ 46 ④ 47 ④ 48 ② 49 ④

② 작업 시 권상 작업을 통하여 균형을 유지한다.
③ 작업 시 선회 작업을 통하여 균형을 유지한다.
④ 작업 전 하중을 인양하여 트롤리의 위치를 조정하면서 균형을 유지한다.

해설
메인 지브와 카운터 지브는 트롤리 위치를 조정하면서 균형을 유지한다.

50 **타워크레인 설치 시 상호 체결 부분에 해당하는 것으로 옳은 것은?**

① 슬루잉 플랫폼 – 기초 앵커
② 타워 마스트 – 타워 헤드
③ 타워 베이직 마스트 – 기초 앵커
④ 기초 앵커 – 카운터 지브

51 **산업재해의 분류에서 사람이 평면상으로 넘어졌을 때(미끄러짐 포함)를 말하는 것은?**

① 낙하　② 충돌
③ 전도　④ 추락

해설
- 낙하 : 작업 중 떨어짐
- 충돌 : 부딪힘
- 전도 : 넘어짐
- 추락 : 위험지역에서 떨어짐

52 **전기기기에 의한 감전 사고를 막기 위하여 필요한 설비로 가장 중요한 것은?**

① 고압계 설비
② 접지 설비
③ 방폭등 설비
④ 대지 전위 상승장치 설비

해설
접지 설비는 누전 및 낙뢰 등으로부터 감전되는 것을 방지하는 설비이다.

53 **전기장치에 관한 설명으로 틀린 것은?**

① 계기 사용 시에는 최대 측정 범위를 초과해서 사용하지 말아야 한다.
② 전류계는 부하에 병렬로 접속해야 한다.
③ 축전지 전원 결선 시에는 합선되지 않도록 유의해야 한다.
④ 절연된 전극이 접지되지 않도록 하여야 한다.

해설
전류계는 부하에 따라 직렬로 연결한다.

54 **수공구 취급 시 안전에 관한 사항으로 틀린 것은?**

① 해머 자루의 해머 고정 부분 끝에 쐐기를 박아 사용 중에 해머가 빠지지 않도록 한다.
② 렌치 사용 시 본인의 몸 쪽으로 당기지 않는다.
③ 스크루 드라이버 사용 시 공작물을 손으로 잡지 않는다.
④ 스크레이퍼 사용 시 공작물을 손으로 잡지 않는다.

해설
모든 렌치는 조이거나 풀 때 항상 몸 쪽으로 당기면서 사용한다.

55 **안전한 작업을 위해 보안경을 착용하여야 하는 작업은?**

① 엔진 오일 보충 및 냉각수 점검
② 제동등 작동 점검
③ 장비의 하체 점검
④ 전기저항 측정 및 배선 점검

해설
장비의 하체 정비 시에는 흙이나 오물 등으로부터 눈을 보호하기 위하여 보안경을 착용한다.

정답 50 ③ 51 ③ 52 ② 53 ② 54 ② 55 ③

56 **안전 작업에 관한 사항으로 잘못된 것은?**

① 전기장치는 접지를 하고, 이동식 전기기구는 방호장치를 한다.
② 엔진에서 배출되는 일산화탄소에 대비해 통풍장치를 설치한다.
③ 담뱃불은 발화력이 약하므로 제한 장소 없이 흡연해도 무방하다.
④ 주요 장비 등은 조작자를 지정하여 누구나 조작하지 않도록 한다.

해설
담뱃불은 발화력이 높아 화재 발생 위험이 있기 때문에 흡연 장소 외에서는 흡연하지 않도록 한다.

57 **작업장에서 공동으로 물건을 들어 이동할 때 잘못된 것은?**

① 힘의 균형을 유지하여 이동할 것
② 불안전한 물건은 드는 방법에 주의할 것
③ 보조를 맞추어 들도록 할 것
④ 운반 도중 상대방에게 무리하게 힘을 가할 것

해설
공동으로 물건을 들어 이동할 때는 서로 보조를 맞추어 힘의 균형을 유지하면서 운반한다.

58 **작업장의 안전수칙 중 틀린 것은?**

① 공구는 오래 사용하기 위하여 기름을 묻혀서 사용한다.
② 작업복과 안전장구는 반드시 착용한다.
③ 각종 기계를 불필요하게 공회전하지 않는다.
④ 기계의 청소나 손질은 운전을 정지한 후 실시한다.

해설
공구를 오래 사용하려고 기름칠을 할 필요는 없다.

59 **작업현장에서 사용되는 안전표지 색으로 잘못 짝지어진 것은?**

① 빨간색 – 방화
② 노란색 – 충돌 · 추락 주의
③ 녹색 – 비상구
④ 보라색 – 안전지도

해설
보라색은 방사능을 표시한다.

60 **재해 발생 원인으로 가장 높은 비율을 차지하는 것은?**

① 사회적 환경
② 불안전한 작업환경
③ 작업자의 성격적 결함
④ 작업자의 불안전한 행동

해설
산업재해는 작업자의 실수나 불안전한 태도, 위험장소 등의 출입에 의해 발생하며, 기계의 결함은 산재에 속하지 않는다.

정답 56 ③ 57 ④ 58 ① 59 ④ 60 ④

국가기술자격 필기시험문제

2009년 기능사 제2회 필기시험

자격종목	종목코드	시험시간	형별	수험번호	성명
타워크레인운전기능사		1시간			

1 타워크레인의 방호장치에 해당하는 것은?

① 카운터 지브 ② 후크 블록
③ 선회장치 ④ 비상정지장치

2 타워크레인에서 트롤리 이동용(횡행용) 와이어로프의 안전율은?

① 2 ② 3
③ 4 ④ 5

해설
크레인 제작 · 안전 · 검사기준 제22조에 의하면 권상 · 주행 · 횡행 · 지브 기복용 와이어로프의 안전율은 5이다.

3 다음 중 타워크레인의 주요 구조부가 아닌 것은?

① 설치 기초 ② 지브(Jib)
③ 수직사다리 ④ 윈치, 균형추

해설
타워크레인은 기초 앵커 설비 위에 마스트와 지브 및 균형추 등이 설치된다.

4 발전기의 원리인 플레밍의 오른손 법칙에 따르면 엄지손가락은 어느 방향을 가리키는가?

① 도체의 운동 방향
② 자력선의 방향
③ 전류의 방향
④ 전압의 방향

해설
- 도체의 운동 방향 : 엄지
- 자력선의 방향 : 검지
- 전류의 방향 : 중지

5 타워크레인 동작 중 수직면에서 지브 각이 변화하는 것을 무엇이라고 하는가?

① 기복 ② 횡행
③ 주행 ④ 권상

6 다음 유압장치 중 타워크레인 상승 작업에 필요한 동력(Power)과 관계가 먼 것은?

① 실린더 · 피스톤 헤드 지름
② 펌프 유량
③ 실린더 길이
④ 체크 · 릴리프 밸브

해설
- 실린더와 피스톤의 지름에 따라 cm^2당 유압이 달라진다.
- 릴리프 밸브는 압력 조절, 펌프 유량은 속도 제어를 한다.

7 타워크레인의 운전에 영향을 주는 안정도 설계 조건에 대한 설명으로 틀린 것은?

① 하중은 가장 불리한 조건으로 설계한다.
② 안정도는 가장 불리한 값으로 설계한다.
③ 안정 모멘트 값은 전도 모멘트 값 이하로 한다.
④ 비가동 시에는 지브의 회전이 자유로워야 한다.

정답 1 ④ 2 ④ 3 ③ 4 ① 5 ① 6 ③ 7 ③

해설

안정 모멘트는 전도 모멘트 값 이상이어야 위험을 방지할 수 있다.

8 **옥외에 설치된 주행 타워크레인에서 폭풍에 의한 이탈 방지 조치는 순간풍속이 얼마를 초과할 때 하여야 하는가?**

① 10m/s ② 12m/s
③ 20m/s ④ 30m/s

해설

산업안전기준에 관한 규칙 제115조에 의하여 순간풍속이 30m/s 이상일 때는 이탈 방지장치를 해야 한다.

9 **타워크레인의 콘크리트 기초 앵커 설치 시 고려해야 할 사항이 아닌 것은?**

① 콘크리트 기초 앵커 설치 시의 지내력
② 콘크리트 블록의 크기
③ 콘크리트 블록의 형상
④ 콘크리트 블록의 강도

해설

콘크리트 기초 앵커를 설치할 때는 블록의 크기 및 강도, 지내력을 고려해야 하며, 콘크리트 타설 강도는 240kg/cm^2 이상이다.

10 **타워크레인으로 들어 올릴 수 있는 최대하중을 무엇이라 하는가?**

① 정격하중 ② 권상하중
③ 끝단하중 ④ 동하중

해설

- 권상하중 : 타워크레인으로 들어 올릴 수 있는 최대하중
- 정격하중 : 후크, 크래브, 버킷 등 달기 기구의 중량을 뺀 하중

11 **다음 중 동하중에 해당하지 않는 것은?**

① 위치하중 ② 반복하중
③ 교번하중 ④ 충격하중

해설

위치하중은 정하중에 해당한다.

12 **타워크레인 방호장치 점검사항이 아닌 것은?**

① 과부하 방지장치의 점검
② 슬루잉 기어 손상 및 균열 점검
③ 모멘트 과부하 차단 스위치 점검
④ 후크 상부와 시브와의 간격 점검

해설

슬루잉 기어는 선회를 돕는 기계로 방호장치에 해당하지 않는다.

13 **다음 중 유압 펌프의 분류에서 회전 펌프가 아닌 것은?**

① 피스톤 펌프 ② 기어 펌프
③ 스크류 펌프 ④ 베인 펌프

해설

피스톤 펌프는 일종의 플런저형으로 상하 · 왕복운동으로 펌프작용을 한다.

14 **다음 유압기호 중 체크 밸브를 나타낸 것은?**

①  ② 

③  ④ 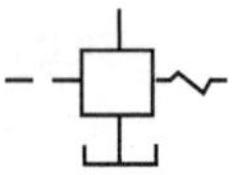

15 **타워크레인 접지에 대한 설명으로 맞는 것은?**

① 주행용 레일에는 접지가 필요 없다.
② 전동기 및 제어반에는 접지가 필요 없다.
③ 타워크레인은 특별 제3종 접지로 접지저항은 10Ω 이하이다.
④ 타워크레인 접지저항은 녹색 연동선을 사용하며 10Ω 이상이다.

정답 8 ④ 9 ③ 10 ② 11 ① 12 ② 13 ① 14 ③ 15 ③

해설

특별 제3종 접지저항은 10Ω 이하이고, 제3종 접지(400V 이하)저항은 100Ω 이하이다.

16 타워크레인용 전기 · 기계기구 외함 구조는 운전실 등 옥내에 설치되는 일부분을 제외하고는 사용 · 설치 장소의 조건인 옥외에 적합한 구조이어야 하는데, IEC Code에 의한 IP 등급 분류에 적합한 것은?

① IP54 ② IP44
③ IP34 ④ IP24

해설

타워크레인용 전기 · 기계기구의 외함 구조와 배선은 방수 및 방진이 잘 되는 IP54 이상이어야 한다.

17 권상 시 트롤리와 후크가 충돌하는 것을 방지하는 장치는?

① 권과방지장치 ② 속도제한장치
③ 충돌방지장치 ④ 비상정지장치

해설

- 권과방지장치 : 권상 · 권하 시 과권 방지
- 속도제한장치 : 권상 속도의 단계별 제한
- 충돌방지장치 : 동일 궤도 및 작업 반경 내에서 충돌 방지
- 비상정지장치 : 예기치 못한 상황 발생 시 동작 정지

18 타워크레인 선회장치에 대한 설명으로 잘못된 것은?

① 트러스 또는 A-프레임 구조로 되어 있다.
② 메인 지브와 카운터 지브가 상부에 부착되어 있다.
③ 회전 테이블과 지브 연결 지점 점검용 난간대가 있다.
④ 마스트의 최상부에 위치하며 상하 부분으로 되어 있다.

해설

선회장치는 마스트 상부에 상하 두 부분과 회전 테이블로 구성되어 있다.

19 과전류 차단기에 요구되는 성능에 관한 설명으로 맞는 것은?

① 적은 과전류가 장시간 계속 흘렀을 때 동작하지 않을 것
② 과전류가 작아졌을 때 단시간에 동작할 것
③ 큰 단락 전류가 흘렀을 때 순간적으로 동작할 것
④ 전동기의 시동 전류와 같이 단시간 동안 약간의 과전류가 흘렀을 때 동작할 것

20 배선용 차단기에 대한 설명으로 틀린 것은?

① 개폐 기구를 겸해서 구비하고 있다.
② 접점의 개폐 속도가 일정하고 빠르다.
③ 과전류 시 작동(차단)한 차단기는 반복해서 사용할 수 없다.
④ 과전류가 1극(3선 중 1선)에만 흘러도 작동(차단)한다.

해설

배선용 차단기는 과전류로 차단되었어도 원인만 제거하면 재사용할 수 있다.

21 양중용구를 사용할 때의 주의사항과 관련이 없는 것은?

① 용구의 접촉 개소
② 하중 분포
③ 하중물의 내구성
④ 인양물의 반전 방향

정답 16 ① 17 ① 18 ① 19 ③ 20 ③ 21 ③

22 **타워크레인 작업 시 신호방법으로 바람직하지 않은 것은?**

① 신호 수단으로 손, 발, 호각 등을 이용한다.
② 신호는 절도 있는 동작으로 간단명료하게 한다.
③ 신호자는 운전자가 보기 쉽고 안전한 장소에 위치하여야 한다.
④ 운전자에 대한 신호는 정확한 전달을 위하여 최소한 2인 이상이 한다.

해설
신호를 2인이 하면 혼동이 생기므로 한 명이 하도록 한다.

23 **타워크레인의 안전운전 방법으로 잘못된 것은?**

① 고장 중의 기기에는 반드시 표시를 할 것
② 정전 시에는 전원을 끌 것
③ 대형 하물을 권상할 때는 신호자의 신호에 따라 운전할 것
④ 잠깐 운전석을 비울 경우에는 컨트롤러를 켠 상태에서 비울 것

해설
운전석을 비울 때는 컨트롤러를 끄고 선회 브레이크를 해제하여야 한다.

24 **인양물이 자유로이 흔들리는 현상을 프리(Free)라 하는데, 이에 대한 설명으로 옳지 못한 것은?**

① 슬루잉 프리 – 인양물과 지브의 최초 위치가 운전석에서 볼 때 같은 상하 일직선상에 놓이지 않았을 때 발생
② 트롤리 프리 – 트롤리 대차가 이동하는 과정에서 발생
③ 회전 프리(원 프리) – 지브가 선회하는 과정에서 주로 발생
④ 이중 프리(복합 프리) – 통제하기 가장 어려운 프리로 최초 인양물 권상 시 주로 발생

25 **주행(Travelling) 타워의 상시점검사항이 아닌 것은?**

① 레일 지반의 평탄성
② 레일 크램프의 이상 유무
③ 주행 레일의 규격
④ 주행로의 장애물

26 **육성신호 메시지가 갖춰야 할 요건으로 틀린 것은?**

① 간결 ② 단순
③ 명확 ④ 중복

27 **수신호에 대한 설명으로 올바른 것은?**

① 타워 기종마다 매뉴얼에 있는 수신호 방법을 따른다.
② 현장의 공동 작업자와 신호방법을 사전에 정한다.
③ 고시된 표준신호방법을 준수하여 작업한다.
④ 경험과 지식이 있으면 신호를 무시해도 상관없다.

해설
수신호방법은 고용노동부 고시에 의한 크레인 공통 표준신호법을 사용한다.

28 **타워크레인 트롤리 전후 작업 중 이동 불량 상태가 발생하는 원인으로 맞는 것은?**

① 트롤리 모터의 소손
② 전압의 강하가 클 때
③ 트롤리 정지장치 불량
④ 트롤리 감속기 웜 기어의 불량

정답 22 ④ 23 ④ 24 ③ 25 ③ 26 ④ 27 ③ 28 ③

해설

전후 작업 중 이동 불량은 트롤리 정지작용이 되지 않을 때 생긴다.

29 타워크레인의 양중 작업에서 중심이 한쪽으로 치우친 하물의 줄걸이 작업 시 고려할 사항이 아닌 것은?

① 하물의 수평 유지를 위하여 주 로프와 보조 로프의 길이를 다르게 한다.
② 무게중심 바로 위에 후크가 오도록 유도한다.
③ 좌우 로프의 장력차를 고려한다.
④ 와이어로프 줄걸이 용구는 안전율이 2 이상인 것을 선택하여 사용한다.

해설

와이어로프 줄걸이 용구의 안전율은 5 이상이다.

30 크레인으로 하물을 들어 올릴 경우 옳지 않은 것은?

① 하물 중심선에 후크가 위치하도록 한다.
② 바닥에서 로프가 장력을 받을 때부터 주행을 출발시킨다.
③ 로프가 충분한 장력을 가질 때까지 서서히 권상한다.
④ 하물은 권상 이동 경로를 생각하여 지상 2m 이상의 높이에서 운반하도록 한다.

해설

하물을 들어 올릴 때는 약 30cm 정도 들어서 로프가 장력을 받은 후 권상 또는 주행하도록 한다.

31 왼손을 오른손으로 감싸 2~3회 짧게 흔들면서 호각을 길게 부는 신호는 무엇을 뜻하는가?

① 물건 걸기 ② 정지
③ 마그넷 붙이기 ④ 기다려라

해설

- 물건 걸기 : 양 손을 몸 앞에서 깍지를 낀다.
- 정지 : 한 손을 들어 주먹을 쥔다.
- 마그넷 붙이기 : 양 손을 몸 앞에서 꽉 낀다.
- 기다려라 : 왼손을 오른손으로 감싸 짧게 2~3회 흔든다.

32 시징(Seizing)은 와이어로프 지름의 몇 배를 기준으로 하는가?

① 1배 ② 3배
③ 5배 ④ 7배

해설

시징은 와이어로프 지름의 2~3배가 적당하며, 1피치 전체가 포함되도록 한다.

33 와이어로프에 킹크 현상이 가장 발생하기 쉬운 경우는?

① 새로운 로프를 취급할 경우
② 새로운 로프로 교환한 후 약 10회 작동하였을 경우
③ 로프의 사용 한도가 되었을 경우
④ 로프의 사용 한도가 지났을 경우

34 와이어로프 교체 시기가 아닌 것은?

① 녹이 생겨 심하게 부식된 것
② 소선의 수가 10% 이상 단선된 것
③ 공칭 지름의 3% 이상 감소한 것
④ 킹크가 생긴 것

해설

와이어로프는 지름이 공칭 지름의 7% 이상 감소했을 때 교환한다.

35 크레인용 일반 와이어로프 소선의 인장강도(kgf/mm^2)는 보통 얼마 정도인가?

① 135~180 ② 40~50
③ 10~20 ④ 85~150

정답 29 ④ 30 ② 31 ④ 32 ② 33 ① 34 ③ 35 ①

해설

와이어로프의 재질은 탄소강을 드로잉 가공한 것으로, 강도가 135~180kg/mm²인 것을 사용한다.

36 지브 크레인의 지브(붐) 길이 20m 지점에서 10톤의 하물을 줄걸이하여 인양하고자 할 때, 이 지점에서 모멘트는 얼마인가?

① 20ton · m ② 100ton · m
③ 200ton · m ④ 300ton · m

해설

20m × 10톤이므로 200ton · m이다.

37 체인에 대한 설명으로 틀린 것은?

① 고열물이나 수중 · 해중 작업에서 사용한다.
② 매다는 체인의 종류에는 스터드 체인, 롱 링크 체인, 쇼트 링크 체인 등이 있다.
③ 롤러 체인을 고리 모양으로 연결할 때는 링크의 수가 짝수여야 편리하며, 링크의 수가 짝수일 때는 옵셋 링크를 사용하여 연결한다.
④ 체인의 신장은 신품 구입 시보다 5%가 늘어나면 사용이 불가능하다.

해설

롤러 체인의 링크 수가 홀수일 때 옵셋 링크로 연결하여 사용한다.

38 와이어로프의 안전율을 구하는 공식은?

① $\frac{\text{안전하중}}{\text{절단하중}}$ ② $\frac{\text{시험하중}}{\text{정격하중}}$
③ $\frac{\text{시험하중}}{\text{안전하중}}$ ④ $\frac{\text{절단하중}}{\text{안전하중}}$

해설

와이어로프의 안전율

$$= \frac{\text{절단하중(F)}\times\text{로프의 줄수}\times\text{시브효율(N)}}{\text{권상하중(Q)}}$$

$$= \frac{\text{절단하중}}{\text{안전하중}}$$

39 줄걸이 작업에 사용하는 후킹용 핀 또는 봉의 지름은 줄걸이용 와이어로프 직경의 얼마 이상을 사용하는 것이 바람직한가?

① 1배 이상 ② 2배 이상
③ 4배 이상 ④ 6배 이상

해설

후킹용 핀이나 봉의 지름은 와이어로프 지름의 6배 이상이어야 한다.

40 크레인으로 중량물을 인양하기 위한 줄걸이 작업을 할 때 주의사항으로 틀린 것은?

① 중량물의 중심 위치를 고려한다.
② 줄걸이 각도를 최대한 크게 한다.
③ 줄걸이 와이어로프가 미끄러지지 않도록 한다.
④ 날카로운 모서리가 있는 중량물은 보호대를 사용한다.

해설

줄걸이 각도를 크게 할수록 한 줄에 걸리는 장력이 커지므로 60° 이내로 하는 것이 좋다.

41 와이어 가잉으로 고정할 때 준수해야 할 사항이 아닌 것은?

① 등각에 따라 4–6–8가닥으로 지지 및 고정이 가능하다.
② 경사각은 30~90°의 안전 각도를 유지한다.
③ 가잉용 와이어의 코어는 섬유심이 바람직하다.
④ 와이어 긴장은 장력조절장치 또는 턴버클을 사용한다.

정답 36 ③ 37 ③ 38 ④ 39 ④ 40 ② 41 ②

42 **타워크레인 설치(상승 포함) · 해체 작업자가 특별 안전보건교육을 이수해야 하는 최소 시간은?**

① 1시간 이상 ② 2시간 이상
③ 3시간 이상 ④ 4시간 이상

해설
산업안전보건법 시행규칙 제33조 별표 8의 규정에 의해 특별 안전보건교육을 2시간 이상 받아야 한다.

43 **타워크레인을 건물 내부에서 클라이밍 작업으로 설치하고자 할 때, 건물에 고정하는 데 클라이밍 프레임을 반드시 몇 개 사용하여야 하는가?**

① 1개 ② 2개
③ 3개 ④ 4개

44 **마스트 연장 작업(텔레스코핑) 시 양쪽 지브의 균형을 유지하는 방법이 아닌 것은?**

① 카운터 지브에 있는 밸러스트(균형추)를 내려놓는다.
② 제작회사에서 지정하는 무게를 권상하여 지브 위치로 트롤리를 이동하면서 균형을 유지한다.
③ 자체 마스트를 권상하여 지브 위치로 트롤리를 이동하면서 균형을 유지한다.
④ 지브 위치로 트롤리를 이동하면서 균형을 유지한다.

해설
밸러스트를 내려놓으면 균형이 유지되지 않는다.

45 **타워크레인에서 사용하는 조립용 볼트는 대부분 12.9의 고장력 볼트를 사용하는데, 이 숫자의 의미로 옳은 것은?**

① 12 – 120kgf/mm²의 인장강도
② 9 – 90kgf/mm²의 인장강도
③ 12 – 볼트의 등급이 12
④ 9 – 너트의 등급이 9

46 **타워크레인 지브에서의 이동 요령 중 안전에 어긋나는 것은?**

① 트롤리의 점검대를 이용해서 이동
② 안전 로프의 안전대를 사용해서 이동
③ 2인 1조로 손을 잡고 이동
④ 지브 내부 보도 이동

해설
지브에서 이동할 때는 안전 로프에 안전대를 설치하고 점검대나 내부 보도를 이용하여 이동한다.

47 **타워크레인 구조물 해체 작업 시 올바른 운전방법이 아닌 것은?**

① 해체 작업 시 주전원을 차단한다.
② 해체 작업 중 양쪽 지브의 균형 유지 여부를 확인한다.
③ 슬루잉 링 서포트와 베이직 마스트 연결 시 약간 선회를 한다.
④ 마스트 핀이 체결되지 않은 상태에서 선회 동작은 금한다.

해설
슬루잉 링 서포트와 베이직 마스트 연결 시에 선회 동작은 금물이다.

48 **유해 · 위험 취업 제한에 관한 규칙에서 자격 등의 취득을 위한 지정 교육기관으로 허가받고자 할 경우의 허가권자는?**

① 국토해양부장관
② 지식경제부장관
③ 중소기업청장
④ 고용노동부장관

해설
산업안전보건법 제47조에 의해 고용노동부장관의 허가를 받아야 한다.

정답 42 ② 43 ② 44 ① 45 ① 46 ③ 47 ③ 48 ④

49 수직 볼트를 사용하는 마스트의 볼트 체결 방법으로 맞는 것은?

① 대각선 방향으로 아래에서 위로 향하게 조립한다.
② 볼트의 헤드부 전체가 위로 향하게 조립한다.
③ 볼트의 헤드부 전체가 아래로 향하게 조립한다.
④ 왼쪽부터 하나씩 아래에서 위로 향하게 조립한다.

50 설치 작업 시작 전에 확인할 사항이 아닌 것은?

① 기상 확인
② 역할 분담 지시
③ 줄걸이 · 공구 안전점검
④ 타워크레인 기종 선정

해설
타워 크레인의 기종은 건설공사의 기초 설비 계획 단계에서 결정된다.

51 가스가 새어 나오는 것을 검사할 때 가장 적합한 방법은?

① 비눗물을 발라본다.
② 순수한 물을 발라본다.
③ 기름을 발라본다.
④ 촛불을 대어본다.

해설
비눗물을 사용하면 가스 누출 시 거품이 생기므로 쉽고 확실하게 검사할 수 있다.

52 보기에서 조정 렌치 사용상 안전수칙으로 옳은 것은?

㉠ 잡아당기며 작업한다. ㉡ 조정 죠에 당기는 힘이 많이 가해지지 않도록 한다. ㉢ 볼트 머리나 너트에 꼭 끼워서 작업한다. ㉣ 조정 렌치 자루에 파이프를 끼워서 작업한다.

① ㉠, ㉡ ② ㉠, ㉢
③ ㉡, ㉢ ④ ㉡, ㉣

해설
조정 렌치는 고정 죠에 힘이 가해지도록 당기면서 작업하고, 볼트 머리와 너트에 꼭 맞도록 조정하여 사용한다.

53 동력전동장치에서 재해가 가장 많이 발생할 수 있는 것은?

① 기어 ② 커플링
③ 벨트 ④ 차축

해설
벨트는 외부에서 회전하므로 재해 발생률이 높다.

54 다음의 안전표지판이 나타내는 것은?

① 보행금지 ② 작업금지
③ 출입금지 ④ 사용금지

정답 49 ③ 50 ④ 51 ① 52 ② 53 ③ 54 ④

55 해머(Hammer) 작업에 대한 내용으로 잘못된 것은?

① 작업자가 서로 마주보고 두드린다.
② 녹슨 재료 사용 시 보안경을 사용한다.
③ 타격 범위에 장애물이 없도록 한다.
④ 작게 시작하여 차차 큰 행정으로 작업하는 것이 좋다.

해설
해머 작업 시에는 해머와 작업물을 보면서 작업해야 한다.

56 화재의 분류 기준에서 휘발유(액상 또는 기체상의 연료성 화재)로 인해 발생하는 화재는?

① A급 화재 ② B급 화재
③ C급 화재 ④ D급 화재

해설
- A급 화재 : 일반 화재
- B급 화재 : 유류 화재
- C급 화재 : 전기 화재
- D급 화재 : 금속 화재

57 보기에서 작업자의 올바른 안전 자세로 모두 짝지어진 것은?

a. 자신의 안전과 타인의 안전을 고려한다.
b. 작업에 임할 때는 아무 생각 없이 작업한다.
c. 작업장 환경 조성을 위해 노력한다.
d. 작업 안전사항을 준수한다.

① a, b, c ② a, c, d
③ a, b, d ④ a, b, c, d

58 가스용접장치에서 산소 용기의 색은?

① 청색 ② 황색
③ 적색 ④ 녹색

해설
- 청색 : 탄산가스
- 황색 : 아세틸렌
- 녹색 : 산소
- 갈색 : 염소

59 후크의 안전점검에 대한 내용으로 틀린 것은?

① 단면 지름의 감소가 원래 지름의 5% 이내일 것
② 균열이 없는 것을 사용할 것
③ 두부 및 만곡의 내측에 홈이 있는 것을 사용할 것
④ 개구부가 원래 간격의 5% 이내일 것

60 산업공장에서 재해 발생을 적게 하기 위한 방법 중 틀린 것은?

① 폐기물은 정해진 위치를 모아둔다.
② 공구는 소정의 장소에 보관한다.
③ 소화기 근처에 물건을 적재한다.
④ 통로나 창문 등에 물건을 세워 놓아서는 안 된다.

해설
소화기 근처에 물건을 쌓아 놓으면 화재 발생 시 진화에 방해가 되어 위험하다.

정답 55 ① 56 ② 57 ② 58 ④ 59 ③ 60 ③

국가기술자격 필기시험문제

2009년 기능사 제4회 필기시험

자격종목	종목코드	시험시간	형별	수험번호	성명
타워크레인운전기능사		1시간			

1 건설현장에서 사용하는 타워크레인의 주요 구조부가 아닌 것은?

① 브레이크
② 후크 등의 달기 기구
③ 전선류
④ 윈치, 균형추

해설

전선류는 주요 구성을 보조하는 부품이다.

2 전압의 종류에서 특별 고압은 최소 몇 V를 초과하는 것인가?

① 600V 초과 ② 750V 초과
③ 7,000V 초과 ④ 20,000V 초과

해설

7,000V를 초과하면 특별 고압으로 규정한다.

3 과전류 차단기에 요구되는 성능에 해당되지 않는 것은?

① 전동기의 시동 전류와 같이 단시간 동안 약간의 과전류에서도 동작할 것
② 과전류가 장시간 계속 흘렀을 때 동작할 것
③ 과전류가 커졌을 때 단시간에 동작할 것
④ 큰 단락 전류가 흘렀을 때는 순간적으로 동작할 것

해설

과전류 차단기는 전류 흐름량이 많아지거나 장시간 통하는 등 단락 전류가 흐르면 순간적으로 동작된다.

4 배선용 차단기의 기본 구조에 해당되지 않는 것은?

① 개폐기구
② 과전류 트립장치
③ 단자
④ 퓨즈

해설

배선용 차단기는 개폐기구, 과전류 트립장치, 단자, 신호장치 등으로 구성된다.

5 기초 앵커를 설치하는 방법 중 옳지 않은 것은?

① 지내력은 접지압 이상 확보한다.
② 버림 콘크리트를 타설하거나 지반을 다짐한다.
③ 구조 계산 후 충분한 수의 파일을 항타한다.
④ 앵커 세팅 수평도는 ±5mm로 한다.

해설

기초 앵커 세팅 수평도는 ±1mm로 한다.

6 마스트의 단면적이 300mm^2 이상의 접지공사에 대한 설명 중 틀린 것은?

① 지상 높이 20m 이상은 피뢰 접지를 하도록 한다.
② 접지저항은 10Ω 이하를 유지하도록 한다.
③ 접지판 연결 알루미늄선 굵기는 30mm^2 이상으로 한다.

정답 1 ③ 2 ③ 3 ① 4 ④ 5 ④ 6 ③

④ 피뢰도선과 접지극은 용접으로 고정하도록 한다.

해설
접지판 연결은 알루미늄선 굵기는 50mm² 이상, 연동선 굵기는 30mm² 이상이다.

7 **T형(수평 지브형) 타워크레인의 방호장치에 해당되지 않는 것은?**

① 권과방지장치
② 과부하 방지장치
③ 비상정지장치
④ 붐 전도 방지장치

해설
크레인의 방호장치는 권과방지장치, 과부하 방지장치, 비상정지장치, 브레이크 정지장치 등을 말한다(크레인 안전기준에 관한 규칙 제106조).

8 **유압 탱크에서 오일을 흡입하여 유압 밸브로 이송하는 기기는?**

① 액추에이터　② 유압 펌프
③ 유압 밸브　④ 오일 쿨러

해설
- 액추에이터 : 유압을 받아 일을 하는 작동기
- 오일 쿨러 : 냉각기

9 **기복(Jib-Luffing)장치에 대한 설명으로 틀린 것은?**

① 최고 · 최저각을 제한하는 구조로 되어 있다.
② 타워크레인의 높이를 조절하는 기계장치이다.
③ 지브의 기복각으로 작업 반경을 조절한다.
④ 최고 경계각을 차단하는 기계적 제한장치가 있다.

해설
타워크레인의 높이는 마스트를 삽입해서 조절한다.

10 **모멘트 M = P × L일 때, P와 L의 설명으로 맞는 것은?**

① P : 힘, L : 길이
② P : 길이, L : 면적
③ P : 무게, L : 체적
④ P : 부피, L : 길이

11 **L형(경사 지브형) 타워크레인의 운동 중 기복을 바르게 설명한 것은?**

① 수직축을 중심으로 회전운동을 하는 것이다.
② 거더의 레일을 따라 트롤리가 이동하는 것이다.
③ 수직면에서 지브 각이 변화하는 것이다.
④ 달아 올릴 화물을 타워크레인 마스트 쪽으로 당기거나 밀어내는 것이다.

해설
기복이란 수직면에서 지브 각의 변화를 말한다.

12 **주행식 타워크레인의 트랙에 관한 설명으로 옳지 않은 것은?**

① 트랙에 접지가 되었는지 확인한다.
② 레일 트랙이 설치기준에 맞게 설치되었는지 점검한다.
③ 크레인을 기도하기 전에 레일 트랙의 장애물을 점검한다.
④ 크레인의 회전 및 주행 모멘트는 역전류를 사용하여 정지한다.

해설
회전 및 주행 모멘트에 역전류를 사용하면 전동기 제어기 등의 수명이 짧아진다.

정답　7 ④　8 ②　9 ②　10 ①　11 ③　12 ④

13 **타워크레인의 지브가 바람에 의해 영향을 받는 면적을 최소화하여 타워크레인 본체를 보호하는 방호장치는?**

① 충돌방지장치
② 와이어로프 이탈 방지장치
③ 선회 브레이크 풀림장치
④ 트롤리 정지장치

해설
바람이 불면 지브가 영향을 많이 받으므로 브레이크 장치를 풀어 놓아야 한다.

14 **옥외 타워크레인에서 반드시 항공등을 설치해야 하는 타워크레인의 최소 높이는?**

① 30m 이상　② 40m 이상
③ 50m 이상　④ 60m 이상

해설
지상 60m 이상 높이로 설치되는 크레인은 항공법 제41조에 의한 항공 장애등을 설치해야 한다.

15 **타워크레인으로 작업 시 중량물의 흔들림(회전) 방지 조치가 아닌 것은?**

① 길이가 긴 것이나 대형 중량물은 이동 중에 회전하여 다른 물건과 접촉할 우려가 있을 때는 반드시 가이 로프로 유도한다.
② 작업 장소 및 매단 중량물에 따라서 여러 개의 가이 로프로 유도할 수 있다.
③ 크레인의 선회 동작 및 트롤리 이동 시에는 가이 로프가 다른 장애물에 걸릴 우려가 있기 때문에 사용하지 않는 것이 좋다.
④ 중량물을 유도하는 가이 로프는 주로 섬유 벨트를 이용하는 것이 좋다.

해설
중량물의 흔들림은 섬유 로프로 된 가이 로프를 사용하여 유도하는 것이 좋다.

16 **타워크레인의 마스트 연장 작업 시 유압장치 점검 및 준비에 관한 사항으로 잘못된 것은?(단, 유압 실린더가 한 개인 경우)**

① 유압장치의 압력을 점검 · 확인한다.
② 유압 유니트 및 유압 실린더의 작동상태를 점검한다.
③ 텔레스코핑 케이지의 유압 실린더와 메인 지브가 같은 방향인지 확인한다.
④ 유압 펌프를 무부하로 2~3회 작동하여 공기 배출 및 무부하 압력을 점검한다.

해설
유압 실린더와 메인 지브의 방향은 클라이밍 작업의 준비사항이다.

17 **강재가 다음 그림과 같이 좌우 방향으로 하중을 받으면, 그 폭은 어떻게 변화하려고 하는가?**

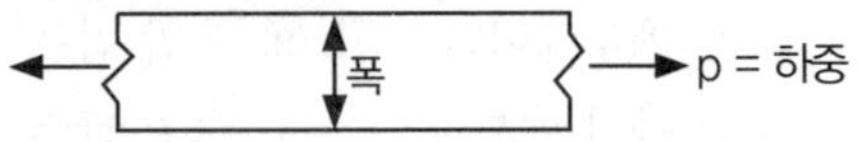

① 변화 없음　② 감소함
③ 증가함　④ 감소 후 증가함

18 **힘의 3요소가 아닌 것은?**

① 작용점　② 방향
③ 크기　④ 속도

해설
힘의 3요소는 크기, 방향, 작용점이다.

19 **타워크레인의 트롤리에 관련된 안전장치가 아닌 것은?**

① 트롤리 로프 파단 시 트롤리를 멈추게 하는 안전장치
② 트롤리 내 · 외측 제한장치(리미트 스위치)

정답 13 ③　14 ④　15 ③　16 ③　17 ②　18 ④　19 ④

③ 트롤리가 최소 또는 최대 반경 위치로 주행 시 충격 흡수 및 정지장치
④ 트롤리 로프 꼬임 방지장치

해설

트롤리 로프 꼬임 방지장치는 따로 없다.

20 **각 지브 길이에 따라 정격하중의 1.05배 이상 권상 시 작동하는 방호장치는?**

① 권상 · 권하 방지장치
② 과부하 방지장치
③ 트롤리 로프 안전장치
④ 후크해지장치

해설

정격하중의 1.05배 이상 권상 시 작동하는 방호장치는 과부하 방지장치이다.

21 **크레인 줄걸이 작업용 보조용구의 기능에 해당되는 것은?**

① 한 줄에 걸리는 장력을 높인다.
② 줄걸이 용구와 인양물을 보호한다.
③ 줄걸이 각도를 낮춘다.
④ 로프가 늘어지는 현상을 줄인다.

22 **트롤리 이동 내 · 외측 제어장치의 제어 위치로 맞는 것은?**

① 지브 섹션의 중간
② 지브 섹션의 시작과 끝 지점
③ 카운터 지브 끝 지점
④ 트롤리 정지장치

해설

제어장치의 제어 위치는 섹션의 시작과 끝 지점이다.

23 **타워크레인 지브가 절손되는 원인에 대한 설명으로 틀린 것은?**

① 인접 시설물과의 충돌
② 트롤리의 이동
③ 정격하중 이상의 과부하
④ 지브와 달기 기구와의 충돌

해설

지브 절손은 과부하와 달기 기구의 충돌, 인접 시설물과의 충돌 등이 원인이다.

24 **타워크레인의 작업신호 중 무선통신에 관한 설명으로 틀린 것은?**

① 조용한 지역에서 활용된다.
② 무선통신이 만족스럽지 못하면 수신호로 한다.
③ 통신 및 육성은 간결, 단순, 명확해야 한다.
④ 수신호와 함께 꼭 무선통신을 하도록 한다.

해설

수신호와 무선통신을 함께 하면 오히려 혼동을 초래할 수 있다.

25 **타워크레인 신호수가 팔을 아래로 뻗고 집게손가락을 아래로 향해서 원을 그렸다면 어떤 신호를 의미하는가?**

① 후크를 위로 올린다.
② 후크를 아래로 내린다.
③ 후크를 그 자리에 유지한다.
④ 후크를 천천히 올리고 내린다.

해설

팔을 위로 올려서 원을 그리면 후크를 위로 올리기이며, 아래로 내려서 원을 그리면 후크를 아래로 내리기이다.

정답 20 ② 21 ② 22 ② 23 ② 24 ④ 25 ②

26 **타워크레인 운전 중 위험 상황이 발생한 상태에서 생소한 사람이 정지신호를 보내 왔다면 운전자는 어떻게 하는 것이 가장 좋은가?**

① 주위를 확인하고 정지한다.
② 무조건 정지시키고 난 후 확인한다.
③ 신호수가 아니므로 무시하고 운전한다.
④ 정해진 신호수가 정지신호를 보낼 때까지 그대로 작업한다.

27 **옥외에 설치하는 주행 크레인은 미끄럼 방지 · 고정장치가 설치된 위치까지 매초 (　　)의 풍속으로 바람이 불 때에도 주행할 수 있는 출력을 갖춘 원동기를 설치한 것이어야 한다. (　　)에 들어갈 말로 옳은 것은?**

① 12m　　② 14m
③ 16m　　④ 18m

해설
크레인 제작 · 안전 · 검사기준 제44조에 의해 매초 풍속이 16m인 바람이 불 때에도 주행할 수 있는 원동기를 설치하여야 한다.

28 **다음 중 타워크레인으로 양중 작업을 할 수 있는 것은?**

① 어떤 물체를 파괴할 목적으로 하는 작업
② 벽체에서 완전히 분리된 갱폼을 인양하는 작업
③ 하중을 땅에서 끌어당기는 작업
④ 땅 속에 박힌 하중을 인양하는 작업

해설
타워크레인은 땅속에 박힌 하중을 인양 또는 끌어당기거나 파괴를 목적으로 하는 것이 아니고, 완전 분리된 상태의 적하물 등을 인양한다.

29 **타워크레인의 운전자가 안전운전을 위해 준수할 사항이 아닌 것은?**

① 타워크레인 구동 부분의 윤활이 정상인지 확인한다.
② 타워크레인의 해체 일정을 확인한다.
③ 브레이크의 작동상태가 정상인지 확인한다.
④ 타워크레인의 각종 안전장치의 이상 유무를 확인한다.

해설
타워크레인 설치 및 해체 일정 확인은 안전운전이 아니라 운영에 관한 사항이다.

30 **타워크레인의 후크 상승 시 줄걸이용 와이어로프에 장력이 걸렸을 때 일단 정지하고 확인할 사항이 아닌 것은?**

① 줄걸이용 와이어로프에 걸리는 장력이 균등한지 확인
② 화물이 붕괴될 우려는 없는지 확인
③ 보호대가 벗겨질 우려는 없는지 확인
④ 권과방지장치는 정상 작동하는지 확인

해설
권과방지장치의 정상 작동 여부는 후크 상승 이전에 확인해야 한다.

31 **줄걸이용 와이어로프를 엮어 넣기로 고리를 만들려고 할 때 엮어 넣는 적정 길이(Splice)는?**

① 와이어로프 지름의 5~10배
② 와이어로프 지름의 10~20배
③ 와이어로프 지름의 20~30배
④ 와이어로프 지름의 30~40배

해설
엮어 넣기는 와이어로프 지름의 30~40배로 하는 것이 적절하다.

정답 26 ② 27 ③ 28 ② 29 ② 30 ④ 31 ④

32 크레인에서 그림과 같이 부하물(200톤)을 들어 올리려 할 때 당기는 힘은?(단, 마찰 저항이나 매다는 기구 자체의 무게는 없는 것으로 가정한다)

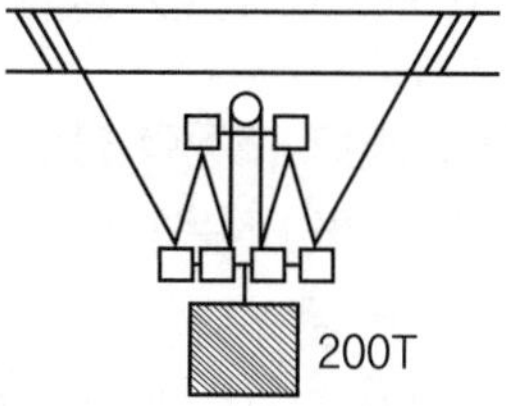

① 25톤 ② 28.57톤
③ 40톤 ④ 100톤

해설
200톤 ÷ 8 = 25톤

33 와이어로프의 구조 중 소선을 꼬아 합친 것을 무엇이라고 하는가?

① 심강 ② 스트랜드
③ 소선 ④ 공심

해설
와이어로프는 소선, 심강, 스트랜드로 구성되는데, 소선을 꼬아 합친 것을 스트랜드라고 한다.

34 와이어로프의 단말 가공 중 가장 효율적인 것은?

① 딤블(Thimble) ② 소켓(Socket)
③ 웨지(Wedge) ④ 클립(Clip)

35 권상용 체인은 링크 단면의 지름 감소가 당해 체인의 제조 시보다 몇 % 이하이어야 하는가?

① 5% ② 10%
③ 15% ④ 20%

해설
크레인 제작 · 안전 · 검사기준 제23조 규정에 의해 체인의 지름 감소는 제조 시보다 10% 이하이어야 한다.

36 같은 굵기의 와이어로프일지라도 소선이 가늘고 수가 많은 것에 대한 설명으로 맞는 것은?

① 유연성이 좋으나 더 약하다.
② 유연성이 좋고 더 강하다.
③ 유연성이 나쁘고 더 약하다.
④ 유연성은 나빠도 더 강하다.

해설
와이어로프 소선은 가늘고 수가 많을수록 유연성이 좋고 더 강하다.

37 줄걸이 작업 시 짐을 매달아 올릴 때 주의 사항으로 맞지 않는 것은?

① 매다는 각도는 60° 이내로 한다.
② 짐을 전도시킬 때는 가급적 주위를 넓게 하여 실시한다.
③ 큰 짐 위에 작은 짐을 얹어서 짐이 떨어지지 않도록 한다.
④ 전도 작업 도중 중심이 달라질 때는 와이어로프 등이 미끄러지지 않도록 한다.

해설
짐을 권상할 때 큰 짐 위에 작은 짐을 얹으면 위험하다.

38 오른손으로 왼손을 감싸고 2~3회 흔드는 신호는 무엇을 뜻하는가?

① 천천히 이동
② 기다려라
③ 신호 불명
④ 기중기 이상 발생

정답 32 ① 33 ② 34 ② 35 ② 36 ② 37 ③ 38 ②

39 **와이어로프 손상 분류에 대한 설명으로 틀린 것은?**

① 와이어로프는 사용 중에 시브 및 드럼 등의 접촉에 의해 마모가 생기는데, 직경이 7% 감소되면 교환한다.
② 사용 중 전체 소선 수의 50%가 단선되면 교환한다.
③ 과하중을 들어 올릴 경우 내·외층의 소선이 맞부딪치게 되어 피로현상을 일으킨다.
④ 열의 영향으로 강도가 저하되는데, 이때 심강이 철심일 경우 300℃까지 사용이 가능하다.

해설
와이어로프는 전체 소선 수의 10% 이상 단선되면 교환한다.

40 **다음 그림은 축의 무게중심 G를 나타내고 있다. G와 A의 거리는?**

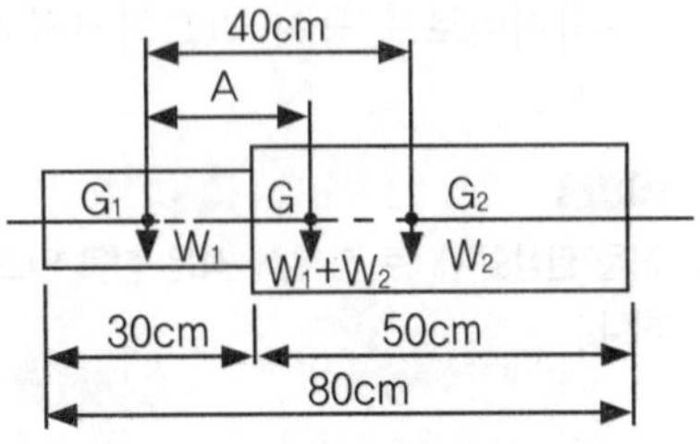

W_1= 3kg, W_2= 11kg

① 약 20cm ② 약 38cm
③ 약 31cm ④ 약 25cm

해설

$$A = \frac{W_2 \cdot L}{W_1+W_2} \text{ 이므로 } \frac{11}{3+11} \times 40 ≒ 31.4\text{cm}$$

41 **현장에 설치된 타워크레인이 두 대 이상으로 중첩되는 경우에 최소 안전 이격거리는 얼마인가?**

① 1m ② 2m
③ 3m ④ 4m

해설
2대 이상 중첩되는 타워크레인의 최소 안전 이격거리는 2m이다.

42 **타워크레인의 고장력 볼트 조임방법과 관리요령이 아닌 것은?**

① 마스트 조임 시 토크 렌치를 사용한다.
② 나사선과 너트에 그리스를 적당량 바른다.
③ 볼트와 너트의 느슨함을 방지하기 위해 정기점검을 한다.
④ 너트가 회전하지 않을 때까지 토크 렌치를 이용해 토크값 이상으로 조인다.

해설
토크 렌치는 각종 볼트를 규정 토크로 조이는 공구이다.

43 **타워크레인 해체 시 이동식 크레인 선정조건이 아닌 것은?**

① 이동식 크레인 운전자 확인
② 최대 권상 높이
③ 가장 무거운 부재중량
④ 이동식 크레인의 선회 반경

해설
타워크레인 해체 시 이동식 크레인을 선정할 때는 권상 높이, 부재중량, 선회 반경을 고려한다.

44 **마스트 상승 및 해체 작업을 할 때 특히 주의해야 할 사항에 해당하는 것은?**

① 크레인의 균형을 유지한다.
② 컨트롤러의 성능을 확보한다.
③ 볼트의 상태를 점검한다.
④ 관련 작업자와 자주 통화한다.

정답 39 ② 40 ③ 41 ② 42 ④ 43 ① 44 ①

45 타워크레인 해체 작업 시 가장 선행되어야 할 사항은?

① 마스트와 볼 선회 링 서포트 연결 볼트를 푼다.
② 마스트와 마스트 간의 체결 볼트를 푼다.
③ 카운터 지브를 해체 및 정리한다.
④ 메인 지브와 카운터 지브의 평행을 유지한다.

해설
타워크레인을 해체할 때는 가장 먼저 메인 지브와 카운터 지브가 평행을 유지한 상태에서 선회 링 서포트와 마스트 체결을 풀어 하강한 후 카운터 지브를 해체·정리한다.

46 마스트 연장 작업(텔레스코핑) 시 반드시 준수해야 할 사항이 아닌 것은?

① 반드시 제조자 및 설치 업체에서 작성한 표준작업 절차에 의해 작업해야 한다.
② 텔레스코핑 작업 시 타워크레인 양쪽 지브의 균형을 반드시 유지해야 한다.
③ 텔레스코핑 작업 시 유압 실린더 위치는 카운터 지브의 반대 방향이어야 한다.
④ 텔레스코핑 작업은 반드시 제한풍속(순간최대풍속 10m/s)을 준수해야 한다.

해설
텔레스코핑 작업 시 유압 실린더 위치와 카운터 지브는 동일 방향이어야 한다.

47 타워크레인의 클라이밍 작업 시 사전 검토 사항에 반드시 포함하여야 할 내용이 아닌 것은?

① 클라이밍 타워크레인의 설계 개요
② 클라이밍 타워크레인 가설 지지 프레임의 구성
③ 카운터 지브의 밸러스트 중량 가감 여부
④ 클라이밍 부재 및 접합부

해설
클라이밍 작업 시에는 가설 지지 프레임의 구성상태, 부재 및 접합부, 설계 개요 등을 검토한 후 작업에 임하도록 한다.

48 유해·위험 작업의 취업 제한에 관한 규칙에 의해 타워크레인 조종 업무의 적용 대상에서 제외되는 타워크레인은?

① 조종석이 설치된 정격하중 1톤인 타워크레인
② 조종석이 설치된 정격하중 2톤인 타워크레인
③ 조종석이 설치된 정격하중 3톤인 타워크레인
④ 조종석이 설치되지 않은 정격하중 3톤인 타워크레인

해설
조종석이 설치되지 않은 타워크레인 조종은 유해·위험 작업의 취업 제한 규칙이 적용되지 않는다.

49 타워크레인 해체에 필요한 필수적인 요소로 설치 시부터 숙지해야 할 내용이 아닌 것은?

① 지지·고정 시의 균형
② 상승 시의 균형
③ 주위 장애물의 간섭
④ 전원 공급 위치

해설
타워크레인을 설치·해체할 때는 지지 및 고정상태, 상승 시의 균형, 주위 장애물의 간섭 등을 숙지하여 안전 작업을 하도록 한다.

정답 45 ④ 46 ③ 47 ③ 48 ④ 49 ④

50 타워크레인 최초 설치 시 반드시 검토해야 할 사항이 아닌 것은?

① 타워의 설치 방향
② 기초 앵커의 레벨
③ 양중 크레인의 위치
④ 갱폼의 인양거리

51 작업 중 화재 점화 원인이 될 수 있는 요소와 가장 거리가 먼 것은?

① 과부하로 인한 전기장치의 과열
② 부주의로 인한 담뱃불
③ 전기배선 합선
④ 연료유의 자연 발화

해설
작업 중 화재는 전기장치의 과열이나 합선, 담뱃불 등으로 생길 수 있으며, 연료유의 자연 발화는 직접적인 원인이 될 수 없다.

52 다음 보기에서 가스 용접기에 사용되는 용기의 도색이 바르게 연결된 것은?

> ㉠ 산소 – 녹색 ㉡ 수소 – 흰색
> ㉢ 아세틸렌 – 황색

① ㉠, ㉡ ② ㉡, ㉢
③ ㉠, ㉢ ④ ㉠, ㉡, ㉢

해설
가스 용접은 주로 산소와 아세틸렌으로 하며, 산소는 녹색, 아세틸렌은 황색 용기를 사용한다.

53 방화대책을 위한 구비사항으로 가장 거리가 먼 것은?

① 소화기구
② 스위치 표시
③ 방화벽 및 스프링클러
④ 방화사

해설
방화대책을 위한 기구는 소화기구, 방화사, 방화벽, 스프링클러 등이다.

54 안전보건표지에서 다음의 표지가 뜻하는 것은?

① 안전복 착용 ② 안전모 착용
③ 보안면 착용 ④ 출입금지

55 벨트에 대한 안전사항으로 틀린 것은?

① 벨트를 걸 때나 벗길 때에는 기계를 정지한 상태에서 한다.
② 벨트의 이음쇠는 돌기가 없는 구조로 한다.
③ 벨트가 풀리에 감겨 돌아가는 부분에 커버나 덮개를 설치한다.
④ 바닥면으로부터 2m 이내에 있는 벨트는 덮개를 제거한다.

해설
바닥면으로부터 2m 이내에 있는 벨트는 안전사고를 방지하기 위해 덮개를 씌운다.

56 가스 누설 검사에 가장 효율적이고 안전한 것은?

① 아세톤 ② 성냥불
③ 순수한 물 ④ 비눗물

정답 50 ④ 51 ④ 52 ③ 53 ② 54 ② 55 ④ 56 ④

57 **다음 중 작업표준의 목적에 해당하는 것은?**

① 위험 요인 제거
② 경영자의 이해
③ 작업 방식 검토
④ 설비의 적정화 및 정리정돈

해설
작업표준의 목적은 위험 요인을 없애고 안전한 작업을 도모하기 위함이다.

58 **수공구 사용 시 유의사항으로 맞지 않는 것은?**

① 토크 렌치는 볼트를 풀 때 사용한다.
② 무리한 공구 취급을 금한다.
③ 공구를 사용하고 나면 일정한 장소에 관리 · 보관한다.
④ 수공구는 사용법을 숙지하여 사용한다.

해설
토크 렌치는 볼트와 너트를 규정 토크로 조이는 공구이다.

59 **폭풍이 불 우려가 있을 때는 옥외에 있는 주행 크레인의 이탈을 방지하기 위한 조치를 해야 하는데, 여기서 폭풍이란 순간풍속이 초당 몇 미터를 초과하는 바람을 말하는가?**

① 10m/sec ② 20m/sec
③ 30m/sec ④ 40m/sec

해설
옥외 크레인은 순간풍속이 30m/sec가 되면 이탈 방지를 위한 조치를 하여야 한다.

60 **드라이버 사용방법으로 틀린 것은?**

① 날 끝이 홈의 폭과 길이에 맞는 것을 사용한다.
② 날 끝이 수평이어야 한다.
③ 전기 작업 시에는 절연된 자루를 사용한다.
④ 단단하게 고정된 작은 공작물은 가능한 한 손으로 잡고 작업한다.

해설
드라이버는 날 끝이 홈의 폭과 길이가 맞는 것을 선택해 날 끝을 수평으로 해서 사용한다.

정답 57 ① 58 ① 59 ③ 60 ④

국가기술자격 필기시험문제

2010년 기능사 제2회 필기시험

자격종목	종목코드	시험시간	형별	수험번호	성명
타워크레인운전기능사		1시간			

1 타워크레인 비가동 시 지브가 바람에 따라 자유롭게 움직여 풍압으로부터 타워크레인 본체를 보호하고자 설치하는 장치는?

① 선회 브레이크 풀림장치
② 충돌방지장치
③ 선회 제한 리미트 스위치
④ 와이어로프 꼬임 방지장치

해설
바람이 불 때는 지브가 자유롭게 회전할 수 있도록 선회 브레이크를 풀어놓아야 한다.

2 메인 지브를 이동하며 권상 작업을 위한 작업 반경을 결정하는 장치는?

① 트롤리 ② 운전실
③ 방호장치 ④ 과부하 방지장치

해설
메인 지브에서 트롤리가 이동하여 작업 반경을 결정한다.

3 수평 기복(Level Luffing)이란 무엇을 말하는가?

① 하물의 높이가 자동적으로 일정하게 유지되도록 지브가 기복하는 것을 말한다.
② 지브가 수평으로 유지되도록 하는 것을 말한다.
③ 지면에 놓인 하물을 수평으로 끌어당기는 것을 말한다.
④ 후크에 매달린 하물을 균형 상태를 유지하면서 선회하는 것을 말한다.

해설
수평 기복이란 하물의 높이가 자동적으로 일정하게 유지되도록 지브가 기복하는 것을 말한다.

4 어떤 물질의 비중량 또는 밀도를 물의 비중량 또는 밀도로 나눈 값을 무엇이라고 하는가?

① 비체적 ② 비중
③ 비질량 ④ 차원

5 타워크레인 기초 앵커 설치방법에 대한 설명으로 틀린 것은?

① 모든 기종에서 기초 지내력은 15ton/m^2 이면 적합하다.
② 기종별 기초 규격은 매뉴얼 표준에 따라 시공한다.
③ 앵커는 기울기가 발생하지 않게 시공한다.
④ 콘크리트 타설 시 앵커가 흔들리지 않게 타설한다.

해설
점토층의 허용 지지력은 1.5kg/cm^{2}이고, 모래 섞인 점토층은 3.5kg/cm^{2}이다.

6 타워크레인 접지에 관한 설명 중 잘못된 것은?

① 접지극의 크기는 동판의 경우 면적이 500cm^2 이상이어야 한다.
② 접지선은 베이직 마스트 하단에 접속한다.

정답 1 ① 2 ① 3 ① 4 ② 5 ① 6 ①

③ 접지선은 GV 38mm² 이상으로 접속한다.
④ 접지극은 기초공사 시 매립한다.

7 **전압의 종류에는 저압, 고압, 특별고압이 있는데, 이 중 특별고압은 교류, 직류 모두 몇 볼트(Volt) 이상인가?**

① 145,000V ② 15,400V
③ 7,000V ④ 3,000V

8 **타워크레인의 주행 레일 양끝 부분 또는 이에 준하는 장소에 완충장치, 완충재 또는 당해 주행 차륜 지름의 ( ) 이상 높이의 정지기구를 설치하여야 한다. ( ) 안에 들어갈 말로 옳은 것은?**

① 1/2 ② 1/3
③ 1/4 ④ 1/5

해설
크레인 제작 · 안전 · 검사기준 제41조의 규정에 의해 횡행 레일에는 횡행 차륜 지름의 1/4, 주행 레일에는 주행 차륜 지름의 1/2 이상 높이의 정지 기구를 설치하여야 한다.

9 **타워크레인의 항목 중 구조부와 거리가 먼 것은?**

① 캣트(타워) 헤드
② 권상장치
③ 지브
④ 마스트(타워 섹션)

해설
권상장치는 메인 지브에서 작동하며 권상 · 권하를 하는 작업장치이다.

10 **타워크레인 방호장치의 종류에 해당하지 않은 것은?**

① 권과방지장치 ② 과부하 방지장치
③ 후크해지장치 ④ 조향장치

11 **시브 외경과 이탈 방지용 플레이트 간격으로 가장 적합한 것은?**

① 3mm ② 6mm
③ 9mm ④ 12mm

해설
와이어로프 이탈 방지장치의 시브 외경과 플레이트 간격은 3mm이다.

12 **타워크레인 유압장치에 관한 일반사항으로 틀린 것은?**

① 클라이밍 종료 후에는 램을 수축해둔다.
② 오일량은 클라이밍 시작 전보다 종료 후에 점검하는 것이 좋다.
③ 유압 탱크 열화 방지를 위한 보호조치를 한다.
④ 유압장치는 유압 탱크, 실린더, 펌프, 램 등으로 구성되어 있다.

해설
오일량은 클라이밍 시작 전에 점검하도록 한다.

13 **배선용 차단기는 퓨즈에 비하여 장점이 많은데, 그 장점이 아닌 것은?**

① 개폐 기구를 겸하고, 개폐 속도가 일정하며 빠르다.
② 과전류가 1극에만 흘러도 각 극이 동시에 트립되므로 결상 등과 같은 이상이 생기지 않는다.
③ 전자 제어식 퓨즈이므로 복구 시에 교환시간이 많이 소요된다.
④ 과전류로 동작하였을 때 그 원인을 제거하면 즉시 사용할 수 있다.

정답 7 ③ 8 ① 9 ② 10 ④ 11 ① 12 ② 13 ③

해설

복구 시에 퓨즈와 같이 교환시간이 많이 걸리지 않고 예비품을 준비할 필요가 없다.

14 타워크레인 구조 부분을 계산할 때 사용하는 하중의 종류가 아닌 것은?

① 굽힘하중 ② 좌굴하중

③ 풍하중 ④ 파단하중

해설

크레인 구조 부분을 계산할 때 사용하는 하중에는 수직동, 수직정하중, 수평동하중, 열하중, 풍하중, 충돌하중 등이 있다(크레인 제작 · 안전 · 검사에 관한 규칙 제9조).

15 KS에 의한 전기 외함 구조 분류에 대한 설명으로 틀린 것은?

① 방적형 – 옥외에서 바람의 영향이 거의 없는 장소

② 방우형 – 옥외에서 비바람을 맞는 장소

③ 방말형 – 타워크레인 위의 조명등, 항공 장애등(燈)

④ 내수형 – 수중 전용의 장소

해설

내수형은 선박의 갑판 위에 있는 조명등을 말한다.

16 유압 펌프 흡입구에서 캐비테이션(공동현상) 방지법이 아닌 것은?

① 오일 탱크의 오일 점도를 적당히 유지한다.

② 흡입구의 양정을 낮게 한다.

③ 흡입관은 유압 펌프 본체 연결구의 크기와 같은 굵기를 사용한다.

④ 펌프의 운전 속도를 규정 속도 이상으로 한다.

17 작동에 의한 밸브의 종류가 아닌 것은?

① 시트 밸브

② 수동 조작 밸브

③ 전자 조작 밸브

④ 유 · 공압 조작 밸브

해설

시트 밸브는 볼이나 포피트가 통로에 밀착되어 유압이나 유량에 따라 작동한다.

18 과전류 차단기에 대한 설명 중 틀린 것은?

① 제어반에 설치되는 기기이다.

② 누전 발생 시 회로를 차단한다.

③ 차단기 용량은 정격 전류에 대하여 250% 이상으로 한다.

④ 구조는 배선용 차단기와 같다.

해설

차단기 용량은 정격 차단 용량 범위 내에 있어야 한다.

19 타워크레인 과부하 방지장치의 구비 및 설치조건으로 틀린 것은?

① 과부하 방지장치는 대단히 중요하므로 아무나 볼 수 없도록 전기 판넬 내부에 설치한다.

② 과부하 방지장치는 정격하중의 1.05배 이내에서 동작하도록 조정한다.

③ 동작 시 경보를 울려 운전자 및 인근 작업자에게 경고를 하고, 임의로 조정할 수 없도록 봉인한다.

④ 과부하 방지장치는 성능 검정 대상품이므로 성능 검정 합격품을 설치한다.

해설

과부하 방지장치는 호이스트 제어반 내부에 설치해서는 안 되며, 잘 보이고 쉽게 점검할 수 있도록 제어반 외부나 통로, 운전실 내에 경보 설비를 추가하여 설치할 수 있다.

정답 14 ④ 15 ④ 16 ④ 17 ① 18 ③ 19 ①

20 올바른 권상 작업 형태는?

① 지면에서 끌어당김 작업
② 박힌 하중 인양 작업
③ 사람 머리 위를 통과하는 작업
④ 신호수가 있을 경우 보이지 않는 곳의 물체 이동 작업

해설
타워크레인으로는 화물을 끌어당기거나 박힌 하중을 인양할 수 없으며, 신호수의 신호에 따라 안전한 작업을 하도록 한다.

21 이동형 타워크레인 선정 시 종류 및 크기에 따라 적정 사양을 선정할 때 갖춰야 할 조건으로 관련이 없는 것은?

① 최대 권상 높이
② 기초 앵커 설치 부지 조건
③ 가장 무거운 부재의 중량
④ 이동식 크레인 선회 반경

해설
기초 앵커 설치 부지 조건은 설치 · 해체 작업 시 고려할 사항이다.

22 신호수가 무전기를 사용할 때 주의할 점이 아닌 것은?

① 반복 신호를 금지한다.
② 신호수의 입장에서 신호한다.
③ 무전기 상태를 확인한 후 교신한다.
④ 은어, 속어, 비어를 사용하지 않는다.

23 타워크레인의 주행 레일 측면의 마모는 원래 규격 치수의 얼마 정도인가?

① 5% 이내 ② 10% 이내
③ 15% 이내 ④ 20% 이내

해설
주행 레일은 균열이나 두부의 변형이 없어야 하며, 측면 마모는 원래 규격 치수의 10% 이내이어야 한다.

24 운전자가 손바닥을 안으로 하여 얼굴 앞에서 2~3회 흔드는 신호는 무슨 뜻인가?

① 작업 완료
② 신호 불명
③ 줄걸이 작업 미비
④ 기중기 이상 발생

해설
손바닥을 안으로 하여 얼굴 앞에서 2~3회 흔드는 신호는 신호 불명을 뜻한다.

25 타워크레인 운전 및 정비수칙 중 바르지 못한 것은?

① 국가가 인정하는 자격 소지자가 운전해야 한다.
② 운전자의 시선은 언제나 지브 또는 붐 선단을 직시하여야 한다.
③ 하중이 지면에 있는 상태로 선회하지 말아야 한다.
④ 크레인 정비 지침을 지켜야 하며, 전체 시스템에 대해 주기적인 검사를 하여야 한다.

해설
운전자의 시선은 인양되는 화물을 주시하도록 한다.

26 타워크레인의 트롤리 이동 중 기계장치에서 이상음이 날 경우 적절한 조치방법은?

① 트롤리 이동을 멈추고 열을 식힌 후 계속 작업한다.
② 속도가 너무 빠르지 않은지 확인한다.
③ 즉시 작동을 멈추고 점검한다.
④ 작업 종료 후 조치한다.

정답 20 ④ 21 ② 22 ② 23 ② 24 ② 25 ② 26 ③

27 다음 중 양중 작업에 필요한 보조용구가 아닌 것은?

① 턴 버클 ② 섬유 벨트
③ 수직 클램프 ④ 샤클

해설

턴 버클이란 지지봉과 지지용 강삭 등의 길이를 조정하는 기구이다.

28 타워크레인으로 목재품 자재를 운반하는 경우 줄걸이 작업이 완료되었을 때 가장 안전한 권상 작업방법은?

① 후크를 하물의 중심 위치에 맞추었으면 권상을 계속하여 5m 높이에서 일단 정지한다.
② 권상 작동은 하물이 흔들리지 않으므로 항상 최고 속도로 운전한다.
③ 줄걸이 와이어로프가 장력을 받아 팽팽해지면 일단 정지한 후 운전한다.
④ 후크를 하물의 중심 위치에 정확히 맞추고 권상과 선회를 동시에 작동한다.

해설

줄걸이 로프가 팽팽해지면 일단 정지하여 장력을 골고루 받는지 점검한다.

29 신호수에 대한 설명으로 틀린 것은?

① 특별히 구분될 수 있는 복장 및 식별 장치를 갖춰야 한다.
② 소정의 신호수 교육을 받아 신호 내용을 숙지해야 한다.
③ 현장의 각 공정별로 한 사람씩 차출하여 신호수를 시킨다.
④ 신호수는 항상 크레인의 동작을 볼 수 있어야 한다.

30 선회 기어와 베어링 및 축내 급유를 해야 하는 주된 목적이 아닌 것은?

① 캐비테이션(공동화) 현상을 방지한다.
② 부분 마멸을 방지한다.
③ 동력 손실을 방지한다.
④ 냉각작용을 한다.

해설

캐비테이션이란 유압 계통에 공기가 침입하거나 진공상태 등이 발생해 기포가 생기고 파괴되어 국부적인 고압이나 소음이 발생하는 현상을 말한다.

31 로프 한 개로 2줄걸이로 하여 1,000kg의 짐을 90°로 걸어 올릴 때 한 줄에 걸리는 무게는?

① 250kg ② 500kg
③ 707kg ④ 6,930kg

해설

$$\frac{\frac{W}{줄수}}{\cos\frac{조각도\theta}{2}} = \frac{\frac{1,000}{줄수}}{\cos\frac{90^\circ}{2}}$$

$= 500 \div 0.707 = 707.2\text{kg}$

32 줄걸이 와이어로프에 짐을 매달았을 때 한 줄에 걸리는 장력을 구하는 공식으로 옳은 것은?

① (짐의 무게 / 와이어로프의 수) ÷ (sin 와이어로프의 각도)
② (짐의 무게 / 와이어로프의 수) × (sin 와이어로프의 각도)
③ (짐의 무게 / 와이어로프의 수) ÷ (cos 와이어로프의 각도)
④ (짐의 무게 / 와이어로프의 수) ÷ (tan 와이어로프의 각도)

정답 27 ① 28 ③ 29 ③ 30 ① 31 ③ 32 ③

33 **줄걸이 체인의 사용 한도에 대한 설명 중 틀린 것은?**

① 안전계수가 5 이상인 것
② 지름의 감소가 공칭 직경의 10%를 넘지 않는 것
③ 변형 및 균열이 없는 것
④ 연신율이 제조 당시 길이의 10%를 넘지 않은 것

해설
체인의 연신율은 제조 당시 길이의 5%를 넘지 말아야 한다.

34 **와이어로프에서 소선을 꼬아 합친 것을 무엇이라 하는가?**

① 심강 ② 트래드
③ 공심 ④ 스트랜드

해설
와이어로프는 심강, 소선, 스트랜드로 구성되며, 소선을 꼬아 만든 것을 스트랜드라 한다.

35 **무게가 1,000kgf인 물건을 로프 1개로 들어 올린다고 가정할 때 안전계수는? (단, 로프의 파단하중은 2,000kgf이다)**

① 0.5 ② 2.0
③ 1.0 ④ 4.0

해설
$안전계수 = \frac{파단하중}{안전하중}$이므로 $\frac{2,000}{1,000} = 2$

36 **산업안전보건법 안전기준에 명시한 와이어로프의 마모 및 교체기준으로 틀린 것은?**

① 한 가닥에서 소선의 수가 10% 이상 절단된 것
② 소선 및 스트랜드의 돌출이 확인되는 것
③ 외부 마모에 의한 호칭 지름 감소가 7% 이상인 것
④ 킹크나 부식은 없어도 단말 고정을 한 것

해설
와이어로프는 소선 수가 10% 이상 절단되거나 호칭 지름이 7% 이상 감소했을 때, 킹크와 부식이 있고 소선이 돌출되었을 때 교환한다.

37 **클립(Clip) 고정이 가장 적합하게 된 것은?**

① 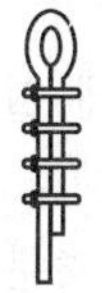
② 
③ 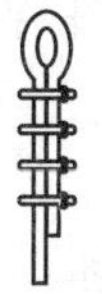
④ 

38 **운전자가 경보기를 울리거나 한쪽 손 주먹을 다른 손 손바닥으로 2~3회 두드릴 때는 무엇을 뜻하는가?**

① 신호 불명 ② 이상 발생
③ 기다려라 ④ 물건 걸기

해설
한쪽 손 주먹을 다른 손 손바닥으로 2~3회 두드릴 때는 이상이 발생했다는 뜻이다.

39 **줄걸이용 와이어로프에 장력이 걸리면 일단 정지하고 줄걸이 상태를 점검 · 확인해야 하는데, 이에 해당하는 사항이 아닌 것은?**

① 줄걸이용 와이어로프에 걸리는 장력이 균등하게 작용하는가
② 줄걸이용 와이어로프의 안전율은 5 이상인가
③ 하물이 붕괴 또는 추락할 우려는 없는가
④ 줄걸이용 와이어로프가 이탈하거나 보호대가 벗겨질 우려는 없는가

정답 33 ④ 34 ④ 35 ② 36 ④ 37 ① 38 ② 39 ②

해설

와이어로프 안전율은 로프를 작업장치에 사용하기 전에 판단해야 한다.

40 **와이어로프의 주유에 대한 설명으로 옳은 것은?**

① 그리스를 와이어로프의 전체 길이에 충분히 칠한다.
② 그리스를 와이어로프에 칠할 필요가 없다.
③ 기계유를 로프의 심까지 충분히 적신다.
④ 그리스를 로프의 마모가 우려되는 부분만 칠하는 것이 좋다.

해설

그리스를 전체 길이에 충분히 칠한다.

41 **다음 중 타워크레인 설치 · 해체 시 비래 · 낙하 재해 방지를 위한 방법으로 잘못된 것은?**

① 위험 작업 범위 내 인원 및 차량 출입 금지
② 사용 중인 공구는 사용 후 지상에 보관
③ 볼트 및 너트 등 작은 물건은 준비된 주머니를 이용
④ 작업 전 낙하 · 비래 방지 조치에 관한 사항 숙지

해설

사용 중인 공구를 지상에 보관하면 작업자가 매번 상 · 하차하는 번거로움이 있다.

42 **타워크레인의 지지 · 고정방식 중에서 건물과의 이격거리가 크지 않으며 연결 지점 수를 줄이기 위해 사용하는 방식은?**

① A-프레임과 지지대 1개 방식
② A-프레임과 로프 2개 방식
③ 지지대 3개 방식
④ 지지대 2개와 로프 2개 방식

해설

- A-프레임과 지지대 1개 방식 : 건물과의 이격거리가 크지 않고 연결 지점 수를 줄일 때
- A-프레임과 로프 2개 방식 : 지점 수와 관계가 없을 때
- 지지대 3개 방식 : 이격거리에 관계없이 가장 일반적인 방법

43 **타워크레인의 마스트를 해체하고자 할 때 실시하는 작업이 아닌 것은?**

① 마스트와 턴 테이블 하단의 연결 볼트 또는 핀을 푼다.
② 해체할 마스트와 하단 마스트의 연결 볼트 또는 핀을 푼다.
③ 마스트에 가이드 레일의 롤러를 끼워 넣는다.
④ 마스트를 가이드 레일의 안쪽으로 밀어 넣는다.

44 **타워크레인 설치 작업 중 텔레스코핑 케이지를 올리고 있을 때 할 수 있는 작업은?**

① 지브 회전
② 지브 트롤리 이동
③ 후크 권상 · 권하
④ 유압 펌프의 동작을 계속 유지

해설

텔레스코핑 케이지를 올리고 있을 때는 지브 회전, 트롤리 이동, 축의 권상 · 권하를 할 수 없으며, 유압은 계속 유지해야 한다.

45 **타워크레인 해체 작업 시 운전자가 숙지해야 할 사항이 아닌 것은?**

① 해체 작업 순서
② 해체하는 장비의 구조 및 기능
③ 해체를 돕는 크레인의 구조와 기능
④ 해체 작업 안전지침

정답 40 ① 41 ② 42 ① 43 ④ 44 ④ 45 ③

해설
해체하는 크레인의 구조와 기능을 숙지해야 한다.

46 타워크레인 검사 중 근로자 대표의 요구가 있는 경우에 근로자 대표를 입회시켜야 하는 검사는?

① 완성검사 ② 설계검사
③ 성능검사 ④ 자체검사

해설
완성 · 설계 · 성능 · 정기검사는 산업안전보건법 규정에 의하여 산업안전공단에 위탁되어 있다.

47 텔레스코픽 요크의 핀 또는 홀의 변형을 목격했을 때 조치사항으로 틀린 것은?

① 핀이 다소 휘었으면 분해 및 교정 후 재사용한다.
② 홀이 변형된 마스트는 해체하고 재사용하지 않는다.
③ 휘거나 변형된 핀은 파기하여 재사용하지 않는다.
④ 핀은 반드시 제작사에서 공급된 것으로 사용한다.

해설
핀이 휘었으면 재사용하지 말고 교환하도록 한다.

48 유해 · 위험 작업의 취업 제한에 관한 규칙에 의해 타워크레인 조종 업무의 적용 대상에서 제외되는 타워크레인은?

① 조종석이 설치된 정격하중이 1톤인 타워크레인
② 조종석이 설치된 정격하중이 2톤인 타워크레인
③ 조종석이 설치된 정격하중이 3톤인 타워크레인
④ 조종석이 설치되지 않은 정격하중 3톤인 타워크레인

해설
산업안전규칙 제109조 규정에 의하여 조종석이 설치되지 않은 타워크레인은 조종 업무 적용 대상에서 제외된다.

49 클라이밍 시 안전핀 사용에 대한 설명으로 틀린 것은?

① 케이지와 연결된 안전핀은 클라이밍 시에만 사용
② 클라이밍 작업 후에는 정상 핀으로 교체
③ 정상 핀으로 교체하기 전에는 작업 금지
④ 안전핀은 2개소만 핀으로 고정

해설
안전핀은 4개소가 있다.

50 마스트 연장 작업 준비사항으로 맞지 않는 것은?

① 유압장치와 카운터 지브의 위치는 동일 방향으로 맞춘다.
② 유압 실린더는 연장 작업 전에 절대 작동을 금한다.
③ 추가할 마스트는 메인 지브 방향으로 운반한다.
④ 유압장치의 오일량과 모터 회전 방향을 확인한다.

51 연료 파이프의 피팅을 풀 때 가장 알맞은 렌치는?

① 소켓 렌치 ② 복스 렌치
③ 오픈 엔드 렌치 ④ 탭 렌치

해설
피팅을 풀 때는 끝 부분이 열려 있는 오픈 엔드 렌치를 사용한다.

정답 46 ④ 47 ① 48 ④ 49 ④ 50 ② 51 ③

52 **연소의 3요소에 해당하지 않는 것은?**

① 물　② 공기
③ 점화원　④ 가연물

해설

연소가 이루어지기 위해서는 연소물질인 가연물과 열을 가하는 점화원, 산소를 공급하는 공기가 있어야 한다.

53 **원목처럼 길이가 긴 화물을 외줄 달기 슬링 용구를 사용하여 크레인으로 안전하게 달아 올릴 때의 방법으로 가장 거리가 먼 것은?**

① 슬링을 거는 위치를 한쪽으로 약간 치우치게 묶고 화물의 중량이 많이 걸리는 방향을 아래쪽으로 향하게 들어 올린다.
② 제한용량 이상을 달지 않는다.
③ 수평으로 달아 올린다.
④ 신호에 따라 움직인다.

해설

크레인으로 물건을 달아 올릴 때는 수직으로 달아 올린다.

54 **드릴(Drill) 기기를 사용하여 작업할 때 착용을 금지하는 것은?**

① 안전화　② 장갑
③ 작업모　④ 작업복

해설

드릴 기기를 사용하는 작업에서 장갑을 끼면 말려들어갈 수 있어 위험하다.

55 **건설기계 장비를 운전하는 중에 안전을 위하여 점검하여야 하는 것은?**

① 계기판
② 냉각수량
③ 타이어 압력
④ 팬 벨트 장력 점검

해설

건설기계 운전 중에는 계기판을 점검하고 냉각수, 타이어, 팬 벨트는 운전 전에 점검한다.

56 **유류 화재 시 소화방법으로 부적절한 것은?**

① B급 화재 소화기를 사용한다.
② 다량의 물을 부어 끈다.
③ 모래를 뿌린다.
④ ABC 소화기를 사용한다.

57 **산소 아세틸렌 가스 용접에서 토치 점화 시 작업의 우선순위에 대한 설명으로 옳은 것은?**

① 토치의 아세틸렌 밸브를 먼저 연다.
② 토치의 산소 밸브를 먼저 연다.
③ 산소 밸브와 아세틸렌 밸브를 동시에 연다.
④ 혼합 가스 밸브를 먼저 연 다음 아세틸렌 밸브를 연다.

해설

가스 용접 시에는 아세틸렌 밸브를 먼저 열고 산소 밸브를 연다.

58 **벨트를 풀리에 걸 때는 어떤 상태에서 걸어야 하는가?**

① 회전을 중지시킨 후 건다.
② 저속으로 회전시키면서 건다.
③ 중속으로 회전시키면서 건다.
④ 고속으로 회전시키면서 건다.

해설

벨트를 회전 중에 걸면 안전사고의 위험이 있다.

정답 52 ① 53 ③ 54 ② 55 ① 56 ② 57 ① 58 ①

59 소화하기 힘들 정도로 화재가 진행된 현장에서 제일 먼저 취해야 할 조치로 옳은 것은?

① 소화기 사용 ② 화재 신고
③ 인명 구조 ④ 경찰서에 신고

해설

인명 구조를 제일 먼저 한 후 화재 신고 및 소화 작업에 임한다.

60 안전한 작업을 하기 위하여 작업 복장을 선정할 때의 유의사항으로 가장 거리가 먼 것은?

① 화기 사용 장소에서는 방염성, 불연성의 복장을 착용한다.
② 착용자의 취미, 기호 등에 중점을 두고 선정한다.
③ 작업복은 몸에 맞고 동작이 편하도록 제작한다.
④ 상의 소매나 바지 자락 끝 부분이 안전하고 작업하기 편리하게 잘 처리된 것을 선정한다.

해설

작업복은 용도, 성별, 나이 등을 고려하며 편하고 단정해야 한다. 개인의 취미, 기호 등을 중점에 두지 않는다.

정답 59 ③ 60 ②

국가기술자격 필기시험문제

2010년 기능사 제4회 필기시험

자격종목	종목코드	시험시간	형별	수험번호	성명
타워크레인운전기능사		1시간			

1 유압 펌프의 고장 현상이 아닌 것은?

① 전동 모터의 체결 볼트 일부가 이완되었다.
② 오일이 토출되지 않는다.
③ 이상 소음이 난다.
④ 유량과 압력이 부족하다.

해설
전동 모터는 유압 펌프에 해당되지 않는다.

2 타워크레인의 트롤리와 관련된 안전장치가 아닌 것은?

① 와이어로프 꼬임 방지장치
② 트롤리 정지장치
③ 트롤리 로프 안전장치
④ 트롤리 내 · 외측 제한장치

해설
타워크레인 트롤리 관련 장치로는 트롤리 정지장치, 트롤리 로프 안전장치, 트롤리 내 · 외측 제한장치, 트롤리 로프 긴장장치 등이 있다.

3 타워크레인 방호장치가 아닌 것은?

① 선회 제한 스위치
② 비상정지장치
③ 반경표시장치
④ 회전 방향 제어장치

해설
방호장치로는 권상 및 권하 방지장치, 과부하 방지장치, 비상정지장치, 회전 방향 제어장치 등이 있다.

4 운동하고 있는 물체는 언제까지나 같은 속도로 운동을 계속하려고 하는데, 이러한 성질을 무엇이라고 하는가?

① 작용과 반작용의 법칙
② 관성의 법칙
③ 가속도의 법칙
④ 우력의 법칙

5 액체의 일반적인 성질이 아닌 것은?

① 액체는 압축되지 않는다.
② 액체는 힘을 전달할 수 있다.
③ 액체는 힘을 증대시킬 수 없다.
④ 액체는 운동을 전달할 수 있다.

해설
액체는 압축되지 않으며 힘을 증대시키고 전달할 수 있다.

6 과전류 차단기에 요구되는 성능에 관한 설명으로 맞는 것은?

① 과부하 등 적은 과전류가 장시간 계속 흘렀을 때 동작하지 않을 것
② 과전류가 작아졌을 때 단시간에 동작할 것
③ 큰 단락 전류가 흘렀을 때는 순간적으로 동작할 것
④ 전동기의 시동 전류와 같이 단시간 동안 약간의 과전류가 흘렀을 때 동작할 것

정답 1 ① 2 ① 3 ③ 4 ② 5 ③ 6 ③

해설

과전류 차단기는 전동기 시동 전류나 과부하 등 적은 과전류가 장시간 흘렀을 때 작동되면서 큰 단락전류가 흘렀을 때는 순간적으로 동작되어야 한다.

7 타워크레인 배전함의 구성과 기능을 설명한 것으로 틀린 것은?

① 전동기를 보호 및 제어하고 전원을 개폐한다.
② 철제상자나 커버 및 난간 등을 설치한다.
③ 옥외에 두는 방수용 배전함은 양질의 절연재를 사용한다.
④ 배전함의 외부에는 반드시 적색표시를 하여야 한다.

해설

배전함 외부에 반드시 적색표시를 할 의무는 없으며, 네오프렌징나 가스킷을 이용하여 수분 또는 먼지가 침입하지 않도록 한다.

8 크레인의 구성품 중 타워크레인에만 사용하는 것은?

① 새들 ② 크래브
③ 권상장치 ④ 캣트(Cat) 헤드

해설

새들과 크래브, 권상장치는 천장크레인용이며, 캣트 헤드는 타워크레인의 메인 지브와 카운터의 타이바를 상호 지탱해주는 장치이다.

9 주행 레일 측면의 마모는 원래 규격 치수의 얼마 이내이어야 하나?

① 30% ② 25%
③ 20% ④ 10%

해설

주행 레일의 측면 마모는 원래 규격 치수의 10% 이내이어야 한다.

10 타워크레인의 선회 동작으로 인하여 마스트에 발생하는 모멘트는?

① 전단 모멘트 ② 좌굴 모멘트
③ 비틀림 모멘트 ④ 굽힘 모멘트

11 와이어로프를 절단 또는 단말 가공할 때 스트랜드나 소선의 꼬임을 방지하는 작업은?

① 합금고정법 ② 시징(Seizing)
③ 쐐기고정법 ④ 압축고정법

해설

시징이란 스트랜드나 소선이 흐트러지거나 꼬이지 않도록 감아주는 작업을 말한다.

12 과부하 방지장치에 대한 설명으로 틀린 것은?

① 지브 길이에 따라 정격하중의 1.05배 이상 권상 시 작동한다.
② 운전 중 임의로 조정하여 사용하여서는 안 된다.
③ 과권상 시 작동하여 동력을 차단하는 장치이다.
④ 성능 검정 합격품을 설치하여 사용하여야 한다.

13 1A(암페어)를 mA(밀리암페어)로 나타내었을 때 맞는 것은?

① 100mA ② 1,000mA
③ 10,000mA ④ 10mA

해설

1A(암페어) = 10^3(mA)
즉 1A = 1,000mA이다.

14 텔레스코핑 작업에서 유압전동기가 역방향으로 회전할 때 적절한 조치는?

① 유압 실린더를 수리한다.
② 유압 펌프를 수리한다.

정답 7 ④ 8 ④ 9 ④ 10 ③ 11 ② 12 ③ 13 ② 14 ④

③ 10분간 휴지한 후 작동한다.
④ 전동기의 상을 변경한다.

해설
전동기 상을 변경하여 역상할 수 있도록 한다.

15 **선회 속도가 0.81rev/min으로 표시되었다. 올바른 설명은?**

① 타워크레인 선회 속도는 1분 당 0.81m이다.
② 타워크레인 선회 속도는 1분 당 0.81cm이다.
③ 타워크레인 선회 속도는 1분 당 0.81회전이다.
④ 타워크레인 선회 속도는 1선회 시 0.81분 걸린다.

해설
rev/min은 1분 당 선회 속도를 뜻하므로 1분당 0.81회 회전한다.

16 **기복(Lufffing)형 타워크레인에서 양중물의 무게가 무거운 경우 선회 반경은?**

① 짧아진다. ② 길어진다.
③ 기울어진다. ④ 변함없다.

해설
양중물의 무게가 무거울수록 선회 반경이 짧아진다.

17 **배선용 차단기의 특징이 아닌 것은?**

① 과전류 동작(차단)하였을 때 그 원인을 제거하면 즉시 재차 투입할 수 있다.
② 접점의 개폐 속도가 일정하고 빠르다.
③ 과전류가 2극 이상 흘러야 트립한다.
④ 동작 후 복구 시에 퓨즈와 같이 교환 시간이 걸리지 않는다.

해설
배선 차단기는 과전류가 1극에만 흘러도 트립한다.

18 **동절기에 기초 앵커를 설치할 경우 콘크리트 타설 작업 후에 양생 기간으로 옳은 것은?**

① 1일 이상 ② 3일 이상
③ 5일 이상 ④ 10일 이상

해설
콘크리트를 타설한 후 양생 기간은 최소 10일 이상이어야 한다.

19 **접지선 선정과 거리가 먼 것은?**

① 전류 통전 용량 ② 내식성
③ 크레인 기종 ④ 기계적 강도

20 **권상 · 권하 방지장치 리미트 스위치의 구성요소가 아닌 것은?**

① 캠 ② 웜
③ 웜 휠 ④ 권상 드럼

해설
권상 드럼에는 리미트 스위치가 없으며 캠, 웜, 웜 휠로 구성된다.

21 **크레인의 양중 작업용 보조용구의 구성과 역할에 대한 설명으로 틀린 것은?**

① 보조대는 덩치가 큰 물건에만 사용한다.
② 로프에는 고무나 비닐 등을 씌워서 사용한다.
③ 물품 모서리에 대는 것은 가죽류와 동판 등이 쓰인다.
④ 보조대나 받침대는 줄걸이 용구 및 물품을 보호한다.

해설
보조대는 상자형 물건이나 각이 진 물건 등을 줄걸이할 때 사용한다.

정답 15 ③ 16 ① 17 ③ 18 ④ 19 ③ 20 ④ 21 ①

22 **운전석이 설치된 타워크레인 운전이 가능한 사람은?**

① 국가기술자격법에 의한 양화장치 운전기능사 2급 이상의 자격을 가진 자
② 국가기술자격법에 의한 천장크레인 운전기능사의 자격을 가진 자
③ 국가기술자격법에 의한 타워크레인 운전기능사의 자격을 가진 자
④ 국가기술자격법에 의한 승강기 보수기능사의 자격을 가진 자

해설
타워크레인은 국가기술자격법에 의한 자격증을 취득한 후 건설기계관리법에 의한 시 · 도지사의 면허를 받아야 한다.

23 **크레인의 운동 속도에 대한 설명으로 틀린 것은?**

① 주행은 가능한 한 저속으로 하는 것이 좋다.
② 위험물 운반 시에는 가능한 한 저속으로 운전하는 것이 좋다.
③ 권상 작업 시 양정이 짧은 것은 빠르게, 긴 것은 느리게 운전하는 것이 좋다.
④ 권상장치 속도는 하중이 가벼우면 빠르게, 무거우면 느리게 작동되도록 한다.

해설
양정이 짧은 것은 느리게 하고, 긴 것은 빠르게 해야 한다.

24 **다음 신호는 무엇을 뜻하는가?**

① 주권 사용
② 보권 사용
③ 운전자 호출
④ 크레인 작업 개시

해설
머리 위에 주먹을 대고 떼었다 붙였다 하는 동작은 주권 사용 신호이다.

25 **트롤리 로프 긴장장치의 기능에 대한 설명 중 틀린 것은?**

① 와이어로프의 긴장을 유지하여 정확한 위치를 제어한다.
② 연신율에 의해 느슨해진 와이어로프를 수시로 긴장시킬 수 있는 장치이다.
③ 화물이 흔들리는 것을 와이어로프의 긴장을 이용하여 조절한다.
④ 정 · 역방향으로 와이어로프의 드럼 감김 능력을 원활하게 한다.

해설
트롤리 로프의 처짐이 있을 때 로프의 한쪽 끝을 드럼에 감아서 장력을 주는 것이 로프긴장장치이다.

26 **무전기를 이용하여 신호를 할 때 옳지 않은 것은?**

① 혼선상태일 때는 일방적으로 크게 말한다.
② 작업 시작 전 신호수와 운전자 간에 작업의 형태를 사전에 협의하여 숙지한다.
③ 공유 주파수를 사용하므로 짧고 명확한 의사전달이 가능하다.
④ 운전자와 신호수 간에 완전한 이해가 이루어진 것을 상호 확인해야 한다.

정답 22 ③ 23 ③ 24 ① 25 ③ 26 ①

27 다음 보기에서 올바른 운전방법을 모두 고른 것은?

> ㉠ 후크 블록이 지면에 뉘어진 상태로 운전하지 않는다.
> ㉡ 풍압 면적과 크레인 자중을 증가시킬 수 있는 다른 물체를 부착하지 않는다.
> ㉢ 완성검사가 끝나기 전에 운전하지 않았다.
> ㉣ 하중을 사람 머리 위로 통과시키지 않는다.

① ㉠, ㉡, ㉢
② ㉡, ㉢, ㉣
③ ㉠, ㉡, ㉣
④ ㉠, ㉡, ㉢, ㉣

해설

하중을 사람 머리 위로 통과시키거나 후크 블록이 지면에 뉘어진 상태로 운전해서는 안 된다.

28 선회 작업방법을 올바르게 설명한 것은?

① 목표한 지점을 지나치면 즉시 비상 브레이크로 제동한다.
② 바람이 심할 때는 브레이크 제동을 이용하여 반발력 선회를 한다.
③ 측면에 붙어 있는 경량의 화물은 선회 작업으로 떼어낸다.
④ 선회 브레이크는 선회 작동이 완전히 정지된 후에만 사용한다.

29 관련법상 강풍 시 타워크레인 운전 작업을 제한하는 순간풍속으로 옳은 것은?

① 순간풍속이 10m/s를 초과하는 경우
② 순간풍속이 15m/s를 초과하는 경우
③ 순간풍속이 20m/s를 초과하는 경우
④ 순간풍속이 25m/s를 초과하는 경우

해설

순간풍속이 10m/s를 초과하면 설치 · 해체 작업을 중지하고, 15m/s를 초과하면 운전 작업을 중지한다.

30 신호수의 준수사항으로 부적합한 것은?

① 신호수는 지정된 신호방법으로 신호한다.
② 두 대의 타워크레인으로 동시 작업 시 두 사람의 신호수가 동시에 신호한다.
③ 신호수는 그 자신이 신호수로 구별될 수 있도록 눈에 잘 띄는 표시를 한다.
④ 신호 장비는 밝은 색상으로 하고, 신호수에게만 적용되는 특수 색상으로 한다.

해설

두 대의 타워크레인으로 동시에 작업을 해도 신호수는 한 사람이어야 한다.

31 줄걸이 작업에 사용하는 후킹용 핀 또는 봉의 지름은 줄걸이용 와이어로프 직경의 얼마 이상을 적용하는 것이 바람직한가?

① 1배 이상　② 2배 이상
③ 4배 이상　④ 6배 이상

32 와이어로프의 교체 한계 기준으로 적합한 것은?

① 지름이 공칭 지름의 12% 이상 감소한 것
② 지름이 공칭 지름의 10% 이상 감소한 것
③ 지름이 공칭 지름의 7% 이상 감소한 것
④ 지름이 공칭 지름의 3% 이상 감소한 것

해설

와이어로프는 공칭 지름의 7% 이상 감소하면 교환한다.

정답 27 ④　28 ④　29 ②　30 ②　31 ④　32 ③

33 와이어로프 구성의 표기방법으로 틀린 것은?

6 X Fi(24) + IWRC B종 20mm

① 6 - 스트랜드 수
② 24 - 와이어로프 수
③ B종 - 소선의 인장강도
④ 20mm - 와이어로프의 직경

해설
와이어로프 규격이 6 × 24일 때, 6은 스트랜드 수이고 24는 소선의 수를 말한다.

34 크레인으로 중량물을 인양하기 위해 줄걸이 작업을 할 때의 주의사항으로 틀린 것은?

① 중량물의 중심 위치를 고려한다.
② 줄걸이 각도를 최대한 크게 한다.
③ 줄걸이 와이어로프가 미끄러지지 않도록 한다.
④ 날카로운 모서리가 있는 중량물은 보호대를 사용한다.

해설
크레인의 줄걸이 각도는 60° 이내가 효과적이다.

35 반지름이 2m, 높이가 4m인 원기둥 모양의 목재를 크레인으로 운반하고자 할 때, 목재의 무게는 약 몇 kgf인가?(단, 목재의 1m³당 무게는 150kgf으로 간주한다)

① 542 ② 942
③ 1,584 ④ 1,884

해설
원기둥의 체적 = $\frac{\pi r^2 S}{4}$
= 반지름(r)² × 높이(S) × ($\frac{\pi}{4}$)
= 2 × 2 × 4 × 0.785 = 12.56m³
= 12.56m³ × 150kgf = 1,884kgf

36 와이어로프 내부 소선의 마모 원인에 해당하지 않는 것은?

① 과하중
② 무리한 굽힘
③ 주유 불량
④ 주권과 보권을 동시에 사용

해설
와이어로프 내부 소선 마모 원인 : 과부하로 장시간 운전, 무리한 굽힘, 주유 불량 등

37 체인에 대한 설명 중 틀린 것은?

① 고온이나 수중 작업 시 와이어로프 대용으로 체인을 사용한다.
② 떨어진 두 축의 전동장치에는 주로 링크 체인을 사용한다.
③ 롤러 체인의 내구성은 핀과 부시의 마모에 따라 결정된다.
④ 체인에는 크게 링크 체인과 롤러 체인이 있다.

해설
떨어진 두 축 간의 동력 전달은 주로 롤러 체인을 사용한다.

38 수평 클램프로 안전하게 수평상태로 운반하기 곤란한 것은?

① H형 철강 ② L형 철강
③ T형 철강 ④ 철근

해설
H형, T형, L형 등의 철강은 수평 클램프를 사용할 수 있으나, 철근은 후크와 와이어로프로 줄걸이 작업을 한다.

39 마그네틱 크레인 신호에서 양손을 몸 앞에 다 대고 꽉 끼는 신호는 무슨 뜻인가?

① 마그네틱 붙이기 ② 정지
③ 기다려라 ④ 신호 불명

정답 33 ② 34 ② 35 ④ 36 ④ 37 ② 38 ④ 39 ①

40 크레인에 사용하는 권상용 와이어로프의 안전율은 얼마 이상이어야 하는가?

① 3 ② 5
③ 7 ④ 10

해설
권상용 와이어로프의 안전율은 5이고, 지브 지지용 와이어로프의 안전율은 4이다.

41 타워크레인의 클라이밍 작업 시 준비사항에 해당하지 않는 것은?

① 유압장치가 있는 방향으로 마스트를 올려놓는다.
② 메인 지브 방향으로 마스트를 올려놓는다.
③ 전원 공급 케이블을 클라이밍 장치에서 탈거한다.
④ 유압 펌프의 오일량을 점검한다.

42 타워크레인을 와이어로프로 지지 및 고정하였을 경우의 효과가 아닌 것은?

① 설치 · 해체 공정이 빠르다.
② 재사용이 가능하다.
③ 비틀림에도 효과적이다.
④ 인장력에만 저항한다.

해설
와이어로프에 꼬임이나 비틀림이 작용되면 손상의 원인이 될 수 있다.

43 산업안전기준에 관한 규칙상 타워크레인을 와이어로프로 지지하는 경우에 사업주의 준수사항에 해당하지 않는 것은?

① 와이어로프 설치 각도는 수평면에서 60° 이내로 할 것
② 와이어로프가 가공전선에 근접하지 않도록 할 것
③ 와이어로프는 지상의 이동용 고정장치에 신속히 해체할 수 있도록 고정할 것
④ 와이어로프의 고정 부위는 충분한 강도와 장력을 갖도록 설치할 것

해설
와이어로프를 고정할 때는 신속한 해체가 아니라 안정적으로 고정하는 것이 우선이다.

44 타워크레인의 마스트 상승 작업 중 발생하는 붕괴 재해에 대한 예방 대책이 아닌 것은?

① 핀이나 볼트 체결상태 확인
② 주요 구조부의 용접 설계 검토
③ 제작사의 작업지시서에 의한 작업 순서 준수
④ 상승 작업 중에는 권상, 트롤리 이동, 선회 등 일체의 작동 금지

해설
용접 설계 검토는 마스트 등의 제작과 관련된 사항이다.

45 타워크레인의 마스트 상승 작업 시 지브의 균형을 유지하기 위하여 트롤리에 매다는 하중이 아닌 것은?

① 밸런스 웨이트용 마스트
② 작업용 철근
③ 텔레스코픽 케이지
④ 카운터 웨이트

해설
텔레스코픽 케이지는 마스트 상승 작업을 위한 유압 기기이다.

46 타워크레인 설치(상승 포함) · 해체 작업자가 특별 안전보건교육을 이수해야 하는 최소 시간은?

① 1시간 이상 ② 2시간 이상
③ 3시간 이상 ④ 4시간 이상

정답 40 ② 41 ③ 42 ③ 43 ③ 44 ② 45 ③ 46 ②

해설

타워크레인 설치 · 해체 작업자는 산업안전보건법에 의하여 2시간 이상 특별 안전보건교육을 받아야 한다.

47 크레인 조립 · 해체 시의 작업 준수사항이 아닌 것은?

① 작업 순서를 정하고 그 순서에 의하여 작업을 실시한다.
② 작업 장소는 안전한 작업이 이루어질 수 있도록 충분한 공간을 확보한다.
③ 들어 올리거나 내리는 기자재는 균형을 유지하면서 작업한다.
④ 조립용 볼트는 나란히 차례대로 결합하고 분해한다.

해설

조립용 볼트는 나란히 조립하는 것이 아니라 대각선 대칭으로 조립한다.

48 마스트 연장 작업(텔레스코핑) 시 안전핀 사용에 대한 설명으로 틀린 것은?

① 케이지에 연결된 안전핀은 텔레스코핑 시에만 사용하여야 한다.
② 텔레스코핑 작업이 완료되면 즉시 정상 핀으로 교체해야 한다.
③ 텔레스코핑 시 현장이 급박하면 안전핀을 생략하고 권상 작업을 해도 된다.
④ 정상 핀으로 교체되기 전에는 타워크레인의 정상 작업은 금지하여야 한다.

해설

마스트 연장 작업 시에는 아무리 급한 상황이라도 안전핀을 생략하고 권상 작업을 할 수는 없다.

49 타워크레인 설치 시 비래 및 낙하를 방지하기 위한 안전조치가 아닌 것은?

① 작업 범위 내 통행금지
② 운반주머니 이용
③ 보조 로프 사용
④ 공구통 사용

50 타워크레인의 해체 작업 시 일반적인 유의사항이 아닌 것은?

① 해체 작업 시 반드시 숙련된 적정 인원을 배치하고 작업 책임자를 지정, 상주해야 한다.
② 해체 작업자는 반드시 안전모를 착용하고, 안전벨트는 볼트와 핀 제거 시에만 착용한다.
③ 해체 작업은 해체 작업 지침과 안전작업 지침에 따라 실시해야 한다.
④ 해체 작업 후 주변 정리정돈을 깨끗이 한다.

해설

해체 작업을 할 때도 안전모와 안전벨트를 착용한다.

51 아크 용접에서 눈을 보호하기 위한 보안경으로 맞는 것은?

① 도수 안경　② 방진 안경
③ 차광 안경　④ 실험실용 안경

해설

용접 시 유해광선으로부터 눈을 보호하기 위해 필터렌즈 및 필터 플레이트를 사용한 차광 안경을 쓴다.

52 산업안전보건 표지에서 다음 그림은 무엇을 뜻하는가?

① 비상구 없음　② 방사선 위험
③ 탑승금지　④ 보행금지

정답 47 ④ 48 ③ 49 ③ 50 ② 51 ③ 52 ④

53 산업재해를 예방하기 위한 재해 예방 4원칙에 속하지 않는 것은?

① 대량 생산의 원칙
② 예방 가능의 원칙
③ 원인 계기의 원칙
④ 대책 선정의 원칙

해설
재해 예방의 4원칙 : 예방 가능의 원칙, 손실 우연의 원칙, 원인 계기의 원칙, 대책 선정의 원칙

54 소화 작업의 기본요소가 아닌 것은?

① 가연물질을 제거하면 된다.
② 산소를 차단하면 된다.
③ 점화원을 제거하면 된다.
④ 연료를 기화시키면 된다.

해설
소화 작업은 연소가 발생할 수 있는 가연물질과 점화원, 산소를 차단하면 된다.

55 작업별 안전보호구가 잘못 연결된 것은?

① 그라인딩 작업 – 보안경
② 10m 높이에서 작업 – 안전벨트
③ 산소 결핍장소에서의 작업 – 공기 마스크
④ 아크 용접 작업 – 도수가 있는 렌즈 안경

해설
아크 용접 작업에서는 차광 유리로 된 헨드 실드나 헬멧을 사용한다.

56 일반 드라이버 사용 시 안전수칙으로 틀린 것은?

① 정을 대신할 때는 (–) 드라이버를 이용한다.
② 드라이버에 충격이나 압력을 가하지 말아야 한다.
③ 자루가 쪼개졌거나 허술한 드라이버는 사용하지 않는다.
④ 드라이버의 날 끝은 항상 양호하게 관리하여야 한다.

해설
정 대용으로 드라이버를 사용해서는 안 된다.

57 수공구를 사용하여 일상정비를 할 경우에 필요한 사항으로 부적합한 것은?

① 수공구를 서랍 등에 정리할 때는 잘 정돈한다.
② 작업 시 수공구를 손에서 놓치지 않도록 주의한다.
③ 용도 외의 수공구는 사용하지 않는다.
④ 작업을 빠르게 하기 위해서는 장비 위에 놓고 사용하는 것이 좋다.

해설
공구를 장비 위에 놓고 사용하면 떨어뜨릴 위험이 있어서 좋지 않다.

58 안전점검의 일상점검표에 포함되어 있는 항목이 아닌 것은?

① 전기 스위치
② 작업자의 복장상태
③ 가동 중 이상 소음
④ 폭풍 후 기계의 기능상 이상 유무

해설
폭풍 후 기계의 기능상 이상 유무는 일상점검이 아니라 사유 발생 시에만 하는 점검이다.

59 중량물 운반 시 안전사항으로 틀린 것은?

① 화물을 운반할 경우에는 운전 반경 내를 확인한다.

정답 53 ① 54 ④ 55 ④ 56 ① 57 ④ 58 ④ 59 ②

② 흔들리는 화물은 사람이 승차하여 붙잡도록 한다.
③ 크레인은 규정 용량을 초과하지 않는다.
④ 무거운 물건을 상승시킨 채 오랫동안 방치하지 않는다.

해설

중량물을 운반할 때는 어떤 경우라도 사람을 승차시켜 화물을 붙잡도록 해서는 안 된다.

60 화재의 분류 기준에서 휘발유(액상 또는 기체상의 연료성 화재)로 인해 발생한 화재를 무엇이라 하는가?

① A급 화재 ② B급 화재
③ C급 화재 ④ D급 화재

해설

- A급 화재 : 일반 화재
- B급 화재 : 유류 화재
- C급 화재 : 전기 화재
- D급 화재 : 금속 화재

정답 60 ②

국가기술자격 필기시험문제

2013년 기능사 제2회 필기시험

자격종목	종목코드	시험시간	형별	수험번호	성명
타워크레인운전기능사		1시간			

1 **선회하는 리미트는 양방향 각각 얼마의 회전을 제한하는가?**

① 2바퀴 ② 1.5바퀴
③ 2.5바퀴 ④ 1바퀴

해설
선회 리미트는 540°(1.5바퀴)로 제한한다.

2 **유압 탱크에서 오일을 흡입하여 유압 밸브로 이송하는 기기는?**

① 액추에이터 ② 유압 펌프
③ 유압 밸브 ④ 오일 쿨러

3 **모멘트 M = P × L 일 때, P와 L의 설명으로 맞는 것은?**

① P : 힘, L : 길이
② P : 길이, L : 면적
③ P : 무게, L : 체적
④ P : 부피, L : 넓이

해설
모멘트 = 힘(P) × 길이(L)

4 **타워크레인의 전자식 과부하 방지장치의 동작 방식으로 적합하지 않은 것은?**

① 인장형 로드셀
② 압축형 로드셀
③ 샤프트 핀형 로드셀
④ 외팔보형 로드셀

5 **권상장치의 와이어드럼에 와이어로프가 감길 때 홈이 없는 경우의 플리트(Fleet) 허용 각도는?**

① 4° 이내 ② 3° 이내
③ 2° 이내 ④ 1° 이내

6 **다음 중 과전류 차단기가 아닌 것은?**

① 절연 케이블 ② 퓨즈
③ 배선용 차단기 ④ 누전 차단기

7 **타워크레인의 지브가 바람에 의해 영향을 받는 면적을 최소화하여 타워크레인 본체를 보호하는 방호장치는?**

① 충돌방지장치
② 와이어로프 이탈 방지장치
③ 선회 브레이크 풀림장치
④ 트롤리 정지장치

8 **배선용 차단기는 퓨즈에 비하여 장점이 많은데, 그 장점이 아닌 것은?**

① 개폐 기구를 겸하고, 개폐 속도가 일정하며 빠르다.
② 과전류가 1극에만 흘러도 각 극이 동시에 트립되므로 결상 등과 같은 이상이 생기지 않는다.
③ 전자 제어식 퓨즈이므로 복구 시에 교환시간이 많이 소요된다.
④ 과전류로 동작하였을 때 그 원인을 제거하면 즉시 사용할 수 있다.

정답 1② 2② 3① 4④ 5③ 6① 7③ 8③

9 **타워크레인의 선회 브레이크 라이닝이 마모되었을 때의 교체 시기로 가장 적절한 것은?**

① 원형의 50% 이내일 때
② 원형의 60% 이내일 때
③ 원형의 70% 이내일 때
④ 원형의 80% 이내일 때

해설
브레이크는 원래 치수의 50% 이상 마모되었을 때 교체한다.

10 **4℃의 순수한 물은 1m³일 때 중량이 얼마인가?**

① 1,000kg ② 2,000kg
③ 3,000kg ④ 4,000kg

11 **크레인 높이가 높아지게 되면 항공 장애등을 설치하여야 하는데, 그 설치 높이로 맞는 것은?**

① 옥외에 지상 20m 이상 높이로 설치되는 크레인
② 옥외에 지상 30m 이상 높이로 설치되는 크레인
③ 옥외에 지상 40m 이상 높이로 설치되는 크레인
④ 옥외에 지상 60m 이상 높이로 설치되는 크레인

해설
항공 장애등은 옥외에 지상 높이가 60m 이상일 때 설치해야 한다.

12 **타워크레인의 주요 구조부가 아닌 것은?**

① 지브 및 타워 ② 와이어로프
③ 방호 울 ④ 설치 기초

해설
방호 울은 마스트에 포함되어 있는 부품이다.

13 **전압의 종류에서 특별 고압은 최소 몇 V를 초과하는 것을 말하는가?**

① 600V 초과
② 750V 초과
③ 7,000V 초과
④ 2,000V 초과

해설
특별 고압은 교류와 직류 모두 7,000V 초과인 것을 말한다.

14 **타워크레인 위의 조명등과 항공 장애등의 외함 구조는 어떤 형식인가?**

① 방우형 ② 내수형
③ 방말형 ④ 수주형

15 **타워크레인의 텔레스코핑 작업 전 유압장치 점검사항이 아닌 것은?**

① 유압 탱크의 오일 레벨을 점검한다.
② 유압 모터의 회전 방향을 점검한다.
③ 유압 펌프의 작동 압력을 점검한다.
④ 유압장치의 자중을 점검한다.

16 **기초 앵커를 설치하는 방법 중 옳지 않은 것은?**

① 지내력은 접지압 이상 확보한다.
② 콘크리트 타설 또는 지반을 다짐한다.
③ 구조 계산 후 충분한 수의 파일을 항타한다.
④ 앵커 세팅 수평도는 ±5mm로 한다.

정답 9 ① 10 ① 11 ④ 12 ③ 13 ③ 14 ③ 15 ④ 16 ④

17 **타워크레인의 사용전압에 따른 접지 종류 및 허용 접지저항에 대한 내용으로 틀린 것은?**

① 저압 400V 미만은 제3종 접지이고, 접지저항이 100Ω 이하이다.
② 저압 400V 미만은 특별 제3종 접지이고, 접지저항이 10Ω 이하이다.
③ 고압(특별 고압)은 제1종 접지이고, 접지저항이 10Ω 이하이다.
④ 저압 400V 이상은 특별 제3종 접지이고, 접지저항이 100Ω 이하이다.

해설
- 전동기, 외함, 제어반 프레임 등 접지설비의 접지저항 : 100V 이하일 때 100Ω 이하
- 특별 제3종 접지공사의 경우 300V 이상의 저압기기 외함 접지저항은 10Ω 이하로 시공한다.

18 **트레인의 기복(Luffing)장치에 대한 설명으로 틀린 것은?**

① 최고 · 최저각을 제한하는 구조로 되어 있다.
② 타워크레인의 높이를 조절하는 기계장치이다.
③ 지브의 기복 각으로 작업 반경을 조절한다.
④ 최고 경계각을 차단하는 기계적 제한장치가 있다.

19 **유압의 특징에 대한 설명으로 틀린 것은?**

① 액체는 압축률이 커서 쉽게 압축할 수 있다.
② 액체는 운동을 전달할 수 있다.
③ 액체는 힘을 전달할 수 있다.
④ 액체는 작용력을 증대시키거나 감소시킬 수 있다.

해설
액체는 압축력이 작아 응답성이 우수하다.

20 **타워크레인에서 정격하중 이상의 하중을 부과하여 권상하려고 할 때 권상 동작을 정지시키는 안전장치는?**

① 과권방지장치
② 과부하 방지장치
③ 과속도 방지장치
④ 과트립 방시장치

21 **타워크레인으로 중량물을 운반하는 방법 중 가장 적합한 운전방법은?**

① 전 하중 전속력 운전
② 시동 후 급출발 운전
③ 빈번한 정지 후 급속 운전
④ 정격하중 정속 운전

22 **선회 브레이크 풀림장치를 설명한 것으로 틀린 것은?**

① 컨트롤 전원을 차단한 상태에서 동작된다.
② 지브를 바람에 따라 자유롭게 움직이게 한다.
③ 바람이 불 경우 역방향으로 작동되는 것을 방지한다.
④ 지상에서는 브레이크 해제 레버를 당겨서 작동시킨다.

23 **타워크레인 작업에서 신호에 대한 설명으로 맞는 것은?**

① 신호수는 재킷, 안전모 등을 착용하여 일반 작업자와 구별해야 한다.
② 타워크레인 운전 중 신호 장비는 신호수의 의도에 따라 변경될 수 있다.

정답 17 ④ 18 ② 19 ① 20 ② 21 ④ 22 ③ 23 ①

③ 1대의 타워크레인에는 2인 이상의 신호수가 있어야 하며, 각기 다른 식별방법을 제시하여야 한다.
④ 신호 장비는 우천 시 변경되어도 무방하다.

24 **타워크레인 운전자의 장비 점검 및 관리에 대한 설명으로 옳지 않은 것은?**

① 각종 제한 스위치를 수시로 조정해야 한다.
② 간헐적인 소음 및 이상 징후에 즉시 조치를 받아야 한다.
③ 작업 전후 기초 배수 및 침하 등의 상태를 점검한다.
④ 윤활부에 주기적으로 급유하고 발열체에 대해 점검한다.

25 **오른손을 뻗어서 하늘을 향해 원을 그리는 수신호는 무엇을 뜻하는가?**

① 후크 와이어가 심하게 꼬였다.
② 후크에 매달린 화물이 흔들린다.
③ 원을 그리는 방향으로 선회해라.
④ 후크를 상승시켜라.

26 **타워크레인의 일반적인 양중 작업에 대한 설명으로 틀린 것은?**

① 화물 중심선에 후크가 위치하도록 한다.
② 로프가 장력을 받으면 바로 주행을 시작한다.
③ 로프에 충분한 장력이 걸릴 때까지 서서히 권상한다.
④ 화물은 권상 이동 경로를 생각하여 지상 2m 이상의 높이에서 운반하도록 한다.

27 **트롤리 이동 내 · 외측 제어장치의 제어 위치로 맞는 것은?**

① 지브 섹션의 중간
② 지브 섹션의 시작과 끝 지점
③ 카운터 지브 끝 지점
④ 트롤리 정지장치

해설
트롤리 내 · 외측 제어장치는 메인 지브의 시작과 끝 지점을 제어 위치로 한다.

28 **크레인 운전 중 작업신호에 대한 설명으로 가장 알맞은 것은?**

① 운전자가 신호수의 육성신호를 정확히 들을 수 없을 때에는 반드시 수신호를 사용한다.
② 신호수는 위험을 감수하고서라도 임무를 수행하여야 한다.
③ 신호수는 전적으로 크레인 동작에 필요한 신호에만 전념하고 인접 지역의 작업자는 무시하여도 좋다.
④ 운전자는 어떠한 경우라도 신호수의 지시에 따라 운전하여야 한다.

29 **타워크레인의 양중 작업에서 권상 작업을 할 때 지켜야 할 사항이 아닌 것은?**

① 지상에서 약간 떨어지면 매단 화물과 줄걸이 상태를 확인한다.
② 권상 작업은 가능한 한 평탄한 위치에서 실시한다.
③ 타워크레인의 권상용 와이어로프의 안전율은 4 미만이어야 한다.
④ 권상된 화물이 흔들릴 때는 이동 전에 반드시 흔들림을 정지시킨다.

해설
권상용 와이어로프 안전율은 5 이상이어야 한다.

정답 24 ① 25 ④ 26 ② 27 ② 28 ① 29 ③

30 **타워크레인 작업(양중 작업)을 제한하는 풍속의 기준은?**

① 평균풍속이 12m/s를 초과
② 순간풍속이 12m/s를 초과
③ 평균풍속이 20m/s를 초과
④ 순간풍속이 15m/s를 초과

해설
양중 작업 시 순간풍속이 15m/s를 초과하는 경우 작업을 금지한다.

31 **줄걸이 작업에 사용하는 후킹용 핀 또는 봉의 지름은 줄걸이용 와이어로프 직경의 얼마 이상을 적용하는 것이 바람직한가?**

① 1배 이상 ② 2배 이상
③ 4배 이상 ④ 6배 이상

32 **굵은 와이어로프(지름 16mm 이상)일 때 가장 적합한 어깨걸이 방법은?**

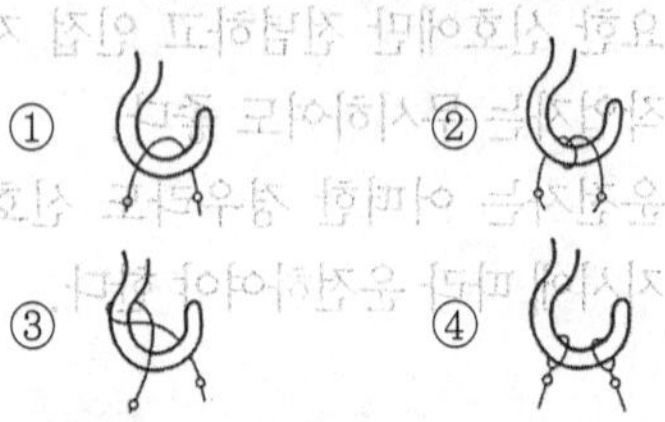

해설
① 반걸이, ② 짝 감기 걸이(14mm 이상), ③ 어깨걸이(16mm 이상), ④ 눈걸이

33 **크레인용 와이어로프에 심강을 사용하는 목적을 설명한 것으로 틀린 것은?**

① 충격하중을 흡수한다.
② 소선끼리의 마찰에 의한 마모를 방지한다.
③ 충격하중을 분산한다.
④ 부식을 방지한다.

해설
심강은 로프의 중심에 넣는 것으로 로프의 형태 유지, 소선끼리의 마찰 방지, 부식 방지, 충격하중 흡수 등의 기능을 한다.

34 **크레인으로 하중을 취급할 때 아래 그림 중 로프의 장력 T의 값이 가장 크게 요구되는 것은?**

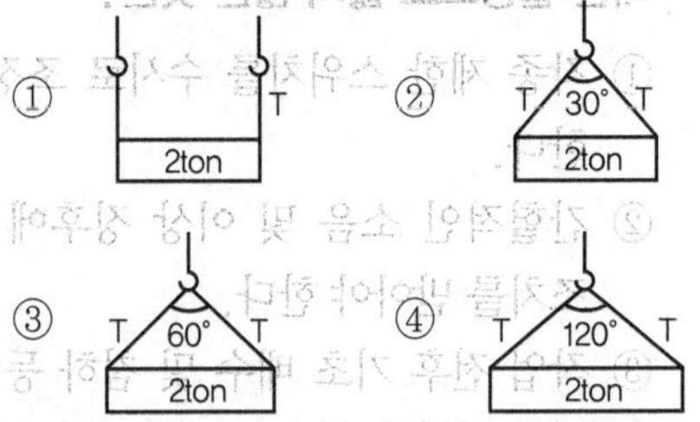

해설
조각도 30°는 1.035배, 60°는 1.155배, 90°는 1.414배, 120°는 2배가 된다.

35 **천장크레인의 권상 작업으로 가장 좋은 방법은?**

① 후크는 짐의 권상 위치에 정확히 맞추고 주행과 횡행을 동시에 작동한다.
② 줄걸이 와이어로프가 완전히 힘을 받아 팽팽해지면 일단 정지한다.
③ 권상 작동은 흔들릴 위험이 없으므로 항상 최고 속도로 운전한다.
④ 후크를 짐의 중심 위치에 정확히 맞추었으면 권상을 계속하여 2m 이상 높이에서 맞춘다.

36 **크레인에 사용되는 와이어로프의 안전율 계산방법은?**

① S = (N × P) / Q
② S = (Q × P) / N
③ S = N × P × Q
④ S = (Q × N) / P

정답 30 ④ 31 ④ 32 ③ 33 ③ 34 ④ 35 ② 36 ①

해설

와이어로프의 안전율(S)

(가락 수(N) × 로프의 파단력(P)) / 달기하중(Q)

37 **시징(Seizing)은 와이어로프 지름의 몇 배를 기준으로 하는가?**

① 1배 ② 3배

③ 5배 ④ 7배

해설

시징의 길이는 와이어로프 지름의 3배 정도가 적당하다.

38 **크레인에 사용되는 와이어로프의 사용 중 점검항목으로 적합하지 않는 것은?**

① 마모상태

② 부식상태

③ 소선의 인장강도

④ 엉킴, 꼬임 및 킹크상태

해설

소선의 인장강도는 제조사에서 검사한다.

39 **와이어로프 사용 시 일반적으로 나타나는 현상이 아닌 것은?**

① 마모 및 부식에 의한 로프의 단면적 감소

② 표면 경화 및 부식에 의한 로프의 질적 변화

③ 충격 또는 과하중

④ 장기간 사용으로 인한 로프의 길이 감소

40 **고온에서 사용되는 와이어로프는?**

① 철심 로프

② 마심 로프

③ 철심 또는 마심 로프

④ 마심에 도금한 로프

41 **다음 보기에서 타워크레인 설치 · 해체 작업에 관한 설명으로 옳은 것을 모두 고르면?**

㉠ 작업 순서는 시계 방향으로 한다.
㉡ 작업 구역에는 관계 근로자의 출입을 금지하고 그 취지를 항상 크레인 상단 좌측에 표시한다.
㉢ 폭풍 · 폭우 및 폭설 등의 악천후 작업에서 위험이 미칠 우려가 있을 때에는 당해 작업을 중지한다.
㉣ 작업 장소는 안전한 작업이 이루어질 수 있도록 충분한 공간을 확보하고 장애물이 없도록 한다.
㉤ 크레인의 능력, 사용 조건에 따라 충분한 내력을 갖는 구조의 기초를 설치하고 지반 침하 등이 일어나지 않도록 한다.

① ㉠, ㉡, ㉢, ㉣, ㉤

② ㉢, ㉣, ㉤

③ ㉠, ㉡, ㉢

④ ㉡, ㉢, ㉣

42 **수직 볼트를 사용하는 마스트의 볼트 체결 방법으로 맞는 것은?**

① 대각선 방향으로 아래에서 위로 향하게 조립한다.

② 볼트의 헤드부가 전체 위로 향하게 조립한다.

③ 볼트의 헤드부가 전체 아래로 향하게 조립한다.

④ 왼쪽부터 하나씩 아래에서 위로 향하게 조립한다.

해설

기초 앵커의 볼트는 헤드부가 전체 위로 향하게 체결하고, 마스트와는 헤드부가 아래로 가게 체결한다.

정답 37 ② 38 ③ 39 ④ 40 ① 41 ② 42 ③

43 타워크레인의 와이어로프 지지 · 고정방식에서 중요하지 않는 것은?

① 작업자 숙련도 ② 지지 각도
③ 프레임 재질 ④ 지브 종류

44 타워크레인 설치(상승 포함) 및 해체 작업자가 특별 안전보건교육을 이수해야 하는 최소 시간은?

① 1시간 이상 ② 2시간 이상
③ 3시간 이상 ④ 4시간 이상

해설

타워크레인 설치 · 상승 · 해체 작업자는 특별 안전보건교육을 2시간 이상 이수하여야 한다.

45 타워크레인 검사 중 근로자 대표의 요구가 있는 경우에 근로자 대표를 입회시켜야 하는 검사는?

① 완성검사 ② 설계검사
③ 성능검사 ④ 자체검사

46 타워크레인의 클라이밍 작업 시 사전 검토 단계에 반드시 포함해야 할 사항이 아닌 것은?

① 클라이밍 타워크레인의 설계 개요
② 클라이밍 타워크레인 가설 지지 프레임 구성
③ 카운터 지브의 밸러스트 중량 가감 여부
④ 클라이밍 부재 및 접합부

47 마스트 연장 작업 시 준수사항으로 틀린 것은?

① 순간풍속 10m/sec 이내에서 실시한다.
② 선회 링 서포트와 마스트 사이의 체결 볼트를 푼다.
③ 작업 중에 선회 및 트롤리 이동을 한다.
④ 텔레스코핑 케이지와 선회 링 서포트는 핀으로 조립한다.

해설

텔레스코핑 작업 시에는 선회, 횡행, 권상, 권하 등의 작업을 하면 안 된다.

48 타워크레인의 설치 · 해체 작업 시 안전대책이 아닌 것은?

① 지휘 계통의 명확화
② 추락 재해 방지
③ 풍속 확인
④ 크레인 성능과 디자인

해설

설치 · 해체 작업 시에는 지휘 계통의 명확화, 추락 재해 방지, 낙하 및 비래 방지, 최대풍속 등을 준수해야 한다.

49 타워크레인 최초 설치 시 반드시 검토해야 할 사항이 아닌 것은?

① 타워 설치 방향
② 기초 앵커의 레벨
③ 양중 크레인의 위치
④ 갱폼의 인양거리

50 타워크레인 메인 지브(앞 지브)의 절손 원인으로 가장 적합한 것은?

① 호이스트 모터 소손
② 트롤리 로프의 파단
③ 정격하중의 과부하
④ 슬로잉 모터 소손

51 목재, 종이, 석탄 등 일반 가연물의 화재는 어떤 화재로 분류하는가?

① A급 화재 ② B급 화재
③ C급 화재 ④ D급 화재

정답 43 ④ 44 ② 45 ④ 46 ③ 47 ③ 48 ④ 49 ④ 50 ③ 51 ①

해설

- A급 화재 : 고체에 붙는 불
- B급 화재 : 액체에 붙는 불
- C급 화재 : 전기 감전의 위험이 있는 불
- D급 화재 : 금속 합금 가루에 붙는 불

52 **소화하기 힘들 정도로 화재가 진행된 현장에서 제일 먼저 취해야 할 조치사항으로 옳은 것은?**

① 소화기 사용 ② 화재 신고
③ 인명 구조 ④ 경찰서에 신고

해설

소화하기 힘들 정도로 화재가 진행된 경우에는 인명 구조가 최우선이다.

53 **건설기계 작업 시 주의사항으로 틀린 것은?**

① 운전석을 떠날 경우에는 기관을 정지한다.
② 작업 시에는 항상 사람의 접근에 특별히 주의한다.
③ 주행 시에는 가능한 한 평탄한 지면으로 주행한다.
④ 후진 시에는 후진 후 사람 및 장애물 등을 확인한다.

54 **방호장치의 일반원칙으로 옳지 않은 것은?**

① 작업 방해요소 제거
② 작업점 방호
③ 외관상 안전
④ 기계특성에의 부적합성

해설

방호장치의 일반원칙

- 기계 특성에 적합할 것
- 작업 방해요소를 제거할 것
- 작업점을 방호할 것
- 외관상 안전할 것

55 **현장에서 작업자가 작업 안전상 꼭 알아두어야 할 사항은?**

① 장비의 가격
② 종업원의 작업환경
③ 종업원의 기술 정도
④ 안전규칙 및 수칙

56 **수공구 사용 시 주의사항이 아닌 것은?**

① 작업에 알맞은 공구를 선택하여 사용한다.
② 공구는 사용 전에 기름 등으로 닦은 후 사용한다.
③ 공구는 올바른 방법으로 사용한다.
④ 개인이 만든 공구를 일반적인 작업에 사용한다.

해설

공인되지 않은 수공구는 사용해서는 안 된다.

57 **보안경을 착용하는 이유로 틀린 것은?**

① 유해 약물의 침입을 막기 위해
② 떨어지는 중량물을 피하기 위해
③ 비산되는 칩에 의한 부상을 막기 위해
④ 유해광선으로부터 눈을 보호하기 위해

58 **사고의 결과로 인하여 인간이 입는 인명 피해와 재산상의 손실을 무엇이라 하는가?**

① 재해 ② 안전
③ 사고 ④ 부상

해설

재해는 사고로 인해 인간이 입는 인명 피해와 재산상의 손실을 말한다.

정답 52 ③ 53 ④ 54 ④ 55 ④ 56 ④ 57 ② 58 ①

59 **도로에 가스 배관을 매설할 때 지켜야 할 사항으로 잘못된 것은?**

① 자동차 등의 하중에 대해 영향을 적게 받는 곳에 매설한다.
② 배관은 외면으로부터 도로 밑의 다른 매설물과 0.1m 이상 거리를 유지한다.
③ 포장된 차도에 매설하는 경우 배관 외면과 노반 최하부와의 거리는 0.5m 이상으로 한다.
④ 배관의 외면에서 도로 경계까지는 1m 이상의 수평거리를 유지한다.

60 **다음 중 안전 보호구가 아닌 것은?**

① 안전모 ② 안전화
③ 안전가드레일 ④ 안전장갑

해설

안전 보호구로는 안전모, 안전화, 안전장갑 등이 있다.

정답 59 ② 60 ③

국가기술자격 필기시험문제

2013년 기능사 제4회 필기시험

자격종목	종목코드	시험시간	형별	수험번호	성명
타워크레인운전기능사		1시간			

1 주행식 타워크레인의 레일 점검기준으로 틀린 것은?

① 연결부 틈새는 10mm 이하일 것
② 균열 및 두부의 변형이 없을 것
③ 레일 부착 볼트는 풀림 및 탈락이 없을 것
④ 완충장치는 손상이나 어긋남이 없을 것

2 기초 앵커를 콘크리트로 고정시키는 타워크레인으로 철골 구조물 건축과 아파트 공사 등에 적합한 형식은?

① 주행식 ② 고정식
③ 유압식 ④ 상승식

해설
타워크레인의 설치 형식은 고정식, 상승식, 주행식 등이 있으며, 고정식은 기초 앵커를 설치한 후 타워크레인 본체를 설치하는 방식이다.

3 타워크레인 운전에 영향을 주는 안정도 설계조건에 대한 설명으로 틀린 것은?

① 하중은 가장 불리한 조건으로 설계한다.
② 안정도는 가장 불리한 값으로 설계한다.
③ 안정 모멘트 값은 전도 모멘트 값 이하로 한다.
④ 비가동 시에는 지브의 회전이 자유로워야 한다.

해설
안정 모멘트는 전도 모멘트의 값 이상이 되어야 위험을 방지할 수 있다.

4 주행용 타워크레인에만 부착되어 있는 방호장치는?

① 러핑 각도 지시계
② 주행 리미트 스위치
③ 러핑 권과방지장치
④ 권상 권과방지장치

해설
주행 리미트 스위치는 주행용 타워크레인에만 부착되어 있는 방호장치이다.

5 트롤리 로프 안전장치에 대한 설명으로 옳은 것은?

① 트롤리 로프의 올바른 선정을 위한 장치
② 트롤리 로프 파손 시 트롤리를 멈추게 하는 장치
③ 트롤리 로프의 긴장을 유지하는 장치
④ 트롤리 로프의 성능을 보호하는 장치

해설
트롤리 로프가 파손되었을 때 멈추는 장치는 트롤리 로프 파단 안전장치이다.

6 텔레스코핑 작업 준비사항 중 유압장치에 관한 설명으로 틀린 것은?

① 에어벤트(Air Vent)를 닫는다.
② 유압 실린더의 작동상태 및 모터의 회전 방향을 점검한다.
③ 유압장치의 압력과 오일량을 점검한다.
④ 유압 실린더와 카운터 지브를 동일 방향으로 한다.

정답 1 ① 2 ② 3 ③ 4 ② 5 ② 6 ①

해설

텔레스코핑 작업 중에 에어벤트는 열어둔다.

7 **유압 실린더에 대한 요구사항이 아닌 것은?**

① 단동 실린더를 사용하는 경우 로드의 수축 안전을 보장하여야 한다.
② 로드는 장비의 작업환경 및 비활성 기간을 고려하여 부식으로부터 보호하여야 한다.
③ 실린더에는 동력 손실이나 공급관 결함이 생겼을 때 작동을 중지할 수 있도록 정지 밸브가 있어야 한다.
④ 정지 밸브는 위험한 과압을 유지할 수 있어야 한다.

8 **타워크레인의 접지에 대한 설명으로 옳은 것은?**

① 주행용 레일에는 접지가 필요 없다.
② 전동기 및 제어반에는 접지가 필요 없다.
③ 접지판과의 연결 도선으로 동선을 사용할 경우 그 단면적은 $30mm^2$ 이상이어야 한다.
④ 타워크레인 접지저항은 녹색 연동선을 사용하며 20Ω 이상이다.

해설

주행식 레일, 전동기, 제어반 등은 접지가 필요하며, 접지저항은 10Ω 이하여야 한다.

9 **고정식 지브형 타워크레인이 할 수 있는 동작이 아닌 것은?**

① 권상 동작　② 주행 동작
③ 기복 동작　④ 선회 동작

해설

고정식 지브형 타워크레인은 움직일 수 없으므로 주행 동작은 할 수 없다.

10 **타워크레인의 전기장치가 아닌 것은?**

① 전동기　② 치차류
③ 계전기　④ 저항기

11 **타워크레인의 트롤리와 관련된 안전장치가 아닌 것은?**

① 트롤리 내 · 외측 위치 제어장치
② 트롤리 로프 파손 안전장치
③ 트롤리 정지장치
④ 트롤리 각도 제한장치

해설

트롤리 각도 제한장치는 따로 없으며 지브 크레인에 각도계가 설치되어 있다.

12 **옥외에 설치되는 타워크레인용 전기 · 기계기구의 외함 구조로 가장 적절한 것은?**

① 분진 방호가 가능하고 모든 방향에서 물이 뿌려졌을 때 침입하지 않는 구조
② 소음 차단이 가능하고 모든 진동에 견딜 수 있는 구조
③ 고열 차단이 가능하고 겨울철 혹한기에 견딜 수 있는 구조
④ 선회 시 충격과 강풍에 견딜 수 있는 구조

13 **크레인의 균형을 유지하기 위하여 카운터 지브에 설치하는 것으로 여러 개의 철근 콘크리트 등으로 만들어진 블록은?**

① 메인 지브　② 카운터 웨이트
③ 타이 바　④ 타워 헤드

해설

카운터 웨이트는 하중을 들어 올릴 때 넘어지지 않도록 인장하중에 대항해서 추를 부착해둔 것으로, 균형추라고도 한다.

정답 7 ① 8 ③ 9 ② 10 ② 11 ④ 12 ① 13 ②

14 **유압장치에 사용되는 제어 밸브의 3요소가 아닌 것은?**

① 압력 제어 밸브
② 방향 제어 밸브
③ 유량 제어 밸브
④ 가속도 제어 밸브

해설
- 방향 제어 밸브 : 작동유 흐름의 방향 제어
- 압력 제어 밸브 : 유압기기를 보호하기 위해 최고 출력을 규제하고 필요 압력으로 유지
- 유량 제어 밸브 : 액추에이터의 속도와 회전 수 변화

15 **동력의 값이 가장 큰 것은?**

① 1ps ② 1HP
③ 1KW ④ 75kg · m/s

해설
- 1ps = 75kg · m/s
- 1KW = 102kg · m/s
- 1HP = 0.746KW

16 **전기 수전반에서 인입 전원을 받을 때의 내용이 아닌 것은?**

① 기동 전력을 충분히 감안하여 수전 받아야 한다.
② 지브의 길이에 따라서 기동 전력이 달라져야 한다.
③ 변압기를 설치하는 경우 방호망을 설치하여 작업자를 보호할 수 있도록 한다.
④ 타워크레인용으로 단독으로 가설하여 전압 강하가 발생하지 않도록 한다.

17 **저압전로에 사용되는 배선용 차단기의 규격에 적합하지 않은 것은?**

① 정격전류 1배의 전류로는 자동적으로 동작하지 않을 것
② 정격전류 1.25배의 전류가 통과하였을 경우는 배선용 차단기의 특성에 따른 동작시간 내에 자동적으로 동작할 것
③ 정격전류 2배의 전류가 통과하였을 경우는 배선용 차단기의 특성에 따른 동작시간 내에 자동적으로 동작할 것
④ 배선용 차단기 동작시간이 정격전류의 2배 전류가 통과할 때가 정격전류의 1.25배 전류가 통과할 때보다 더 길 것

18 **동하중에 해당하지 않는 것은?**

① 위치하중 ② 반복하중
③ 교번하중 ④ 충격하중

해설
위치하중은 정하중에 해당된다.

19 **과전류 차단기의 종류가 아닌 것은?**

① 퓨즈(Fuse)
② 배선용 차단기
③ 누전 차단기(과전류 차단 겸용인 경우)
④ 저항기

해설
저항기는 전류 차단기가 아니라 전류 흐름을 저항으로 가감하여 속도 등을 제어하는 장치이다.

20 **타워크레인의 설치방법에 따른 분류가 아닌 것은?**

① 선회형 ② 주행형
③ 상승형 ④ 고정형

해설
타워크레인은 설치방법에 따라 고정형, 주행형, 상승형으로 나뉜다.

정답 14 ④ 15 ③ 16 ② 17 ④ 18 ① 19 ④ 20 ①

21 **타워크레인의 작업신호 중 무선통신에 관한 설명으로 틀린 것은?**

① 조용한 지역에서 활용된다.
② 무선통신이 만족스럽지 못하면 수신호로 한다.
③ 통신 및 육성은 간결, 단순, 명확해야 한다.
④ 수신호와 함께 꼭 무선통신을 하도록 한다.

해설
수신호와 함께 무선통신을 하면 오히려 혼동을 초래할 수 있다.

22 **타워크레인 양중 작업 시 줄걸이 작업자의 기본적인 자세로 바람직하지 않는 것은?**

① 줄걸이 작업 중에 불안이나 의문이 있으면, 다시 한 번 고쳐 작업하고 안전을 확인한다.
② 화물의 결속이 불안정할 경우에는 작업자 중 한 사람이 화물 위에 올라가 관찰하면서 화물을 권상한다.
③ 권상화물 밑에는 절대로 들어가지 않는다.
④ 흩어질 수 있는 화물은 잘 묶은 상태로 만들어 줄걸이를 한다.

23 **작업이 끝난 후 타워크레인을 정지시킬 때의 운전자 유의사항으로 거리가 먼 것은?**

① 화물을 내리고 후크를 높이 올린 다음 트롤리를 최소 작업 반경으로 움직인다.
② 브레이크와 비상 리미트 스위치 작동 상태를 점검한다.
③ 슬루잉 기어의 회전을 자유롭게 하는 것에 유의한다.
④ 크레인이 레일에서 이탈하는 것을 방지하기 위하여 레일 클램프를 작동한다.

24 **크레인으로 지상의 화물을 들어 올릴 때 올바른 방법은?**

① 무거운 화물은 들어올리기 전에 트롤리를 화물의 위치보다 타워 가까이에 이동시켜 들어 올린다.
② 화물과 후크의 중심이 맞지 않을 때는 양중하면서 조절을 한다.
③ 균형이 잡히지 않은 평면 위의 화물은 인양하면 안 된다.
④ 시야에서 벗어난 화물을 들어 올릴 때에는 지브의 기울기로 판단한다.

25 **타워크레인으로 후크를 하강시켜 줄걸이 용구를 분리할 때의 작업방법으로 잘못된 것은?**

① 후크를 분리할 때는 가능한 한 낮은 위치에서 후크를 유도하여 분리한다.
② 직경이 큰 와이어로프는 비틀림이 작용하여 흔들림이 생기기 때문에 1인이 작업하는 것이 좋다.
③ 크레인 등으로 와이어로프를 잡아당겨 빼지 않는다.
④ 손으로 빼기 곤란한 대형 와이어로프를 크레인 등으로 빼야 할 때는 천천히 신호를 하면서 신중히 작업한다.

26 **붐이 있는 크레인 작업에서 다음과 같은 수신호는 무엇을 뜻하는가?**

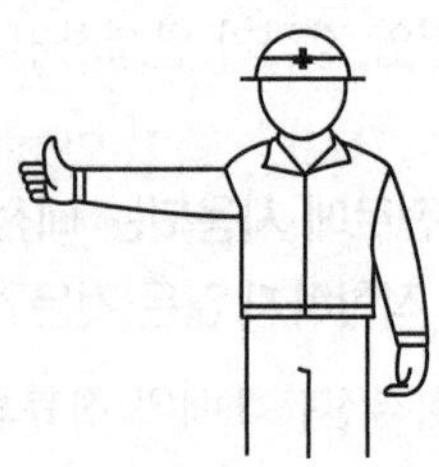

정답 21 ④ 22 ② 23 ② 24 ③ 25 ② 26 ①

① 붐 위로 올리기
② 붐 아래로 내리기
③ 붐은 올리고 짐은 아래로 내리기
④ 붐은 내리고 짐은 올리기

해설
엄지손가락이 위로 올라가게 하면 붐 올리기이고, 아래로 하면 붐 내리기가 된다.

27 **타워크레인 작업 시 신호수에 대한 설명으로 틀린 것은?**

① 특별히 구분될 수 있는 복장 및 식별장치를 갖춰야 한다.
② 소정의 신호수 교육을 받아 신호 내용을 숙지해야 한다.
③ 현장의 각 공정별로 한 사람씩 차출하여 신호수로 배치한다.
④ 신호수는 항상 크레인 동작을 볼 수 있어야 한다.

28 **트롤리의 기능을 옳게 설명한 것은?**

① 와이어로프에 매달려 권상 작업을 한다.
② 카운터 지브에 설치되어 크레인의 균형을 유지한다.
③ 메인 지브에서 전후로 이동하며, 작업 반경을 결정하는 횡행장치이다.
④ 마스트의 높이를 높이는 유압 구동장치이다.

29 **타워크레인 설치 및 해체 작업에서 마스트를 상승 또는 하강할 때 안전한 운전방법은?**

① 카운터 지브 방향으로 약간 기울도록 평형상태를 조정한다.
② 마스트 전 길이에 걸쳐 수직도 상태를 유지한다.
③ 마스트 상승 또는 하강 시 선회 운전을 금한다.
④ 마스트 상승 또는 하강 중이라도 필요 시에는 트롤리를 이동하여 균형을 조정한다.

30 **타워크레인 운전업무에 필요한 자격증(면허)은 어느 법에 근거한 것인가?**

① 근로기준법
② 건설기계관리법
③ 산업안전보건법
④ 건설표준하도급법

31 **무게가 0.5톤인 물건을 아래 그림과 같이 로프로 걸어 올릴 때 로프의 안전계수는?**

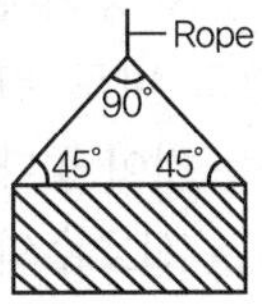

① 1.43 ② 4.52
③ 6.43 ④ 9

32 **반지름이 2m, 높이가 4m인 원기둥 모양의 목재를 크레인으로 운반하고자 할 때 목재의 무게는 약 몇 kgf인가?(단, 목재의 1m³당 무게는 150kgf으로 간주한다)**

① 542kgf ② 942kgf
③ 1,584kgf ④ 1,884kgf

해설
원기둥의 체적 = $\frac{\pi r^2 S}{4}$
= 반지름$(r)^2$ × 높이(S) × $(\frac{\pi}{4})$
= 2 × 2 × 4 × 0.785 = 12.56m³
= 12.56m³ × 150kgf = 1,884kgf

정답 27 ③ 28 ③ 29 ③ 30 ③ 31 ③ 32 ④

33 와이어로프의 꼬임 방식에서 스트랜드와 로프의 꼬임 방향이 같은 꼬임은?

① 보통꼬임 ② 랭꼬임
③ 요철꼬임 ④ 시브꼬임

해설

와이어로프의 스트랜드와 로프의 꼬임 방향이 같으면 랭꼬임이며, 반대이면 보통꼬임이다.

34 크레인 권상 작업 시 신호수와 운전수의 작업방법을 설명한 것으로 틀린 것은?

① 신호수는 안전거리를 확보한 상태에서 가능한 한 하중 가까이서 신호를 하는 것이 좋다.
② 신호수는 운전수가 잘 보이는 곳에서 신호를 하는 것이 좋다.
③ 신호수는 하중의 흔들림을 방지하기 위해 후크 바로 위의 와이어를 잡고 신호하는 것이 좋다.
④ 운전수는 신호수의 신호가 불분명할 때는 운전을 하지 말아야 한다.

35 와이어로프 구성으로 맞지 않는 것은?

① 심강 ② 랭꼬임
③ 스트랜드 ④ 소선

해설

랭꼬임은 와이어로프의 꼬임 방식으로, 와이어로프의 구성요소에 속하지 않는다.

36 철심으로 된 와이어로프의 내열 온도는 얼마인가?

① 100~200℃ ② 200~300℃
③ 300~400℃ ④ 700~800℃

해설

철심으로 된 와이어로프의 내열 온도는 200~300℃이다.

37 오른손으로 왼손을 감싸고 2~3회 흔드는 신호방법은 무슨 뜻인가?

① 천천히 이동 ② 기다려라
③ 신호 불명 ④ 기중기 이상 발생

38 매다는 체인에 균열이 발생한 경우 용접하여 사용할 수 있는가?

① 사용할 수 있다.
② 사용하면 안 된다.
③ 체인의 여유가 없는 불가피한 경우 1회에 한하여 용접하여 사용할 수도 있다.
④ 일반적으로 미소한 균열일 경우 용접 사용이 가능하다.

39 그림과 같이 물건을 들어 올리려고 할 때 권상한 후에 어떤 현상이 일어나는가?

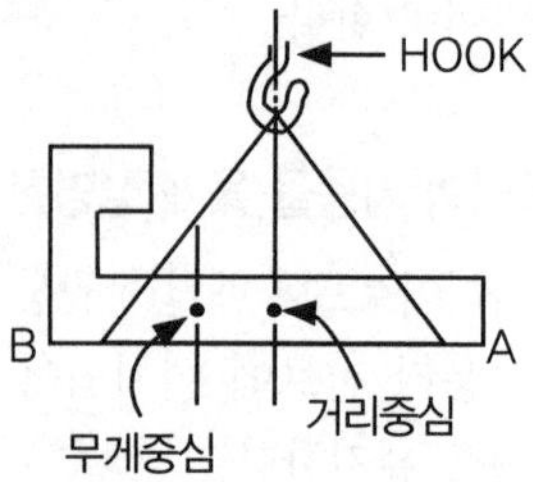

① 수평상태가 유지된다.
② A쪽이 밑으로 기울어진다.
③ B쪽이 밑으로 기울어진다.
④ 무게중심과 후크중심이 수직으로 만난다.

해설

거리의 중심이 기준이고 무게중심이 B쪽이기 때문에 B쪽이 밑으로 기울어진다.

40 와이어로프의 클립고정법에서 클립 간격은 로프 직경의 몇 배 이상으로 장착하는가?

① 3배 ② 6배
③ 9배 ④ 12배

정답 33 ② 34 ③ 35 ② 36 ② 37 ② 38 ② 39 ③ 40 ②

해설

와이어로프 직경이 30mm일 때는 클립 수가 6개이며, 클립과의 간격은 로프 직경의 6배이다.

41 **와이어로프를 선정할 때 주의해야 할 사항이 아닌 것은?**

① 용도에 따라 손상이 적게 생기는 것을 선정한다.
② 하중의 중량이 고려된 강도를 갖춘 로프를 선정한다.
③ 심은 사용 용도에 따라 결정한다.
④ 높은 온도에서 사용할 경우 도금한 로프를 선정한다.

해설

높은 온도에서는 도금된 부분이 벗겨질 수 있다.

42 **산업안전기준에 관한 규칙상 타워크레인을 와이어로프로 지지할 때 사업주의 준수사항에 해당하지 않는 것은?**

① 와이어로프 설치 각도는 수평면에서 60° 이내로 할 것
② 와이어로프가 가공전선(架空電線)에 근접하지 않도록 할 것
③ 와이어로프는 지상의 이동용 고정장치에 신속히 해체할 수 있도록 고정할 것
④ 와이어로프의 고정 부위는 충분한 강도와 장력을 갖도록 설치할 것

해설

와이어로프를 고정할 때는 신속한 해체가 아니라 안전한 고정을 최우선으로 고려해야 한다.

43 **타워크레인의 마스트를 해체하고자 할 때 실시하는 작업이 아닌 것은?**

① 마스트와 턴 테이블 하단의 연결 볼트 또는 핀을 푼다.
② 해체할 마스트와 하단 마스트의 연결 볼트 또는 핀을 푼다.
③ 마스트에 가이드 레일의 롤러를 끼워 넣는다.
④ 마스트를 가이드 레일의 안쪽으로 밀어 넣는다.

해설

마스트를 가이드 레일에 밀어 넣는 것은 설치 시에, 빼내는 것은 해체 시에 해당하는 작업이다.

44 **마스트 연장 작업 전 운전자가 반드시 조치 또는 확인해야 할 사항과 관계가 먼 것은?**

① 새로 설치될 마스트의 지브 방향 정렬
② 턴 테이블과 가이드 섹션과의 핀 고정 여부
③ 연장 작업에 참여한 작업자의 건강 진단 여부
④ 주위의 타 장비와의 충돌 및 간섭 여부

45 **타워크레인 본체의 전도 원인으로 거리가 먼 것은?**

① 정격하중 이상의 과부하
② 지지 보강의 파손 및 불량
③ 시공상 결함과 지반 침하
④ 접지상태 불량

해설

접지상태 불량은 본체 전도의 원인이 아니다.

46 **타워크레인 설치 · 해체 시 이동식 크레인의 선정조건에 해당되지 않는 것은?**

① 최대 권상 높이
② 가장 무거운 부재의 중량
③ 이동식 크레인의 선회 반경
④ 건축물의 높이

정답 41 ④ 42 ③ 43 ④ 44 ③ 45 ④ 46 ④

47 텔레스코핑 케이지는 무슨 역할을 하는 장치인가?

① 권상장치
② 선회장치
③ 타워크레인의 마스트를 설치 · 해체하기 위한 장치
④ 횡행장치

해설
마스트의 설치 · 해체 시 사용하는 유압장치들을 텔레스코핑 케이지라고 한다.

48 유해 · 위험 작업의 취업 제한에 관한 규칙에 의해 타워크레인 조종 업무의 적용 대상에서 제외되는 것은?

① 조종석이 설치된 정격하중이 1톤인 타워크레인
② 조종석이 설치된 정격하중이 2톤인 타워크레인
③ 조종석이 설치된 정격하중이 3톤인 타워크레인
④ 조종석이 설치되지 않은 정격하중 3톤인 타워크레인

해설
조종석이 설치되지 않은 타워크레인은 조정 업무의 적용 대상에서 제외된다.

49 타워크레인 동작 시 예기치 못한 상황이 발생했을 때 긴급히 정지하는 장치는?

① 트롤리 내 · 외측 제어장치
② 트롤리 정지장치
③ 속도제한장치
④ 비상정지장치

50 동력장치에서 가장 재해가 많이 발생할 수 있는 장치는?

① 기어 ② 커플링
③ 벨트 ④ 차축

51 방호장치를 기계설비에 설치할 때 철저히 조사해야 하는 항목이 맞게 연결된 것은?

① 방호 정도 – 어느 한계까지 믿을 수 있는지 여부
② 적용 범위 – 위험 발생을 경고 또는 방지하는 기능으로 할지 여부
③ 유지관리 – 유지관리를 하는 데 편의성과 적정성 여부
④ 신뢰도 – 기계설비의 성능과 기능에 부합되는지 여부

52 산업안전보건 표지의 종류가 아닌 것은?

① 금지표지 ② 허가표지
③ 경고표지 ④ 지시표지

53 작업장의 정리정돈에 대한 설명으로 틀린 것은?

① 사용이 끝난 공구는 즉시 정리한다.
② 공구 및 재료는 일정한 장소에 보관한다.
③ 폐자재는 지정된 장소에 보관한다.
④ 통로 한쪽에 물건을 보관한다.

54 유류로 발생한 화재에 부적합한 소화기는?

① 포말 소화기
② 이산화탄소 소화기
③ 물 소화기
④ 탄산수소염류 소화기

정답 47 ③ 48 ④ 49 ④ 50 ③ 51 ③ 52 ② 53 ④ 54 ③

55 **다음 중 안내표지에 속하지 않는 것은?**

① 녹십자 표지 ② 응급구호 표지
③ 비상구 ④ 출입금지

56 **용접 작업과 같이 불티나 유해광선이 나오는 작업을 할 때 착용해야 할 보호구는?**

① 차광 안경 ② 방진 안경
③ 산소 마스크 ④ 보호 마스크

57 **건설 산업 현장에서 재해를 예방하는 방법으로 옳지 않은 것은?**

① 해머의 타격면이 찌그러진 것은 사용하지 않는다.
② 타격할 때 처음은 큰 타격을 가하고 점차 적은 타격을 가한다.
③ 공동 작업 시 주위를 살피면서 공작물의 위치를 주시한다.
④ 장갑을 끼고 작업하지 말아야 하며 자루가 빠지지 않게 한다.

58 **산업안전의 의의가 아닌 것은?**

① 인도주의
② 대외 여론 개선
③ 생산능률의 저해
④ 기업의 경제적 손실 방지

59 **리프트(Lift)의 방호장치가 아닌 것은?**

① 해지장치
② 출입문 인터록
③ 권과방지장치
④ 과부하 방지장치

60 **재해 사고의 직접원인으로 옳은 것은?**

① 유전적인 요소
② 성격 결함
③ 사회적 환경요인
④ 불안전한 행동 및 상태

해설

사고의 직접적인 원인은 작업자의 불안전한 행동 및 상태이다.

정답 55 ④ 56 ① 57 ② 58 ③ 59 ① 60 ④

국가기술자격 필기시험문제

2014년 기능사 제2회 필기시험

자격종목	종목코드	시험시간	형별	수험번호	성명
타워크레인운전기능사		1시간			

1 어떤 물질의 비중량(또는 밀도)을 물의 비중량(또는 밀도)으로 나눈 값은?

① 비체적 ② 비중
③ 비질량 ④ 차원

2 유압 탱크 세척 시 사용하는 세척제로 가장 바람직한 것은?

① 엔진오일 ② 경유
③ 휘발유 ④ 시너

해설
유압 탱크는 경유로 세척하는 것이 바람직하다.

3 권과방지장치 검사에 대한 내용으로 틀린 것은?

① 권과를 방지하기 위하여 자동적으로 동력을 차단하고 작동을 정지시킬 수 있는지 확인
② 달기 기구(후크 등) 상부와 접촉 우려가 있는 시브(도르래)와의 간격이 최소 안전거리 이하로 유지되고 있는지 확인
③ 권과방지장치 내부 캠의 조정상태 및 동작상태 확인
④ 권과방지장치와 드럼 축의 연결 부분 상태 점검

4 타워크레인에서 들어 올릴 수 있는 최대 하중은?

① 권상하중 ② 정격하중
③ 인양하중 ④ 양중하중

해설
- 정격하중 : 크레인의 권상하중에서 후크, 크래브, 버킷 등 달기 기구의 중량에 상당하는 하중을 뺀 하중
- 권상하중 : 들어 올릴 수 있는 최대 하중

5 과전류 차단기에 요구되는 성능에 관한 설명 중 틀린 것은?

① 전동기의 시동 전류와 같이 단시간 동안 약간의 과전류가 흘렀을 때에도 동작할 것
② 과부하 등 낮은 과전류가 장시간 계속 흘렀을 때에도 동작할 것
③ 과전류가 커졌을 때에도 동작할 것
④ 큰 단락 전류가 흘렀을 때는 순간적으로 동작할 것

해설
과전류 차단기는 전동기 시동 전류나 과부하 등 적은 과전류는 장시간 흘렀을 때 작동되면서, 큰 단락 전류가 흘렀을 때는 순간적으로 동작되어야 한다.

6 타워크레인 방호장치의 종류로 틀린 것은?

① 권과방지장치 ② 과부하 방지장치
③ 제동장치 ④ 조향장치

해설
타워크레인의 방호장치
권과방지방치, 과부하 방지장치, 후크해지장치, 비상정지장치, 선회 브레이크 풀림 방지장치, 트롤리 정지장치, 트롤리 내·외측 제어장치, 트롤리 로프 파단 방지장치, 충돌방지장치, 로프 꼬임 방지장치, 선회 제한 리미트 스위치 등

정답 1 ② 2 ② 3 ② 4 ① 5 ① 6 ④

7 **트롤리 로프 안전장치의 설명으로 옳은 것은?**

① 메인 지브에 설치된 트롤리가 지브 내측의 운전실에 충돌하는 것을 방지하는 장치이다.
② 동작 시 예기치 못한 상황이나 동작을 멈추어야 할 상황이 발생하였을 때 정지시키는 장치이다.
③ 트롤리가 최소 반경 또는 최대 반경에서 동작 시 트롤리의 충격을 흡수하는 장치이다.
④ 트롤리 이동에 사용되는 와이어로프 파단 시 트롤리를 멈추게 하는 장치이다.

8 **러핑(Luffing)형 타워크레인에서 일반적으로 많이 사용하는 지브의 경사각은?**

① 10°~60° ② 20°~70°
③ 20°~90° ④ 30°~80°

해설
일반적인 러핑형 타워크레인의 사용 경사각은 30~80°이다.

9 **크레인에서 트롤리 장치가 필요 없는 형식은?**

① 해머 헤드 크레인
② 케이블 크레인
③ 러핑형 타워크레인
④ T형 타워크레인

해설
러핑형 타워크레인에는 트롤리 장치가 없고, 기복으로 하물을 운반한다.

10 **타워크레인에서 화물 이동 작업에 사용하는 기계장치와 거리가 먼 것은?**

① 연결 바(Tie Bar)
② 트롤리
③ 후크 블록
④ 권상 와이어로프

11 **과전류 차단기에 대한 설명 중 틀린 것은?**

① 일반적으로 제어반에 설치한다.
② 과전류 발생 시 전로를 차단한다.
③ 차단기의 차단 용량은 정격 전류의 250%를 초과하여야 한다.
④ 접지선이 아닌 전로에 직렬로 연결한다.

12 **산업안전보건기준에 관한 규칙에 의거해 크레인 사용 전에 정상 작동될 수 있도록 조정해 두어야 하는 방호장치가 아닌 것은?**

① 과부하 방지장치
② 슬루잉 장치
③ 권과방지장치
④ 비상정지장치

13 **플레밍의 오른손 법칙에서 엄지손가락은 무엇을 가리키는가?**

① 도체의 운동 방향
② 자력선의 방향
③ 전류의 방향
④ 전압의 방향

해설
플레밍의 오른손 법칙에서 엄지는 도체의 운동 방향, 검지는 자력선의 방향, 중지는 유도 기전력의 방향을 가리킨다.

14 **압력에 대한 설명으로 틀린 것은?**

① 대기압력은 절대압력과 계기압력을 합한 것이다.
② 계기압력은 대기압을 기준으로 한 압력이다.
③ 절대압력은 완전 진공을 기준으로 한 압력이다.
④ 진공압력은 대기압 이하의 압력, 즉 음(–)의 계기압력이다.

정답 7 ④ 8 ④ 9 ③ 10 ① 11 ③ 12 ② 13 ① 14 ④

15 **기복 지브형 타워크레인에서 기복 로프에 장력을 발생시키는 하중이 아닌 것은?**

① 지브(붐) 자중 ② 권상하중
③ 후크하중 ④ 기복 윈치 자중

16 **타워크레인의 선회장치에 대한 설명으로 옳은 것은?**

① 일반적으로 마스트의 가장 위쪽에 위치하고, 메인 지브와 카운터 지브가 선회장치 위에 부착되며 캣트 헤드가 고정된다.
② 메인 지브를 따라 후크에 걸린 화물을 수평으로 이동해 원하는 위치로 화물을 이동시킨다.
③ 선회장치의 직상부에는 권상장치와 균형추가 설치되어 작업 시 타워크레인의 안정성을 확보한다.
④ 선회장치의 형식에는 유압식과 전동식이 있으며, 속도 변속이 안 되기 때문에 작업 시 안전을 확보할 수 있다.

17 **기계장치에서 많이 사용하는 유압장치의 구성품 중 제어 밸브의 3요소에 해당하지 않는 것은?**

① 압력 제어 밸브 ② 방향 제어 밸브
③ 속도 제어 밸브 ④ 유량 제어 밸브

해설
유압 제어를 위한 기본 요소는 압력, 방향, 유량이다.

18 **기복장치가 있는 타워크레인을 주로 사용하는 장소는?**

① 대단위 아파트 건설현장 등 작업 장소가 넓은 곳
② 도시지역 고층건물 공사 등 작업 장소가 협소한 곳
③ 교량의 주탑 공사장으로 바람이 많이 부는 곳
④ 작업 반경 내에 장애물이 없는 곳

19 **타워크레인에 사용되는 유압장치의 주요 구성요소가 아닌 것은?**

① 유압 펌프
② 유압 실린더
③ 텔레스코핑 케이지
④ 유압 탱크

해설
텔레스코핑 케이지는 타워크레인의 상승 · 하강 작업 시 필요한 장치이다.

20 **기어펌프의 폐입현상에 대한 설명으로 맞는 것은?**

① 폐입된 부분의 기름은 압축이나 팽창을 받는다.
② 폐입현상은 소음과 진동 발생의 원인이 된다.
③ 기어의 맞물린 부분의 극간으로 기름이 폐입되어 토출 쪽으로 되돌려지는 현상이다.
④ 보통 기어 측면에 접하는 펌프 측판(Side Plate)에 릴리프 홈을 만들어 방지한다.

21 **달기 기구의 중량을 제외한 하중을 무엇이라 하는가?**

① 끝단하중 ② 정격하중
③ 임계하중 ④ 수직하중

정답 15 ① 16 ① 17 ③ 18 ② 19 ③ 20 ② 21 ②

22 **타워크레인에서 후크 하강 작업 시 준수사항으로 틀린 것은?**

① 목표에 근접하면 최고 속도에서 단계별 저속 운전을 실시한다.
② 적당한 위치에 화물을 내려놓기 위해 흔들어서 내린다.
③ 장애물과의 충돌 위험이 예상되면 즉시 작업을 중지한다.
④ 부피가 큰 화물을 내릴 때에는 풍속, 풍향에 특히 주의한다.

23 **타워크레인 트롤리에 대한 설명으로 옳은 것은?**

① 선회할 수 있는 모든 장치를 말한다.
② 권상 윈치와 조립되어 이동할 수 있는 장치이다.
③ 메인 지브를 따라 이동하며 권상 작업을 위한 선회 반경을 결정하는 횡행장치이다.
④ 지브를 원하는 각도로 들어 올릴 수 있는 장치이다.

24 **타워크레인 메인 지브의 절손 원인과 거리가 먼 것은?**

① 인접 시설물과의 충돌
② 트롤리의 이동
③ 정격하중 이상의 과부하
④ 지브와 달기 기구와의 충돌

25 **신호수가 무전기를 사용할 때 주의할 점으로 틀린 것은?**

① 메시지는 간결 · 단순 · 명확해야 한다.
② 신호수의 입장에서 신호한다.
③ 무전기 상태를 확인한 후 교신한다.
④ 은어, 속어, 비어를 사용하지 않는다.

해설

무전기 사용 시 주의사항

- 운전자가 보는 입장에서 신호하여야 한다.
- 은어, 속어, 비어를 사용하지 않는다.
- 무전기의 상태를 확인한 후 교신한다.

26 **타워크레인의 마스트 텔레스코핑(상승 작업) 시 크레인의 균형을 잡고 안전하게 작업하는 방법으로 옳은 것은?**

① 타워크레인 제작사에서 정하는 무게를 들고 주어진 반경으로 이동시키는 방법
② 카운터 웨이트를 일시적으로 증대시키는 방법
③ 트롤리를 지브의 최대 끝단에 고정시키는 방법
④ 카운터 웨이트를 일시적으로 증대하고, 트롤리를 운전실에 가장 가까운 쪽으로 고정하는 방법

27 **신호수가 양손을 머리 위로 올려 크게 2~3회 좌우로 흔드는 동작을 하였다면 무슨 뜻인가?**

① 고속으로 선회 ② 고속으로 주행
③ 운전자 호출 ④ 비상정지

28 **타워크레인을 이용하여 화물을 권하 및 착지시키려 할 때 틀린 것은?**

① 권하할 때는 일시에 내리지 말고 착지 전에 침목 위에서 일단 정지하여 안전을 확인한다.
② 화물의 흔들림을 정지시킨 후에 권하한다.
③ 화물을 내려놓아야 할 위치와 침목상태(수평도, 지내력 등)를 확인한다.

정답 22 ② 23 ③ 24 ② 25 ② 26 ④ 27 ④ 28 ④

④ 화물의 권하 위치 변경이 필요할 경우에는 매단 상태에서 침목 위치를 수정하고, 화물을 천천히 손으로 잡아당겨 적당한 위치에 내려놓는다.

29 **신호수가 준수해야 할 사항으로 틀린 것은?**

① 신호수는 지정된 방법으로 신호한다.
② 두 대의 타워크레인으로 동시에 작업할 때는 화물 좌우에서 두 사람의 신호수가 동시에 신호한다.
③ 신호수는 그 자신이 신호수로 구별될 수 있도록 눈에 잘 띄는 표시를 한다.
④ 신호장비는 밝은 색상에 신호수에게만 적용되는 특수색상으로 한다.

해설
두 대의 타워크레인으로 동시에 작업할 경우에는 두 사람의 신호수가 동시에 신호를 해서는 안 되며 각자 신호를 해야 한다.

30 **옥외에 설치되는 주행식 타워크레인이 레일 위를 주행할 때 주행 저항의 요소가 아닌 것은?**

① 회전저항　② 구배저항
③ 가속저항　④ 윤활저항

31 **다음 중 크레인을 운전할 때 안전운전을 위하여 가장 중요한 것은?**

① 운전실 내의 정리정돈 상태
② 주행로 상의 장애물 대처 방법
③ 운전자와 신호수와의 신호
④ 권상 상한 거리

32 **와이어로프의 내·외부 마모 방지방법이 아닌 것은?**

① 도유를 충분히 할 것
② 두드리거나 비비지 않도록 할 것
③ S 꼬임을 선택할 것
④ 드럼에 와이어로프를 바르게 감을 것

33 **줄걸이 작업자가 양중물의 무게중심을 잘못 확인하고 후크에 로프를 걸었을 때 발생할 수 있는 일과 관계가 없는 것은?**

① 양중물이 생각하지도 않은 방향으로 간다.
② 매단 양중물이 회전하여 로프가 비틀어진다.
③ 크레인에 전혀 영향이 없다.
④ 양중물이 한쪽 방향으로 쏠려 넘어진다.

34 **주먹을 머리에 대고 떼었다 붙였다 하는 신호는 무슨 뜻인가?**

① 운전자 호출
② 천천히 조금씩 위로 올리기
③ 크레인 이상 발생
④ 주권 사용

35 **힘의 모멘트가 M = P × L일 때 P와 L은 무엇을 뜻하는가?**

① P = 힘, L = 길이
② P = 길이, L = 면적
③ P = 무게, L = 체적
④ P = 부피, L = 넓이

해설
M = 모멘트, P = 힘, L = 길이

정답 29 ② 30 ① 31 ③ 32 ③ 33 ③ 34 ④ 35 ①

36 와이어로프 안전율에 대한 설명으로 옳은 것은?

① 보조 로프 및 고정용 와이어로프의 안전율은 6이다.
② 권상용 와이어로프의 안전율은 5이다.
③ 지브 지지용 와이어로프의 안전율은 6이다.
④ 횡행용 와이어로프 및 케이블 크레인의 주행용 와이어로프의 안전율은 7이다.

해설
보조 로프 및 고정용 와이어로프, 지브 지지용 와이어로프의 안전율은 4이며, 횡행용 와이어로프 및 케이블 크레인의 와이어로프 안전율은 5이다.

37 와이어로프의 점검사항이 아닌 것은?

① 소선의 단선 여부
② 킹크, 심한 변형, 부식 여부
③ 지름의 감소 여부
④ 지지 애자의 과다 파손 혹은 마모 여부

38 와이어로프의 손상상태로 가장 거리가 먼 것은?

① 부식 ② 마모
③ 피로 ④ 굴곡

해설
와이어로프 손상상태로는 마모, 소선 절단, 비틀림, 변형, 녹, 부식 등이 있으며 로프 끝 고정상태, 꼬임, 이음매 등을 살펴야 한다.

39 안전계수가 6이고, 안전하중이 30톤인 기중기 와이어로프의 절단하중은 몇 톤인가?

① 5톤 ② 36톤
③ 120톤 ④ 180톤

40 클립 고정이 가장 적합하게 된 것은?

① 
② 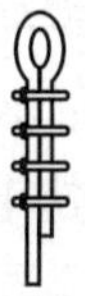
③ 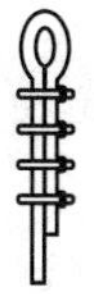
④ 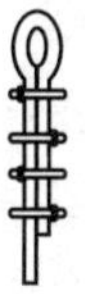

해설
클립의 조임용 너트 방향이 로프의 힘이 걸리는 방향에 위치해야 장력 효율이 높고 안전하다.

41 조종석이 설치되지 않은 정격하중 5톤 이상의 무인 타워크레인(지상 리모컨)의 운전 자격을 규정하고 있는 법규는?

① 건설기계관리법 시행규칙
② 산업안전보건기준에 관한 규칙
③ 유해 · 위험 작업의 취업 제한에 관한 규칙
④ 건설기계 안전기준에 관한 규칙

42 주행식 타워크레인의 주행 레일 설치에 대한 설명으로 틀린 것은?

① 주행 레일에도 반드시 접지를 설치한다.
② 레일 양끝에는 정지장치(Buffer Stop)를 설치한다.
③ 해당 타워크레인 주행 차륜 지름의 4분의 1 이상 높이의 정지기구를 설치한다.
④ 정지기구에 도달하기 전의 위치에 리미트 스위치 등 전기적 정지장치를 설치한다.

해설
작업장과 나란히 레일을 설치하여야 타워크레인 자체가 레일을 타고 주행하면서 작업할 수 있다.

정답 36 ② 37 ④ 38 ③ 39 ④ 40 ② 41 ① 42 ③

43 **타워크레인의 마스트 해체 작업 과정에 대한 설명으로 틀린 것은?**

① 메인 지브와 카운터 지브의 평형을 유지한다.
② 마스트와 선회 링 서포트 연결 볼트를 푼다.
③ 마스트에 롤러를 끼운 후 마스트 간의 체결 볼트를 조인다.
④ 마스트를 가이드 레일 밖으로 밀어낸다.

44 **텔레스코핑 작업 시 순간풍속이 초당 얼마를 초과하면 작업을 중단해야 하는가?**

① 10미터 ② 8미터
③ 5미터 ④ 2미터

해설
순간풍속이 10m/s를 초과하면 텔레스코핑 작업을 금지해야 한다.

45 **타워크레인의 해체 작업 과정에 대한 설명으로 틀린 것은?**

① 지브를 분리하기 전에 카운터 웨이트를 해체한다.
② 마지막 순서로 운전실을 해체한다.
③ 운전실보다 타워 헤드를 먼저 해체한다.
④ 카운터 지브에서 권상장치를 해체한다.

해설
마지막 순서로 베이직 마스트를 해체한다.

46 **마스트 연장 작업 시 주의사항으로 틀린 것은?**

① 제조사가 제시한 작업절차를 준수한다.
② 작업 전에 반드시 타워크레인의 균형을 유지한다.
③ 마지막 마스트를 안착한 후, 볼트를 체결하기 전에 시범적 선회 작동을 한다.
④ 작업 중 트롤리의 이동 및 권상 작업 등 일체의 작동을 금지한다.

47 **타워크레인의 설치 · 해체 작업 시의 주의사항과 가장 거리가 먼 것은?**

① 해당 매뉴얼에서 인양 무게중심과 슬링 포인트를 확인한다.
② 설치 · 해체 시 각 부재의 유도용 로프는 반드시 와이어로프만을 사용한다.
③ 사용 중인 공구는 낙하 방지를 위해 연결 끈 등을 부착해둔다.
④ 이동식 크레인은 반드시 인양 여유를 감안하여 적절한 용량의 크레인을 선정한다.

48 **타워크레인 설치 작업 중 운전자가 확인할 사항이 아닌 것은?**

① 설치 작업 중 타워크레인의 균형 유지 여부를 확인한다.
② 설치 작업장에 작업자 이외의 자가 출입하는지의 여부를 확인한다.
③ 설치 작업계획서의 내용에 관하여 안전교육 실시 여부를 확인한다.
④ 신호자와 줄걸이 작업자의 배치상태 및 의견 교환이 되는지를 확인한다.

49 **타워크레인을 와이어로프로 지지하는 경우 준수할 사항으로 틀린 것은?**

① 와이어로프를 고정하기 위한 전용 지지 프레임을 사용할 것
② 와이어로프의 설치 각도는 수평면에서 60° 이내로 할 것
③ 와이어로프의 지지점은 2개소 이상 등각도로 설치할 것
④ 와이어로프가 가공전선에 근접하지 않도록 할 것

정답 43 ③ 44 ① 45 ② 46 ③ 47 ② 48 ③ 49 ③

해설
와이어로프 지지점은 4곳 이상이어야 한다.

50 타워크레인의 유압 실린더가 확장되면서 텔레스코핑되고 있을 때 준수사항으로 옳은 것은?

① 선회 작동만 할 수 있다.
② 트롤리 이동 동작만 할 수 있다.
③ 권상 동작만 할 수 있다.
④ 선회, 저울 이동, 권상 동작을 할 수 없다.

51 해머 작업의 안전수칙으로 틀린 것은?

① 목장갑을 끼고 작업한다.
② 해머를 사용하기 전 주위를 살핀다.
③ 해머 머리가 손상된 것은 사용하지 않는다.
④ 불꽃이 생길 수 있는 작업에는 보호 안경을 착용한다.

해설
장갑을 끼고 해머 작업을 하면 미끄러질 위험이 있다.

52 불안전한 행동으로 인한 산업재해가 아닌 것은?

① 불안전한 자세
② 안전구 미착용
③ 방호장치 결함
④ 안전장치 기능 제거

53 가스 및 인화성 액체에 의한 화재 예방조치로 틀린 것은?

① 가연성 가스는 대기 중에 자주 방출시킬 것
② 인화성 액체의 취급은 폭발한계의 범위를 초과한 농도로 할 것
③ 배관 또는 기기에서 가연성 증기의 누출 여부를 철저히 점검할 것
④ 화재를 진화하기 위한 방화장치는 위급상황 시 눈에 잘 띄는 곳에 설치할 것

해설
인화성 액체는 폭발한계 범위 내의 농도로 취급해야 한다.

54 폭발의 우려가 있는 가스 또는 분진이 발생하는 장소에서 지켜야 할 사항으로 틀린 것은?

① 가연성 가스는 대기 중에 자주 방출시킬 것
② 인화성 액체의 취급은 폭발한계의 범위를 초과한 농도로 할 것
③ 배관 또는 기기에서 가연성 증기의 누출 여부를 철저히 점검할 것
④ 화재를 진화하기 위한 방화장치는 위급상황 시 눈에 잘 띄는 곳에 설치할 것

55 크레인 작업방법으로 틀린 것은?

① 경우에 따라서는 수직 방향으로 달아 올린다.
② 신호수의 신호에 따라 작업한다.
③ 제한하중 이상의 것은 달아 올리지 않는다.
④ 항상 수평으로 달아 올려야 한다.

해설
물건은 수직으로 권상하여 수평 이동하고, 선회하여 권하 작업을 해야 한다.

정답 50 ④ 51 ① 52 ③ 53 ② 54 ② 55 ④

56 **스패너 작업방법으로 안전상 옳은 것은?**

① 스패너로 볼트를 조일 때는 앞으로 당기고 풀 때는 뒤로 민다.
② 스패너의 입이 너트의 치수보다 조금 큰 것을 사용한다.
③ 스패너 사용 시 몸의 중심을 항상 옆으로 한다.
④ 스패너로 조이고 풀 때는 항상 앞으로 당긴다.

57 **엔진 오일을 급유하면 안 되는 부위는?**

① 습식 공기 청정기
② 크랭크 축 저널 베어링 부위
③ 피스톤 링 부위
④ 차동기어장치

58 **작업점 외에 직접 사람이 접촉하여 말려들거나 다칠 위험이 있는 장소를 덮어씌우는 방호장치는?**

① 격리형 방호장치
② 위치 제한형 방호장치
③ 포집형 방호장치
④ 접근 거부형 방호장치

59 **안전모의 관리 및 착용방법으로 틀린 것은?**

① 큰 충격을 받은 것은 사용을 피한다.
② 사용 후 뜨거운 스팀으로 소독하여야 한다.
③ 정해진 방법으로 착용하고 사용하여야 한다.
④ 통풍을 목적으로 모체에 구멍을 뚫어서는 안 된다.

60 **적색 원형을 바탕으로 만들어지는 안전표지판은?**

① 경고표시 ② 안내표시
③ 지시표시 ④ 금지표시

해설

- 경고표시 : 노란색
- 안내표시 : 초록색
- 지시표시 : 파란색
- 금지표시 : 적색

정답 56 ④ 57 ① 58 ① 59 ② 60 ④

국가기술자격 필기시험문제

2015년 기능사 제2회 필기시험

자격종목	종목코드	시험시간	형별	수험번호	성명
타워크레인운전기능사		1시간			

1 **부재에 하중이 가해지면 외력에 대응하는 내력이 부재 내부에서 발생하는데, 이것을 무엇이라 하는가?(단위는 kgf/cm²)**

① 응력 ② 변형
③ 하중 ④ 모멘트

해설

- 응력 : 저항이 생기는 단면의 단면적 당 내력의 크기
- 변형 : 재료에 하중이 작용하여 그 재료가 변형되는 것
- 하중 : 크레인 구조에 작용하는 외력
- 모멘트(토크) : 물리적으로 물체가 움직이도록 힘이 작용하는 효과 또는 그것을 나타내는 양

2 **옥외에 설치된 주행 타워크레인에서 순간 풍속이 얼마를 초과할 때 폭풍에 의한 이탈 방지 조치를 해야 하는가?**

① 10m/s ② 12m/s
③ 20m/s ④ 30m/s

해설

옥외에 설치된 주행식 타워크레인은 순간풍속이 30m/s 이상이면 풍하중의 영향에서 자유로울 수 없으므로 레일 이탈 방지장치(미끄럼 방지 고정장치)를 설치하여야 한다.

3 **타워크레인을 자립고(自立高) 이상의 높이로 설치하는 경우 와이어로프 지지방법으로 맞지 않는 것은?**

① 와이어로프를 고정하기 위한 전용 지지 프레임을 사용할 것
② 와이어로프 설치 각도는 수평면에서 75° 이내로 할 것
③ 와이어로프의 고정 부위는 충분한 강도와 장력을 갖도록 설치할 것
④ 와이어로프가 가공전선(架空電線)에 근접하지 않도록 할 것

해설

타워크레인의 지지 각도는 60° 이내로 해야 한다.

4 **건설기계 안전기준에 관한 규칙에서 ( ) 안에 들어갈 말로 알맞은 것은?**

> 조종실에는 지브 길이별 정격하중 표시판(Load Chart)을 부착하고, 지브에는 조종사가 잘 보이는 곳에 구간별 ( ) 및 ( )을(를) 부착하여야 한다.

① 정격하중, 거리 표시판
② 안전하중, 정격하중 표시판
③ 지브 길이, 거리 표시판
④ 지브 길이, 정격하중 표시판

해설

메인 지브에는 운전원이 식별하기 쉽게 구간별로 길이와 정격하중 표시판을 부착해야 한다.

5 **유압 펌프의 종류에 해당하지 않는 것은?**

① 기어식 ② 베인식
③ 플런저식 ④ 헬리컬식

해설

유압 펌프의 종류에는 베인식, 플런저식, 기억식이 있다.

정답 1 ① 2 ④ 3 ② 4 ④ 5 ④

6 기계나 장치에 사용하는 유압의 이점이 아닌 것은?

① 액체는 압축할 수 있다.
② 액체는 운동을 전달할 수 있다.
③ 액체는 힘을 전달할 수 있다.
④ 액체는 작용력을 증대시키거나 감소시킬 수 있다.

해설
유압 펌프는 압력을 생성하지 않고 흐름만 생성한다.

7 주어진 범위 내에서만 선회가 가능하도록 하며, 전기 공급 케이블 등이 과도하게 비틀리는 것을 방지하는 부품은?

① 와이어로프 꼬임 방지장치
② 선회 브레이크 풀림장치
③ 와이어로프 이탈 방지장치
④ 선회 제한 리미트 스위치

해설
선회 제한 리미트 스위치는 한쪽 방향으로 540°(1.5바퀴) 이상 돌아가지 않도록 설정되어 있다.

8 과전류 차단기는 적은 과전류가 (A) 계속 흘렀을 때 차단하고, 큰 과전류가 발생했을 때에는 (B)에 차단할 수 있어야 한다. (　　)에 알맞은 말로 짝지어진 것은?

① A : 장시간, B : 장시간
② A : 단시간, B : 단시간
③ A : 장시간, B : 단시간
④ A : 단시간, B : 장시간

9 선회장치의 안전조건으로 맞지 않는 것은?

① 선회 프레임 및 브래킷은 균열 또는 변형이 없을 것
② 선회 시 선회장치부에 이상음 또는 발열이 있을 것
③ 상부 회전체 각 부분의 연결핀, 볼트 및 너트는 풀림 또는 탈락이 없을 것
④ 선회 시 인접 건축물 등과의 충돌이 발생되지 않도록 안전장치를 설치하는 등의 조치를 할 것

10 타워크레인 배전함의 구성과 기능을 설명한 것으로 틀린 것은?

① 전동기를 보호 및 제어하고 전원을 개폐한다.
② 철제상자나 커버 및 난간 등을 설치한다.
③ 옥외에 두는 방수용 배전함은 양질의 절연재를 사용한다.
④ 배전함의 외부에는 반드시 적색표시를 하여야 한다.

11 선회감속기에 사용되는 윤활유의 구비조건으로 적합하지 않은 것은?

① 점도가 적당할 것
② 윤활성이 좋을 것
③ 유동성이 좋을 것
④ 비등점이 낮을 것

12 타워크레인 구조에서 기초 앵커 위쪽에서 운전실 아래까지의 구간에 위치하고 있지 않은 구조는?

① 베이직 마스트
② 카운터 지브
③ 타워 마스트
④ 텔레스코핑 케이지

해설
카운터 지브는 운전실 위쪽 뒤편에 있다.

정답 6 ① 7 ④ 8 ③ 9 ② 10 ④ 11 ④ 12 ②

13 주행 중 동작을 멈추어야 할 긴급한 상황일 때 가장 먼저 해야 할 것은?

① 충돌방지장치 작동
② 권상 · 권하 레버 정지
③ 비상정지장치 작동
④ 트롤리 정지장치 작동

14 동절기에 기초 앵커를 설치할 경우 콘크리트 타설 작업 후 콘크리트 양생기간으로 가장 적절한 것은?

① 1일 이상 ② 3일 이상
③ 5일 이상 ④ 10일 이상

해설
일반적인 콘크리트 양생 기간은 7~10일이며, 겨울에는 온도차 때문에 10일 이상의 양생기간이 필요하다.

15 1개의 출구와 2개 이상의 입구가 있고, 출구가 최고 압력측 입구를 선택하는 기능이 있는 밸브는?

① 체크 밸브 ② 방향 조절 밸브
③ 포트 밸브 ④ 셔틀 밸브

16 타워크레인에서 권상 시 트롤리와 후크(Hook)가 충돌하는 것을 방지하는 장치는?

① 권과방지장치
② 속도제한장치
③ 충돌방지장치
④ 비상정지장치

해설
- 권과방지장치 : 권상 · 권하 시 과권 방지
- 속도제한장치 : 권상 속도의 단계별 제한
- 충돌방지장치 : 동일 궤도 및 작업 반경 내에서 충돌 방지
- 비상정지장치 : 예기치 못한 상황 시 동작 정지

17 텔레스코핑 작업에 관한 내용으로 틀린 것은?

① 텔레스코핑 작업 중 선회 동작 금지
② 연결 볼트 또는 연결 핀을 체결하기 전에는 크레인의 동작 금지
③ 연결 볼트 체결 시에는 토크 렌치 사용
④ 유압 실린더 상승 중에 트롤리를 전후로 이동

해설
텔레스코핑 작업 중에 트롤리를 전후로 이동시키는 작업은 해서는 안 된다.

18 저항이 10Ω일 경우 100V의 전압을 가할 때 흐르는 전류는?

① 0.1A ② 10A
③ 100A ④ 1000A

해설

$$I(\text{전류}) = \frac{E(\text{전압})}{R(\text{저항})}$$

19 타워크레인의 과부하 방지장치 검사에 대한 내용이 아닌 것은?

① 과부하 시 운전자가 용이하게 경보를 들을 수 있을 것
② 권상 과부하 차단 스위치의 작동상태가 정상일 것
③ 정격하중의 1.2배에 해당하는 하중 적재 시부터 경보와 함께 작동될 것
④ 성능 검정 대상품이므로 성능 검정 합격품인지 점검할 것

정답 13 ③ 14 ④ 15 ② 16 ① 17 ④ 18 ② 19 ③

20 타워크레인의 구조부에 관한 설명 중 잘못된 것은?

① 타워 마스트(Tower Mast) – 타워크레인을 지지해주는 기둥(몸체) 역할을 하는 구조물로서 한 부재의 높이가 3~5m인 마스트를 볼트로 연결시켜 나가면서 설치 높이를 조정할 수 있다.
② 메인 지브(Main Jib) – 선회 축을 중심으로 한 외팔보 형태의 구조물로서 지브의 길이에 따라 권상하중이 결정되며, 상부에 권상장치와 균형추가 설치된다.
③ 트롤리(Trolley) – T형 타워크레인의 메인 지브를 따라 이동하며 권상작업을 위한 선회 반경을 결정하는 횡행장치이다.
④ 후크 블록(Hook Block) – 트롤리에서 내려진 와이어로프에 매달려 하물의 매달기에 필요한 일반적인 매달기 기구이다.

해설

상부에 권상장치와 균형추가 설치된 것은 카운터 지브이다.

21 타워크레인의 표준신호방법에서 양쪽 손을 몸 앞에 대고 두 손을 깍지 끼는 것은 무엇을 뜻하는가?

① 물건 걸기 ② 수평 이동
③ 비상정지 ④ 주권 사용

해설

- 수평 이동 : 손바닥을 움직이고자 하는 방향의 정면으로 움직인다.
- 비상정지 : 양손을 들어 올려 크게 2~3회 좌우로 흔든다.
- 주권 사용 : 주먹을 머리에 대고 떼었다 붙였다 한다.

22 무전기를 이용하여 신호를 할 때 옳지 않은 것은?

① 혼선상태일 때는 일방적으로 크게 말한다.
② 작업 시작 전 신호수와 운전자 간에 작업의 형태를 사전에 협의하여 숙지한다.
③ 공유 주파수를 사용함으로써 짧고 명확한 의사전달이 되어야 한다.
④ 운전자와 신호수 간에 완전한 이해가 이루어진 것을 상호 확인해야 한다.

23 타워크레인의 운전 속도에 대한 설명으로 틀린 것은?

① 주행은 가능한 한 저속으로 한다.
② 위험물 운반 시에는 가능한 한 저속으로 운전한다.
③ 권상 작업 시 양정이 짧은 것은 빠르게, 긴 것은 느리게 운전한다.
④ 권상 작업 시 하물의 하중이 가벼우면 빠르게, 무거우면 느리게 운전한다.

24 타워크레인의 중량물 권하 작업 시 착지방법으로 잘못된 것은?

① 중량물 착지 바로 전 줄걸이 로프가 인장력을 받고 있는 상태에서 일단 정지하여 안전을 확인한 후 착지시킨다.
② 중량물은 지상 바닥에 직접 놓지 말고 받침목 등을 사용한다.
③ 내려놓을 위치를 변경할 때에는 중량물을 손으로 직접 밀거나 잡아당겨 수정한다.
④ 둥근 물건을 내려놓을 때에는 굴러가는 것을 방지하기 위하여 쐐기 등을 사용한다.

정답 20 ② 21 ① 22 ① 23 ③ 24 ③

25 **타워크레인에서 트롤리 로프의 처짐을 방지하는 장치는?**

① 트롤리 로프 안전장치
② 트롤리 로프 긴장장치
③ 트롤리 로프 정지장치
④ 트롤리 내 · 외측 제어장치

26 **지브를 기복하였을 때 변하지 않은 것은?**

① 작업 반경 ② 인양 가능한 하중
③ 지브의 길이 ④ 지브의 경사각

해설
기복(Luffing)하였을 때 지브의 길이는 변화가 없다.

27 **타워크레인에서 안전 작업을 위해 신호할 때 주의사항이 아닌 것은?**

① 신호수는 절도 있는 동작으로 간단명료하게 신호한다.
② 신호는 운전자가 보기 쉽고 안전한 장소에서 실시한다.
③ 운전자에 대한 신호는 반드시 정해진 한 사람의 신호수가 한다.
④ 신호수는 항상 운전자만 주시하면서 신호한다.

해설
줄걸이 작업자, 운전자 등 관련 작업자 모두가 안전작업을 할 수 있도록 신호해야 한다.

28 **타워크레인의 후크 상승 시 줄걸이용 와이어로프에 장력이 걸렸을 때 일단 정지하고 확인할 사항이 아닌 것은?**

① 줄걸이용 와이어로프에 걸리는 장력이 균등한지 확인
② 하물이 붕괴될 우려는 없는지 확인
③ 보호대가 벗겨질 우려는 없는지 확인
④ 권과방지장치가 정상 작동하는지 확인

29 **트롤리의 방호장치가 아닌 것은?**

① 완충 스토퍼
② 와이어로프 꼬임 방지장치
③ 와이어로프 긴장장치
④ 저 · 고속 차단 스위치

해설
와이어 꼬임 방지장치는 권상 · 권하 작업 시 로프에 하중이 걸릴 때 꼬임에 의한 변형과 후크 블록의 회전을 방지하는 장치이다.

30 **타워크레인 작업 시 사고 방지를 위한 조치로 틀린 것은?**

① 태풍 시기가 아닐 경우에는 타워크레인의 자립 가능 높이보다 마스트를 1개 초과하여 작업을 실시할 수 있다.
② 타워크레인의 작업 반경별 정격하중 이내에서 양중 작업을 하여야 한다.
③ 강풍의 영향을 감소시키기 위하여 간판 등 크레인에 불필요한 구조물은 부착하지 않는다.
④ 기초의 부등 침하 방지를 위하여 지하수 및 지표수의 유입을 차단해야 한다.

해설
어떠한 이유로도 타워크레인을 자립고 이상으로 설치해서는 안 된다.

31 **와이어로프 사용에 대한 설명 중 가장 거리가 먼 것은?**

① 길이 300mm 이내에서 소선이 10% 이상 절단되었을 때 교환한다.
② 고온에서 사용되는 로프는 절단되지 않아도 3개월 정도 지나면 교환한다.
③ 활차의 최소경은 로프 소선 직경의 6배이다.
④ 통상적으로 운반물과 접하는 부분은 나뭇조각 등을 사용하여 로프를 보호한다.

정답 25 ② 26 ③ 27 ④ 28 ④ 29 ② 30 ① 31 ①

해설
공칭 지름의 10% 이상 지름이 감소하였을 때 와이어로프를 교환해야 한다.

32 와이어로프의 열 영향에 의한 재질 변형의 한계는?

① 50℃ ② 100℃
③ 200~300℃ ④ 500~600℃

해설
와이어로프의 내열 온도는 200~300℃이며, 그 이상이 되면 외관상으로는 이상이 없어 보여도 강도에 저하가 생긴다.

33 크레인용 와이어로프에 대한 설명 중 틀린 것은?

① 와이어로프의 구조는 스트랜드와 심강으로 구분한다.
② 와이어로프 클립 고정 시 로프 직경이 30mm일 때 클립 수가 최소 4개는 되어야 한다.
③ 와이어로프의 심강으로는 섬유심이 가장 많다.
④ 와이어로프의 심강으로 철심을 사용할 수 있다.

34 후크 걸이 중 가장 위험한 것은?

① 눈걸이 ② 어깨걸이
③ 이중걸이 ④ 반걸이

해설
반걸이는 미끄러지기 쉬우므로 엄금한다.

35 지름이 2m, 길이가 4m인 철재 원기둥을 줄걸이하여 인양하고자 할 때 이 기둥의 무게는 얼마인가?(단, 철의 비중은 7.8이다)

① 62.4톤 ② 74.8톤
③ 81.6톤 ④ 97.9톤

해설
$\frac{\pi d^2}{4}$ × 길이 × 비중

36 와이어로프 단말 가공법 중 이음 효율이 가장 좋은 것은?

① 합금 및 아연고정법
② 클립고정법
③ 쐐기고정법
④ 님블붙이 스플라이스법

37 와이어로프 KS 규격에 '6×7', '6×24'라고 구성 표기가 되어 있다. 여기서 6은 무엇을 표시하는가?

① 6개의 묶음(연) ② 6개의 소선
③ 6개의 섬유 ④ 6개의 클램프

해설
와이어로프의 구성 표기에서 6은 스트랜드(묶음, 연) 수, 7과 24는 소선의 수를 뜻한다.

38 4.8톤의 부하물을 4줄걸이로 하여 60°로 매달았을 때 한 줄에 걸리는 하중은 약 몇 톤인가?

① 0.69 ② 1.23
③ 1.39 ④ 1.46

해설
한 줄에 걸리는 하중 = $\frac{\text{p(중량)}}{\text{4줄}}$ × 60°(1.155배)

39 크레인 운전 신호방법 중 거수경례 또는 양손을 머리 위에서 교차시키는 것은 무엇을 뜻하는가?

① 수평 이동
② 기다려라
③ 크레인의 이상 발생
④ 작업 완료

해설
거수경례 또는 양손을 머리 위에서 교차시키는 것은 작업이 완료되었다는 뜻이다.

정답 32 ③ 33 ② 34 ④ 35 ④ 36 ① 37 ① 38 ③ 39 ④

40 **와이어로프 줄걸이 방법에 관한 설명 중 옳지 않은 것은?**

① 각이 진 예리한 물건을 옮길 때는 로프가 손상되지 않도록 보호대를 사용하여 보호한다.
② 둥근 물건은 이중걸이를 하여 미끄러지지 않도록 한다.
③ 줄걸이 각도는 60° 이내이며, 되도록 30~45° 이내로 하는 것이 좋다.
④ 주권과 보권을 동시에 사용하여 작업한다.

해설

후크는 주권과 보권으로 구분하는데, 동시에 사용은 불가능하다.

41 **기중기 운전 시 주의사항으로 거리가 먼 것은?**

① 하중을 경사지게 당겨서는 안 된다.
② 안전장치를 해지하고 작업을 해서는 안 된다.
③ 정격하중의 1.6배까지는 초과하여 작업을 할 수 있다.
④ 작업 개시 전에 이상 유무를 점검한 후 작업에 임해야 한다.

해설

정격하중 이상으로 권상해서는 안 된다.

42 **기초 앵커 설치 시 재해 예방에 관한 사항으로 옳지 않은 것은?**

① 1.5kgf/cm^2 이상의 지내력 확보
② 기초 크기 확정
③ 기초 앵커의 수평 레벨 확인
④ 콤비 앵커 사용 금지

해설

타워크레인의 지내력은 2.2kgf/cm^2 이상이어야 한다.

43 **마스트 상승 작업에서 메인 지브와 카운터 지브의 균형 유지방법으로 옳은 것은?**

① 작업 전 주행 레일을 조정하여 균형을 유지한다.
② 작업 시 권상 작업을 통하여 균형을 유지한다.
③ 작업 시 선회 작업을 통하여 균형을 유지한다.
④ 작업 전 하중을 인양하여 트롤리 위치를 조정하면서 균형을 유지한다.

44 **산업안전보건법상 방호조치에 대한 근로자의 준수사항에 해당되지 않는 것은?**

① 방호조치를 임의로 해체하지 말 것
② 방호조치를 조정하여 사용하고자 할 때는 상급자의 허락을 받아 조정할 것
③ 사업주의 허가를 받아 방호조치를 해체한 후, 그 사유가 소멸된 때에는 지체 없이 원상으로 회복시킬 것
④ 방호조치의 기능이 상실된 것을 발견한 때에는 지체 없이 사업주에게 신고할 것

45 **와이어 가잉 클립 결속 시 준수사항으로 옳은 것은?**

① 클립의 새들은 로프의 힘이 많이 걸리는 쪽에 있어야 한다.
② 클립의 새들은 로프의 힘이 적게 걸리는 쪽에 있어야 한다.
③ 클립의 너트 방향을 설피수의 1/2씩 나누어 조인다.
④ 클립의 너트 방향을 아래 · 위로 교차가 되게 조인다.

해설

와이어 가잉에서 중요한 요소는 장력이므로 클립의 새들은 로프의 힘이 많이 걸리는 쪽에 있어야 로프가 잘 풀리지 않는다.

정답 40 ④ 41 ③ 42 ① 43 ④ 44 ③ 45 ①

46 **타워크레인 설치 당일 작업 전 준비사항 및 최종 점검사항이 아닌 것은?**

① 줄거리 공구 등 안전점검
② 작업자 안전교육
③ 지휘 계통 확립
④ 설치계획서 작성

47 **타워크레인 해체 작업 중 유의사항이 아닌 것은?**

① 작업자는 반드시 안전모 등 안전장구를 착용하여야 한다.
② 우천 시에도 작업한다.
③ 안전교육 후 작업에 임한다.
④ 와이어로프를 검사한다.

48 **타워크레인의 설치를 위한 인양물 권상 작업 중 화물 낙하 요인이 아닌 것은?**

① 인양물의 재질과 성능
② 잘못된 줄걸이(인양줄) 작업
③ 지브와 달기 기구와의 충돌
④ 권상용 로프의 절단

49 **마스트 상승 작업(텔레스코핑) 시 반드시 준수해야 할 사항이 아닌 것은?**

① 제조자 및 설치업체에서 작성한 표준 작업 절차에 의해 작업한다.
② 텔레스코핑 작업 시 타워크레인 양쪽 지브의 균형은 반드시 유지해야 한다.
③ 텔레스코핑 작업 시 유압 실린더 위치는 카운터 지브의 반대 방향이어야 한다.
④ 텔레스코핑 작업은 반드시 제한풍속(순간최대풍속은 10m/s)을 준수해야 한다.

50 **크레인 조립 · 해체 작업 시 준수사항이 아닌 것은?**

① 작업 순서를 정하고 그 순서에 의하여 작업을 실시한다.
② 작업 장소는 안전한 작업이 이루어질 수 있도록 충분한 공간을 확보한다.
③ 들어 올리거나 내리는 기자재는 균형을 유지하면서 작업한다.
④ 조립용 볼트는 나란히 차례대로 결합하고 분해한다.

해설
조립용 볼트는 대각선 대칭으로 조립한다.

51 **벨트에 대한 안전사항으로 틀린 것은?**

① 벨트의 이음쇠는 돌기가 없는 구조로 한다.
② 벨트를 걸 때나 벗길 때에는 기계가 정지한 상태에서 한다.
③ 벨트가 풀리에 감겨 돌아가는 부분은 커버나 덮개를 설치한다.
④ 바닥면으로부터 2m 이내에 있는 벨트는 덮개를 제거한다.

해설
바닥면으로부터 2m 이내의 벨트는 안전사고를 방지하기 위해 덮개를 한다.

52 **관련법상 작업장에 사다리식 통로를 설치할 때 준수해야 할 사항으로 틀린 것은?**

① 견고한 구조로 할 것
② 발판의 간격은 일정하게 할 것
③ 사다리가 넘어지거나 미끄러지는 것을 방지하기 위한 조치를 할 것
④ 사다리식 통로의 길이가 10m 이상인 때에는 접이식으로 설치할 것

정답 46 ④ 47 ② 48 ① 49 ③ 50 ④ 51 ④ 52 ④

53 **수공구 사용 시 유의사항으로 맞지 않는 것은?**

① 무리하게 취급하지 않는다.
② 토크 렌치는 볼트를 풀 때 사용한다.
③ 사용법을 숙지하여 사용한다.
④ 공구를 사용하고 나면 일정한 장소에 관리 · 보관한다.

54 **소화 방식의 종류 중 주된 작용이 질식 소화에 해당하는 것은?**

① 강화액 ② 호스 방수
③ 에어 폼 ④ 스프링클러

55 **작업을 위한 공구관리의 요건으로 가장 거리가 먼 것은?**

① 공구별로 장소를 지정하여 보관할 것
② 공구는 항상 최소 보유량 이하로 유지할 것
③ 공구 사용 점검 후 파손된 공구는 교환할 것
④ 사용한 공구는 항상 깨끗이 한 후 보관할 것

56 **중량물 운반 시 안전사항으로 틀린 것은?**

① 크레인은 규정 용량을 초과하지 않는다.
② 화물을 운반할 경우에는 운전 반경 내를 확인한다.
③ 무거운 물건을 상승시킨 채 오랫동안 방치하지 않는다.
④ 흔들리는 화물은 사람이 승차하여 붙잡도록 한다.

해설
어떤 경우라도 사람을 승차시켜 화물을 붙잡도록 해서는 안 된다.

57 **소화설비 선택 시 고려하여야 할 사항이 아닌 것은?**

① 작업의 성질 ② 작업자의 성격
③ 화재의 성질 ④ 작업장의 환경

58 **가스 용접 시 사용되는 산소용 호스는 어떤 색인가?**

① 적색 ② 황색
③ 녹색 ④ 청색

해설
산소용 호스의 색상은 녹색이다.

59 **산업안전보건법령상 안전 · 보건표지에서 색채와 용도가 옳지 않게 짝지어진 것은?**

① 파란색 – 지시
② 녹색 – 안내
③ 노란색 – 위험
④ 빨간색 – 금지, 경고

60 **공장 내 작업 안전수칙으로 옳은 것은?**

① 기름걸레나 인화물질은 철제 상자에 보관한다.
② 공구나 부속품을 닦을 때에는 휘발유를 사용한다.
③ 차가 잭에 의해 올라가 있을 때는 직원 외에 차내 출입을 삼간다.
④ 높은 곳에서 작업할 때는 후크를 놓치지 않게 잘 잡고 체인 블록을 이용한다.

정답 53 ② 54 ③ 55 ② 56 ④ 57 ② 58 ③ 59 ③ 60 ①

국가기술자격 필기시험문제

2015년 기능사 제4회 필기시험

자격종목	종목코드	시험시간	형별	수험번호	성명
타워크레인운전기능사		1시간			

1 유압장치의 설명으로 맞는 것은?

① 물을 이용해서 전기적인 장점을 이용한 것
② 대용량의 하물을 들어올리기 위해 기계적인 장점을 이용한 것
③ 기체를 압축시켜 액체의 힘을 모은 것
④ 액체의 압력을 이용하여 기계적인 일을 시키는 것

해설
유압이란 액체의 압력을 이용하여 기계적인 일을 하도록 하는 장치이다.

2 타워크레인의 동력이 차단되었을 때 권상장치의 제동장치는 어떻게 되어야 하는가?

① 자동적으로 작동해야 한다.
② 수동으로 작동시켜야 한다.
③ 자동적으로 해제되어야 한다.
④ 하중의 대·소에 따라 자동적으로 해제 또는 작동해야 한다.

3 화물을 매단 상태에서 트롤리를 이동(횡행)하다 정지할 때 트롤리가 앞뒤로 흔들리면서 정지할 경우의 조치사항으로 옳은 것은?

① 브레이크 밀림이 없도록 라이닝 상태를 점검하고 간극을 조정한다.
② 물건의 무게중심 때문에 가끔 발생하는 것으로 천천히 운전하면 무시해도 된다.
③ 트롤리 이송용 와이어로프의 장력을 느슨하게 조정한다.
④ 트롤리의 횡행 제한 리미트 설치 위치를 재조정한다.

4 타워크레인의 앵커에 작용하는 하중을 바르게 나열한 것은?

① 인장하중, 전단하중
② 전단하중, 좌굴하중
③ 압축하중, 인장하중
④ 압축하중, 좌굴하중

5 텔레스코픽 장치 조작 시 사전 점검사항으로 적합하지 않은 것은?

① 유압장치의 오일량을 점검한다.
② 전동기의 회전 방향을 점검한다.
③ 유압장치의 압력을 점검한다.
④ 선회장치의 회전 방향을 점검한다.

해설
텔레스코픽 장치 조작 시 사전 점검사항
유압 펌프의 오일량, 모터의 회전 방향, 유압장치의 압력, 유압 실린더의 작동상태

6 기복(Luffing)형 타워크레인의 장점과 거리가 먼 것은?

① 기복 시에도 경쾌한 운전이 가능하다.
② 간섭이 심한 작업 현장에도 사용할 수 있다.
③ 기복하면서 화물도 동시에 상하로 이동한다.

정답 1 ④ 2 ① 3 ① 4 ④ 5 ④ 6 ①

④ 작업 반경 내에 장애물이 있어도 어느 정도 작업할 수 있다.

해설

기복 시에는 천천히 안전하게 운전해야 한다.

7 크레인 관련 용어 설명으로 적합하지 않은 것은?

① 타워크레인이란 수직 타워의 상부에 위치한 지브를 선회시키는 크레인을 말한다.
② 권상하중이란 들어 올릴 수 있는 최대의 하중을 말한다.
③ 기복이란 수직면에서 지브 각의 변화를 말하며, T형 타워크레인에만 해당하는 용어이다.
④ 호이스트란 후크나 기타 달기 기구 등을 사용하여 하물을 권상 및 횡행하거나, 권상 동작만을 행하는 양중기를 말한다.

해설

기복은 L형 러핑 타워크레인에만 해당된다.

8 유압 펌프에 대한 설명으로 맞지 않는 것은?

① 원동기의 기계적 에너지를 유체 에너지로 변환하는 기구이다.
② 작동유의 점도가 너무 높으면 소음이 발생한다.
③ 유압 펌프의 크기는 주어진 속도와 토출 압력으로 표시한다.
④ 유압 펌프에서 토출량은 단위시간에 유출하는 액체의 체적을 의미한다.

9 배선용 차단기의 동작 방식에 따른 분류가 아닌 것은?

① 전자식 ② 누전식
③ 열동전자식 ④ 열동식

10 타워크레인의 설치방법에 따른 분류로 옳지 않은 것은?

① 고정형(Stationary Type)
② 상승형(Climbing Type)
③ 천칭형(Balance Type)
④ 주행형(Travelling Type)

해설

티워크레인은 설치방법에 따라 고정형, 상승형, 주행형이 있다.

11 옥외에 설치된 주행 타워크레인의 이탈 방지장치를 작동시켜야 하는 경우는?

① 순간풍속이 초당 10미터를 초과하는 바람이 불어올 우려가 있는 경우
② 순간풍속이 초당 20미터를 초과하는 바람이 불어올 우려가 있는 경우
③ 순간풍속이 초당 30미터를 초과하는 바람이 불어올 우려가 있는 경우
④ 순간풍속이 초당 5미터를 초과하는 바람이 불어올 우려가 있는 경우

해설

주행식 타워크레인은 순간풍속이 30m/s를 초과하는 바람이 불 경우에 이탈 방지장치를 작동하여야 한다.

12 유압회로 내의 이물질과 슬러지 등의 오염물질을 회로 밖으로 배출시켜 회로를 깨끗하게 하는 것을 무엇이라 하는가?

① 푸싱(Pushing)
② 리듀싱(Reducing)
③ 플래싱(Flashing)
④ 언로딩(Unloading)

정답 7 ③ 8 ③ 9 ② 10 ③ 11 ③ 12 ③

13 타워크레인의 전동기 외함은 접지를 해야 하는데, 사용전압이 440V일 경우의 접지저항은 몇 Ω 이하여야 하는가?

① 10Ω ② 20Ω
③ 50Ω ④ 100Ω

해설

접지저항은 사용전압이 400V 이하일 때는 100Ω, 400V 이상일 때는 10Ω 이하여야 한다.

14 권상작업의 정격 속도에 관한 설명 중 옳은 것은?

① 크레인의 정격하중에 상당하는 하중을 매달고 권상할 수 있는 최고 속도를 말한다.
② 크레인의 권상하중에 상당하는 하중을 매달고 권상할 수 있는 최고 속도를 말한다.
③ 크레인의 권상하중에 상당하는 하중을 매달고 권상할 수 있는 평균 속도를 말한다.
④ 크레인의 정격하중에 상당하는 하중을 매달고 권상할 수 있는 평균 속도를 말한다.

15 타워크레인의 안전한 권상 작업방법으로 옳지 않은 것은?

① 운전실에서 보이지 않는 곳의 작업은 신호수의 수신호나 무선신호에 의해서 작업한다.
② 무게중심 위로 후크를 유도하고 하물의 무게중심을 낮추어 흔들림이 없도록 작업한다.
③ 권상하고자 하는 하물을 지면에서 살짝 들어 올려 안정상태를 확인한 후 작업한다.
④ 권상하고자 하는 하물은 매다는 각도를 30°로 하고, 반드시 4줄로 매달아 작업한다.

해설

권상 작업 시에는 2줄걸이를 주로 사용하며, 그 외에 3줄걸이와 4줄걸이가 사용된다.

16 타워크레인에 사용되는 배선의 절연저항 측정 기준으로 틀린 것은?

① 대지전압이 150V 이하인 경우에는 0.1MΩ 이상
② 대지전압이 150V 이상, 300V 이하인 경우에는 0.2MΩ 이상
③ 사용전압이 300V 이상, 400V 미만인 경우에는 0.3MΩ 이상
④ 사용전압이 500V 이상인 경우에는 0.4MΩ 이하

해설

- 대지전압이 150V 이하인 경우 : 0.1MΩ 이상
- 대지전압이 150V 이상, 300V 이하인 경우 : 0.2MΩ 이상
- 사용전압이 300V 이상, 400V 미만인 경우 : 0.3MΩ 이상
- 사용전압이 400V 이상인 경우 : 0.4MΩ 이상

17 카운터 웨이트의 역할에 대한 설명으로 적합한 것은?

① 메인 지브의 폭에 따라 크레인의 균형을 유지한다.
② 메인 지브의 길이에 따라 크레인의 균형을 유지한다.
③ 메인 지브의 높이에 따라 크레인의 균형을 유지한다.
④ 메인 지브의 속도에 따라 크레인의 균형을 유지한다.

해설

메인 지브의 길이와 무게에 따라 카운트 웨이트의 수량 또는 무게가 설정된다.

정답 13 ① 14 ① 15 ④ 16 ④ 17 ②

18 **타워크레인은 선회 동작 중 선회 레버를 중립으로 놓아도 그 방향으로 더 선회하려는 성질이 있는데, 이를 무엇이라 하는가?**

① 관성 ② 휘성
③ 연성 ④ 점성

해설
관성이란 물체가 외부의 힘을 받지 않는 한 정지 또는 등속도 운동상태를 지속하려는 성질을 말한다.

19 **과부하 방지장치는 성능 검정 대상품이므로 성능 검정 합격품에 ( )자 마크를 부착한다. ( )에 알맞은 말은?**

① "안" ② "전"
③ "품" ④ "정"

20 **타워크레인의 방호장치 종류가 아닌 것은?**

① 권상 및 권하 방지장치
② 풍압방지장치
③ 과부하 방지장치
④ 후크해지장치

해설
방호장치의 종류로는 권상 및 권하 방지장치, 과부하 방지장치, 후크해지장치 등이 있다.

21 **크레인 작업 표준신호 지침에서 비상정지 신호방법은?**

① 한 손을 들어 올려 주먹을 쥔다.
② 거수경례 또는 양손을 머리 위에 교차시킨다.
③ 양손을 들어 올려 크게 2~3회 좌우로 흔든다.
④ 팔꿈치에 손가락을 떼었다 붙였다 한다.

22 **타워크레인 작업 중 운반 화물에 발생하는 진동을 설명한 것으로 틀린 것은?**

① 화물이 무거우면 진폭이 크다.
② 화물이 무거우면 진동주기가 짧다.
③ 선회 작업 시 가속도가 클수록 진폭이 크다.
④ 로프가 길수록 진동주기가 길다.

해설
화물이 무거우면 진동주기가 길다.

23 **운전자가 손바닥을 안으로 하여 얼굴 앞에서 2~3회 흔드는 신호는 무슨 뜻인가?**

① 작업 완료
② 신호 불명
③ 줄걸이 작업 미비
④ 크레인 이상 발생

해설
운전자가 손바닥을 안으로 하여 얼굴 앞에서 2~3회 흔드는 신호는 신호 불명이라는 뜻이다.

24 **타워크레인을 사용하여 철골 조립 작업 시 악천후로 작업을 중단해야 하는 기준 강우량은?**

① 시간당 0.1mm 이상
② 시간당 0.2mm 이상
③ 시간당 0.5mm 이상
④ 시간당 1.0mm 이상

25 **타워크레인 주요 구동부의 작동방법으로 틀린 것은?**

① 작동 전 브레이크 등을 시험한다.
② 크레인 인양 하중표에 따라 화물을 들어 올린다.
③ 운전석을 비울 때에는 주전원을 끈다.
④ 사각지대 화물은 경사지게 끌어올린다.

해설
권상 시에는 수직으로 올리며 절대로 대각이나 경사지게 올려서는 안 된다.

정답 18 ① 19 ① 20 ② 21 ③ 22 ② 23 ② 24 ④ 25 ④

26 트롤리 로프 긴장장치의 기능에 관한 설명으로 틀린 것은?

① 와이어로프의 긴장을 유지하여 정확한 위치를 제어한다.
② 연신율에 의해 느슨해진 와이어로프를 수시로 긴장시킬 수 있는 장치이다.
③ 화물이 흔들리는 것을 와이어로프 긴장을 이용하여 조절하는 기능을 한다.
④ 정 · 역방향으로 와이어로프의 드럼 감김 능력을 원활하게 한다.

27 타워크레인 작업 시 신호기준의 원칙으로 틀린 것은?

① 통신 및 육성 메시지는 단순, 간결, 명확해야 한다.
② 신호수는 운전자의 신호 이해 여부와 관계없이 약속에 의한 신호만 하면 된다.
③ 신호수와 운전자 간의 거리가 멀어서 수신호의 식별이 어려울 때에는 깃발에 의한 신호 또는 무전기를 사용한다.
④ 무선통신을 통한 교신이 만족스럽지 않다면 수신호를 한다.

28 일반적인 타워크레인 조종장치에서 선회 제어 조작방법은?(단, 운전석에 앉아 있을 때를 기준으로 한다)

① 왼쪽 상 · 하 ② 왼쪽 좌 · 우
③ 오른쪽 상 · 하 ④ 오른쪽 좌 · 우

해설

선회는 왼쪽 좌 · 우, 트롤리는 왼쪽 앞 · 뒤, 호이스트는 오른쪽 앞 · 뒤로 조종한다.

29 타워크레인의 금지 작업으로 틀린 것은?

① 박힌 하중 인양 작업
② 지면을 따라 끌고 가는 작업
③ 파괴를 목적으로 하는 작업
④ 탈착된 갱폼의 인양작업

해설

타워크레인 금지작업

지면에 박힌 H빔 작업, 끌고 가는 작업, 파괴를 목적으로 하는 작업, 옆으로 빼는 작업 등

30 후크 상승 시 작업방법으로 옳은 것은?

① 권상 후에도 타워의 흔들림이 멈출 때까지 저속으로 인양한다.
② 화물을 지면에서 이격한 후 안전이 확인되면 고속으로 인양해도 된다.
③ 화물이 경량일 때에는 타워에 미치는 영향이 미미하므로 저속은 생략해도 된다.
④ 화물이 인양된 후에는 권과방지장치가 작동할 때까지 계속 인양한다.

31 마그네틱 크레인 신호에서 양손을 몸 앞에 대고 꽉 끼는 신호는 무엇을 뜻하는가?

① 마그네틱 붙이기 ② 정지
③ 기다려라 ④ 신호 불명

해설

마그네틱 크레인 신호에서 양손을 몸 앞에 대고 꽉 끼는 것은 마그네틱 붙이기, 양손을 몸 앞에서 측면으로 벌리는 것은 마그네틱 떼기 신호이다.

32 다음 공식 중 틀린 것은?

① $\text{안전계수} = \dfrac{\text{절단하중}}{\text{안전하중}}$

② 회전력 = 힘 × 거리

③ $\text{구심력} = \dfrac{\text{질량} \times \text{선속도}^2}{\text{원운동의 반경}}$

④ $\text{응력} = \dfrac{\text{단면적}}{\text{압력}}$

정답 26 ③ 27 ② 28 ② 29 ④ 30 ① 31 ① 32 ④

해설

$응력 = \frac{하중}{단면적}$

33 **크레인 안전 작업을 위한 신호상 주의사항이 아닌 것은?**

① 신호수는 절도 있는 동작으로 간단명료하게 신호한다.

② 운전자에 대한 신호는 반드시 정해진 한 사람의 신호수가 한다.

③ 신호수는 항상 운전자만 주시하고 줄걸이 작업자의 행동은 별로 중요시하지 않아도 된다.

④ 운전자를 보기 쉽고 안전한 장소에서 실시한다.

34 **줄걸이용 와이어로프를 엮어 넣기로 고리를 만들려고 할 때 엮어 넣는 적정 길이(Splice)는 얼마인가?**

① 와이어로프 지름의 5~10배

② 와이어로프 지름의 10~20배

③ 와이어로프 지름의 20~30배

④ 와이어로프 지름의 30~40배

해설

엮어 넣기에는 벌려 끼우기와 감아 끼우기가 있으며, 엮어 넣는 길이는 와이어로프 지름의 30~40배가 적당하다.

35 **크레인 작업에 관한 설명 중 틀린 것은?**

① 가벼운 짐이라도 외줄로 매달아서는 안 된다.

② 구멍이 없는 둥근 것을 매달 때는 로프를 +자 무늬로 한다.

③ 부득이 두 대의 크레인으로 협력 작업을 할 때는 지휘자가 꼭 한 사람이어야 하며, 신호수는 크레인 한 대에 1명씩 필요하다.

④ 운전자는 줄걸이 상태가 좋지 않다고 판단되면 그 작업을 하지 않아야 한다.

36 **와이어로프의 안전율을 계산하는 방법으로 맞는 것은?**

① 로프의 절단하중 ÷ 로프에 걸리는 최대 허용 하중

② 로프의 절단하중 ÷ 로프에 걸리는 최소 허용 하중

③ 로프에 걸리는 최대하중 ÷ 로프의 절단하중

④ 로프에 걸리는 최소하중 ÷ 로프의 절단하중

37 **크레인용 일반 와이어로프(양질의 탄소강으로 가공한 것) 소선의 인장강도(kgf/mm²)는 보통 얼마 정도인가?**

① 135~180kgf/mm²

② 13.5~18kgf/mm²

③ 10.3~10.8kgf/mm²

④ 100~115kgf/mm²

해설

소선은 와이어로프를 구성하는 가느다란 선으로 탄소강에 특수 열처리를 한 것이며, 표준 인장강도는 135~180kgf/mm²이다.

38 **가로 2m, 세로 2m, 높이 2m인 강괴(비중 8)의 무게는?**

① 6톤 ② 16톤

③ 32톤 ④ 64톤

해설

cm^3 × 비중 = g이며, m^3당 비중은 톤이다.

따라서 2 × 2 × 2 = $8m^3$이고 비중은 8이므로 64톤이 된다.

정답 33 ③ 34 ④ 35 ③ 36 ① 37 ① 38 ④

39 와이어로프 손상의 주된 원인은?

① 마모, 부식
② 표면의 도유
③ 로프 보관 장소의 통풍
④ 로프 표면에 부착된 수분을 제거하기 위한 마른걸레질

40 그림과 같이 줄걸이 용구를 선정하여 줄걸이할 경우 줄걸이 장력이 가장 적게 걸리는 인양 각도는?

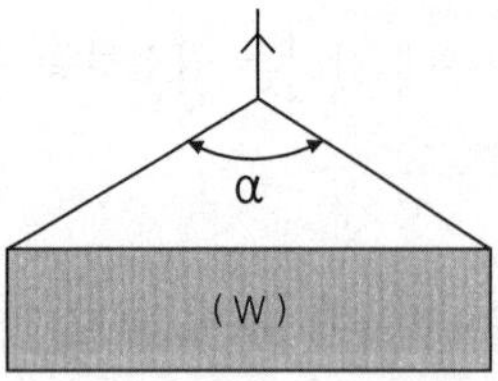

① 45°
② 60°
③ 90°
④ 120°

해설
로프에 걸리는 하중은 조각도 30°에서 1.035배, 60°에서 1.155배, 90°에서 1.414배, 120°에서는 2배가 된다. 조각도가 작을수록 장력이 적게 걸린다.

41 산업재해의 간접원인 중 기초원인에 해당하지 않는 것은?

① 관리적 원인
② 학교 교육적 원인
③ 사회적 원인
④ 신체적 원인

42 타워크레인의 해체 작업 시 안전대책에 해당하지 않는 것은?

① 지휘명령 계통의 명확화
② 중량물 낙하 방지
③ 추락 재해 방지
④ 단일 작업에서 1대 이상의 크레인 사용

해설
타워크레인 해체 작업 시 안전대책은 지휘계통의 명확화, 추락 재해 방지, 낙하·비래 방지, 최대풍속 준수(10m/sec) 등이 있다.

43 타워크레인의 유압 실린더가 확장되면서 텔레스코핑되고 있을 때 준수사항으로 옳은 것은?

① 선회 작동만 할 수 있다.
② 트롤리 이동 동작만 할 수 있다.
③ 권상 동작만 할 수 있다.
④ 선회, 트롤리 이동, 권상 동작을 모두 할 수 없다.

해설
텔레스코핑을 할 때는 모든 동작을 해서는 안 된다(권상, 권하, 선회, 횡행, 기복, 주행).

44 와이어 가잉 작업 시 소요되는 부재 및 부품이 아닌 것은?

① 전용 프레임
② 와이어 클립
③ 장력조절장치
④ 브레싱 타이 바

해설
브레싱 타이 바는 월 브레싱 작업에 필요한 부품이다.

45 타워크레인 마스트의 텔레스코픽(Telescopic) 작업 전에 준비할 사항으로 맞지 않는 것은?

① 유압장치와 카운터 지브의 위치를 동일 방향으로 맞춘다.
② 유압 실린더는 연장 작업 전에는 절대 작동을 금한다.
③ 추가할 마스트는 메인 지브 방향으로 운반한다.
④ 유압장치의 오일량과 모터의 회전 방향을 확인한다.

정답 39 ① 40 ① 41 ④ 42 ④ 43 ④ 44 ④ 45 ②

46 **타워크레인의 상부 구조부 해체 작업에 해당하지 않는 것은?**

① 카운터 지브에서 권상 기어를 분리한다.
② 타워 헤드를 분리한다.
③ 메인 지브에서 텔레스코핑 장치를 분리한다.
④ 카운터 웨이트를 분해한다.

해설
마스트에서 텔레스코핑 장치를 분리한다.

47 **건물 내 클라이밍 타입의 타워크레인 설치 작업 전 검토사항이 아닌 것은?**

① 프레임 간격과 철골조 높이를 비교하여 크레인의 높이를 검토한다.
② 상승 위치의 보강 빔과 설치 기종의 클라이밍 프레임 간격을 검토한다.
③ 옥탑층에 시설물을 설치하기 전에는 크레인 해체를 원칙으로 검토한다.
④ 이동식 크레인의 설치 위치, 해체 공간의 여유는 설치 중에 검토한다.

48 **타워크레인 설치(상승 포함) · 해체 작업자가 특별 안전보건교육을 이수해야 하는 최소 시간은?**

① 1시간 이상 ② 2시간 이상
③ 3시간 이상 ④ 4시간 이상

해설
타워크레인 설치(상승 포함) · 해체 작업자는 특별 안전보건교육을 2시간 이상 이수해야 한다.

49 **타워크레인 설치 후 하중시험을 할 때 하중과 위치의 기준으로 옳은 것은?**

① 정격하중의 110% → 지브의 외측단
② 최고하중의 105% → 최대하중 양중 지점
③ 정격하중의 105% → 지브의 외측단
④ 최고하중의 110% → 최대하중 양중 지점

해설
과부하 방지장치는 지브의 길이에 따라 정격하중의 1.05배 이상 권상 시 자동으로 권상 동작을 정지하는 장치이다.

50 **타워크레인에서 사용하는 조립용 볼트는 대부분 12.9의 고장력 볼트를 사용하는데, 그 숫자가 의미하는 것으로 맞는 것은?**

① 12 - 인장강도가 $120kgf/mm^2$이다.
② 9 - 볼트 등급이 9이다.
③ 12 - 보증 신뢰도가 120%이다.
④ 9 - 너트의 등급이 9이다.

해설
12는 $120kgf/mm^2$의 인장강도를 의미한다.

51 **산업재해 발생원인 중 직접원인에 해당하는 것은?**

① 유전적 요소 ② 사회적 환경
③ 불안전한 행동 ④ 인간의 결함

52 **다음 중 납산 배터리 액체를 취급하는 데 가장 적합한 것은?**

① 고무로 만든 옷
② 가죽으로 만든 옷
③ 무명으로 만든 옷
④ 화학섬유로 만든 옷

53 **다음 중 자연발화성 및 금속성 물질이 아닌 것은?**

① 탄소 ② 나트륨
③ 칼륨 ④ 알킬알루미늄

정답 46 ③ 47 ④ 48 ② 49 ③ 50 ① 51 ③ 52 ① 53 ①

54 **교류 아크 용접기의 감전 방지용 방호장치에 해당하는 것은?**

① 2차권선장치
② 자동 전격 방지기
③ 전류조절장치
④ 전자계전기

해설
교류 아크 용접기의 감전 방지용 방호장치는 자동 전격 방지기이다.

55 **내부가 보이지 않는 병 속에 들어 있는 약품을 냄새로 알아보고자 할 때 안전상 가장 적합한 방법은?**

① 종이로 적셔서 알아본다.
② 손바람을 이용하여 확인한다.
③ 내용물을 조금 쏟아서 확인한다.
④ 숟가락으로 약간 떠서 냄새를 직접 맡아본다.

해설
병 속에 들어 있는 약품은 뚜껑을 열고 손바람을 이용하여 확인한다.

56 **다음 중 일반적인 재해 조사방법으로 적절하지 않은 것은?**

① 현장의 물리적 흔적을 수집한다.
② 재해 조사는 사고 종결 후에 실시한다.
③ 재해 현장은 사진 등으로 촬영하여 보관하고 기록한다.
④ 목격자, 현장 책임자 등 많은 사람들에게 사고 당시의 상황을 듣는다.

해설
재해 조사는 사고 발생 직후부터 실시해야 한다.

57 **풀리에 벨트를 걸거나 벗길 때 안전하게 하기 위한 작동상태는?**

① 중속인 상태　② 역회전 상태
③ 정지한 상태　④ 고속인 상태

해설
벨트를 풀리에 걸거나 벗길 때는 해당 기계의 회전을 정지시킨 후에 시행해야 한다.

58 **수공구인 렌치를 사용할 때 지켜야 할 안전사항으로 옳은 것은?**

① 볼트를 풀 때는 지렛대 원리를 이용하여 렌치를 밀어서 힘이 받도록 한다.
② 볼트를 조일 때는 렌치를 해머로 쳐서 조이면 강하게 조일 수 있다.
③ 렌치 작업 시 큰 힘으로 조일 경우 연장대를 끼워서 작업한다.
④ 볼트를 풀 때는 렌치 손잡이를 당길 때 힘이 받도록 한다.

59 **산업안전보건법령상 안전 · 보건표지의 분류 명칭이 아닌 것은?**

① 금지표지　② 경고표지
③ 통제표지　④ 안내표지

60 **다음 중 올바른 보호구 선택방법으로 적합하지 않은 것은?**

① 잘 맞아야 한다.
② 사용 목적에 적합해야 한다.
③ 사용방법이 간편하고 손질이 쉬워야 한다.
④ 품질보다는 식별 가능 여부를 우선해야 한다.

정답 54 ② 55 ② 56 ② 57 ③ 58 ④ 59 ③ 60 ④

국가기술자격 필기시험문제

2016년 기능사 제2회 필기시험

자격종목	종목코드	시험시간	형별	수험번호	성명
타워크레인운전기능사		1시간			

1 타워크레인 기초 앵커 설치 순서로 가장 알맞은 것은?

> ㉠ 터파기
> ㉡ 지내력 확인
> ㉢ 버림 콘크리트 타설
> ㉣ 크레인 설치 위치 선정
> ㉤ 콘크리트 타설 및 양생
> ㉥ 기초 앵커 세팅 및 접지
> ㉦ 철근 배근 및 거푸집 조립

① ㉣ → ㉡ → ㉠ → ㉢ → ㉥ → ㉦ → ㉤
② ㉣ → ㉠ → ㉡ → ㉢ → ㉥ → ㉦ → ㉤
③ ㉣ → ㉢ → ㉠ → ㉡ → ㉥ → ㉦ → ㉤
④ ㉣ → ㉡ → ㉠ → ㉦ → ㉢ → ㉥ → ㉤

2 재료에 작용하는 하중의 설명으로 적합하지 않은 것은?

① 수직하중이란 단면에 수직으로 작용하는 하중이며, 비틀림 하중과 압축하중으로 구분할 수 있다.
② 전단하중이란 단면적에 평행하게 작용하는 하중이다.
③ 굽힘하중이란 보를 굽히게 하는 하중이다.
④ 좌굴하중이란 기둥을 휘어지게 하는 하중이다.

3 주행 레일 측면의 마모는 원래 규격 치수의 얼마 이내이어야 하는가?

① 30%　② 25%
③ 20%　④ 10%

4 T형 타워크레인에서 마스트(Mast)와 캣트 헤드(Cat head) 사이에 연결되는 구조물의 명칭은?

① 지브
② 카운터 웨이트
③ 트롤리
④ 턴 테이블(선회장치)

해설
마스트와 캣트 헤드 사이에는 턴 테이블과 운전실이 연결되어 있다.

5 메인 지브와 카운터 지브의 연결 바를 상호 지탱하기 위해 설치하는 것은?

① 카운터 웨이트　② 캣트 헤드
③ 트롤리　④ 후크 블록

해설
캣트 헤드는 메인 지브와 카운터 지브를 타이 바로 연결하는 중심 역할을 한다.

6 파스칼의 원리에 대한 설명으로 틀린 것은?

① 유압은 면에 대하여 직각으로 작용한다.
② 유압은 모든 방향으로 일정하게 전달된다.
③ 유압은 각 부에 동일한 세기를 가지고 전달된다.
④ 유압은 압력 에너지와 속도 에너지의 변화가 없다.

정답 1 ①　2 ①　3 ④　4 ④　5 ②　6 ④

7 건설기계 안전기준에 관한 규칙에 규정된 레일의 정지기구에 대한 내용에서 (　　) 안에 들어갈 말로 옳은 것은?

타워크레인의 횡행 레일 양 끝부분에는 완충장치나 완충재 또는 해당 타워크레인 횡행 차륜 지름의 (　　) 이상 높이의 정지기구를 설치하여야 한다.

① 2분의 1　② 4분의 1
③ 6분의 1　④ 8분의 1

8 저항이 250Ω인 전구를 전압 250V의 전원에 사용할 때 전구에 흐르는 전류는 몇 A인가?

① 10A　② 5A
③ 2.5A　④ 1A

해설

• 옴의 법칙 : $전류(A) = \frac{전류(V)}{저항(\Omega)}$

• $전류 = \frac{250V}{250\Omega} = 1A$

9 타워크레인에 설치되어 있는 방호장치의 종류가 아닌 것은?

① 충전장치　② 과부하 방지장치
③ 권과방지장치　④ 후크해지장치

해설

충전장치는 방호장치에 속하지 않는다.

10 L형 크레인과 T형 크레인의 선회 반경을 결정하는 것은?

① 후크 블록과 슬루잉 각도
② 슬루잉 기어와 선회 각
③ 지브 각과 트롤리 운행거리
④ 카운터 지브와 지브 각

11 지브를 상하로 움직여 작업물을 인양할 수 있는 크레인은?

① L형 타워크레인　② T형 타워크레인
③ 겐트리 크레인　④ 천장크레인

12 다음 그림은 무엇을 나타내는가?

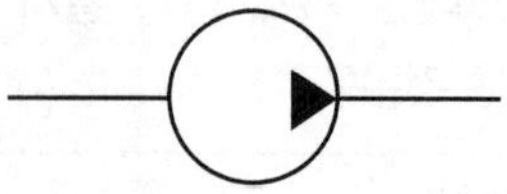

① 유압 펌프　② 작동유 탱크
③ 유압 실린더　④ 유압 모터

13 압력 제어 밸브의 종류에 해당하지 않는 것은?

① 스로틀 밸브(교축 밸브)
② 리듀싱 밸브(감압 밸브)
③ 시퀀스 밸브(순차 밸브)
④ 언로드 밸브(무부하 밸브)

해설

압력 제어 밸브로는 릴리프 밸브, 리듀싱 밸브, 시퀀스 밸브, 언로더 밸브, 카운터 밸런스 밸브 등이 있다.

14 정격하중이 12톤, 4Fall이라고 할 때, 정격하중으로 인해 권상 와이어로프 한 가닥에 작용하는 최대하중은?

① 12톤　② 6톤
③ 4톤　④ 3톤

해설

$한\ 줄에\ 걸리는\ 하중 = \frac{하중}{줄수} = \frac{12}{4} = 3$

15 유압 펌프의 분류에서 회전 펌프가 아닌 것은?

① 플런저 펌프　② 기어 펌프
③ 스크류 펌프　④ 베인 펌프

정답 7 ② 8 ④ 9 ① 10 ③ 11 ① 12 ① 13 ① 14 ④ 15 ①

해설

플런저 펌프는 플런저를 실린더 내에서 왕복 운동시킴으로써 물을 가압하여 급수하는 펌프이다.

16 **권상장치에 속하지 않는 것은?**

① 와이어로프 ② 후크 블록
③ 플랫폼 ④ 시브

해설

대표적인 권상장치로는 와이어로프, 시브, 후크 블록, 전동기, 감속기, 브레이크, 유압상승장치 등이 있다.

17 **타워크레인의 기계식 과부하 방지장치 원리에 해당되지 않는 것은?**

① 압축 코일 스프링의 압축 변형량과 스위치 동작
② 인장 스프링의 인장 변형량과 스위치 동작
③ 와이어로프의 신장량과 스위치 동작
④ 원환링(다이나모미터링)과 그 내측에 조합된 판 스프링의 변형과 스위치 동작

18 **배선용 차단기의 기본 구조에 해당되지 않는 것은?**

① 개폐기구 ② 과전류 트립장치
③ 단자 ④ 퓨즈

19 **타워크레인에서 과부하 방지장치 장착에 대한 설명으로 틀린 것은?**

① 접근이 용이한 장소에 설치할 것
② 타워크레인 제작 및 안전기준에 의한 성능 검정 합격품일 것
③ 정격하중의 1.1배 권상 시 경보와 함께 권상 동작이 최저 속도로 주행될 것
④ 과부하 시 운전자가 용이하게 경보를 들을 수 있을 것

해설

정격하중의 1.05배 권상 시 경보와 함께 권상 동작이 최저 속도로 주행된다.

20 **마스트의 단면적이 300mm^2 이상일 때 접지공사에 대한 설명으로 틀린 것은?**

① 지상 높이 20m 이상은 피뢰접지를 한다.
② 접지저항은 10Ω 이하를 유지하도록 한다.
③ 접지판 연결 알루미늄선 굵기는 30mm^2 이상으로 한다.
④ 피뢰도선과 접지극은 용접 및 볼트 등의 방법으로 고정하도록 한다.

21 **타워크레인에서 올바른 트롤리 작업을 설명한 것으로 틀린 것은?**

① 지브의 양 끝단에서는 저속으로 운전한다.
② 트롤리를 이용하여 하물의 흔들림을 잡는다.
③ 역동작은 반드시 정지 후 동작한다.
④ 트롤리를 이용하여 하물을 끌어낸다.

22 **다음 신호를 보았을 때 크레인 운전자는 어떻게 해야 하는가?**

① 후크를 위로 올린다.
② 후크를 회전한다.
③ 후크를 정지한다.
④ 후크를 내린다.

정답 16 ③ 17 ③ 18 ④ 19 ③ 20 ③ 21 ④ 22 ①

해설

집게손가락을 위로 해서 수평원을 크게 그리는 것을 위로 올리라는 신호이다.

23 **타워크레인 운전자의 안전수칙으로 부적합한 것은?**

① 30m/s 이하의 바람이 불 때까지는 크레인 운전을 계속할 수 있다.
② 운전석을 이석할 때는 크레인의 후크를 최대한 위로 올리고 지브 안쪽으로 이동시킨다.
③ 운반물이 흔들리거나 회전하는 상태로 운반해서는 안 된다.
④ 운반물을 작업자 상부로 운반해서는 안 된다.

24 **타워크레인이 선회 중인 방향과 반대되는 방향으로 급조작할 때 파손될 위험이 가장 큰 곳은?**

① 릴리프 밸브
② 액추에이터
③ 디스크 브레이크 에어 캡
④ 링 기어 또는 피니언 기어

25 **타워크레인이 후크로 하물을 인양하던 중 하물이 낙하하였을 때의 원인과 거리가 가장 먼 것은?**

① 줄걸이 상태 불량
② 권상용 와이어로프의 절단
③ 지브와 달기 기구와의 충돌
④ 텔레스코핑 시 상부의 불균형

26 **타워크레인 권상 작업의 각 단계별 유의사항으로 틀린 것은?**

① 권상 작업 슬링 로프, 샤클, 줄걸이 체결상태 등을 점검한다.
② 줄걸이 작업자는 권상 하물 직하부에서 권상 하물의 이상 여부를 관찰한다.
③ 매단 하물이 지상에서 약간 떨어지면 일단 정지하여 하물의 안정 및 줄걸이 상태를 재확인한다.
④ 줄걸이 작업자는 안전하면서도 타워크레인 운전자가 잘 보이는 곳에 위치하여 목적지까지 하물을 유도한다.

27 **타워크레인의 선회 작업 구역을 제한하고자 할 때 사용하는 안전장치는?**

① 와이어로프 꼬임 방지장치
② 선회 브레이크 풀림장치
③ 선회 제한 리미트 스위치
④ 트롤리 로프 긴장장치

28 **타워크레인 신호와 관련된 사항으로 틀린 것은?**

① 운전수가 정확히 인지할 수 있는 신호를 사용한다.
② 신호가 불분명할 때는 즉시 운전을 중지한다.
③ 비상시에는 신호에 관계없이 중지한다.
④ 두 사람 이상이 신호를 동시에 한다.

해설

두 사람 이상이 동시에 신호를 보내면 사고를 유발하기 때문에, 신호는 반드시 지정된 한 사람만 해야 한다.

29 **타워크레인 작업을 위한 무전기 신호의 요건이 아닌 것은?**

① 간결 ② 단순
③ 명확 ④ 중복

해설

무전기 신호는 간결, 단순, 명확해야 하며, 중복신호를 하면 혼란이 발생할 수 있다.

정답 23 ① 24 ④ 25 ④ 26 ② 27 ③ 28 ④ 29 ④

30 줄걸이용 체인(체인 슬링)의 링크 신장에 대한 폐기기준은?

① 원래 값의 최소 3% 이상
② 원래 값의 최소 5% 이상
③ 원래 값의 최소 7% 이상
④ 원래 값의 최소 10% 이상

해설

체인의 폐기기준

- 늘어난 길이가 원래 길이의 5%를 초과한 때
- 단면 지름이 원래 지름의 10% 이상 감소했을 때
- 심한 부식이나 균열, 변형, 깨지거나 모양의 결함이 있을 때

31 크레인 안전 및 검사기준상 권상용 와이어로프의 안전율은?

① 4.0 ② 5.0
③ 6.0 ④ 7.0

해설

- 권상용 와이어로프 안전율 : 5.0 이상
- 지지용 와이어로프 안전율 : 4.0 이상

32 인양하는 중량물의 중심을 결정할 때 주의사항으로 틀린 것은?

① 중심이 중량물의 위쪽이나 전후좌우로 치우친 것은 특히 주의할 것
② 중량물의 중심 판단은 정확히 할 것
③ 중량물의 중심 위에 후크를 유도할 것
④ 중량물 중심은 가급적 높일 것

33 인양하고자 하는 화물의 중량을 계산할 때 일반적으로 사용하는 철강류의 비중은?

① 약 5 ② 약 6
③ 약 8 ④ 약 10

해설

철의 비중은 7.8이며, 반올림해서 약 8로 한다.

34 크레인의 와이어로프를 교환해야 할 시기로 적절한 것은?

① 지름이 공칭 직경의 3% 이상 감소했을 때
② 소선 수가 10% 이상 절단되었을 때
③ 외관에 빗물이 젖어 있을 때
④ 와이어로프에 기름이 많이 묻었을 때

해설

와이어로프 폐기기준

- 소선 수가 10% 이상 절단된 것
- 지름이 7% 이상 감소한 것
- 꼬이거나 심하게 변형되고 부식된 것
- 이음매가 있는 것
- 단말 고정이 손상되고 풀리거나 탈락된 것

35 지름이 2m, 높이가 4m인 원기둥 모양의 목재를 크레인으로 운반하고자 할 때, 목재의 무게는 약 kgf인가?(단, 목재의 $1m^3$당 무게는 150kgf로 간주한다)

① 542kgf ② 942kgf
③ 1,584kgf ④ 1,885kgf

해설

원기둥의 체적 = $\dfrac{\pi D^2 S}{4}$

= 직경$(D)^2$ × 높이(S) × 0.785($\dfrac{\pi}{4}$)

= 2 × 2 × 4 × 0.785 = $12.56m^3$

= $12.56m^3$ × 150kgf = 1,885kgf

36 크레인용 와이어로프에 심강을 사용하는 목적이 아닌 것은?

① 인장하중을 증가시킨다.
② 스트랜드의 위치를 올바르게 유지한다.
③ 소선끼리의 마찰에 의한 마모를 방지한다.
④ 부식을 방지한다.

정답 30 ② 31 ② 32 ④ 33 ③ 34 ② 35 ④ 36 ①

37 권상용 와이어로프는 달기 기구가 가장 아래쪽에 위치할 때 드럼에 몇 회 이상 감김 여유가 있어야 하는가?

① 1회 ② 2회
③ 3회 ④ 4회

38 4.8톤의 부하물을 4줄걸이(하중이 4줄에 균등하게 부하되는 경우)로 하여 인양각도 60°로 매달았을 때 한 줄에 걸리는 하중은 몇 톤인가?

① 약 1.04톤 ② 약 1.39톤
③ 약 1.45톤 ④ 약 1.60톤

해설

한 줄에 걸리는 하중은 $\frac{\text{하중}}{\text{줄수}}$ × 조각도이므로,

$\frac{4.8\text{톤}}{4\text{줄}} \times 1.155 = 1.386$이다.

39 줄걸이 작업 시 주의사항으로 틀린 것은?

① 여러 개를 동시에 매달 때는 일부가 떨어지는 일이 없도록 한다.
② 반드시 매다는 각도는 90° 이상으로 한다.
③ 매단 짐 위에는 올라타지 않는다.
④ 핀 사용 시에는 절대 빠지지 않도록 한다.

40 샤클(Shackle)에 각인된 SWL의 의미는?

① 안전작업하중 ② 제작회사의 마크
③ 절단하중 ④ 재질

41 마스트 연장 작업(텔레스코핑)의 준비사항에 해당하지 않는 것은?

① 텔레스코핑 케이지의 유압장치가 있는 방향에 카운터 지브가 위치하도록 한다.
② 유압 펌프의 오일량과 유압장치의 압력을 점검한다.
③ 과부하 방지장치의 작동상태를 점검한다.
④ 유압 실린더의 작동상태를 점검한다.

42 마스트와 마스트 사이에 체결되는 고장력 볼트의 체결방법으로 옳은 것은?

① 볼트 머리를 위에서 아래로 체결
② 볼트 머리를 아래에서 위로 체결
③ 볼트 머리를 좌에서 우로 체결
④ 볼트 머리를 우에서 좌로 체결

해설

기초 앵커와 마스트 사이는 볼트 머리를 위에서 아래로 체결하며, 마스트 간에는 볼트 머리를 아래에서 위로 체결한다.

43 타워크레인 마스트 하강 작업 중 마지막 작업 순서에 해당하는 것은?

① 마스트와 볼 선회 링 서포트 연결 볼트를 푼다.
② 마스트와 마스트 체결 볼트를 푼다.
③ 실린더를 약간 올려 마스트에 롤러를 조립한다.
④ 마스트를 가이드 레일 밖으로 밀어낸다.

44 설치 작업 시작 전 착안사항이 아닌 것은?

① 기상 확인
② 역할 분담 지시
③ 줄걸이, 공구 안전점검
④ 타워크레인 기종 선정

해설

타워크레인의 기종 선정은 레이아웃 도면 검토 시 확인할 사항이다.

정답 37 ② 38 ② 39 ② 40 ① 41 ③ 42 ② 43 ④ 44 ④

45 **타워크레인의 마스트 상승 작업 중 발생하는 붕괴 재해에 대한 예방대책이 아닌 것은?**

① 핀이나 볼트 체결상태 확인
② 주요 구조부의 용접 설계 검토
③ 제작사의 작업지시서에 의한 작업 순서 준수
④ 상승 작업 중에는 권상, 트롤리 이동, 선회 등 일체의 작동 금지

46 **타워크레인 본체의 전도 원인으로 거리가 먼 것은?**

① 정격하중 이상의 과부하
② 지지 보강의 파손 및 불량
③ 시공상 결함과 지반 침하
④ 선회장치 고장

해설
선회장치 고장은 본체 전도와 직접적인 연관이 없다.

47 **와이어 가잉으로 고정할 때 준수해야 할 사항이 아닌 것은?**

① 등각에 따라 4-6-8가닥으로 지지 및 고정할 수 있다.
② 30~90°의 안전 각도를 유지한다.
③ 가잉용 와이어의 코어는 섬유심이 바람직하다.
④ 와이어 긴장은 장력조절장치 또는 턴버클을 사용한다.

해설
30~60°가 안전 각도이다.

48 **타워크레인 재해조사 순서 중 제1단계 확인에서 사람에 관한 사항이 아닌 것은?**

① 작업명과 내용
② 재해자의 인적사항
③ 단독 혹은 공동 작업 여부
④ 작업자의 자세

49 **현장에 설치된 타워크레인이 두 대 이상으로 중첩되는 경우 최소 안전 이격거리는 얼마인가?**

① 1m ② 2m
③ 3m ④ 4m

해설
타워크레인 두 대의 최소 안전 이격거리는 2m이다.

50 **타워크레인 해체 작업 시 이동식 크레인 선정에 고려해야 할 사항이 아닌 것은?**

① 최대 권상 높이
② 가장 무거운 부재의 중량
③ 선회 반경
④ 기초 철근 배근도

해설
기초 철근 배근도는 기초 앵커 설치 시 철근 가공 작업에 사용되는 도면이다.

51 **크레인으로 인양 시 물체의 중심을 측정하여 인양할 때에 대한 설명으로 잘못된 것은?**

① 형상이 복잡한 물체의 무게중심을 확인한다.
② 인양 물체를 서서히 올려 지상 약 30cm 지점에서 정지하여 확인한다.
③ 인양 물체의 중심이 높으면 물체가 기울 수 있다.
④ 와이어로프나 매달기용 체인이 벗겨질 우려가 있으면 되도록 높이 인양한다.

해설
와이어로프나 매달기용 체인이 벗겨질 우려가 있으면 되도록 낮게 인양한다.

52 **렌치의 사용이 적합하지 않는 것은?**

① 둥근 파이프를 조일 때는 파이프 렌치를 사용한다.
② 렌치는 적당한 힘으로 볼트와 너트를 조이고 풀어야 한다.

정답 45 ② 46 ④ 47 ② 48 ④ 49 ② 50 ④ 51 ④ 52 ④

③ 오픈 렌치는 파이프 피팅 작업에 사용한다.
④ 토크 렌치는 큰 토크를 필요로 할 때만 사용한다.

53 **전기 감전 위험이 생기는 경우로 가장 거리가 먼 것은?**

① 몸에 땀이 배어 있을 때
② 옷이 비에 젖어 있을 때
③ 앞치마를 하지 않았을 때
④ 발밑에 물이 있을 때

해설
주변의 습도가 높거나 몸이나 옷이 물에 젖어 있을 때는 감전에 유의한다.

54 **다음 중 안전의 제일 이념에 해당하는 것은?**

① 품질 향상 ② 재산 보호
③ 인간 존중 ④ 생산성 향상

55 **작업 중 기계에 손이 끼어 들어가는 안전사고가 발생했을 경우 우선적으로 해야 할 것은?**

① 신고부터 한다.
② 응급처치를 한다.
③ 기계 전원을 끈다.
④ 신경 쓰지 않고 계속 작업한다.

해설
안전사고가 발생하면 우선 기계 전원을 꺼서 2차 사고를 방지한다.

56 **감전되거나 전기 화상을 입을 위험이 있는 곳에서 작업할 때 작업자가 착용해야 할 것은?**

① 구명구 ② 보호구
③ 구명조끼 ④ 비상벨

57 **위험기계 · 기구에 설치하는 방호장치가 아닌 것은?**

① 하중측정장치
② 급정지장치
③ 역화방지장치
④ 자동 전격 방지장치

58 **화재가 발생하여 초기 진화를 위해 소화기를 사용하고자 할 때, 소화기 사용 순서를 바르게 나열한 것은?**

a. 안전핀을 뽑는다.
b. 안전핀 걸림장치를 제거한다.
c. 손잡이를 움켜잡아 분사한다.
d. 불이 있는 곳으로 노즐을 향하게 한다.

① a → b → c → d
② c → a → b → d
③ d → b → c → a
④ b → a → d → c

59 **안전관리상 장갑을 끼면 위험할 수 있는 작업은?**

① 드릴 작업 ② 줄 작업
③ 용접 작업 ④ 판금 작업

해설
드릴 작업 시 장갑을 끼면 장갑이 드릴에 말려들어 갈 우려가 있다.

60 **수공구를 사용할 때 안전수칙으로 바르지 못한 것은?**

① 톱 작업은 밀 때 절삭되게 작업한다.
② 줄 작업으로 생긴 쇳가루는 브러시로 털어낸다.
③ 해머 작업은 미끄러짐을 방지하기 위해서 반드시 면장갑을 끼고 한다.
④ 조정 렌치는 조정 죠가 있는 부분이 힘을 받지 않게 하여 사용한다.

정답 53 ③ 54 ③ 55 ③ 56 ② 57 ④ 58 ④ 59 ① 60 ③

국가기술자격 필기시험문제

2016년 기능사 제4회 필기시험

자격종목	종목코드	시험시간	형별	수험번호	성명
타워크레인운전기능사		1시간			

1 **타워크레인의 기초 및 상승방법에 대한 설명으로 옳은 것은?**

① 지반에 콘크리트 블록으로 고정시켜 설치하는 방법을 고정형이라 하며, 초고층 건물에 주로 사용한다.
② 건물 외부에 브라켓을 달아서 타워크레인을 상승시키는 방법을 매달기식 타워 기초라 한다.
③ 타워크레인의 기초는 지내력과 관계없이 반드시 파일을 시공해야 한다.
④ 고층 건물 자체의 구조물에 지지하여 상승하는 방법을 상승식이라 한다.

해설

상승식은 초고층 건물에 주로 쓰이며, 지내력은 22ton/m^2 이상이어야 한다.

2 **T형 타워크레인의 메인 지브를 이동하며 권상 작업을 위한 선회 반경을 결정하는 횡행장치는?**

① 트롤리 ② 후크 블록
③ 타이 바 ④ 캣트 헤드

해설

트롤리는 메인 지브를 이동하며 권상 작업을 위한 선회 반경을 결정하는 횡행장치이다.

3 **한국에서 사용되고 있는 전력계통의 상용 주파수는?**

① 50Hz ② 60Hz
③ 70Hz ④ 80Hz

해설

한국 및 일부 국가는 60Hz를, 유럽은 50Hz를 사용한다.

4 **기초 앵커를 설치하는 방법 중 옳지 않은 것은?**

① 지내력은 접지압 이상 확보한다.
② 앵커 세팅의 수평도는 ±5mm로 한다.
③ 콘크리트를 타설하거나 지반을 다짐한다.
④ 구조 계산 후 충분한 수의 파일을 항타한다.

해설

앵커 세팅의 수평도는 ±1mm로 한다.

5 **타워크레인의 주요 구조부가 아닌 것은?**

① 지브 및 타워 등의 구조 부분
② 와이어로프
③ 주요 방호장치
④ 레일의 정지기구

6 **타워크레인에서 권과방지장치를 설치해야 하는 작업장치만 고른 것은?**

ⓐ 권상장치 ⓑ 횡행장치
ⓒ 선회장치 ⓓ 주행장치
ⓔ 기복장치

① ⓐ, ⓒ ② ⓐ, ⓔ
③ ⓓ, ⓑ ④ ⓑ, ⓒ, ⓔ

정답 1 ④ 2 ① 3 ② 4 ② 5 ④ 6 ②

해설

권과방지장치는 정격하중 이상을 인상할 경우 자동 차단되는 장치로, 권상장치와 기복장치에 설치해야 한다.

7 **유압 펌프에서 캐비테이션(공동현상) 방지법이 아닌 것은?**

① 흡입구의 양정을 낮게 한다.
② 오일 탱크의 오일 점도를 적당히 유지한다.
③ 펌프의 운전 속도를 규정 속도 이상으로 한다.
④ 흡입관의 굵기는 유압 펌프 본체 연결구의 크기와 같은 것을 사용한다.

해설

공동현상은 펌프에서 소음과 진동이 발생하고 양정과 효율이 급격히 저하되며, 날개 등에 부식을 일으키는 등 수명을 단축시키는 현상을 말한다. 공동현상을 없애려면 유압회로 내의 압력을 유지해야 한다.

8 **유압장치에 관한 설명으로 틀린 것은?**

① 유압 펌프는 기계적인 에너지를 유체 에너지로 바꾼다.
② 가압되는 유체는 저항이 최소인 곳으로 흐른다.
③ 유압력은 저항이 있는 곳에서 생성된다.
④ 고장 원인을 발견하기 쉽고 구조가 간단하다.

9 **타워크레인의 과부하장치는 정격하중의 얼마 이상을 권상할 때 동작되어야 하는가?**

① 정격하중의 1배
② 정격하중의 1.05배
③ 정격하중의 1.25배
④ 정격하중의 1.5배

해설

정격하중 1.05배 이상 권상 시 권상 작동을 정지하는 장치이다.

10 **상하 두 부분으로 구성되어 있으며, 그 사이에 회전 테이블이 위치하는 작업장치는?**

① 권상장치 ② 횡행장치
③ 선회장치 ④ 주행장치

해설

선회장치는 상하 두 부분과 회전 테이블로 구성되어 있다.

11 **유압장치에서 제어 밸브의 3대 요소로 틀린 것은?**

① 유압 제어 밸브 – 오일 종류 확인(일의 선택)
② 방향 제어 밸브 – 오일 흐름 바꿈(일의 방향)
③ 압력 제어 밸브 – 오일 압력 제어(일의 크기)
④ 유량 제어 밸브 – 오일 유량 조정(일의 속도)

12 **타워크레인 방호장치와 연관이 있는 것으로 잘못 연결된 것은?**

① 과부하 방지장치 – 인양하물
② 권과방지장치 – 와이어로프
③ 충돌방지장치 – 주행, 선회
④ 후크해지장치 – 충돌 방지

해설

후크해지장치는 와이어로프나 벨트 슬링이 후크에서 빠져나오는 것을 방지하는 장치이다.

13 **옥외 타워크레인에서 항공 장애등(燈)은 지상 높이가 최소 몇 미터 이상일 때 설치하여야 하는가?**

① 40m ② 50m
③ 60m ④ 70m

정답 7 ③ 8 ④ 9 ② 10 ③ 11 ① 12 ④ 13 ③

해설

크레인 제작 · 안전 · 검사기준 제58조 규정에 의해 지상 60m 이상 높이로 설치되는 크레인은 항공 장애등을 설치해야 한다.

14 타워크레인의 기초에 작용하는 힘에 대한 설명으로 틀린 것은?

① 작업 시 선회에 대한 슬루잉 모멘트가 기초에 전달된다.
② 타워크레인의 자중과 양중하중은 수직력으로 기초에 전달된다.
③ 카운터 지브와 메인 지브의 모멘트 차이에 의한 전도 모멘트가 기초에 전달된다.
④ 타워크레인의 기초는 풍속의 영향을 받지 않으므로 양중 작업에만 유의해야 한다.

해설

타워크레인에서 풍속은 매우 중요하며(동하중, 풍하중 등) 설치 · 해체 · 상승 작업은 초속 10m 이상이면 정지해야 하고, 초속 15m 이상이면 운전 작업을 중지해야 한다.

15 전동기 외함과 제어반의 프레임 접지저항에 대한 설명으로 옳은 것은?

① 200V에서는 50Ω일 것
② 400V 초과 시에는 50Ω일 것
③ 400V 이하일 때는 100Ω 이하일 것
④ 방폭 지역의 외함은 전압에 관계없이 100Ω 이하일 것

해설

전압이 400V를 초과할 때 접지저항은 10Ω 이하이며, 400V 이하일 때는 100Ω 이하이다.

16 선회 브레이크 풀림장치 작동에 대한 설명으로 틀린 것은?

① 크레인 본체가 바람의 영향을 최소로 받도록 한다.
② 크레인 가동 시 선회 브레이크 풀림장치를 작동한다.
③ 크레인 비가동 시 지브가 바람 방향에 따라 자유롭게 선회하도록 한다.
④ 태풍 등에서 크레인 본체를 보호하고자 설치된 장치이다.

해설

타워크레인은 바람이 불면 지브가 영향을 많이 받으므로 브레이크 장치를 풀어 놓아야 한다.

17 타워크레인을 자립고(Free Standing)보다 높게 설치할 경우 마스트의 고정 및 지지방식으로 옳은 것은?

① 벽체 지지방법
② H-빔 지지방법
③ 브라켓 지지방법
④ 콘크리트 블록 지지방법

해설

벽체 지지 고정방식
- 지지대 3개 방식
- A-프레임과 지지대 1개 방식
- A-프레임과 로프 2개 방식
- 지지대 2개와 로프 2개 방식

18 타워크레인의 제어반에 설치된 과전류 보호용 차단기의 차단 용량은 해당 전동기 정격 전류의 몇 % 이하이어야 하는가?

① 100% 이하 ② 250% 이하
③ 300% 이하 ④ 350% 이하

해설

타워크레인 자체검사 기준상 과전류 차단기의 크기는 2.5 × 전동기 전류이므로 250% 이하여야 한다.

정답 14 ④ 15 ③ 16 ② 17 ① 18 ②

19 **다음 중 유압 실린더의 종류로 틀린 것은?**

① 단동 실린더 ② 복동 실린더
③ 다단 실린더 ④ 회전 실린더

해설
유압 실린더의 종류로는 단동 실린더, 복동 실린더, 다단(텔레스코프형) 실린더가 있다.

20 **타워크레인의 콘크리트 기초 앵커 설치 시 고려해야 할 사항으로 가장 거리가 먼 것은?**

① 콘크리트 기초 앵커 설치 시의 지내력
② 콘크리트 블록의 크기
③ 콘크리트 블록의 형상
④ 콘크리트 블록의 강도

21 **T형 타워크레인의 트롤리 이동 작업 중 갑자기 장애물을 발견했을 때 운전자의 대처 방법으로 가장 적절한 것은?**

① 비상정지 스위치를 누른다.
② 경보기를 작동한다.
③ 분전반 스위치를 끈다.
④ 재빨리 선회한다.

해설
갑작스런 위험에 노출될 경우 적색 비상정지 스위치를 눌러야 한다.

22 **타워크레인을 사용하여 아파트나 빌딩의 거푸집 폼 해체 시 안전한 작업방법으로 옳은 것은?**

① 작업 안전을 위해 이동식 크레인과 동시에 작업한다.
② 타워크레인의 후크를 거푸집 폼에 걸고 천천히 끌어당겨서 양중한다.
③ 거푸집 폼을 체인 블록 등으로 외벽과 분리한 후에 타워크레인으로 양중한다.
④ 타워크레인으로 거푸집 폼을 고정하고 이동식 크레인으로 당겨 외벽에서 분리한다.

23 **타워크레인 작업 전 조종사가 점검해야 할 사항이 아닌 것은?**

① 마스트의 직진도 및 기초의 수평도
② 타워크레인의 작업 반경별 정격하중
③ 와이어로프의 설치상태와 손상 유무
④ 브레이크의 작동상태

해설
기초 앵커의 수평도와 마스트의 직진도는 설치 시 점검사항이다.

24 **와이어로프 꼬임 중 보통꼬임의 장점이 아닌 것은?**

① 휨성이 좋으며 밴딩 경사가 크다.
② 킹크가 잘 일어나지 않는다.
③ 꼬임이 강해서 모양 변형이 적다.
④ 국부적 마모가 심하지 않아 마모가 큰 곳에 사용 가능하다.

25 **와이어로프의 클립 체결방법으로 옳지 않는 것은?**

① 가능한 한 딤블(Thimble)을 부착하여야 한다.
② 클립의 새들은 로프의 힘이 걸리는 쪽에 있어야 한다.
③ 하중을 걸기 전에 단단하게 조이고, 그 이후에는 조일 필요가 없다.
④ 클립 수량과 간격은 로프 직경의 6배 이상, 수량은 최소 4개 이상이어야 한다.

정답 19 ④ 20 ③ 21 ① 22 ③ 23 ① 24 ④ 25 ③

26 육성신호에 대한 설명으로 옳지 않는 것은?

① 육성 메시지는 간결, 단순, 명확하여야 한다.
② 긴 물체, 중량물 등의 작업에서는 육성신호를 사용해야 한다.
③ 소음이 심한 작업 지역에서는 육성보다는 무선통신을 권장한다.
④ 신호를 접수한 운전자와 통신한 사람은 서로 완전하게 이해하였는지 확인하여야 한다.

27 타워크레인 작업 시 수신호 기준서를 제공받을 필요가 없는 사람은?

① 조종사
② 정비기사
③ 신호수
④ 인양 작업 수행원

28 타워크레인 인양 작업 시 줄걸이 안전사항으로 적합하지 않은 것은?

① 신호수는 원칙적으로 1인이다.
② 신호수는 타워크레인 조종사가 잘 확인할 수 있도록 정확한 위치에서 신호한다.
③ 2인 이상이 고리걸이 작업을 할 때는 상호간에 복창 소리를 주고받으며 진행한다.
④ 인양 작업 시 지면에 있는 보조자는 와이어로프를 손으로 꼭 잡아 하물이 흔들리지 않게 하여야 한다.

29 신호자가 한 손을 들어 올려 주먹을 쥐는 신호는 무엇을 뜻하는가?

① 작업 종료 ② 운전정지
③ 비상정지 ④ 운전자 호출

30 타워크레인 운전자의 의무사항으로 볼 수 없는 것은?

① 재해 방지를 위해 사용 전 장비 점검
② 기어박스의 오일량 및 마모 기어의 정비
③ 장비에 특이사항이 있을 시 교대자에게 설명
④ 안전운전에 영향을 미칠 결함 발견 시 작업 중지

해설

기어박스의 오일량 및 마모 기어 정비는 정비사가 할 일이다.

31 양손을 들어 올려 크게 2~3회 좌우로 흔드는 수신호는 무슨 뜻인가?

① 고속으로 주행 ② 고속으로 권상
③ 비상정지 ④ 운전자 호출

해설

양손을 들어 올려 크게 2~3회 좌우로 흔드는 것은 비상정지하라는 신호이다.

32 취급이 용이하고 킹크 발생이 적어 기계, 건설, 선박에 많이 사용되는 로프의 꼬임 모양은?

① 랭 S 꼬임 ② 보통꼬임
③ 특수꼬임 ④ 랭 Z 꼬임

33 줄걸이 용구의 안전계수를 계산하는 공식은?

① 안전계수 = 절단하중 ÷ 안전하중
② 안전계수 = 허용응력 ÷ 극한강도
③ 안전계수 = 극한강도 ÷ 절단하중
④ 안전계수 = 허용하중 ÷ 절단하중

34 와이어로프의 소선을 꼬아 합친 것은?

① 심강 ② 트래드
③ 공심 ④ 스트랜드

정답 26 ② 27 ② 28 ④ 29 ② 30 ② 31 ③ 32 ② 33 ① 34 ④

해설

소선을 꼬아서 만든 것을 스트랜드, 스트랜드를 여러 개 합친 것을 와이어로프라 하며 그 중심에 심강이 들어간다. 심강의 종류에는 와이어심, 공심, 섬유심이 있다.

35 크레인으로 중량물을 인양하기 위해 줄걸이 작업을 할 때 주의사항으로 틀린 것은?

① 중량물의 중심 위치를 고려한다.
② 줄걸이 각도를 최대한 크게 한다.
③ 줄걸이 와이어로프가 미끄러지지 않도록 한다.
④ 날카로운 모서리가 있는 중량물은 보호대를 사용한다.

해설

줄걸이의 안전 각도는 60° 이내로 해야 한다.

36 와이어로프의 교체 대상으로 옳지 않은 것은?

① 한 꼬임의 소선 수가 10% 이상 단선된 것
② 공칭 직경이 5% 이상 감소한 것
③ 킹크된 것
④ 현저하게 변형되거나 부식된 것

해설

공칭 지름의 7% 이상 감소한 것은 교체해야 한다.

37 줄걸이 용구에 해당하지 않는 것은?

① 슬링 와이어로프 ② 섬유 벨트
③ 받침대 ④ 샤클

38 와이어로프에서 심강의 종류가 아닌 것은?

① 섬유심 ② 공심
③ 와이어심 ④ 편심

해설

심강의 종류에는 섬유심, 와이어심, 공심 등이 있다.

39 3톤의 부하물을 4줄걸이로 하여 조각도 60°로 매달았을 때, 한 줄에 걸리는 하중은 약 얼마인가?

① 0.566톤 ② 0.666톤
③ 0.766톤 ④ 0.866톤

해설

$$\text{한 줄에 걸리는 하중} = \frac{\text{하중}}{\text{줄수}} \times \text{조각도}$$

$$\frac{3\text{톤}}{4\text{줄}} \times 1.155 = 0.866\text{톤}$$

40 줄걸이용 와이어로프에 장력이 걸린 후 일단 정지하고 줄걸이 상태를 점검할 때 확인사항이 아닌 것은?

① 줄걸이용 와이어로프에 장력이 균등하게 작용하는지 확인한다.
② 줄걸이용 와이어로프의 안전율은 4 이상 되는지 확인한다.
③ 화물이 붕괴 또는 추락할 우려가 없는지 확인한다.
④ 줄걸이용 와이어로프가 이탈할 우려는 없는지 확인한다.

해설

줄걸이용 와이어로프의 안전율은 5 이상이어야 한다.

41 타워크레인 해체 작업 시 준수사항으로 틀린 것은?

① 비상정지장치는 비상사태에 사용한다.
② 지브의 균형은 해체 작업과 연관성이 없다.
③ 마스트를 내릴 때는 지상 작업자를 대피시킨다.
④ 순간풍속 10m/sec를 초과할 때에는 즉시 작업을 중지한다.

정답 35 ② 36 ② 37 ③ 38 ④ 39 ④ 40 ② 41 ②

해설
마스트 하강 작업 시에는 지브가 앞뒤 균형을 이루도록 한 후 텔레스코핑 케이지를 작동한다.

42 **텔레스코픽 요크의 핀 또는 홀의 변형을 목격했을 때 조치사항으로 틀린 것은?**

① 핀이 다소 휘었으면 분해 및 교정 후 재사용한다.
② 홀이 변형된 마스트는 해체하고 재사용하지 않는다.
③ 휘거나 변형된 핀은 파기하여 재사용하지 않는다.
④ 핀은 반드시 제작사에서 공급된 것으로 사용한다.

43 **타워크레인 지브에서 이동하는 요령 중 안전에 어긋나는 것은?**

① 2인 1조로 이동
② 지브 내부의 보도 이용
③ 트롤리의 점검대를 이용해 이동
④ 안전 로프의 안전대를 이용해 이동

해설
지브에서 이동할 때는 위험하므로 한 명씩 이동해야 하며 보도나 트롤리 점검대, 안전로프의 안전대를 통해 이동해야 한다.

44 **타워크레인 설치작업 중 추락 및 낙하 위험에 따른 대책에 해당하지 않는 것은?**

① 설치 작업 시 상하 이동 중 추락 방지를 위해 전용 안전 벨트를 사용한다.
② 텔레스코핑 케이지의 상 · 하부 발판을 이용하여 발판에서 작업을 한다.
③ 기초 앵커 볼트 조립 시에는 반드시 안전벨트를 착용한 후 작업에 임한다.
④ 텔레스코핑 케이지를 마스트의 각 부재 등에 심하게 부딪치지 않도록 주의한다.

45 **타워크레인 설치 작업 전 조종사가 확인해야 하는 설치계획 확인사항으로 틀린 것은?**

① 기종 선정 적합성 여부를 확인한다.
② 타워크레인의 균형 유지 여부를 확인한다.
③ 설치할 타워크레인의 종류 및 형식을 파악한다.
④ 타워크레인의 설치 장소, 장애물, 기초 앵커 상태를 확인한다.

해설
타워크레인 균형 유지는 텔레스코핑 작업이나 설치 · 해체 작업 시 확인할 사항이다.

46 **텔레스코핑 케이지 설치방법에 대한 내용으로 틀린 것은?**

① 베이직 마스트에 아래에서 위로 설치한다.
② 플랫폼이 떨어지지 않도록 단단히 조인다.
③ 슈가 흔들리는 것을 방지하고 고정장치를 제거한다.
④ 텔레스코핑 유압장치는 마스트의 텔레스코핑 사이드에 설치되도록 한다.

해설
베이직 마스트에 위에서 아래로 설치해야 한다.

47 **마스트를 분리한 후 하강 운전방법으로 가장 적절한 것은?**

① 바닥에 긴급히 내린다.
② 지상 바닥에 고속으로 내린다.
③ 지상 바닥에 중속으로 스윙하면서 내린다.
④ 바닥에 놓기 전 일단 정지한 후 저속으로 내린다.

정답 42 ① 43 ① 44 ③ 45 ② 46 ① 47 ④

48 타워크레인 설치 작업 시 인입 전원의 안전대책에 대한 설명으로 틀린 것은?

① 타워크레인용 단독 메인 케이블 전선을 사용한다.
② 케이블이 긴 경우 전압 강하를 감안하여 케이블을 선정한다.
③ 작업이 용이하게 타워크레인 전원에서 용접기 및 공기 압축기를 연결하여 사용한다.
④ 변압기 주위에 방호망을 설치하고 출입구를 만들어 관계자 이외에는 출입을 금지시킨다.

해설
인입 전원은 단독으로 사용해야 한다.

49 타워크레인의 마스트 연장(텔레스코핑) 작업 시 준수사항으로 틀린 것은?

① 비상정지장치의 작동상태를 점검한다.
② 작업 과정 중 실린더 받침대의 지지상태를 확인한다.
③ 유압 실린더의 동작상태를 확인하면서 진행한다.
④ 실린더 작동 전에는 반드시 타워크레인 상부의 균형상태를 확인한다.

해설
비상정지장치는 위급할 경우에만 사용하는 스위치이다.

50 마스트 연장 시 균등하고 정확하게 볼트를 조일 수 있는 공구는?

① 토크 렌치 ② 해머 렌치
③ 복스 렌치 ④ 에어 렌치

해설
볼트를 체결할 때는 전기 토크 렌치를 사용하여 장비에 적합한 토크압으로 체결한다.

51 벨트를 교체할 때 기관의 상태는?

① 고속상태 ② 중속상태
③ 저속상태 ④ 정지상태

해설
벨트 교체는 정지상태에서 실시한다.

52 소화 작업의 기본요소가 아닌 것은?

① 가연물질을 제거하면 된다.
② 산소를 차단하면 된다.
③ 점화원을 제거하면 된다.
④ 연료를 기화시키면 된다.

해설
연료를 기화시키면 큰 화재로 발전하므로 기화를 차단해야 한다.

53 크레인으로 무거운 물건을 위로 달아 올릴 때 주의할 점이 아닌 것은?

① 달아 올릴 화물의 무게를 파악하여 제한하중 이하에서 작업한다.
② 매달린 화물이 불안전하다고 생각될 때는 작업을 중지한다.
③ 신호의 규정이 없으므로 작업자가 적절히 한다.
④ 신호자의 신호에 따라 작업한다.

해설
신호규정에 따라 신호를 해야 한다.

54 유류 화재 시 소화방법으로 부적절한 것은?

① 모래를 뿌린다.
② 다량의 물을 부어 끈다.
③ ABC 소화기를 사용한다.
④ B급 화재 소화기를 사용한다.

해설
유류 화재 시에 다량의 물을 뿌리면 더 큰 화재로 이어진다.

정답 48 ③ 49 ① 50 ① 51 ④ 52 ④ 53 ③ 54 ②

55 **화재 및 폭발 우려가 있는 가스 발생장치 작업장에서 지켜야 할 사항으로 맞지 않는 것은?**

① 불연성 재료 사용 금지
② 화기 사용 금지
③ 인화성 물질 사용 금지
④ 점화원이 될 수 있는 기계 사용 금지

56 **밀폐된 공간에서 엔진을 가동할 때 가장 주의해야 할 사항은?**

① 소음으로 인한 추락
② 배출 가스 중독
③ 진동으로 인한 직업병
④ 작업시간

57 **다음 중 드라이버 사용방법으로 틀린 것은?**

① 날 끝 홈의 폭과 깊이가 같은 것을 사용한다.
② 전기 작업 시 자루는 모두 금속으로 되어 있는 것을 사용한다.
③ 날 끝이 수평이어야 하며 둥글거나 빠진 것은 사용하지 않는다.
④ 작은 공작물이라도 한손으로 잡지 않고 바이스 등으로 고정하고 사용한다.

해설
전기 작업 시 드라이버 자루는 비도체를 사용해야 한다.

58 **해머 작업 시 주의사항으로 틀린 것은?**

① 장갑을 끼지 않는다.
② 작업에 알맞은 무게의 해머를 사용한다.
③ 해머는 처음부터 힘차게 때린다.
④ 자루가 단단한 것을 사용한다.

59 **전기기기에 의한 감전 사고를 막기 위하여 필요한 설비로 가장 중요한 것은?**

① 접지 설비
② 방폭등 설비
③ 고압계 설비
④ 대지 전위 상승 설비

해설
모든 전기기기는 접지 설비를 한 후에 사용해야 감전 사고를 막을 수 있다.

60 **진동 장애의 예방대책이 아닌 것은?**

① 실외 작업을 한다.
② 저진동 공구를 사용한다.
③ 진동 업무를 자동화한다.
④ 방진 장갑과 귀마개를 착용한다.

정답 55 ① 56 ② 57 ② 58 ③ 59 ① 60 ①

MEMO

제4편

타워크레인운전기능사

CBT 대비문제

CBT 대비문제 ❶

1 고정식 타워크레인의 기초앵커 설치작업 방법이 잘못된 것은?

① 콘크리트 양생은 최소 2일 이상 실시한다.
② 고정 앵커용 콘크리트 블록의 강도는 일반적으로 240kg/cm 이상이다.
③ 기초앵커 템플리트를 사용하여 정확하게 위치를 잡는다.
④ 수평레벨을 확인 후 보조재를 넣고 다짐작업을 한다.

해설
콘트리트 양생은 최소 10일 이상 실시하여 완전 양생하도록 한다.

2 작업발판의 구조로 부적합한 것은 다음 중 무엇인가?

① 안전난간 설치 곤란 시 작업자의 안전대 사용
② 추락위험 장소는 안전난간을 설치
③ 폭은 40cm 이상, 발판 틈은 1.5cm 이하
④ 발판재료는 하중에 견딜 수 있을 것

해설
작업발판의 폭은 40cm 이상이며, 발판 틈은 3cm 이하로 하여야 한다.

3 작업발판의 구조가 잘못된 것은?

① 재료는 뒤집히지 않도록 고정시킬 것
② 발판을 이동 시 위험방지 조치를 할 것
③ 발판은 하중에 파괴우려가 없을 것
④ 발판설치가 어려운 경우는 각자 주의해서 안전작업을 할 것

4 러핑 타워크레인의 선회감속기 브레이크의 정비사항이 잘못된 것은?

① 에어 갭이 최댓값이면 조정할 것
② 브레이크 디스크가 최댓값이면 교환할 것
③ 브레이크 효과가 감소하면 확인할 것
④ 매일 작동상태를 확인할 것

해설
브레이크 디스크는 최솟값이면 교환하여야 한다.

5 와이어로프에서 소선을 꼬아서 합친 것을 무엇이라 하는가?

① 심강 ② 트래드
③ 스트랜드 ④ 공심

6 토크렌치로 볼트를 돌리는 경우에 작용하는 힘의 모멘트의 관계가 다음 중 올바르게 서술된 것은?

① M = P × W (힘의 크기 × 작용 작용하중)
② M = P × L (힘의 크기 × 작용 길이)
③ M = T × W (전단력 × 작용 작용하중)
④ M = T × L (전단력 × 작용 길이)

7 훅에 힘이 가해질 때의 역학요소와 거리가 먼 것은?

① 길이 ② 작용점
③ 크기 ④ 방향

정답 1 ① 2 ③ 3 ④ 4 ② 5 ③ 6 ② 7 ①

8 **힘의 합성원리에 대한 설명이 잘못된 것은?**

① 두 힘이 일직선상에 작용할 때의 합력의 크기는 합 또는 차로서 표시 될 수 없다.
② 몇 개에 작용되는 힘의 합력을 구하면 합성이다.
③ 합력에 대해서 물체에 작용하는 둘 이상 각각의 힘은 분리이다.
④ 힘의 합성은 하나의 물체에 여러 힘이 작용하더라도 하나의 힘을 받는 효과를 가진다.

9 **인체에 미치는 위험수준의 전류(MA)는 몇 V 인가?**

① 20V ② 30V
③ 40V ④ 50V

10 **작업자가 감전될 때 몸에 흐르는 전류가 영향을 미치는 것은 무엇의 대소가 클 때 인가?**

① 전류 ② 전압
③ 전원 ④ 저항

11 **전기 배선작업을 할 때 전선의 굵기를 결정하는 것과 거리가 먼 것은?**

① 허용전류
② 전압강하
③ 절연저항
④ 기계적 강도

12 **과부하 방지장치의 종류 중 스트레인 게이지를 이용한 하중검출 방식은?**

① 유압식 ② 전자식
③ 전기식 ④ 기계식

13 **전자식 과부하 방지장치의 하중감지 방법은 다음 중 무엇인가?**

① 인장+압축 로드 셀 방법
② 인장 로드 셀 방법
③ 전단 로드 셀 방법
④ 압축 로드 셀 방법

14 **전자식 과부하 방지장치의 주요 점검항목과 거리가 먼 것은?**

① 실 하중 작동 점검
② 절연상태 점검
③ 전원표시 램프 소등 점검
④ 외관상태 점검

15 **유압펌프의 기능에 대한 설명이 올바른 것은?**

① 어큐뮬레이터와 동일한 기능
② 유압회로 내의 압력을 측정하는 기구
③ 유압에너지를 동력으로 변환
④ 원동기의 기계적 에너지를 유압에너지로 변환

해설

유압펌프는 기관이나 전동기 등의 기계적 에너지를 받아 작동유를 흡입, 가압하여 액추에이터가 작동할 수 있는 유압에너지로 변환시키는 장치다.

16 **유압장치에 주로 사용되는 장치와 거리가 먼 것은?**

① 피스톤 펌프
② 기어 펌프
③ 베인 펌프
④ 분사 펌프

정답 8 ① 9 ④ 10 ④ 11 ① 12 ② 13 ① 14 ② 15 ④ 16 ④

17 유압펌프의 크기를 올바르게 표시한 것은?

① 주어진 속도와 토출펌프로 표시한다.
② 주어진 속도와 토출량으로 표시한다.
③ 주어진 속도와 토출압력으로 표시한다.
④ 주어진 속도와 무게로 표시한다.

18 유압펌프에서 토출량의 의미에 대한 표현이 가장 올바른 것은?

① 유압펌프가 일정 체적낭 토출한 액체의 체적
② 유압펌프가 최대 시간 내에 토출한 액체의 체적
③ 유압펌프가 체적당 용기에 가한 액체
④ 유압펌프가 단위시간에 유출하는 액체의 체적

19 유압기기에서 작동속도를 증가하기 위해서 취하는 방법은 무엇인가?

① 유압전동기의 크기를 증가
② 유압펌프의 토출량을 증가
③ 유압전동기의 압력을 증가
④ 유압펌프의 토출 압력을 증가

20 유압용 기어펌프의 송출량과 펌프의 작동 회전속도와의 관계를 올바르게 서술한 것은?

① 회전속도의 제곱에 반비례
② 회전속도의 제곱에 비례
③ 회전속도와 반비례
④ 회전속도와 비례

21 유압용 기어펌프에서 작동 회전수가 변화되는 경우에 나타나는 현상이 올바르게 표현된 것은?

① 흐름의 용량이 바뀜
② 압력이 바뀜
③ 회전 경사단의 각도가 바뀜
④ 흐름의 방향이 바뀜

22 기어펌프에서 파손의 원인과 거리가 먼 것은?

① 오물이 유입되었을 때
② 주 압력이 너무 높게 조정되었을 때
③ 작동유량이 약간 많을 때
④ 공기가 유입되었을 때

23 유압펌프의 종류 중 날개로 펌프작용을 하는 것은 무엇인가?

① 베인 펌프 ② 기어 펌프
③ 플런저 펌프 ④ 다이어프램 펌프

24 베인 펌프에서 유압을 발생시키는 주요 부분과 거리가 먼 것은?

① 캠 링 ② 베인
③ 로터 ④ 전동기

25 유압펌프 중 효율성이 가장 좋은 것은 다음 중 무엇인가?

① 플런저 펌프 ② 나사 펌프
③ 기어 펌프 ④ 베인 펌프

26 와이어로프가 밀리는 현상이 일어나는 경우에 대한 설명이 잘못된 것은?

① 시브의 회전이 원활하지 않은 경우
② 로프가 시브의 홈 부위에 접촉되어 있을 경우
③ 와이어 드럼에 중첩되어 감겼을 경우
④ 시브와 로프가 잘 구성되어 있을 경우

정답 17 ② 18 ④ 19 ② 20 ④ 21 ① 22 ③ 23 ① 24 ④ 25 ① 26 ④

27 **와이어로프와 체인을 수리 및 용접실시하여 재사용하기 위한 판단여부가 올바르게 된 것은?**

① 둘 다 사용이 불가능하다.
② 체인은 미소 균열인 경우 용접 사용이 가능하다.
③ 와이어로프만 재사용 가능하다.
④ 체인만 재사용 가능하다.

28 **와이어로프의 구성기호 중 6 X 29가 뜻하는 것을 바르게 표현한 것은?**

① 6은 스트랜드 수, 29는 소선수
② 6은 로프 직경, 29는 안전계수
③ 6은 안전계수, 29는 로프 직경
④ 6은 소선수, 29는 스트랜드 수

29 **타워크레인 운전자가 크레인에 탑승하는 방법이 잘못된 것은?**

① 보호안경을 착용한다.
② 지적확인을 한다.
③ 안전모를 착용한다.
④ 안전대를 착용한다.

30 **타워크레인의 올바른 운전방법이 아닌 것은?**

① 작업제한 풍속을 초과하면 크레인의 운전을 중지하여야 한다.
② 운전 중 고장부품을 교환하는 경우에는 운전 작업과 수리를 병행하여 작업을 하여야 한다.
③ 운전부하를 계속 주시할 수 없는 경우는 타인의 육성이나 통신수단 등으로 운전할 수 있다.
④ 크레인 운전기능사 자격소지자에 의해서 운전하여야 한다.

31 **타워크레인의 운전방법이 잘못된 것은?**

① 화물이 지면에 놓여 있는 상태에서 끌어당김 운전은 금한다.
② 땅속에 박혀 있는 물체는 운전을 금한다.
③ 화물의 받침면으로부터 하중이 지면에 있는 경우에는 선회운전을 금한다.
④ 물체를 파괴할 목적으로 사용되는 운전지원은 할 수 있다.

32 **타워크레인의 운전방법에서 화물의 하중이 지면 위에 있는 상태에서 올바른 운전방법이 아닌 것은?**

① 화물의 받침면으로부터 하중이 떠있지 않는 조건이면 선회운전을 할 수 있다.
② 크레인을 떠날 때는 반드시 슬루잉 브레이크를 해제하고 주전원을 차단한다.
③ 비상정지 버튼은 급박한 위험이 발생할 수 있는 비상상황의 경우에만 사용하여야 한다.
④ 화물의 받침면으로부터 하중이 떠있는 조건이면 최대 권상 운전을 할 수 있다.

33 **타워크레인의 바람직한 운전방법이 아닌 것은?**

① 운반 중에 화물을 급히 제거하는 목적으로 운전을 금한다.
② 하중의 대소에 따라 최대 하강 속도로 물건을 급하게 내릴 수 있다.
③ 땅 속에 박혀있는 물체는 운전을 금한다.
④ 땅 위에 얼어붙은 물체는 운전을 금한다.

정답 27 ① 28 ① 29 ① 30 ② 31 ④ 32 ① 33 ②

34 화물의 운전방법 및 요령이 잘못된 것은?

① 매달린 물체를 지상의 작업자 위로 통과시켜서는 안 된다.
② 지면에 붙은 화물은 필요에 따라 끌어당김 상태로 운전을 할 수 있다.
③ 매달린 하중이 흔들린 상태로 운전을 금한다.
④ 중심을 벗어나 균형이 잡히지 않은 화물은 들어 올리지 않는다.

35 크레인의 공통적 표준운전 신호방법에서 "작업 완료"의 올바른 방법은?

① 한손을 몸 앞에다 댄다.
② 양쪽 손을 몸 앞에다 댄다.
③ 거수경례 또는 양손을 머리위에 교차시킨다.
④ 한손을 어깨위로 올린다.

36 크레인의 공통적 표준운전신호방법에서 "뒤집기"의 올바른 신호방법은?

① 한손을 들어서 뒤집으려는 방향으로 1회만 역전시킨다.
② 한손을 들어서 뒤집으려는 방향으로 2,3회 역전시킨다.
③ 양손을 마주보게 들어서 뒤집으려는 방향으로 1회만 역전시킨다.
④ 양손을 마주보게 들어서 뒤집으려는 방향으로 2,3회 역전시킨다.

37 타워크레인의 해체작업 방법 및 순서가 잘못 설명된 것은?

① 훅으로 마스트를 들고 트롤리를 움직여 수평을 잡는다.
② 실린더를 하강위치로 동작시킨다.
③ 실린더를 약간 올려 실린더 및 서포트 슈를 텔레스코핑 웨브에 안착시킨다.
④ 마스트를 가이드 레일 밖으로 민다.

해설

실린더를 상승위치로 약 15mm 동작시킨 후 실린더 슈가 안착되어 있는 상태를 맞춘다.

38 데릭(Derrick)을 이용하여 타워크레인의 해체 작업 시 안전사항이 아닌 것은?

① 마스트에는 제한하중을 표시하고 붐 경사각 및 정격하중을 표시할 것
② 지지 와이어는 동일 간격으로 장력이 작용될 것
③ 가이로프는 배전선 가까이 두고 수시로 클립을 조일 것
④ 데릭 지지 와이어는 8곳 이상일 것

해설

가이로프는 배전선 가까이 두지 말고 튼튼하게 조이며, 수시로 클립을 조여 준다.

39 데릭을 이용하여 타워크레인의 해체작업 시 준수사항과 거리가 먼 것은?

① 데릭 지지 와이어 설치 시 취약부를 피하여 설치한다.
② 데릭 지지 와이어는 등 간격으로 압축력이 작용한다.
③ 시브 베어링 파손 시 와이어 이탈이 될 수 있으므로 사전점검을 한다.
④ 좌대부분은 유동이 발생할 수 있으므로 튼튼하게 설치한다.

해설

와이어는 등 간격은 맞으나 인장력이 작용한다.

정답 34 ② 35 ③ 36 ④ 37 ③ 38 ③ 39 ②

40 **타워크레인 해체작업을 위한 데릭의 설치 순서가 올바르게 된 것은?**

① 보스, 가이 데릭 설치 → 와이어 감기 → 지지 와이어 체결
② 보스, 가이 데릭 설치 → 와이어 풀기 → 지지 와이어 체결
③ 와이어 감기 → 지지 와이어 체결 → 보스, 가이 데릭 설치
④ 와이어 감기 → 보스, 가이데릭 설치 → 지지 와이어 체결

41 **타워크레인의 해체작업 시 데릭의 구성에 대한 설명이 잘못된 것은?**

① 통상 턴버클은 18개 정도가 소요된다.
② 보스 데릭의 사양은 700 × 700 × 5m의 크기도 있다.
③ 통상 와이어는 기복용으로 200m, 권상용으로 1,000m 정도가 필요하다.
④ 볼트는 400~500개 정도로 반드시 고장력볼트를 사용하지 않아도 된다.

42 **타워크레인 해체작업 시 이동식 크레인의 선정조건이 아닌 것은?**

① 이동식 크레인의 최신안전장치
② 이동식 크레인의 회전반경
③ 가장 무거운 부재의 중량
④ 최대 권상 높이

43 **타워크레인 해체작업 시 이동식 크레인의 위치선정 요인이 아닌 것은?**

① 이동식 크레인의 선회반경
② 줄걸이 작업자의 작업팀 위치 확보
③ 메인 지브 등의 긴 부재
④ 카운터 지브 등의 무게 중심

44 **이동식 크레인으로 타워크레인의 해체작업 시 안전사항이 잘못된 것은?**

① 러핑 붐이 하중 인양으로 각도가 저하되는 경우에는 작업에 영향이 없음을 인지
② 러핑 붐 부착 시 메인 붐의 각도는 80~85°를 유지
③ 운전자 사각지대는 무선통신으로 연락체계 확보
④ 이동식 크레인의 후부가 외벽에 닿지 않게 위치를 선정

해설

러핑 붐이 하중의 인양으로 기존의 각도에서 아래로 처지는 경우가 있으므로 해체 계획의 높이 계산이 반드시 반영되어야 한다.

45 **이동식 크레인으로 타워크레인의 설치·해체 작업 시 지상으로부터 60m 지점의 마스트 높이까지 평균적인 풍속의 변화는 몇 m/sec인가?**

① 7m/sec ② 8m/sec
③ 9m/sec ④ 10m/sec

46 **러핑형 타워크레인의 설치작업 순서 및 방법이 잘못된 것은?**

① 크레인 베이스 설치 → 타워 조립
② 타워 조립 → 타워 탑 하부 조립
③ 타워 탑 하부 조립 → 타워 탑 조립
④ 타워 탑 조립 → 카운터 지브의 브레이싱

해설

타워 탑 하부 조립이 끝나면 카운터 지브를 조립하여야 한다.

정답 40 ① 41 ④ 42 ① 43 ② 44 ① 45 ④ 46 ③

47 러핑형 타워크레인의 설치작업 순서 및 방법이 잘못된 것은?

① 지브의 조립 → 카운터 지브의 브레이싱
② 균형추 스톤 삽입 → 풀리 블록 삽입
③ 카운터 지브 조립 → 타워 탑 조립
④ 타워 조립 → 타워 탑 하부 조립

해설

카운터 지브의 브레이싱이 끝나면 지브를 조립하여야 한다.

48 타워크레인 설치작업자의 선정 시 일반적으로 부적당한 사람은 다음 중 누구인가?

① 줄걸이 작업 경력이 많은 자
② 3개월 이상의 유경험자
③ 정신질환자
④ 철 구조물 기능사보

49 타워크레인 설치작업자의 복장 선정 시 다음 중 잘못된 것은?

① 작업복은 체격에 맞는 것을 착용한다.
② 상의 소매와 바지는 고무줄을 넣는다.
③ 하절기에도 작업복을 착용한다.
④ 더울 때를 대비해 수건을 허리에 찬다.

50 타워크레인 설치작업자의 안전보호구로 적합하지 않은 것은?

① 방독 마스크 ② 안전대
③ 안전화 ④ 안전모

51 타워크레인 설치작업자의 안전모 착용 및 확인방법이 아닌 것은?

① 차광안경을 착용한다.
② 보호안경은 개인별로 지급한다.
③ 방진안경을 착용한다.
④ 용접작업 시만 보호안경을 착용한다.

52 타워크레인 설치작업자의 안전대 착용 및 사용방법으로 잘못된 것은?

① 높이 2m 이하의 작업
② 핸드레일에서 신체를 내놓고 하는 작업
③ 핸드레일이 없는 곳의 작업
④ 폭 40cm 이상 작업대가 없는 곳의 작업

53 타워크레인 설치작업자의 안전대 착용시 주의사항이 아닌 것은?

① 벨트를 확실하게 체결
② 벨트부분이 길어 걸리지 않도록 조심
③ 착용 전 결함이 있으면 교환요구
④ 착용 중 결함이 있으면 나중에 교환요구

54 타워크레인 설치작업자의 안전대 취부시설로 적합하지 않은 것은?

① 추락방지 로프
② 전용의 취부시설
③ 크레인 본체
④ 체인 블록의 링

55 타워크레인 설치작업자가 안전대를 구조물에 거는 방법이 잘못된 것은?

① 안전대 훅의 위치는 허리보다 높은 곳에 건다.
② 여러 작업자가 수평부재의 한 곳에 동시에 건다.
③ 안전대 훅을 수평부재에 직접 건다.
④ 안전대 훅을 한번 돌려서 건다.

정답 47 ① 48 ③ 49 ④ 50 ① 51 ④ 52 ① 53 ④ 54 ④ 55 ②

56 타워크레인 설치작업자가 안전대를 전용 취부장치에 거는 경우에 다음 중 잘못된 설명은?

① 용접한 취부장치는 강도를 확인한 후 훅을 건다.
② 전용 취부장치에 안전대 훅을 직접 건다.
③ 전용 취부장치는 허리보다 위로 오게 한다.
④ 로프는 필요시 꼬임상태로 훅을 건다.

57 타워크레인 설치작업자가 추락방지 로프를 이용하여 안전대를 거는 경우 잘못된 것은?

① 취부설비로 사용하는 경우에 1줄을 동시에 여러 작업자가 이용한다.
② 로프에 장력이 걸렸을 때 처짐이 없도록 결속한다.
③ 로프는 와이어로프를 이용한다.
④ 로프는 섬유로프를 이용한다.

58 슬루잉 기어 위의 지브를 회전시키는 법과 관련이 없는 것은?

① 로킹 솔레노이드가 전류를 받으면 바를 앞으로 밀어낸다.
② 리미트 스위치를 '브레이크 해지'에 있게 하려면 지브가 자유롭게 되어야 한다.
③ 지브의 자유로운 작동은 컨트롤 전류가 켜져 있을 때 가능하다.
④ 지브의 자유로운 회전을 돕는 푸시버튼은 운전실에 있다.

해설
지브의 작동은 컨트롤 전류가 꺼졌을 때 가능하다.

59 슬루잉 기어 및 지브와 관련된 크레인 기동사항이 아닌 것은?

① 오랫동안 전력공급이 불가능한 경우는 메인 솔레노이드를 수동으로 완전히 밀어준다.
② 로킹 솔레노이드가 전류를 받으면 바를 뒤로 당긴다.
③ 메인 솔레노이드의 전류가 차단된 상태에서 브레이크가 풀린다.
④ 스위치를 켠 후 슬루잉 기어를 가동하면 브레이크는 자동으로 열린다.

해설
로킹 솔레노이드가 전류를 받으면 바를 앞으로 밀어낸다.

60 크레인의 양중작업용 보조용구의 구성과 역할이 잘못 설명된 것은?

① 보조대나 받침대는 줄걸이 용구 및 물품보호를 한다.
② 물품 모서리에 대는 것은 가죽류와 동판 등이 쓰인다.
③ 로프에는 고무나 비닐 등을 씌워서 사용한다.
④ 보조대는 덩치가 큰 물건에만 사용한다.

해설
보조대나 받침대는 모서리에 대거나 로프를 감싸서 사용하며 물건의 덩치와는 무관하다.

정답 56 ④ 57 ① 58 ③ 59 ② 60 ④

CBT 대비문제 ②

1 타워크레인 기초앵커의 설치순서가 잘못된 것은?

① 먹 매김 → 앵커 세팅
② 철근 배근 → 접지
③ 위치 및 각도 확정 → 지내력 측정
④ 지내력 측정 → 파일 항타

해설
접지 후에 철근 배근을 하여야 한다.

2 타워크레인의 기초앵커 설치작업 시 앵커 세팅의 적정치는 얼마 이내인가?

① ±2.0mm 이내
② ±1.5mm 이내
③ ±1.2mm 이내
④ ±1.0mm 이내

3 타워크레인 기초앵커 설치 작업 시 최소한의 접지 시공 개소는?

① 1개소 ② 2개소
③ 3개소 ④ 4개소

4 힘의 분배 및 모멘트의 작용원리가 잘못 설명된 것은?

① 자루가 긴 토크렌치 끝의 사용예는 힘의 회전작용이 힘의 크기에만 관계한다.
② 자루가 긴 토크렌치의 끝을 잡고 조이면 작은 힘으로 조일 수 있다.
③ 힘의 평행사변형 법칙을 반대로 조작하면 두 개 이상의 힘으로 나눈다.
④ 힘의 분리는 하나의 힘을 서로 어떤 각을 이루는 두 개 이상의 힘으로 나눈다.

해설
자루가 긴 토크렌치 끝의 사용예는 힘의 회전작용이 힘의 크기에만 관계하는 것이 아니라 힘의 작용선과 회전축과의 거리 또는 회전축에서 힘의 작용선에 내린 수직선의 길이에도 관계하고 있다.

5 타워크레인의 메인 지브에 화물을 매달았을 때 힘의 모멘트가 가장 크게 작용하는 곳은 다음 중 어디인가?

① 지브의 중간
② 지브의 2/3 지점 외측단
③ 지브의 최외측단
④ 지브의 최내측단

6 유압식 클러치가 있는 선회기어에 대한 설명이 잘못된 것은?

① 바람의 상태에 따라 영향을 받으며, 훅에는 관계없다.
② 토크는 5단계로 변화될 수 있다.
③ 갑자기 회전시키는 것을 방지한다.
④ 토크를 부드럽게 전달한다.

7 정상적인 작동상태에서 전기기계의 베어링이 윤활유의 공급 없이 충분히 구동될 수 있는 시간은 일반적으로 얼마인가?

① 3,500 시간
② 4,000 시간
③ 4,500 시간
④ 5,000 시간

정답 1 ② 2 ④ 3 ③ 4 ① 5 ③ 6 ① 7 ④

8 **다음 중 고장력 볼트의 조임 토크 값이 가장 이상적인 것은?**

① 임의의 조임값
② 필요한 수치에 의해 계산된 값
③ 제조사가 제시한 값
④ 조임 압력이 최대가 된 값

9 **제어 컨트롤러에서 인터록 시스템을 설치하는 가장 근본적인 이유는?**

① 원활한 전원의 공급을 위함
② 전자접속의 안전을 확보하기 위함
③ 전자 접촉기의 원활한 동작을 위함
④ 스파크 발생 방지를 위함

10 **전기장치 부품에서 스파크가 발생될 수 있는 것은 다음 중 무엇인가?**

① 전기회로를 ON 상태로 한 경우이다.
② 접촉점에 흐르는 전류가 많을 때이다.
③ 접촉점간에 전압이 낮을 때이다.
④ 주파수가 비교적 낮은 경우이다.

11 **다음 중 전기장치 부품에서 스파크가 많이 발생하는 경우가 아닌 것은?**

① 접촉점에 전압이 낮을수록 많다.
② 전로를 닫을 때보다 열 때가 많다.
③ 접촉면의 요철이 심한 경우 자주 발생한다.
④ 접촉점에 흐르는 전류가 많을수록 많다.

12 **타워크레인 비상정지장치의 구성요건에 해당하지 않는 것은?**

① 주전원과 제어전원을 동시에 차단한다.
② 수동과 자동복귀 형식을 사용한다.
③ 수동복귀 형식을 사용한다.
④ 스위치 형상은 돌출형을 사용한다.

13 **타워크레인의 비상정지장치 버튼의 색상은 무엇인가?**

① 적색 ② 흑색
③ 황색 ④ 청색

14 **선회제한 리미트 스위치에 대한 설명이 올바르게 된 것은?**

① 회전수를 검출하여 주어진 범위 내 권상동작을 실시
② 회전수를 검출하여 주어진 범위 내 주행동작을 실시
③ 회전수를 검출하여 주어진 범위 내 횡행동작을 실시
④ 회전수를 검출하여 주어진 범위 내 선회동작을 실시

15 **플런저가 구동축 방향으로 작동하는 유압 펌프는?**

① 액시얼 펌프 ② 기어 펌프
③ 레이디얼 펌프 ④ 베인 펌프

16 **플런저 펌프의 장점에 해당하지 않는 것은?**

① 효율성이 우수함
② 토출압력에 맥동이 적음
③ 토출량의 변화 범위가 넓음
④ 높은 압력에 잘 견딤

17 **피스톤 펌프의 특징과 거리가 먼 것은?**

① 구조가 간단하고 가격이 저렴
② 베어링 수명이 짧음
③ 고속회전이 가능
④ 펌프 효율성이 좋음

정답 8 ③ 9 ② 10 ② 11 ① 12 ② 13 ① 14 ④ 14 ① 16 ② 17 ①

18 **유압펌프의 장점에 대한 설명이 잘못된 것은?**

① 피스톤 펌프는 고압에 적당하고 누설이 적음
② 나사 펌프는 운동이 동적이고 내구성이 적음
③ 베인 펌프는 장시간 사용해도 성능저하가 적음
④ 기어 펌프는 구조가 간단하고 소형임

19 **다음 현상 중 유압펌프의 고장이라고 판단할 수 없는 것은?**

① 유압유의 비열이 증가
② 잡음이 잠재
③ 작동유의 누설
④ 작동유량 또는 압력의 부족

20 **유압펌프에서 오일은 토출되고 있으나 압력은 상승하지 않는 원인이 잘못 설명된 것은?**

① 밸브나 작동기에서 누유 발생
② 커플링의 파손
③ 릴리프 밸브의 설정압력이 낮거나 작동 불량
④ 펌프 내부 이상으로 누유 발생

해설
구동력을 전달받는 커플링이 파손되는 경우라도 압력의 상승에는 영향을 미치지 않는다.

21 **다음 중 유압펌프에서 유압력이 상승하지 않는 원인과 거리가 먼 것은?**

① 설치부의 충분한 강도상태 점검
② 유압회로의 점검
③ 유압펌프의 작동유 토출 점검
④ 릴리프 밸브의 점검

22 **유압펌프에서 진동이 심하게 나타나는 원인은 다음 중 무엇인가?**

① 베어링에 열이 발생한 경우
② 작동유량이 부족한 경우
③ 배출압력이 낮은 경우
④ 작동유 내에 기포가 유입 된 경우

23 **유압펌프에서 소음이 발생하는 원인과 거리가 먼 것은?**

① 작동유량이 부족한 경우
② 유압펌프의 속도가 느린 경우
③ 작동유 내에 기포가 유입 된 경우
④ 작동유의 점도가 너무 높은 경우

24 **유압 관로내의 압력을 일정유지 또는 감압하거나 설정된 압력의 작동순서에 의해 변환시키는 것은 무엇인가?**

① 압력 스위치　② 압력 제어 밸브
③ 유압 퓨즈　④ 감압 밸브

25 **다음 중 압력 제어 밸브에 해당하지 않는 것은?**

① 언로드 밸브　② 방향변환 밸브
③ 시퀀스 밸브　④ 릴리프 밸브

26 **와이어로프에 심강을 사용하는 목적이 아닌 것은?**

① 소선의 저항력 억제 및 절약
② 소선마찰에 의한 마멸 방지
③ 충격하중의 흡수
④ 부식의 방지

해설
심강의 사용목적 : 충격하중 흡수, 부식방지, 소선끼리의 마찰에 의한 마모방지, 스트랜드의 위치를 올바르게 한다.

정답 18 ② 19 ① 20 ② 21 ① 22 ④ 23 ② 24 ② 25 ② 26 ①

27 **와이어로프 소선의 지름을 측정하고자 할 때 가장 올바른 측정기구는?**

① 마이크로미터　② 다이얼 게이지
③ 외경 캘리퍼스　④ 실린더 게이지

28 **줄걸이용 와이어로프의 안전계수로 가장 알맞은 것은?**

① 1　② 3
③ 5　④ 7

29 **타워크레인에서 화물의 운전방법이 잘못된 것은?**

① 허용 풍압면적보다 큰 풍압면적의 하중을 인양할 수 없다.
② 완성검사가 끝나기 전에는 운전을 금해야한다.
③ 진행방향의 동작이 완전히 멈추기 전이라도 역동작 운전을 시작해서는 안 된다.
④ 타워크레인 마스트에는 필요에 따라 풍압면적을 증가시킬 수 있는 크레인의 안전표지판을 부착할 수 있다.

30 **텔레스코핑 작업 시 마스트를 올려 안착 후 볼트 또는 핀으로 체결 완료 전까지 금지해야 하는 타워크레인의 운전동작은?**

① 트롤리 이동 운전
② 선회 및 주행 운전
③ 주행 운전
④ 선회 운전

31 **텔레스코핑 작업 시 마스트를 올려 안착 후 볼트 또는 핀으로 체결 완료 전까지 운전 가능한 타워크레인 운전동작은?**

① 트롤리 이동 운전
② 모든 작동 금지
③ 선회 운전
④ 주행 운전

32 **러핑형 타워크레인에서 메인 지브 조립을 위해 타워 탑을 전력으로 회전하게 될 경우에 선회 드라이브 브레이크의 상태는 다음 중 무엇인가?**

① 회전 시 선회 브레이크를 닫고, 회전 후에는 브레이크를 푼다.
② 회전 전·후에는 선회 브레이크를 닫는다.
③ 회전 전·후에는 선회 브레이크를 푼다.
④ 회전 시 선회 브레이크를 풀고, 회전 후에는 브레이크를 닫는다.

33 **타워크레인에서 가장 중요한 화물운반 작업 전 점검사항은?**

① 윤활개소에 대한 오일의 주유 확인
② 안전장치 및 브레이크 장치의 작동 확인
③ 지상에 작업자들의 대피여부 점검
④ 필요시 신호자의 배치여부 확인

34 **운전자가 작업 도중 갑자기 가슴에 통증을 느끼고 더 이상 운전을 할 수 없는 경우에 가장 먼저 취해야할 운전조치는?**

① 비상정지 스위치를 누른다.
② 통증부위를 누르면서 계속 운전한다.
③ 지상에 연락을 빨리 취한다.
④ 최고 속도로 화물을 신속히 내린다.

정답 27 ① 28 ④ 29 ④ 30 ② 31 ① 32 ④ 33 ② 34 ①

35 **크레인의 공통적 표준운전 신호방법에서 "천천히 이동"의 올바른 신호방법은?**

① 방향을 가리키는 손바닥 밑에 둘째 손가락을 아래로 해서 원을 그린다.
② 방향을 가리키는 손바닥 밑에 첫째 손가락을 아래로 해서 원을 그린다.
③ 방향을 가리키는 손바닥 밑에 둘째손가락을 위로 해서 원을 그린다.
④ 방향을 가리키는 손바닥 밑에 첫째손가락을 위로 해서 원을 그린다.

36 **크레인의 공통적 표준운전 신호방법에서 "기다려라"의 올바른 신호방법은?**

① 왼손으로 오른손을 감싸 1회만 적게 흔든다.
② 왼손으로 오른손을 감싸 2,3회 적게 흔든다.
③ 오른손으로 왼손을 감싸 1회만 적게 흔든다.
④ 오른손으로 왼손을 감싸 2,3회 적게 흔든다.

37 **러핑형 타워크레인에서 지표면에서 타워 탑 상부를 사전 조립하는 방법이 잘못된 것은?**

① 타워 탑 결박용 볼트는 임시로 풀어 놓는다.
② 버퍼 스탑을 당긴다.
③ 하부에 지지대를 준비한다.
④ 4훅 연결장치를 타워 탑과 연결하여 당긴다.

해설
타워 탑 결박 볼트는 조이고 고정한다.

38 **러핑형 타워크레인에서 메인 지브를 조립하는 작업방법이 잘못된 것은?**

① 지브를 들어 올려 서스펜션 점의 위치를 조정한다.
② 지브를 부착하고 지브 푸트에 홀딩로프를 결박한다.
③ 전력으로 타워 탑을 회전 시는 드라이브 브레이크를 닫는다.
④ 지브연결부가 조립에 필요한 위치에 있을 때까지 타워 탑을 회전시킨다.

해설
전력으로 타워 탑을 회전하는 경우에는 선회 드라이브 브레이크를 반드시 풀어야 하며, 회전 후에는 브레이크를 닫는다.

39 **러핑형 타워크레인에서 균형추 설치작업 방법이 잘못된 것은?**

① 균형추 스톤은 바깥쪽에서 안쪽으로 설치한다.
② 균형추 스톤은 피젼 트레스틀 사이에 설치한다.
③ 지브가 완전히 조립된 후에 설치한다.
④ 균형 추 스톤의 최대 허용 중량 오차는 ±2%이다.

해설
균형추 스톤은 항상 안쪽에서 바깥쪽으로 설치한다.

40 **러핑형 타워크레인에서 균형추 해체작업 방법이 잘못된 것은?**

① 선회 브레이크를 닫는다.
② 균형추 스톤은 안쪽에서 바깥쪽으로 해체한다.
③ 균형추 스톤은 지정된 지면에 놓는다.
④ 동절기에는 동결의 위험이 있으므로 조심스럽게 떼어낸다.

정답 35 ③ 36 ④ 37 ① 38 ③ 39 ① 40 ②

해설

균형추 스톤은 항상 바깥쪽에서 시작하여 안쪽으로 해체 진행한다.

41 러핑형 타워크레인에서 메인 지브의 해체작업 방법이 잘못된 것은?

① 훅 블록을 지면으로 내린다.
② 웨지 소켓은 풀지 않는다.
③ 지브가 해체될 수 있을 때까지 슬루잉 크레인을 돌린다.
④ 지브를 해체 위치에 놓는다.

해설

조립 로프는 웨지 소켓 아래에 고정시킨 후 웨지 소켓을 지브 탑이 고정 위치에서 푼다.

42 러핑형 타워크레인에서 카운터 지브의 해체작업 방법이 잘못된 것은?

① 푸시 핀을 제거한다.
② 슬루잉 브레이크는 내린다.
③ 홀딩 로프를 카운터 지브에 고정한다.
④ 슬루잉 프레임과 카운터 지브 사이의 커버를 제거한다.

해설

레버를 올려 슬루잉 기어에 있는 슬루잉 브레이크는 올린다.

43 타워크레인의 지지 · 고정 작업 시 다음 중 원청 건설업체의 현장소장 및 안전관리자가 확인해야 하는 역할과 거리가 먼 것은?

① 타워크레인 지지 · 고정 상태 이상유무 확인
② 타워크레인의 지지 · 고정 방법 전문교육 이수여부
③ 타워크레인 지지 · 고정 계획서 작성 및 준비
④ 설계도서 또는 타워크레인 지지 · 고정계획서에 따라 설치 이행여부 확인

44 텔레스코핑 작업 전 텔레스코핑 케이지와 관련 연결기구의 관계 준수사항에 대한 설명이 잘못된 것은?

① 텔레스코핑 케이지와 선회 링 서포트는 완전조립 전까지는 선회금지
② 텔레스코핑 케이지와 마스트는 볼트로 조립
③ 텔레스코핑 케이지와 선회 링 서포트는 핀으로 조립
④ 선회 링 서포트와 마스트 사이의 볼트를 해체

해설

텔레스코핑 케이지와 마스트는 핀으로 조립

45 텔레스코핑 작업순서에 대한 설명이 잘못된 것은?

① 유압 실린더가 최대한 수축토록 작동
② 유압 실린더를 약 15mm 상승시킨 후 클라이밍 크로스 멤버가 마스트의 텔레스코핑 웨브에 안착
③ 서포트 슈를 텔레스코핑 웨브에 안착
④ 유압 유닛 상의 조절레버를 하강에서 중립으로 조절

해설

서포트 슈가 텔레스코핑 웨브에 안착되어 있다면 유압 유닛 상의 조절레버를 중립에서 하강으로 조절하여 텔레스코핑 웨브를 크로스 멤버에 안착될 수 있도록 한다

46 텔레스코핑의 작업순서에서 크로스 멤버가 텔레스코핑 웨브에 정확히 안착되어 있는 지 확인 후 유압실린더를 상승 작동시킨다. 이 다음부분 설치순서 및 방법에 대한 설명이 잘못된 것은?

① 추가할 마스트에 조립된 롤러 홀드는 지상에서 미리 제거한다.

정답 41 ② 42 ② 43 ② 44 ② 45 ④ 46 ①

② 가이드 레일위의 추가할 마스트를 밀어 넣는다.
③ 유압 실린더를 작동시켜 마스트를 넣을 수 있는 공간 확보 시까지 연속 작업을 실시한다.
④ 상기 ③항의 작업은 크로스 멤버와 서포트 슈가 2개의 텔레스코핑 웨브에 각각 안착되도록 하는 작업과정이다.

해설

유압 실린더에 의해 추가할 마스트의 공간확보가 끝나면 가이드 레일 위의 추가할 마스트를 밀어넣고 추가 마스트에 조립된 롤러홀더를 제거한다.

47 **텔레스코핑의 작업순서에서 기존에 설치된 마스트와 추가된 마스트간의 결합순서 및 방법이 잘못 설명된 것은?**

① 크로스 멤버는 텔레스코핑 웨브에 안착된 상태를 유지
② 볼트를 체결전에는 서포트 슈가 텔레스코핑 웨브를 벗어나게 작업실시
③ 롤러 홀더를 유지한 채 추가 마스트를 타워에 볼트로 체결
④ 가이드 섹션을 낮춰 기설치 마스트와 추가된 마스트 사이의 간격이 없도록 유지

해설

추가 마스트에 조립된 롤러 홀더를 제거하고 추가 마스트를 타워에 볼트로 체결한다.

48 **타워크레인 설치작업자가 추락방지 와이어로프를 이용하여 안전대를 거는 경우에 로프에 대한 점검사항이 잘못된 것은?**

① 안전율은 1 이상 강도가 충분한 것
② 킹크 및 부식이 없는 것
③ 직경이 7% 이상 감소하지 않은 것
④ 한 가닥에서 소선의 수가 10% 이상 단선되지 않은 것

49 **타워크레인 설치작업자가 추락방지 섬유로프를 이용하여 안전대를 거는 경우에 로프에 대한 점검사항이 잘못된 것은?**

① 부식이 없을 것
② 표면에 거스러미는 있으나 마모되지 않은 것
③ 꼬임의 풀림이 없는 것
④ 스트랜드가 끊어지지 않은 것

50 **타워크레인 설치작업 전 설치 · 해체 계획서를 작성하여야 한다. 다음 중 설치 · 해체 계획서에 해당하지 않는 사항은?**

① 작업자 신상 ② 안전조치
③ 작업순서 ④ 설치일정

51 **다음 중 타워크레인 설치작업 전 안전작업 협의에 참석하지 않아도 되는 사람은?**

① 공사팀 관계자 ② 크레인 수리기사
③ 현장소장 ④ 안전관리자

52 **타워크레인 설치 작업당일 현장 및 설치업체에서 확인점검 해야 할 사항과 거리가 먼 것은?**

① 작업자 보험가입 유무 확인
② 작업자 안전보호구 착용 점검
③ 작업자 안전교육 실시
④ 작업자 컨디션 확인

해설

보험가입 여부는 작업 당일이 아니라 사전에 가입되어 있어야 한다.

53 **타워크레인 설치 작업 시 현장 안전 관리자가 확인 점검해야 할 사항이 아닌 것은?**

① 이동식 크레인 운전자와 공조체계 확인
② 줄걸이 공구 등 안전점검

정답 47 ③ 48 ① 49 ② 50 ① 51 ② 52 ① 53 ④

③ 작업지휘 계통 확인
④ 안전방송 실시유무 확인

54 **타워크레인의 설치 · 해체 작업자의 감전 재해 위험을 예방하기 위한 조치에 해당하지 않는 것은?**

① 조치가 곤란한 경우에는 보고 후 작업을 수행할 것
② 충전로에 절연용 덮개를 설치할 것
③ 감전방지용 구획망을 설치할 것
④ 감전방지용 방책을 설치할 것

55 **타워크레인에서 감전재해가 발생한 경우의 조치사항이 잘못된 것은?**

① 재해사실을 신속히 보고
② 재해발생 현장 물질을 제거
③ 재해자를 신속히 구출
④ 주전원을 차단

56 **타워크레인 지브 끝단과 전선로의 근접작업 시를 대비한 안전사항과 관련이 없는 것은?**

① 작업지휘자는 작업자에게 방호방법과 순서를 지휘할 것
② 절연용 방호구는 정비된 것을 준비할 것
③ 방호를 하는 자는 일반용 보호구를 반드시 착용할 것
④ 방호작업 시 안정된 자세로 절연용 방호구를 장착할 것

57 **타워크레인 설치작업자의 위험요인 파악 및 안전교육 숙지사항과 거리가 먼 것은?**

① 고장력 볼트 체결방법 숙지
② 이동식 크레인의 작업 안전 숙지
③ 인근 작업팀과 팀워크 관계 숙지
④ 고소작업 시 주의사항 숙지

58 **타워크레인의 카운터 웨이트 설치 시 주요 숙지사항과 관련이 없는 것은?**

① 파손, 균열 등의 확인
② 웨이트 블록은 뒤쪽에서 타워로 배치
③ 카운터 웨이트의 중량 확인
④ 카운터 웨이트의 제조사 확인

59 **크레인 양중작업용 보조용구의 기능이 올바르게 설명된 것은?**

① 줄걸이 각도를 낮추어 준다.
② 로프의 늘어짐 현상을 줄인다.
③ 한 줄에 걸리는 장력을 높인다.
④ 줄걸이 용구와 물품을 보호한다.

해설
보조용구는 줄걸이 용구와 물품의 보호와 작업을 용이하게 한다.

60 **크레인 운전자의 의무사항과 관련이 없는 것은?**

① 안전운전에 영향을 미칠 결함 발견 시 작업 중지
② 기어박스의 오일량 및 마모기어의 정비
③ 결함사항의 보고 및 교대자에게 설명
④ 재해방지를 위한 크레인의 점검 및 검사

해설
기어박스의 오일량 점검은 운전자의 의무사항이고, 마모기어의 정비는 정비사가 할 일이다.

정답 54 ① 55 ② 56 ③ 57 ③ 58 ④ 59 ④ 60 ②

CBT 대비문제 ❸

1 타워크레인 기초앵커 설치작업 시 콘크리트 타설작업의 적정 보강조치는 몇 kg/㎠인가?

① 200kg/㎠ ② 220kg/㎠
③ 240kg/㎠ ④ 260kg/㎠

2 동절기에 타워크레인 기초앵커 설치작업 후 최소한의 양생기간은?

① 2일 이상 ② 4일 이상
③ 7일 이상 ④ 10일 이상

3 타워크레인 기초에서의 지내력 조건을 결정하는 요인과 거리가 먼 것은?

① 부등침하
② 기초의 크기, 깊이
③ 흙의 성질
④ 접촉압력

해설

구조물의 기초지반이 침하함에 따라, 구조물의 여러 부분에서 불균등하게 침하를 일으키는 현상을 부등침하라고 하며, 이것이 있으면 경사지거나 변형하게 되어 균열이 생기기 쉽다.

4 부적당한 용접봉의 사용으로 모재에 균열이 생긴 경우에 대한 대책사항이 올바르게 된 것은?

① 저수소계 용접봉을 사용한다.
② 루트 갭을 감소시키고 개선의 표면에 여성한다.
③ 후열을 시행한다.
④ 예열을 시행한다.

해설

여성하다(Buttering) : 용접을 하기 전에 금속의 이어 붙일 부분을 피복하는 일. 용접용 금속과 모재가 서로 더럽히는 것을 방지한다.

5 타워크레인의 기계장치 보관 시 점검사항에 대한 설명이 잘못된 것은?

① 감속기의 소손 여부
② 브레이크의 파손, 균열 및 마모 여부
③ 케이지 롤러의 마모 및 구동 여부
④ 스윙기어의 변색 및 도장 여부

6 타워크레인의 구조부분 보관 시 점검사항이 잘못된 것은?

① 훅에 대한 정밀 도장실시 여부
② 각 부분 연결부에 대한 규격치 초과 여부
③ 구동부에 대한 비파괴 검사 실시 여부
④ 동절기에 마스트, 지브의 방수여부

7 선회기어의 풍압제어 방법이 잘못된 것은?

① 풍압이 있으면 선회기어의 작동으로 지브가 반대로 회전되도록 한다.
② 바람에 의해 가해지는 힘을 초과하면 브레이크는 작동 유지된다.
③ 바람이 불 때 예정된 위치에서 지브를 멈추게 한다.
④ 선회기어가 작동된 후 풍압이 지브에 전혀 가해지지 않으면 브레이크는 즉시 해제된다.

정답 1 ③ 2 ④ 3 ① 4 ② 5 ④ 6 ① 7 ①

해설

풍압이 존재하는 경우에 선회기어의 작동체계는 크레인의 지브가 반대쪽으로 회전되지 못하게 한다.

8 **타워크레인에 체결되는 고장력볼트의 점검, 관리사항과 거리가 먼 것은?**

① 볼트 나사선이 파손되었거나 녹이 생긴 것은 사용금지
② 점검은 부하상태에서 실시
③ 추가적인 정기점검은 최소 3개월 마다 실시
④ 조립 후 초기점검은 3주 이내 실시

9 **타워크레인 권상장치 속도제어용으로 주로 사용되며 마모가 없고 저속도를 얻는데 탁월한 브레이크는 다음 중 무엇인가?**

① 스러스트 브레이크
② E.C 브레이크
③ 디스크 브레이크
④ 마그넷 브레이크

해설

E.C 브레이크(와전류 브레이크)는 권상속도 제어용 브레이크로 구조가 간단하고, 마모가 없으며, 저속도를 얻을 수 있는 장점이 있다. 작동 원리는 금속제 원판이 회전하면 이 회전을 멈추고자 하는 쪽으로 제동이 작용하는 성질을 이용한다.

10 **전력의 단위로 올바른 것은 다음 중 무엇인가?**

① Ω　② A
③ V　④ W

11 **전동기의 용량 5마력(HP)을 KW로 환산하면 얼마가 되는가?**

① 3.68Kw　② 4.68Kw
③ 5.68Kw　④ 6.68Kw

해설

1HP = 0.735Kw
따라서 5 X 0.735 = 3.675Kw

12 **선회제한 리미트 스위치에서 세팅의 제한 범위가 올바르게 설명된 것은?**

① 세팅은 선회 일방향으로 360° × 1.5까지 지브의 회전을 제한
② 세팅은 선회 양방향으로 각각 360° × 1.5까지 지브의 회전을 제한
③ 세팅은 선회 일방향으로 180° × 1.5까지 지브의 회전을 제한
④ 세팅은 선회 양방향으로 각각180° × 1.5까지 지브의 회전을 제한

13 **선회제한 리미트 스위치에서 일정 선회반경 범위까지 세팅을 하는 목적으로 알맞은 것은?**

① 와이어로프 등의 꼬임 방지
② 전기공급 케이블 등의 비틀림 방지
③ 마스트 등의 비틀링 방지
④ 지브 등의 비틀림 방지

14 **비상정지용 누름 버튼의 규격품 사용에 대한 설명으로 맞는 것은?**

① 황색으로 머리 부분이 돌출되고 수동 복귀되는 형식일 것
② 적색으로 머리 부분이 돌출되고 수동 복귀되는 형식일 것
③ 황색으로 머리 부분이 돌출되지 않고 수동 복귀되는 형식일 것
④ 적색으로 머리 부분이 돌출되지 않고 수동 복귀되는 형식일 것

정답 8 ② 9 ② 10 ④ 11 ① 12 ② 13 ② 14 ②

15 유압기기의 각 기구에 대한 설명이 잘못된 것은?

① 작동유 필터는 유압기기에 이물질의 혼입을 방지
② 릴리프 밸브는 언로드 밸브가 작동하지 못하고 설정된 유압의 이상이 발생된 경우에 작동
③ 언로드 밸브는 어큐뮬레이터의 유압을 조정
④ 어큐뮬레이터는 유압펌프에서 발생된 유압을 저장하는 기능과 유압의 맥동을 제거

해설

어큐뮬레이터 등 고압에는 릴리프 밸브가 적당하다.
※ 언로드 밸브(Unloading valve) : 이 밸브는 액츄에이터가 작동하고 있는 중에 펌프를 계속 가동시키면서 펌프에 부하가 걸리지 않도록 하여 필요 없는 압력이 걸려 전력을 낭비하거나 유압유의 온도 상승을 야기하여 체적 효율을 떨어뜨리지 않고자 사용하는 밸브이다. 따라서 높은 압력을 요하는 어큐뮬레이터에는 부적당하다.
※ 어큐뮬레이터(축압기) : 펌프에서 보내온 높은 압력의 액체를 저장하여 두고 필요에 따라 유압기에 공급하는 장치. 이것을 이용하여 작은 용량의 펌프로 대형 유압기를 움직일 수 있다.

16 유압장치에서 유압조절 밸브의 조정방법에 대한 설명이 올바른 것은?

① 조정 스크루를 조이면 유압이 상승한다.
② 밸브 스프링의 장력이 커지면 유압이 하강한다.
③ 압력조정 밸브가 열리면 유압이 상승한다.
④ 조정 스크루를 풀면 유압이 상승한다.

해설

유압을 상승시키고자 하는 경우, 조정 스크루를 조이면 릴리프 밸브의 스프링 장력이 커지면서 유압이 상승한다.

17 유압조절 밸브에서 조정 스피링의 장력이 커지면 유압력은 어떻게 변화 하는가?

① 플래터 현상이 발생
② 측로(바이 패스 통로)가 폐쇄되어 압력이 상승
③ 측로를 통하여 압력이 변화
④ 채터링 현상이 발생

해설

※ 채터링 현상 : 유압 계통에서 릴리프 밸브 스프링의 장력이 약화될 때 소음을 발생시키는 현상

18 유압기기에서 포트의 수가 의미하는 것은 무엇인가?

① 관로와 접촉하는 체크 밸브의 접촉구 개수
② 관로와 접촉하는 변환 밸브의 접촉구 개수
③ 관로와 접촉하는 교축 밸브의 접촉구 개수
④ 관로와 접촉하는 유량제어 밸브의 접촉구 개수

19 유압기기에 사용되는 밸브 중 역류를 방지하기 위한 것은?

① 변환 밸브 ② 압력제어 밸브
③ 체크 밸브 ④ 흡기 밸브

20 유압장치에서 액추에이터가 하는 역할을 올바르게 설명한 것은?

① 작동유의 속도를 조정하는 장치
② 작동유의 오염을 방지하는 장치
③ 작동유의 방향을 변환하는 장치
④ 유압력을 일로 바꾸는 장치

정답 15 ③ 16 ① 17 ② 18 ② 19 ③ 20 ④

21 **유압장치에서 실린더의 구성요소에 해당하지 않는 것은?**

① 피스톤 로드 ② 암
③ 실린더 튜브 ④ 피스톤

22 **피스톤 지름이 10mm인 유압 실린더에서 유압력이 40kgf/㎠으로 작용할 때 실린더에서 발생하는 힘은 얼마인가?**

① 0.31kgf ② 3.14kgf
③ 31.4kgf ④ 314kgf

해설

유압 $= \frac{\text{힘}}{\text{단면적}}$ 이므로, 위 경우 힘 = 유압 × 실린더 단면적이다. 10mm는 1cm이므로,

힘 $= \frac{40\text{kgf}}{\text{cm}^2} \times \frac{\pi \times 1\text{cm}^2}{4} = 3.14\text{kgf}$

23 **유압펌프에서 공급되는 작동유의 양이 단위시간당 증가하는 경우에 실린더의 속도 변화는 어떻게 되는가?**

① 일정하다.
② 빨라진다.
③ 느려진다.
④ 수시로 변화한다.

24 **유압실린더의 누유점검 방법으로 적당하지 않은 것은?**

① 얇은 종이를 펴서 피스톤 로드에 대고 유압을 가한다.
② 얇은 가죽이나 V패킹을 교환한다.
③ 정상적인 온도에 도달한 후 점검한다.
④ 각 흡입 실린더를 수 회 작동한다.

25 **다음 중 유압전동기의 가장 큰 장점은?**

① 작동유의 누유를 방지한다.
② 압력조정이 용이하다.
③ 무단변속이 용이하다.
④ 직접적인 회전을 얻을 수 있다.

26 **다음 중 한국공업규격(KS)에서 와이어로프의 규격번호는 무엇인가?**

① KS A 3514 ② KS B 3514
③ KS C 3514 ④ KS D 3514

27 **와이어로프의 클립 간격은 로프 직경의 몇 배 이상으로 장착해야 하는가?**

① 3배 이상 ② 6배 이상
③ 9배 이상 ④ 12배 이상

28 **와이어로프용 윤활유의 구비조건에 해당하지 않는 것은?**

① 녹지 않을 것
② 유막을 형성하는 힘이 적을 것
③ 내산화성이 클 것
④ 로프 내부로 침투력이 있을 것

29 **다음 중 타워크레인 운전 중 경보를 올려야 하는 상황이 잘못된 것은?**

① 화물 진행방향 뒤로 작업자가 가고 있을 때
② 화물을 매달고 이동할 때
③ 운전이 시작될 때
④ 미끄러지기 쉬운 화물일 때

30 **타워크레인 운전을 중지하여야 하는 1회의 폭우량은 얼마인가?**

① 10mm 이상인 비
② 25mm 이상인 비
③ 40mm 이상인 비
④ 50mm 이상인 비

정답 21 ② 22 ③ 23 ② 24 ④ 25 ③ 26 ④ 27 ② 28 ② 29 ① 30 ④

31 타워크레인 운전을 중지하여야 하는 1회의 폭설량은 얼마인가?

① 10mm 이상인 눈
② 15mm 이상인 눈
③ 20mm 이상인 눈
④ 25mm 이상인 눈

32 다음 중 컨트롤러 핸들을 조작하는 방법으로 가장 올바른 운전방법은?

① 1노치에서 차례로 전노치까지 적절한 간격을 두고 조작한다.
② 1, 2노치를 서행, 급행으로 조작한다.
③ 필요시 시동정지를 반복한다.
④ 1노치만 서서히 조작한다.

33 타워크레인으로 화물을 적재하는 경우의 올바른 방법이 아닌 것은?

① 편하중과 균일하중이 생기지 않도록 할 것
② 불안정 높이로 쌓아 올리지 말 것
③ 침하가 없는 곳에 적재
④ 화물의 압력에 견딜 수 있는 곳에 적재

해설
균일하중은 생겨야 한다.

34 타워크레인으로 야간에 화물을 운반하는 경우의 준수사항과 거리가 먼 것은?

① 튼튼한 지반위에 적재할 것
② 크레인의 전원만은 반드시 조명을 유지할 것
③ 안전모 등 보호구를 착용할 것
④ 관계자 외 출입을 금지할 것

해설
야간작업 시는 크레인의 조명등 이외 지상에 있는 조명등을 반드시 확보하여 작업에 불편이 없도록 하여야 한다.

35 크레인의 공통적 표준운전 신호방법에서 "마그넷 붙이기"의 올바른 신호방법은?

① 양쪽 손을 몸 앞에다 댄다.
② 한쪽 손을 몸 앞에다 댄다.
③ 한쪽 손을 몸 앞에다 대고 꽉 낀다.
④ 양쪽 손을 몸 앞에다 대고 꽉 낀다.

36 크레인의 공통적 표준운전 신호방법에서 "신호 불명"의 올바른 신호방법은?

① 운전자는 손바닥을 안으로 하여 얼굴 앞에서 1회만 흔든다.
② 운전자는 손바닥을 밖으로 하여 얼굴 앞에서 1회만 흔든다.
③ 운전자는 손바닥을 밖으로 하여 얼굴 앞에서 2,3회 흔든다.
④ 운전자는 손바닥을 안으로 하여 얼굴 앞에서 2,3회 흔든다.

37 텔레스코핑 작업방법이 잘못된 것은?

① 올바른 볼트체결은 서포트 슈를 유지한 채 볼트 체결작업을 실시한다.
② 선회 링 서포트가 끼워 넣은 마스트에 안착되도록 실린더를 하강 후 작업을 실시한다.
③ 마스트의 볼트 체결방법을 반드시 숙지한 후 작업을 실시한다.
④ 볼트체결 시는 토크값을 지참하여 유압 토크렌치를 사용한다.

해설
클라이밍 웨브에 안착되어 있는 서포트 슈를 제거하고 선회 링 서포트가 끼워 넣은 마스트에 안착되도록 실린더를 하강 후 작업을 실시한다.

정답 31 ④ 32 ① 33 ① 34 ② 35 ④ 36 ④ 37 ①

38 다음 중 텔레스코핑 작업방법이 잘못된 것은?

① 유압실린더를 상승 작동시켜 크로스 멤버와 서포트 슈가 2개의 텔레스코핑 웨브에 안착되도록 하여 마스트 설치공간을 확보한다.
② 철근다발을 훅에 매달아 트롤리를 이동시켜 전·후 평형상태의 균형을 맞춘다.
③ 추가할 마스트를 가이드 레일에 올려놓는다.
④ 훅을 이용하여 추가할 마스트를 들어 올린다.

해설
밸런스 웨이트를 훅에 매달아 타워 구조물에 대한 수평 균형을 유지하여야 하며, 특히 철근 등 비규격품은 사용을 금지하여야 한다.

39 타워크레인의 텔레스코핑 작업순서가 잘못된 것은?

① 슬루잉 유닛과 상부 마스트 고정 핀 또는 볼트 해체 → 유압 실린더로 상승
② 삽입 마스트와 기존 마스트를 핀 또는 볼트로 체결 → 삽입 마스트를 텔레스코핑 케이지에 밀어 넣음
③ 유압 유닛 확인 → 조립할 마스트를 권상
④ 권상된 마스트를 가이드 레일에 안착 → 밸런스 웨이트로 수평 조절

해설
유압실린더로 상승작업 후에는 삽입 마스트를 텔레스코핑 케이지에 밀어 넣으며, 삽입 마스트와 기존 마스트를 핀 또는 볼트로 체결하여야 한다.

40 텔레스코핑 케이지 안내롤러의 설치작업 시 착안해야 하는 위험사항에 해당하지 않는 것은?

① 마스트를 끼울 높이
② 고정 볼트 핀 연결부
③ 롤러의 재료 강도
④ 롤러의 간격

41 타워크레인을 설치 후 가동전의 점검사항이 아닌 것은?

① 대관청의 지적사항을 확인 점검
② 브레이크 등 안전장치의 작동을 확인
③ 표준전압의 인입을 확인
④ 기계장치 접촉개소에 윤활상태를 점검

42 T형 타워크레인에서 텔레스코핑 시 안전핀의 사용관계에 대한 설명이 잘못된 것은?

① 케이지와 연결된 핀들은 텔레스코핑 시에만 사용된다.
② 4개의 안전핀으로 크기가 2mm 작다.
③ 정상 핀으로 교체 전에는 권상운전을 금해야 한다.
④ 텔레스코핑 작업 후에는 케이지가 내려져야 하고 4개의 안전핀은 유지되어야 한다.

해설
텔레스코핑 작업 후에는 케이지가 내려져야 하고 정상핀으로 교체되어야 한다.

정답 38 ② 39 ② 40 ③ 41 ① 42 ④

43 **T형 타워크레인에서 텔레스코핑의 균형을 유지하기 위한 작업방법이 잘못된 것은?**

① 추가하는 마스트는 상부 구조물에 균형을 맞추기 전에는 가이드 레일에 놓여질 것
② 밸런스 웨이트의 무게를 주어진 양정에 따라 이동시키는 방법
③ 메인 지브에서 트롤리의 위치를 조정하는 방법
④ 선회, 트롤리 이동 및 권상운전을 금지할 것

44 **타워크레인을 가동하기 전의 점검항목에 해당하지 않는 것은?**

① 안전장치 등 작동상태
② 브레이크 등 작동상태
③ 와이어로프 설치상태
④ 마스트의 진직도 상태

해설
마스트의 진직도 검사는 가동 전이 아니라 설치 시 해야 한다.

45 **타워크레인을 가동하기 전 운전실과 관계된 연결부 안전성을 확보하기 위한 점검사항이 올바르게 설명된 것은?**

① 선회 링 기어와 마스트의 연결 볼트, 너트 확인
② 선회 브레이크 풀림장치의 작동상태 확인
③ 전기장치의 작동 확인
④ 와이어로프 설치상태 확인

46 **텔레스코핑 작업 시 일반적으로 주의해야 할 사항과 거리가 먼 것은?**

① 텔레스코핑 케이지와 선회 링 서포트는 핀으로 조립
② 선회 링 서포트와 마스트간의 체결 볼트 해체
③ 유압실린더와 카운터 지브가 동일 방향에 위치
④ 풍속 8m/sec 이내에서 작업 실시

해설
텔레스코핑 작업 시 허용 풍속은 10m/sec 이내이다.

47 **텔레스코핑 작업 전 텔레스코핑 케이지와 선회 링 서포트는 어떠한 상태로 있어야 하는가?**

① 핀으로 부분 조립되어 있을 것
② 핀으로 완전 조립되어 있을 것
③ 볼트로 부분 조립되어 있을 것
④ 볼트로 완전 조립되어 있을 것

48 **타워크레인의 상승작업 중 지브의 균형을 유지하기 위한 안전대책이 아닌 것은?**

① 안전 난간대 및 작업발판 설치 확인
② 풍속 10m/sec 이내 실시 확인
③ 권상, 트롤리 이동 및 선회운전 금지
④ 양쪽 지브의 균형 유지 여부 확인

해설
지브균형문제와 안전난간대, 작업발판 설치문제와는 서로 관련이 없다.

49 **타워크레인의 상승작업 중 텔레스코픽 슈의 장착에 대한 안전대책에 해당하지 않는 것은?**

① 텔레스코픽 슈 장착 확인 후 지적확인
② 작업 절차서에 명시되지 않은 작업은 단독 판단하여 장착
③ 작업시작 전 유압장치의 이상유무 확인
④ 실린더 작동 전 지브의 균형 확인

정답 43 ① 44 ④ 45 ① 46 ④ 47 ② 48 ① 49 ②

50 타워크레인의 상승작업 중 가이드 레일에 마스트 상차상태에 대한 안전대책이 잘못된 것은?

① 가이드 레일 표면의 그리스 도포여부 확인
② 가이드 레일과 마스트를 고정용 안전핀으로 고정여부 확인
③ 마스트를 삽입할 수 있는 공간 확보
④ 상차 전 가이드 레일의 변형유무 확인

51 러핑 타워크레인의 텔레스코핑 작업 중 운전자가 금지해야 하는 운전사항이 아닌 것은?

① 운전조작이 불가능한 인터록 장치의 구속조치
② 텔레스코핑 케이지 안내롤러의 간격이 일정하게 될 때까지 지브각도를 조정하여 균형 유지
③ 불일치된 핀 구멍을 조정하기 위해 약간의 선회운전
④ 케이지와 마스트 사이의 안내 롤러의 간격을 유지

52 러핑 타워크레인의 지브 해체작업 중에 발생 가능한 재해원인과 안전대책에 대한 설명으로 거리가 먼 것은?

① 메인 지브의 연결부에 과도한 하중발생으로 지브 연결부 파단
② 지브 인양위치는 제작사가 제공하는 매뉴얼을 준수
③ 표준작업 방법 등에 관한 사항은 작업 중에 결정하고 당해 작업을 지휘
④ 해체작업 시 표준 인양위치 선정 부적정

53 와이어로프 줄걸이 작업자가 줄걸이 작업을 할 때 화물의 중량에 따른 안전작업 방법이 아닌 것은?

① 짐의 중량 판단에 자신이 없을 때에는 숙련자에게 문의 후 작업한다.
② 화물의 중량을 어림짐작하여 작업한다.
③ 화물은 전문적인 줄걸이 용구를 만들어 작업한다.
④ 정격하중 이상의 화물은 매달지 않는다.

54 다음 중 현장에서 안전대를 착용해야 하는 이유로 알맞은 것은?

① 안전을 위해서
② 가족을 위해서
③ 사기진작을 위해서
④ 멋을 내기 위해서

55 스패너 작업 시 주의해야 할 사항이 아닌 것은?

① 스패너의 자루에 파이프를 이어서 사용해서는 안 된다.
② 스패너의 입이 너트의 치수에 맞는 것을 사용해야 한다.
③ 스패너와 너트 사이에는 쐐기를 넣고 사용하는 것이 편리하다.
④ 너트에 스패너를 깊이 물리고 조금씩 앞으로 당기는 식으로 풀고 조인다.

56 줄걸이 작업 중 갑자기 회전중인 물체를 정지시킬 때 다음 중 가장 안전한 것은 무엇인가?

① 스스로 정지하도록 한다.
② 공구로 정지시킨다.
③ 손으로 정지시킨다.
④ 발로 정지시킨다.

정답 50 ① 51 ③ 52 ③ 53 ② 54 ① 55 ③ 56 ①

57 **수공구 사용 시 재해발생 원인과 거리가 먼 것은?**

① 사용방법이 미숙하였다.
② 사용공구의 점검 및 정비를 소홀히 하였다.
③ 힘에 맞지 않는 공구를 사용하였다.
④ 수공구의 성능을 알고 선택하였다.

58 **다음 중 재해조사 목적을 가장 올바르게 설명한 것은?**

① 적절한 재해예방 대책을 수립하기 위함
② 재해발생 상태와 동기에 대한 통계를 작성하기 위함
③ 재해 유발자의 책임 추궁을 위함
④ 작업능률 향상을 위함

59 **타워크레인 훅의 상승작업 중, 화물의 낙하가 발생한 원인과 거리가 먼 것은?**

① 권상 와이어로프의 절단
② 지브와 달기 기구와의 충돌
③ 줄걸이 상태 불량
④ 텔레스코핑 시 상부의 불균형

해설

텔레스코핑 시 상부무게 불균형 상태는 본체전도의 원인이다.

60 **이동식 타워크레인의 트랙에 대한 설명이 잘못된 것은?**

① 트랙이 피뢰를 위해 정확히 접지되었는지 확인한다.
② 크레인의 회전 및 주행 모멘트는 역전류를 사용하여 정지시킨다.
③ 크레인을 기동하기 전에 레일트랙에 장애물을 점검한다.
④ 레일 트랙의 기초간격과 정확하게 놓였는지 점검한다.

해설

작동정지에 관한 사항은 운전조작 방법에 해당된다.

정답 57 ④ 58 ① 59 ④ 60 ②

CBT 대비문제 ❹

1 **다음 중 점토층의 허용 지지력은 얼마인가?**

① 1.5 kg/㎠
② 2.5 kg/㎠
③ 3.5 kg/㎠
④ 4.5 kg/㎠

2 **다음 중 모래가 섞인 점토층의 허용 지지력은 얼마인가?**

① 1.5 kg/㎠
② 2.5 kg/㎠
③ 3.5 kg/㎠
④ 4.5 kg/㎠

3 **타워크레인의 설치 계획 시 반드시 지내력을 검토하여야 한다. 다음 중 지내력의 적정 기준치는 얼마 이상인가?**

① 1.0 kg/㎠ 이상
② 1.5 kg/㎠ 이상
③ 2.0 kg/㎠ 이상
④ 2.5 kg/㎠ 이상

4 **다음 중 훅을 폐기해야 하는 것은 무엇인가?**

① 훅 입구의 벌어짐이 원치수의 20%가 변형되었을 때
② 훅 입구의 벌어짐이 원치수의 15%가 변형되었을 때
③ 훅 입구의 벌어짐이 원치수의 10%가 변형되었을 때
④ 훅 입구의 벌어짐이 원치수의 5%가 변형되었을 때

5 **타워크레인이 외력을 받는 경우 다음 중 가장 중요한 요소는 무엇인가?**

① 온도 유지 ② 균형 유지
③ 속도 유지 ④ 기초 유지

해설

타워크레인은 연속체가 결합된 구조물로서 외력을 받는 경우 안전성 면에서 가장 중요한 요소는 몸체의 균형 유지이다.

6 **다음 중 타워크레인의 작업능력을 표시하는 것은 무엇인가?**

① 권상시간 ② 권상체적
③ 권상속도 ④ 권상하중

해설

작업능력은 하중으로 나타낸다.

7 **타워크레인 공칭 용량단위로 다음 중 올바른 것은?**

① 스팬(Span) ② 톤(Ton)
③ 킬로그램(kg) ④ 파운드(Pound)

해설

타워크레인의 공칭 용량은 하중을 나타내며, 단위는 톤이 사용된다.

8 **타워크레인의 주요구성 장치에 해당하지 않는 것은?**

① 주행장치 ② 횡행장치
③ 신호장치 ④ 권상장치

9 **우리나라에서 허용되는 전원공급 조건 중 공칭 주파수는 몇 cycle인가?**

① 50 cycle ② 60 cycle
③ 70 cycle ④ 80 cycle

정답 1 ① 2 ③ 3 ④ 4 ① 5 ② 6 ④ 7 ② 8 ③ 9 ②

10 타워크레인의 제어반 부품이 아닌 것은?

① 콘덕트 팁 ② 케이블 덕트
③ 터미널 블록 ④ 브레이크 실린더

해설
브레이크 실린더는 디스크 브레이크의 구성부품이다.

11 전동기 회로를 보호하는 장치가 아닌 것은?

① 저항기 ② 과부하 계전기
③ 3 이상 ④ 과전류 릴레이

해설
저항기는 권선형 유도전동기의 2차측에 설치되어 저항값의 크기를 제어기로 제어하여 전동기의 속도를 조절하는 기구이다.

12 비상 정지장치에 대한 작동구조가 올바르게 설명된 것은?

① 돌발상황이 발생한 경우에 모든 제어회로를 차단시키는 구조일 것
② 돌발상황이 발생한 경우에만 제어회로를 차단시키는 구조일 것
③ 돌발상황이 발생한 경우에는 2차측 조작 제어회로를 차단시키는 구조일 것
④ 돌발상황이 발생한 경우에는 1차측 조작 제어회로를 차단시키는 구조일 것

13 권상 및 권하 방지장치에 대한 작동구조가 올바르게 설명된 것은?

① 트롤리 드럼의 축에 리미트를 연결하여 과권상 및 과권하를 수동적으로 차단하는 구조일 것
② 트롤리 드럼의 축에 리미트를 연결하여 과권상 및 과권하를 자동적으로 차단하는 구조일 것
③ 권상 드럼의 축에 리미트를 연결하여 과권상 및 과권하를 수동적으로 차단하는 구조일 것
④ 권상 드럼의 축에 리미트를 연결하여 과권상 및 과권하를 자동적으로 차단하는 구조일 것

14 충돌 방지장치에 대한 작동환경이 올바르게 설명된 것은?

① 타워크레인이 5대 이상 설치된 경우에 근접 충돌을 방지한다.
② 타워크레인이 4대 이상 설치된 경우에 근접 충돌을 방지한다.
③ 타워크레인이 3대 이상 설치된 경우에 근접 충돌을 방지한다.
④ 타워크레인이 2대 이상 설치된 경우에 근접 충돌을 방지한다.

15 유압전동기의 용량은 다음 중 무엇으로 나타내는가?

① 입구 압력당 토크
② 체적
③ 출구 압력당 토크
④ 주입된 동력

16 유압전동기를 선택할 때 다음 중 가장 중요한 것은?

① 부하 ② 효율
③ 동력 ④ 체적

해설
어떤 전동기든 선택 시 가장 중요한 것은 효율이다.

정답 10 ④ 11 ① 12 ① 13 ④ 14 ④ 15 ② 16 ②

17 **유압회로에서 유압전동기를 정지시키고자 작동유의 공급을 중지하였을 때 유압전동기는 어떤 현상을 보이겠는가?**

① 계속 회전한다.
② 급정지하다가 관성에 의해 다시 회전한다.
③ 곧바로 정지한다.
④ 잠시동안 공전하다가 정지한다.

해설
LPG 연료를 쓰는 자동차를 생각해보면 쉽다.

18 **유압전동기와 유압실린더의 차이점에 대한 설명이 올바르게 된 것은?**

① 둘 다 직선운동을 한다.
② 둘 다 회전운동을 한다.
③ 유압전동기는 직선운동, 유압실린더는 회전운동을 한다.
④ 유압전동기는 회전운동, 유압실린더는 직선운동을 한다.

19 **다음 유압호스 중에서 가장 큰 압력에 견딜 수 있는 것은 무엇인가?**

① 단일 와이어 블레이드
② 내선 와이어 블레이드
③ 이중 와이어 블레이드
④ 직물 블레이드

20 **유압호스의 설치방법이 잘못된 것은?**

① 직선으로 설치하면 약간 느슨하게 설치한다.
② 스프링 코일 호스는 스프링이 찌그러져 호스를 압박하지 않도록 한다.
③ 꼬인 상태의 호스 설치는 금지한다.
④ 호스끼리의 접촉은 무방하다.

21 **유압회로에서 작동유의 누설원인에 해당하지 않는 것은?**

① 실 불량　② 마모
③ 회로의 막힘　④ 이상 고온

22 **유압계통에서 작동유의 누설을 점검할 때 유의해야 할 사항과 거리가 먼 것은?**

① 볼트의 풀림
② 실의 마모
③ 작동유의 윤활성
④ 실의 파손

23 **유압기기를 세척할 때 다음 중 가장 알맞은 방법은 무엇인가?**

① 중유로 깨끗이 닦고 압축공기로 건조시킨다.
② 비눗물로 깨끗이 닦고 압축공기로 건조시킨다.
③ 알코올로 깨끗이 닦고 압축공기로 건조시킨다.
④ 경유로 깨끗이 닦고 압축공기로 건조시킨다.

24 **다음 중 유압의 장점이 아닌 것은?**

① 에너지 손실이 전혀 없다.
② 과부하 방지에 유리하다.
③ 진동이 적다.
④ 힘의 조정이 용이하다.

25 **유압의 단점에 해당하지 않는 것은?**

① 오일이 가연성으로 화재가 예상된다.
② 오일온도에 따라 기계의 속도가 달라진다.
③ 오일이 새어 나오기 쉽다.
④ 에너지 손실이 많다.

정답 17 ④　18 ④　19 ②　20 ④　21 ③　22 ③　23 ④　24 ①　25 ②

26 다음 중 물건을 매다는 기구로 가장 많이 사용되는 것은?

① 그물
② 체인
③ 와이어로프
④ 벨트

27 5톤의 화물을 4줄걸이하여 조각도 60°로 매달은 경우에 1줄에 걸리는 하중은 몇 톤인가?

① 1.11 톤 ② 1.25 톤
③ 1.44 톤 ④ 1.55 톤

해설

1줄에 걸리는 하중 = $\frac{\text{화물의 하중}}{\text{줄걸이 수}}$ × 조각도이고,

조각도 60°인 경우 1.155배 이므로 $\frac{5}{4}$ × 1.155 = 1.444톤이다.

※ 조각도 0° : 1배, 30° : 1.035배, 60° : 1.155배
90° : 1.414배, 120° : 2배

28 와이어로프의 킹크가 생기기 쉬운 원인이 아닌 것은?

① 로프피치가 흩어져서 로프 이동이 늦추어진 경우
② 잡아 늘려서 로프피치 이동이 늦추어진 경우
③ 비틀림에 의해 로프피치 이동이 늦추어진 경우
④ 로프의 해권방법이 부적당한 경우

해설

로프가 흩어져서 로프피치가 이동한 것이 다시 늦추어졌을 경우에 와이어로프에 킹크가 생기기 쉬운 원인이 된다.

29 타워크레인의 작업시작 전 점검사항이 잘못된 것은?

① 마스트, 지브의 연결 및 부식 확인
② 트롤리가 횡행하는 레일상태 확인
③ 와이어로프가 통하는 곳의 확인
④ 권과 방지장치 및 운전장치 기능 확인

30 운전 개시 전 컨트롤러의 점검사항과 거리가 먼 것은?

① 리드 선의 결선 확인
② 진동상태의 확인
③ 마모상태의 확인
④ 작동상태의 확인

31 운전개시 전 전동기의 점검사항과 거리가 먼 것은?

① 권선부 발열 확인
② 권선 속도의 확인
③ 슬립링 면의 거칠기 유무확인
④ 카본 브러시 마모 확인

32 운전개시 전 와이어로프의 점검사항과 거리가 먼 것은?

① 발열 ② 변형
③ 절손 ④ 마멸

33 타워크레인 운전자의 의무가 잘못 설명된 것은?

① 작업장에서 조립, 부해된 부품은 기록부에 기록한다.
② 이상유무를 발견 시는 즉시 보고한다.
③ 작동개시 전 브레이크 등 안전장치의 작동상태를 점검한다.
④ 결함 발견시 먼저 운전작업 후 긴급보수를 요청한다.

정답 26 ③ 27 ③ 28 ① 29 ① 30 ② 31 ② 32 ① 33 ④

34 타워크레인 운전자가 운전실을 떠날 때의 준수사항이 아닌 것은?

① 전원을 끈다.
② 선회 기어 브레이크를 푼다.
③ 모든 제어장치는 부하위치에 둔다.
④ 훅을 트롤리 내측으로 올려 놓는다.

35 크레인의 공통적 표준운전 신호방법에서 "마그넷 매기"의 올바른 신호방법은?

① 양쪽 손을 위로 향하고 몸 앞에서 측면으로 벌린다.
② 한쪽 손을 위로 향하고 몸 앞에서 측면으로 벌린다.
③ 양쪽 손을 지면로 향하고 몸 앞에서 측면으로 벌린다.
④ 한쪽 손을 지면로 향하고 몸 앞에서 측면으로 벌린다.

36 크레인의 공통적 표준운전 신호방법에서 "화물을 아래로 내리기"의 올바른 신호방법은?

① 손끝이 지면을 향해 팔을 옆으로 뻗고 1회만 흔든다.
② 손끝이 지면을 향해 팔을 아래로 뻗고 1회만 흔든다.
③ 손끝이 지면을 향해 팔을 옆으로 뻗고 2, 3회 흔든다.
④ 손끝이 지면을 향해 팔을 아래로 뻗고 2, 3회 흔든다.

37 텔레스코핑 작업 시 해당 작업관계자의 준수사항이 아닌 것은?

① 작업지휘자의 지시에 따른다.
② 작업절차서 등에 따라 협의하되 안전을 우선하여 협의한다.
③ 반드시 작업절차에 따르되 변동 시는 변동되는 작업관계자만 협의한다.
④ 작업협의 대상은 작업지휘자, 운전자, 줄걸이 작업자, 신호자, 설치자 등이다.

38 텔레스코핑 작업 시 해당 작업 관계자간 협의사항이 틀린 것은?

① 본 작업 중에 크레인의 균형 유지
② 작업은 풍속 10m/sec 이내 실시
③ 작업 중 선회, 트롤리 이동, 권상 금지
④ 제조자가 제시한 작업절차를 준수

39 이동식 크레인으로 러핑 타워크레인 조립을 위한 지브의 인양각도는 어느 정도가 적당한가?

① 5~15°　② 25~35°
③ 45~55°　④ 65~75°

40 이동식 크레인으로 러핑 타워크레인 조립을 위해 보조로프를 걸고 지브를 인양할 때 가장 적당한 인양 속도는 얼마 이내인가?

① 15m/min 이내
② 25m/min 이내
③ 35m/min 이내
④ 45m/min 이내

41 러핑 타워크레인 해체를 위해 가장 적당한 지브의 최소 해체각도는?

① 18° 이하　② 20° 이하
③ 25° 이하　④ 30° 이하

정답 34 ③ 35 ③ 36 ④ 37 ③ 38 ① 39 ② 40 ① 41 ①

42 **러핑 타워크레인의 지브 및 카운터 지브의 해체방법이 올바른 것은?**

① 캣트 헤드와는 관계없이 조립 핀을 제거한다.
② 턴테이블과의 로프 결속 후 조립 핀을 해체한다.
③ 카운터 웨이트와의 로프 결속 후 조립 핀을 해체한다.
④ 캣트 헤드와의 로프 결속 후 조립 핀을 해체한다.

43 **타워크레인의 카운터 지브 설치 작업시 주요 안전점검 항목과 거리가 먼 것은?**

① 리미트 스위치 조정 및 점검
② 인양용 와이어로프 준비
③ 타이 바 조립 및 연결 상태
④ 풍압에 영향을 주는 부착물 설치

44 **러핑 타워크레인의 연장 · 해체 작업시 안전사항이 잘못된 것은?**

① 가이드 레일위에 마스트를 올려놓은 후 반드시 지브를 18° 범위로 설정 후 유압실린더 작동 실시
② 제작사가 정하는 작업 매뉴얼에 따라 작업 실시
③ 연장 · 해체작업 반경 내에는 타 작업과 동시 병행이 가능
④ 마스트 연결부를 해체한 상태에서 모든 운전조작은 금지

45 **러핑 타워크레인의 해체작업으로 가이드 섹션을 내리기 위한 작업방법이 잘못된 것은?**

① 램을 수축시킨다.
② 가이드 섹션을 훅으로 지탱한다.
③ ②번 항목 실시후 램을 완전히 이완시킨다.
④ 서포트 및 유압장치를 램에 고정하는 핀을 설치하고 고정한다.

해설
가이드 섹션을 훅으로 지탱한 다음 램을 완전히 수축시켜야 한다.

46 **타워크레인의 텔레스코핑 케이지 설치작업 시 주요 안전점검 항목과 거리가 먼 것은?**

① 운전실 연결 볼트
② 텔레스코핑 케이지 가이드 레일
③ 텔레스코핑 케이지 설치방향
④ 작업발판, 난간 설치 및 볼트 고정

해설
텔레스코핑 케이지 설치작업과 운전실 연결작업과는 상관이 없다.

47 **러핑 타워크레인의 선회가 제대로 되지 않을 때 측정해야 할 사항이 잘못된 것은?**

① 5단에서 동작상태를 측정한다.
② 브레이크 풀림 솔레노이드 동작은 무관하다.
③ 기어박스 정지상태에서 전동기의 흔들림을 측정한다.
④ 커플링 작동 시 온도를 측정한다.

해설
브레이크 풀림 솔레노이드 동작 시 단선여부를 측정한다.

정답 42 ④ 43 ④ 44 ③ 45 ③ 46 ① 47 ②

48 **안전교육의 목적이 아닌 것은?**

① 안전보호구의 설계능력을 배양한다.
② 작업에 대한 주의심을 파악할 수 있게 한다.
③ 능률적인 표준작업을 숙달시킨다.
④ 위험에 대처하는 능력을 기른다.

49 **산업안전보건법상 근로자의 의무사항이 잘못 설명된 것은?**

① 보호구의 착용
② 위험한 장소에서의 출입
③ 안전규칙의 준수
④ 위험상황 발생 시 작업중지 및 대피

50 **산업안전 표지는 목적에 따라 구분된다. 다음 중 안전표지와 관련이 없는 것은?**

① 경고표지
② 안내표지
③ 방향표지
④ 금지표지

51 **와이어로프의 검사항목이 아닌 것은?**

① 마모 부식 상태의 검사
② 꼬임 킹크 상태의 검사
③ 단말 고정 상태의 검사
④ 소선 인장강도의 검사

52 **다음 중 소화작업이 잘못된 것은?**

① 연료를 기화시킨다.
② 산소를 차단한다.
③ 가연물질을 제거한다.
④ 점화원을 냉각시킨다.

53 **화물을 달아 올릴 때 준수해야 할 사항이 잘못된 것은?**

① 전도작업 도중 중심이 달라질 때는 와이어로프가 미끄러지지 않도록 한다.
② 화물을 매다는 각도는 60° 이내로 한다.
③ 큰 화물위에 작은 화물을 얹어서 떨어지지 않도록 줄걸이 한다.
④ 화물을 전도시킬 때는 가급적 주위를 넓게 확보한다.

54 **최근 노동부의 재해통계에서 타워크레인에 재해가 증가하는 원인이 잘못 설명된 것은?**

① 시공업체의 전문지식 부족 및 관리감독을 미배치함
② 설치 · 해체 과정에서 주로 너트를 체결하지 않음
③ 신호체계, 작업순서를 무시함
④ 설치 · 해체 물량은 급증하나 작업팀 수는 증가하지 않음

55 **타워크레인 마스트 상승작업을 목적으로 균형용 마스트를 매달지 않은 상태에서 작업 강행 시 예상할 수 있는 재해 결과가 아닌 것은?**

① 메인 지브와 카운터 지브가 이탈할 수 있다.
② 권상용 와이어로프는 파손과 관계없이 영향을 받지 않는다.
③ 서포트 슈가 걸림대에서 이탈할 수 있다.
④ 크레인의 불균형이 발생한다.

정답 48 ① 49 ② 50 ③ 51 ④ 52 ① 53 ③ 54 ② 55 ②

56 **러핑 타워크레인의 좌굴 및 전도 재해 방지를 위한 재해예방 대책과 거리가 먼 것은?**

① 안내롤러의 간격이 일정상태로 유지될 때까지 트롤리를 이동, 균형을 유지해야 한다.
② 지브의 방향은 유압장치와 정반대 위치에 있어야 한다.
③ 작업자의 안전보호구를 철저히 착용토록 교육하며 신호자를 배치한다.
④ 텔레스코핑 유압실린더의 작동상태를 정기적으로 확인한다.

해설
전도에 대한 안전대책은 안전보호구 착용교육과 무관하다.

57 **최근 타워크레인에 대한 노동부의 재해통계를 분석한 결과, 다음 중 가장 효과적인 재해예방 대책은 무엇인가?**

① 작업절차와 순서에 입각한 크레인의 설치, 해체, 상승작업을 실시할 것
② 마스트 설치작업에 집중적인 안전교육 실시
③ 최신기종의 크레인 설치 및 사용
④ 작업자의 안전보호구 착용 철저

58 **타워크레인 상승작업에서 발생할 수 있는 재해의 발생 원인과 거리가 먼 것은?**

① 마스트가 가이드 레일에서 이탈
② 작업발판 핀 제거 잘못
③ 케이지 상부 고정 핀 미체결
④ 양쪽 지브의 균형 불일치

59 **타워크레인의 작업 전 점검사항이 틀린 것은?**

① 와이어로프 상태와 도르래 위치가 정확한지 점검한다.
② 밸러스트가 안전하고 완전하게 설치되었는지 점검한다.
③ 각 제어장치가 0 이나 중립이 아닌 상태에서 구동기어에 전원을 공급한다.
④ 브레이크 해지장치 솔레노이드를 작동 · 조정 · 시험해 보도록 한다.

해설
제어장치가 0 이나 중립이 아닌 상태에서 구동기어에 전원을 공급한다면 급작스럽게 작동되는 경우가 되어 위험하다.

60 **크레인을 운영하는 회사나 위임된 대표자가 취해야 할 안전 예방책과 거리가 먼 것은?**

① 크레인의 스위치를 내리고 우발적이나 악의 있는 재시동은 금지한다.
② 위험지역 근처에 비상경계선과 안내표시판을 설치해야 한다.
③ 다른 크레인과 충돌을 방지하기 위해 보호물을 장치시킨다.
④ 임시 사용될 크레인은 지면의 부하 부담능력에 따라서 설치하고 버팀대를 사용한다.

해설
안전예방 대책과 임시사용 크레인 설치사항과는 관련이 없다. 임시사용 크레인 설치사항은 크레인 소유자나 운영회사로부터 임명된 사람이 감독한다.

정답 56 ③ 57 ① 58 ② 59 ③ 60 ④

CBT 대비문제 5

1 타워크레인의 기초작업으로 기종 선정 시 고려해야 할 사항이 아닌 것은?

① 지브 길이 ② 전력 용량
③ 마스트 높이 ④ 정격 하중

해설
전력용량은 타워크레인의 인입전원 검토 시 고려해야 하는 사항이다.

2 고정형 타워크레인의 경우 설치기초 위치의 검토 시 가장 중요한 사항은 다음 중 무엇인가?

① 케이블의 위치
② 작업자의 위치
③ 장비의 위치
④ 앵커 위치

해설
고정형 타워크레인의 경우 앵커링의 위치선정을 정확히 해야 설치후에 작업반경, 인양능력을 확보할 수 있고 해체 후에는 해체장비의 작업위치 등에서 원활한 작업이 이루어 질 수 있다.

3 상승형 타워크레인의 설치방법이 올바르게 된 것은?

① 콘크리트 파일을 항타한 후 상승하는 방법이다.
② 건물자체 구조물에 의존하여 상승하는 방법이다.
③ 철골 구조물 또는 건물 외각에 사용되는 방법이다.
④ 콘크리트 블록 등으로 고정하는 방법이다.

해설
상승형은 주로 철골 구조물 건축공사 혹은 콘크리트 건축물 공사 중 외곽에 크레인을 설치할 장소가 없는 경우 설치하는 방법으로 건물 자체의 구조물에 지지하여 상승하는 방법이다.

4 감속기 급유의 목적이 아닌 것은?

① 진동방지 ② 유막형성
③ 냉각작용 ④ 슬라이딩 방지

해설
슬라이딩(미끄러짐) 방지는 급유의 목적과는 무관하다.

5 타워크레인 권상장치의 주요 구성요소가 아닌 것은?

① 감속기
② 커플링
③ 충돌 방지 장치
④ 브레이크

해설
충돌방지장치는 타워크레인 방호장치로 권상장치의 구성요소는 아니다.

6 훅 재료의 안전계수는 얼마 이상인가?

① 3 이상 ② 4 이상
③ 5 이상 ④ 6 이상

7 와이어로프의 재질로서 다음 중 가장 적당한 것은?

① 특수강 ② 탄소강
③ 주철 ④ 합금

정답 1 ② 2 ④ 3 ② 4 ④ 5 ③ 6 ③ 7 ②

8 10톤의 화물을 2줄걸이하여 조각도 30°로 매달 때 한쪽 로프에 걸리는 하중은 얼마인가?

① 3.18 톤 ② 5.18 톤
③ 6.18 톤 ④ 8.18 톤

해설
1줄에 걸리는 하중 = $\frac{\text{화물의 하중}}{\text{줄걸이 수}}$ × 조각도이고,
조각도 30°인 경우 1.035배 이므로 $\frac{10}{2}$ × 1.035 = 5.175톤이다.
※ 조각도 0° : 1배, 30° : 1.035배, 60° : 1.155배
90° : 1.414배, 120° : 2배

9 마그넷 브레이크 구조에서 스트로크와 슈를 동시에 조정할 수 있는 구조로 설계된 기구는 다음 중 무엇인가?

① 타이로드 ② 포스트
③ 브레이크 슈 ④ 여자코일

해설
스트로크(브레이크 스프링 장력)와 브레이크 슈 간격을 동시에 조절할 수 있는 것은 타이로드이다.

10 마그넷 브레이크 라이닝 두께가 30% 마모된 경우 조치방법이 올바르게 된 것은?

① 라이닝을 교환한다.
② 마모한계까지 사용한다.
③ 마그넷 코일을 교환한다.
④ 스트로크를 조정한다.

해설
라이닝 두께가 마모한도(50%) 이내인 경우에는 스토로크를 조정한다.

11 브레이크 드럼의 구비조건이 아닌 것은?

① 내열성이 클 것
② 제동효과가 좋을 것
③ 마찰계수값이 작을 것
④ 내마모성이 클 것

해설
브레이크 드럼은 마찰계수가 커야만 제동력이 우수하고 확실한 제동효과를 발휘할 수 있다.

12 선회 브레이크 풀림장치에 대한 작동방법이 올바르게 설명된 것은?

① 브레이크의 마그넷에 전류 미 공급
② 시간지연 커넥터는 미동작
③ 제어전압이 차단된 상태에서 동작
④ 제어전압이 연결된 상태에서 동작

해설
선회 브레이크 풀림장치는 제어전압을 차단한 상태에서 동작되며, 이때 전원이 차단되어도 시간지연 커넥터의 동작에 의해 브레이크의 마그넷에 전류가 공급되어 브레이크를 해제시켜준다.

13 와이어 드럼의 권과방지 장치의 작동에 대한 설명이 잘못된 것은?

① 스크루식은 드럼회전으로 작동된다.
② 캠식은 시브의 회전으로 작동된다.
③ 중추식은 훅의 접촉으로 작동된다.
④ 스크루식, 캠식, 중추식이 있다.

해설
캠식은 캠의 전체 양정에 대해 회전각도에 따라 작동된다.

14 다음 중 중추식 권과방지 장치의 직접 작동과 관계되는 장치는?

① 감속기 ② 전동기
③ 드럼 ④ 훅

해설
중추식은 훅의 직접 접촉으로 과상승을 방지한다.

15 유압에 대한 설명이 잘못된 것은?

① 운동을 전달하는 데 부적합하다.
② 압력은 kg/㎠로 표시한다.

정답 8 ② 9 ① 10 ④ 11 ③ 12 ③ 13 ② 14 ④ 15 ①

③ 파스칼의 원리를 응용하였다.
④ 오일은 비압축성이다.

16 **유압 액추에이터에 대한 설명이 잘못된 것은?**

① 곡선운동으로 변환한다.
② 직선운동과 회전운동으로 바꾼다.
③ 유압을 일로 변환한다.
④ 유압을 기계에너지로 바꾼다.

17 **오일 제어밸브의 역할에 해당하지 않는 것은?**

① 일의 크기 조절
② 일의 방향 조절
③ 일의 속도 조절
④ 일의 무게 조절

18 **유압장치의 기본구조에 속하지 않는 것은?**

① 유압 실린더
② 유압 탱크
③ 유압 오일
④ 유압 펌프

19 **유압 펌프의 역할은 다음 중 무엇인가?**

① 일로 바꾼다.
② 유량 방향을 제어한다.
③ 오일을 채운다.
④ 유압을 만든다.

20 **유압 액추에이터의 역할은 다음 중 무엇인가?**

① 유압을 일로 바꾼다.
② 유량 방향을 제어한다.
③ 오일을 채운다.
④ 유압을 만든다.

21 **오일 탱크의 역할은 다음 중 무엇인가?**

① 유압을 일로 바꾼다.
② 유량 방향을 제어한다.
③ 오일을 채운다.
④ 유압을 만든다.

22 **유압 펌프에서의 용적효율에 대한 설명이 올바르게 된 것은?**

① 부하 시와 무부하 시에서 토출되는 체적의 비
② 부하 시와 무부하 시에서 토출되는 속도의 비
③ 부하 시와 무부하 시에서 토출되는 하중의 비
④ 부하 시와 무부하 시에서 토출되는 유량의 비

23 **오일 제어밸브로서 기본이 되는 3가지 밸브에 해당하지 않는 것은?**

① 방향 제어 밸브
② 수동 제어 밸브
③ 압력 제어 밸브
④ 유량 제어 밸브

24 **직동식 릴리프 밸브의 분류에 속하지 않은 것은?**

① 피스톤식
② 임펠러식
③ 차압식
④ 전압식

해설
직동식에는 전압식 · 차압식 · 임펠러식이 있으며, 밸런스식에는 스풀식 · 피스톤식 · 플런저식 등이 있다.

정답 16 ① 17 ④ 18 ③ 19 ④ 20 ① 21 ③ 22 ④ 23 ② 24 ①

25 **실린더 누설에 대한 규정이 잘못 설명된 것은?**

① 3종 외부누설은 패킹부의 섭동길이 100cm에 대하여 1cc 이하이다.
② 피스톤 누설은 외부 누설을 말한다.
③ 1종 외부누설은 로드에 번져 나올 정도이다.
④ 2종 외부누설은 로드를 적실 정도이다.

26 **와이어로프 킹크발생의 예방법이 잘못 설명된 것은?**

① 사용 중에는 로프에 무리한 장력을 주지 말 것
② 사용 중에는 로프에 비틀림을 주지 말 것
③ 로프가 흩어지는 일이 없도록 할 것
④ 로프가 받는 비틀림과 이완작용을 제거할 것

해설
킹크 발생 예방과 로프에 걸리는 장력과는 무관하다.

27 **다음 중 와이어로프의 교체를 위한 판정사항과 관련이 없는 것은?**

① 윤활 상태 ② 부식 상태
③ 단선 발생 ④ 마모 상태

28 **화물을 줄걸이 하는데 있어 화물의 중심위치를 판단하는 방법이 잘못된 것은?**

① 중심의 바로 위에서 훅을 유도할 것
② 중심은 가급적 낮추도록 할 것
③ 중심의 판단은 정확히 할 것
④ 중심은 화물에서 멀리 유도할 것

29 **러핑형 타워크레인을 리모콘으로 조종하는 경우 잠재위험 요인에 해당하지 않는 것은?**

① 운전자가 적재물만 주시하다가 전도 위험
② 조정기에 안전표찰 미계시로 고장 위험
③ 송·수신기의 결함에 의한 오동작 위험
④ 조정기 선택 잘못으로 조작실수 우려

30 **러핑형 타워크레인을 리모콘으로 조종하기 전 준수사항이 잘못된 것은?**

① 크레인의 운행 및 정지속도 확인
② 조작방향과 크레인의 동작의 일치 확인
③ 조종기의 배터리 방전여부 확인
④ 비상정지 장치의 정상 여부 확인

31 **러핑형 리모콘 타워크레인의 점검작업이 잘못된 것은?**

① 점검작업 중 안전표지물 게시
② 시운전시 매달린 화물의 앞에서 조작
③ 관계 작업자가 점검방법 및 안전사항 합의
④ 조종기 전원 차단 및 안전표찰 게시

32 **타워크레인으로 화물을 달아 올리려 할때 잘못된 방법은?**

① 신호에 따라 움직인다.
② 옆으로 달아 올린다.
③ 수직방향으로 달아 올린다.
④ 정격하중 이상을 달지 않는다.

33 **운전자에 대한 안전수칙이 잘못된 것은?**

① 자격과 충분한 경력을 갖춘 자로 제한한다.

정답 25 ② 26 ① 27 ① 28 ④ 29 ② 30 ① 31 ② 32 ② 33 ③

② 운전은 천천히 하는 것이 기본이다.
③ 운전자격 소지자 외 신호자도 현장여건에 따라 운전을 한다.
④ 지정된 자격을 갖춘 자가 운전한다.

해설
운전자는 해당 자격소지자 또는 기능습득자등에 한해 운전을 하도록 해야 한다.

34 와이어로프 표면 부식에 의해 주로 발생하는 현상은 다음 중 무엇인가?

① 피팅 현상 ② 압착 현상
③ 마모 현상 ④ 파단 현상

해설
로프의 부식에 의해 주로 피팅현상이 발생되며, 곰보자국이 형성된다.

35 운전 중에 지정 신호자가 아닌 타 작업자로부터 신호요청을 받은 경우 운전자의 올바른 판단사항은 무엇인가?

① 중지 후 신호자에게 물어보구 이상없으면 운전한다.
② 상황에 개의치 않는다.
③ 무조건 중지시킨 후 타 작업자의 신호에 따른다.
④ 신호자는 절대 상관하지 않는다.

해설
운전 중 이상 발생시는 일단 운전정지 후 신호자 확인 및 상황을 판단한 후 운전을 재 개시하여야 한다.

36 신호자의 의지와는 상관없이 운전자가 취할 행동이 맞는 것은?

① 향후 민원발생 시
② 현장소장 허락 시
③ 작업사항 오류 시
④ 긴급 정지 시

37 타워크레인의 해체작업 시 베이직 마스트가 선회 링 서포트와 볼트로 연결될 때까지 금지해야 하는 운전은 다음 중 무엇인가?

① 선회운전
② 선회운전+부하 트롤리 이동운전
③ 부하 트롤리 이동운전
④ 선회운전+주행운전

38 타워크레인 해체할 경우 지브의 균형유지 작업 시 주요 안전점검 항목과 거리가 먼 것은?

① 도심지 주변의 행인 통제 및 대피
② 작업발판 및 난간 안전조치
③ 메인 지브와 카운터 지브의 위치 및 방향
④ 양쪽 지브의 균형유지 확인

39 타워크레인의 마스트 해체작업 시 주요 안전점검 항목과 거리가 먼 것은?

① 케이지와 턴테이블 고정 핀 체결
② 인양 위치 및 줄걸이 로프
③ 가이드 레일, 안내 롤러 및 유압장치
④ 케이지 상부 작업발판, 난간

40 타워크레인의 마스트 상승 작업 시 주요 안전점검 항목으로 틀린 것은?

① 작업발판 및 로프의 견고성 확인
② 케이지와 마스트 사이에서 작업 및 이동 금지
③ 삽입 마스트가 완전 안착 후 안전핀 체결 후 작동
④ 텔레스코픽 슈의 브레이싱 안착상태

정답 34 ① 35 ① 36 ④ 37 ① 38 ② 39 ② 40 ①

41 타워크레인의 마스트 상승작업 완료후 조치사항과 거리가 먼 것은?

① 고정 핀 , 볼트, 너트 등 낙하방지 조치
② 작업자에 대한 안전교육 및 반상회 실시
③ 상승작업 중 사용된 안전핀을 정상핀으로 교체
④ 고장력 볼트 및 핀 체결 확인

42 타워크레인의 텔레스코핑 케이지 설치작업 시 중점체크 해야 하는 사항과 거리가 먼 것은?

① 볼트는 규정토크로 조임 확인
② 마스트 섹션과 케이지 고정 확인
③ 유압실린더와 서포트 슈 고정 확인
④ 작업발판 설치시는 안전대 고리 거는 행위 대신 몸의 균형유지 확인

43 다음 중 메인 지브를 설치하는 방법 및 순서가 올바르지 않은 것은?

① 중량 표지판은 설치에서 제외할 수도 있다.
② 최종적으로 과부하 방지장치와 모멘트 리미트를 조절한다.
③ 지브 길이에 맞춰 구성 요소들은 핀으로 연결한다.
④ 지브 타이 바를 연결하여 지브 연결부위에 핀으로 고정한다.

44 메인 지브를 해체하여 지상에 있는 평면으로 내리는 경우의 운전방법이 가장 올바르게 된 것은?

① 흔들림의 영향이 있으면 일단정지와 권하를 반복하면서 급속히 내린다.
② 약 30cm 높이지점까지 내린 다음 일단정지 후 서서히 내린다.
③ 약 30cm 높이지점까지 내린 다음 일단정지 없이 급속히 내린다.
④ 권하의 속도는 권상의 속도와 동일하게 유지하면서 내린다.

45 타워크레인의 선회장치 및 운전실 설치작업시 중점 체크해야 하는 사항과 거리가 먼 것은?

① 마스트 하단 작업자는 운전실과 협착주의 확인
② 마스트 상단 작업자의 안전확보 확인
③ 본체와 슬링 와이어 및 샤클의 정확성 체결 확인
④ 인양 와이어의 꼬임 확인

해설

마스트 상단 작업자는 운전실과 연락하면서 협착주의를 하는지 확인하여야 한다.

46 마스트의 운반 작업 방법이 올바르지 못한 것은?

① 권하, 선회,트롤리 이동을 동시에 해서는 안 된다.
② 권하 시의 속도는 권상속도와 동일하게 한다.
③ 지상에 내리는 경우에는 천천히 하여야 한다.
④ 적당한 높이에서 일단 정지하여 운반물의 흔들림을 잡는다.

해설

권하 시의 속도는 권상 시의 속도보다 느린 속도로 운전해야 한다.

정답 41 ② 42 ④ 43 ① 44 ③ 45 ① 46 ②

47 **타워크레인 설치작업 전 이동식 크레인의 준비사항에 대하여 중점체크 해야 하는 사항과 거리가 먼 것은?**

① 운전자의 교육수료, 보험가입 확인
② 운반물에 대한 정격하중 능력 확인
③ 전도위험에 대한 지반상태 확인
④ 작업반경 내 장애물 확인

48 **타워크레인의 설치 · 해체 · 상승 작업을 위해 반드시 수행해야 하는 준수사항과 거리가 먼 것은?**

① 작업 매뉴얼 지키기
② 개인 보호구의 착용
③ 기능과 경험이 풍부한 운전자의 선정 및 협의
④ 안전교육 및 위험예지 활동

49 **타워크레인의 설치 · 해체 · 상승 작업 시 추락재해 예방대책으로 틀린 것은?**

① 마스트 개구부에 추락 방지망 설치
② 케이지에 안전 난간대 설치
③ 안전대 등 개인 보호구 착용
④ 작업 관리감독자 입회

50 **타워크레인의 설치 · 해체 · 상승 작업시 종합적인 준수사항으로 틀린 것은?**

① 안전대, 안전모 등 개인 보호구 착용
② 인양 시 유도용 보조로프 사용
③ 유능한 관리감독자 지명
④ 지휘계통 확인 및 작업별 역할 분담 확인

51 **타워크레인의 상승 작업 시 선회 링 부분에서 특히 중요하게 확인해야 하는 사항은 다음 중 무엇인가?**

① 선회 링 기어 마모상태
② 탭 볼트부에 그리스 도포여부
③ 피니언 기어 마모상태
④ 볼트의 체결상태

52 **타워크레인 운전자가 정격하중을 초과하는 하중을 걸어서 운전을 하였다. 이때 운전결과를 기록 보존해야 하는 기간은?**

① 1년　② 2년
③ 3년　④ 4년

53 **산업안전 보건법상 "적정한 공기"의 산소 농도의 범위는 다음 중 무엇인가?**

① 16% 이상 ~ 21.5% 미만
② 17% 이상 ~ 22.5% 미만
③ 18% 이상 ~ 23.5% 미만
④ 19% 이상 ~ 24.5% 미만

54 **타워크레인 운전자가 운전도중 갑자기 외부연락을 위해 휴대폰을 사용하고 있는 경우 다음 중 설명이 올바르게 된 것은?**

① 긴급한 외부교신은 가능하다.
② 인양화물을 내려놓은 다음 휴대폰의 사용이 가능하다.
③ 운전과 동시에 휴대폰의 사용은 가능하다.
④ 순간적으로는 휴대폰 사용이 가능하다.

정답 47 ① 48 ③ 49 ④ 50 ③ 51 ④ 52 ③ 53 ③ 54 ②

55 **타워크레인 운전자가 작업성질상 부득이 한 경우로서 작업자를 달아올린 상태에서 탑승을 허용할 수 있는 경우에 대한 설명이 올바른 것은?**

① 달기구에 적정하게 링 등의 보조기구를 사용하여 매달게 할 수 있다.
② 달기구에 전용탑승대를 설치한 경우에는 탑승이 가능하다.
③ 탑승은 가능하다.
④ 탑승은 금지한다.

56 **산업안전 보건법상 "산소결핍"의 산소농도의 범위는?**

① 16% 미만 ② 17% 미만
③ 18% 미만 ④ 19% 미만

57 **1일 8시간 작업을 기준으로 소음의 발생 범위가 얼마 이상일 경우, 산업안전 보건법상 "소음작업"에 해당되는가?**

① 65 데시벨 이상
② 75 데시벨 이상
③ 85 데시벨 이상
④ 95 데시벨 이상

58 **산업안전 보건법상 "진동작업"에 적용하여야 하는 기계, 기구와 거리가 먼 것은?**

① 임팩트 렌치
② 동력을 이용한 해메
③ 진동계
④ 착암기

59 **사용 중인 크레인은 산업안전 보건법 관련에 따라 주기적인 점검 및 검사를 실시하여야 한다. 다음 중 주기적인 점검 및 검사와 관련이 없는 것은?**

① 정기검사
② 완성검사
③ 자체검사
④ 작업 시작 전 점검

해설

완성검사는 신규로 제작 설치 후 실시하는 검사이며 사용 중인 크레인에는 해당되지 않는다.

60 **크레인을 신규로 제작하여 설치 후 사용하고자 할 때 받아야 하는 검사의 종류가 올바르게 된 것은?**

① 설계검사 – 제작중 검사
② 완성검사 – 정기검사
③ 정기검사 – 자체검사
④ 설계검사 – 완성검사

해설

크레인을 신규로 제작설치하는 경우에는 산업안전 보건법 관련기준에 의하여 설계검사와 완성검사를 받아야 한다.

정답 55 ② 56 ③ 57 ③ 58 ③ 59 ② 60 ④

올패스 타워크레인 운전기능사 필기시험문제

발 행 일 2023년 1월 5일 개정3판 1쇄 인쇄
2023년 1월 10일 개정3판 1쇄 발행

저자협의 인지생략

저 자 김정식

발 행 처 크라운출판사 http://www.crownbook.com

발 행 인 이상원

신고번호 제 300-2007-143호

주 소 서울시 종로구 율곡로13길 21

공 급 처 (02) 765-4787, 1566-5937, (080) 850~5937

전 화 (02) 745-0311~3

팩 스 (02) 743-2688, 02) 741-3231

홈페이지 www.crownbook.co.kr

I S B N 978-89-406-4654-0 / 13550

특별판매정가 23,000원

이 도서의 문의를 편집부(02-744-4959)로 연락주시면
친절하게 응답해 드립니다.